土壤环境与污染修复丛书

丛书主编：骆永明

重金属污染耕地安全利用与修复理论及江苏实践

Theory of Safe Utilization and Remediation of Heavy Metal Polluted Cultivated Land and Practice in Jiangsu Province

胡鹏杰　梁永红　吴龙华　姜海波　邱　丹等　著

科学出版社

北　京

内 容 简 介

本书围绕重金属污染耕地安全利用与修复理论及江苏实践，首先进行耕地重金属污染及其安全利用与修复概述，随后重点介绍耕地重金属污染源解析与控制技术、风险评估、安全阈值及类别划分、重金属低积累作物品种筛选、重金属污染耕地的钝化调控原理与技术、水分调控原理与技术、养分调控原理与技术、植物修复原理与技术、种植结构调整技术、修复效果评价技术，最后介绍耕地土壤重金属污染快速检测设备和修复剂施用设备。

本书可作为土壤污染防治与修复、农业管理、环境保护、生态建设、自然资源利用等专业和领域的管理者、科研工作者、技术人员和生产一线人员的参考书，也可作为高等院校、科研院所土壤学、环境科学、环境工程、农学、生态学等相关专业研究生课程的参考书。

图书在版编目（CIP）数据

重金属污染耕地安全利用与修复理论及江苏实践 / 胡鹏杰等著. — 北京：科学出版社，2024.6
（土壤环境与污染修复丛书）
978-7-03-077774-4

Ⅰ. ①重⋯ Ⅱ. ①胡⋯ Ⅲ. ①耕地-土壤污染-重金属污染-修复-研究-江苏 Ⅳ. ①X530.5

中国国家版本馆 CIP 数据核字（2024）第 021072 号

责任编辑：周　丹　沈　旭　李佳琴/责任校对：任云峰
责任印制：张　伟/封面设计：许　瑞

科学出版社 出版
北京东黄城根北街 16 号
邮政编码：100717
http://www.sciencep.com

三河市骏杰印刷有限公司印刷
科学出版社发行　各地新华书店经销

*

2024 年 6 月第　一　版　　开本：720×1000　1/16
2024 年 6 月第一次印刷　　印张：19
字数：380 000

定价：129.00 元
（如有印装质量问题，我社负责调换）

《重金属污染耕地安全利用与修复理论及江苏实践》

作者名单

主要著者：

胡鹏杰　梁永红　吴龙华

姜海波　邱丹

著者名单（按姓氏笔画排序）：

王小治	王少华	王信凯	仓　龙
刘　娟	李　平	李仁英	吴龙华
邱　丹	邱一格	应蓉蓉	汪　鹏
张振华	陈宏坪	陈梦舫	范玉健
罗小三	胡鹏杰	钟小仙	段增强
姜海波	高　岩	郭红岩	黄　标
梁永红	董元华	董珊珊	滕　清

"土壤环境与污染修复丛书"序

　　土壤是农业的基本生产资料，是人类和地表生物赖以生存的物质基础，是不可再生的资源。土壤环境是地球表层系统中生态环境的重要组成部分，是保障生物多样性和生态安全、农产品安全和人居环境安全的根本。土壤污染是土壤环境恶化与质量退化的主要表现形式。当今我国农用地和建设用地土壤污染态势严峻。2018 年 5 月 18 日，习近平总书记在全国生态环境保护大会上发表重要讲话指出，要全面落实土壤污染防治行动计划，突出重点区域、行业和污染物，强化土壤污染管控和修复，有效防范风险，让老百姓吃得放心、住得安心。联合国粮农组织于同年 5 月在罗马召开全球土壤污染研讨会，旨在通过防止和减少土壤中的污染物来维持土壤健康和食物安全，进而实现可持续发展目标。可见，土壤污染是中国乃至全世界的重要土壤环境问题。

　　中国科学院南京土壤研究所早在 1976 年就成立土壤环境保护研究室，进入21 世纪后相继成立土壤与环境生物修复研究中心（2002 年）和中国科学院土壤环境与污染修复重点实验室（2008 年）；开展土壤环境和土壤修复理论、方法和技术的应用基础研究，认识土壤污染与环境质量演变规律，创新土壤污染防治与安全利用技术，发展土壤环境学和环境土壤学，创立土壤修复学和修复土壤学，努力建成土壤污染过程与绿色修复国家最高水平的研究、咨询和人才培养基地，支撑国家土壤环境管理和土壤环境质量改善，引领国际土壤环境科学技术与土壤修复产业化发展方向，成为全球卓越研究中心；设立四个主题研究方向：①土壤污染过程与生物健康，②土壤污染监测与环境基准，③土壤圈污染物循环与环境质量演变，④土壤和地下水污染绿色可持续修复。近期，将创新区域土壤污染成因理论与管控修复技术体系，提高污染耕地和场地土壤安全利用率；中长期，将创建基于"基准-标准"和"减量-净土"的土壤污染管控与修复理论、方法与技术体系，支撑实现全国土壤污染风险管控和土壤环境质量改善的目标。

　　"土壤环境与污染修复丛书"由中国科学院土壤环境与污染修复重点实验室、中国科学院南京土壤研究所土壤与环境生物修复研究中心等部门组织撰写，主要由从事土壤环境和土壤修复两大学科体系研究的团队及成员完成，其内容是他们多年研究进展和成果的系统总结与集体结晶，以专著、编著或教材形式持续出版，旨在促进土壤环境科学和土壤修复科学的原始创新、关键核心技术方法的发展和实际应用，为国家及区域打好土壤污染防治攻坚战、扎实推进净土保卫战提供系统性的新思想、新理论、新方法、新技术、新模式、新标准和新产品，为国家生态文明建设、乡村振兴、美丽健康和绿色可持续发展提供集成性的土壤环境保护与修复科技咨询和监管策略，也为全球土壤环境保护和土壤污染防治提供中国特色的知识智慧和经验模式。

中国科学院南京土壤研究所研究员

中国科学院土壤环境与污染修复重点实验室主任

2021 年 6 月 5 日

序

  耕地土壤重金属污染不仅是导致我国耕地环境质量和健康质量下降、耕地安全利用率低的主要因素之一，还危及粮食安全、生态安全和人体健康。随着生态文明战略的实施、人民对美丽中国和健康中国的不断追求，国家进入生态系统保护修复与高质量发展新阶段。如今，各级政府积极采取措施进行耕地重金属污染防治，以实现耕地重金属污染风险管控与安全利用。

  对于受重金属污染的耕地，首先需要探明污染来源与污染特征，评估污染程度与风险，然后进行类别划分，在此基础上进行安全利用与治理修复。当前，重金属污染耕地安全利用与治理技术主要有：种植低积累作物品种、钝化重金属活性、调控农艺措施、植物修复、调整种植结构等。多年的实践证明，仅靠稳定土壤中重金属活性，降低其化学有效性和农作物吸收性，难以实现长效且可持续的耕地安全利用目标，还需要进一步探明土壤-作物系统重金属迁移转化规律，健全土壤污染防控与修复体系，优化耕地安全利用技术。同时，很有必要对广大人民群众普及土壤污染与修复理论知识，让修复技术使用者更好地了解、掌握和应用这些技术的要点，以更快速、更经济、更有效地解决土壤重金属污染问题，实现土壤环境质量改善和农作物的安全生产。

  近十年来，《重金属污染耕地安全利用与修复理论及江苏实践》研究团队针对江苏省及我国耕地重金属污染问题，在土壤污染调查、风险评估、阈值标准、修复材料、技术与装备研发等方面进行了许多试验研究工作，同时也在监测预警、类别划分、安全利用等方面开展了大量实践应用工作，旨在建立适合江苏省乃至我国重金属污染耕地安全利用与修复的理论、技术及管理体系。该书全面地阐述了当前受重金属污染耕地安全利用与修复的理论及技术，提出了土壤-作物系统重金属迁移转化与吸收富集机制的新认识，介绍了受重金属污染耕地安全利用与修复技术的应用案例，总结了近年来江苏省在耕地质量保护、受污染耕地安全利用方面的工作成果与管理经验。该书的出版将有益于耕地土壤污染防治的知识传播，有助于重金属污染土壤安全利用与绿色修复的理论创新，有利于受重金属污染耕地安全利用与修复工程的技术发展及实践应用。

2023 年 12 月 5 日

于南京

前　言

　　耕地是人类生存与发展的基础性资源。改革开放以来，随着我国经济社会的快速发展，部分耕地土壤重金属污染问题日益突出，产地农产品重金属超标问题时有报道，威胁到食品安全和人体健康。2016 年 5 月 28 日，国务院发布《土壤污染防治行动计划》（又称"土十条"），2019 年 1 月 1 日，《中华人民共和国土壤污染防治法》正式实施，全国耕地土壤污染防治工作全面展开，重金属污染耕地安全利用与治理修复理论与技术在实践中得到快速发展。

　　江苏省是经济和农业大省，农业环境保护科技力量雄厚，耕地土壤污染防治工作起步早、技术优、机制新、效果实。2012 年启动了农产品产地安全状况普查，2017 年开展了土壤污染状况详查，2018 年建立了产地土壤环境质量例行监测机制，设立了 3000 个点位，开展定点定位土壤、农产品协同监测。2019 年在全国率先完成了耕地土壤环境质量类别划分。从 2014 年起，依据农产品产地安全状况普查成果，在全省开展了 27 个受污染耕地安全利用与治理修复试点示范，创造性提出了以"低积累品种+钝化阻控+农艺调控"为核心的安全利用技术模式，2020年起在全省安全利用类耕地上全面推广。2022 年出台《江苏省土壤污染防治条例》，进一步强化依法治土、分类管理、精准施策，坚持预防为主、优先保护，形成保护有力、建设有效、管理有序的优先保护、安全利用、严格管控的耕地土壤环境保护制度。

　　本书全面介绍了国内外重金属污染耕地安全利用与修复的理论成果、技术体系及其在江苏省的实践案例。全书共分 11 章，详细阐述了我国及江苏省耕地重金属污染来源、特征及危害；科学阐述了耕地重金属污染源解析与控制、风险评估、安全阈值及类别划分方法；系统总结了重金属污染耕地安全利用与修复应用的低积累作物品种筛选、钝化调控、水分调控、养分调控、植物修复、种植结构调整等成套技术。同时，首次推介了土壤与农产品重金属快速检测设备、土壤修复剂施用设备，以及适用于江苏省的水稻、小麦、蔬菜重金属低积累作物品种，详细介绍了重金属污染耕地修复效果评价技术。对深入开展受污染耕地安全利用与修复具有借鉴作用和指导意义。

　　本书吸收了国家重点研发计划课题（2016YFD0801104、2019YFC1804703、2022YFD1700104）、国家自然科学基金面上项目（41977135）、江苏省重点研发计划重大科技示范项目（BE2016812）和面上项目（BE2017778）等科研项目的部分研究成果，同时也参考了江苏省受污染耕地安全利用相关工作中多个监测评估、修复试点、示范推广等项目的应用成果，是在所有研究人员共同努力下完成的。

本书框架与内容由胡鹏杰、梁永红、吴龙华、姜海波、邱丹共同策划。第 1 章由吴龙华、梁永红、段增强、刘娟撰写；第 2 章由黄标、邱丹、王信凯撰写；第 3 章由胡鹏杰、姜海波、刘娟、邱一格、应蓉蓉撰写；第 4 章由胡鹏杰、汪鹏、范玉健、董珊珊、王少华撰写；第 5 章由仓龙、胡鹏杰、王小治、张振华、高岩撰写；第 6 章由胡鹏杰、吴龙华、汪鹏、姜海波撰写；第 7 章由罗小三、李平、李仁英、刘娟撰写；第 8 章由郭红岩、吴龙华、仓龙、胡鹏杰、钟小仙撰写；第 9 章由张振华、胡鹏杰、郭红岩、高岩撰写；第 10 章由陈梦舫、陈宏坪、胡鹏杰撰写；第 11 章由董元华、胡鹏杰、滕清撰写。全书由胡鹏杰统稿。

本书在编写过程中，得到了江苏省农业农村厅、中国科学院南京土壤研究所、南京大学、南京农业大学、江苏省农业科学院、扬州大学、南京信息工程大学等有关机构领导和专家的大力支持，在此一并感谢。

本书涉及面广、内容丰富，科学性、政策性、实践性和敏感性较强，限于作者水平，书中不足之处在所难免，恳请广大读者批评指正。

作　者

2023 年 11 月于南京

目　录

第1章　耕地重金属污染及其安全利用与修复概述

过去几十年我国经济社会的快速发展导致耕地土壤重金属污染问题日趋突出，不仅影响了耕地土壤环境质量，而且威胁农产品质量和人体健康。随着我国生态文明战略的实施，尤其是土壤污染防治行动计划的实施，各地开展了重金属污染耕地风险管控与安全利用工作。本章概述我国耕地土壤重金属污染现状、污染来源、污染特征与污染危害，介绍江苏省耕地质量状况与重金属污染特征，简要论述土壤重金属赋存形态及迁移转化过程与机制，最后介绍当前我国重金属污染耕地安全利用与修复的流程、主要技术类型等内容。

1.1　我国耕地重金属污染状况

1.1.1　我国耕地土壤重金属污染现状

重金属通常是指密度大于 4.5 g/cm³ 的所有金属元素，按此定义元素周期表中属于重金属元素的有 40 多种。但从环境科学的角度来看，人们更多关注的是其中污染来源广泛、生物毒性较大的重金属元素，包括汞（Hg）、砷（As）[①]、铅（Pb）、铬（Cr）、镍（Ni）、铜（Cu）、锌（Zn）、钒（V）、锰（Mn）、锑（Sb）、铊（Tl）等，其中前 5 种元素因其毒性大被称为"五毒元素"。

耕地土壤重金属污染比较隐蔽，不易引起人们的关注，近些年来随着我国食品安全和人体健康问题的持续报道才逐渐暴露出来。2006～2013 年，环境保护部和国土资源部联合开展了全国土壤污染状况专项调查，在全国范围内布设点位67615 个，采集了 213754 个土壤样品。2014 年 4 月 17 日，环境保护部和国土资源部联合发布了《全国土壤污染状况调查公报》，显示全国土壤环境状况总体不容乐观，部分地区土壤污染较重，耕地土壤环境质量堪忧。全国土壤总的超标率为16.1%，污染类型以无机型为主，有机型次之，复合型污染比重较小，无机污染物超标点位数占全部超标点位的 82.8%。无机污染物超标情况见表 1-1。而耕地土壤点位超标率为 19.4%，其中轻微、轻度、中度和重度污染点位比例分别为13.7%、2.8%、1.8%和 1.1%，主要污染物为镉、镍、铜、砷、汞、铅、滴滴涕和多环芳烃。

---

① 砷不是金属，但毒性与重金属相近，本书统称为重金属。

表 1-1　无机污染物超标情况

污染物类型	点位超标率/%	不同程度污染点位比例/%			
		轻微	轻度	中度	重度
镉	7.0	5.2	0.8	0.5	0.5
汞	1.6	1.2	0.2	0.1	0.1
砷	2.7	2.0	0.4	0.2	0.1
铜	2.1	1.6	0.3	0.15	0.05
铅	1.5	1.1	0.2	0.1	0.1
铬	1.1	0.9	0.15	0.04	0.01
锌	0.9	0.75	0.08	0.05	0.02
镍	4.8	3.9	0.5	0.3	0.1

注：参照《全国土壤污染状况调查公报》。

2015 年国土资源部中国地质调查局发布《中国耕地地球化学调查报告（2015年）》，调查比例尺为 1∶25 万，每 1 km×1 km 的网格（即 1500 亩[①]）布设 1 个采样点位，调查土地总面积 150.7 万 km²，其中调查耕地 13.86 亿亩，占全国耕地总面积（20.31 亿亩）的 68%。本次调查查明无重金属污染耕地 12.72 亿亩，占调查耕地总面积的 91.8%，主要分布在苏浙沪区、东北区、京津冀鲁区、西北区、晋豫区和青藏区（表 1-2）。调查发现重金属中度-重度污染或超标的点位比例为 2.5%，覆盖面积 3488 万亩，轻微-轻度污染或超标的点位比例为 5.7%，覆盖面积 7899 万亩。污染或超标耕地主要分布在南方的湘鄂皖赣区、闽粤琼区和西南区。

表 1-2　全国无重金属污染耕地分布

地区	无污染耕地面积/亿亩	占调查耕地的面积/%
全国	12.72	91.8
东北区	2.46	97.6
晋豫区	1.86	99.1
京津冀鲁区	2.23	99.1
闽粤琼区	0.42	78.9
青藏区	0.04	98.2
西北区	1.02	98.4
西南区	1.15	77.7
湘鄂皖赣区	2.01	82.1
苏浙沪区	1.50	91.2

[①] 1 亩≈666.667 m²。

目前我国重金属污染耕地面积 1.8 亿～2.7 亿亩,主要分布在我国南方的湖南、江西、湖北、四川、广东、广西、云南等省份,污染区域主要为工矿企业周边农区、污水灌溉区、大中城市郊区和南方酸性土水稻种植区等。其他广大农区污染程度较轻,北方中、碱性土壤区污染程度较低,但一些高投入的设施蔬菜基地问题不容小觑。就污染物种类和污染程度而言,重金属元素中,镉污染最为普遍,其次是砷、汞,再次是铅,其余重金属元素超标率较低。工矿企业周边农区污染物种类因企业而异,相对的超标污染物种类较少,但超标倍数很高;污水灌区污染物因污水来源而异,超标污染物数量、超标倍数等因水污染程度和污灌时间变化较大;大中城市郊区主要受城市垃圾、污水和畜禽粪便污染影响,一般污染物种类相对较多,但超标倍数较低。

1.1.2　我国耕地土壤重金属污染来源

耕地土壤中重金属污染来源是多途径的,首先是成土母质来源,即在漫长的风化成土过程中带来的重金属,不同的母质类型、成土过程形成的土壤其重金属元素地球化学背景值差异很大。此外,工矿业、农业等人为活动,也是造成土壤重金属污染的主要原因。

1. 自然污染源

自然状态下耕地土壤重金属元素主要来源于成土母质,成土母质(母岩)中元素的组成及含量决定着土壤微量元素组成特征和含量多寡。我国成土母质(母岩)种类繁多,不同成土母质(母岩)类型土壤重金属含量不同,我国主要成土母质(母岩)类型重金属元素的环境背景值如表 1-3 所示,如 Cr 与 Ni 在基性岩发育形成的土壤中含量偏高,Cd 在石灰岩发育形成的土壤中含量偏高(Lv et al.,2014)。

表 1-3　中国主要成土母质(母岩)类型重金属元素的环境背景值　(单位:mg/kg)

成土母质(母岩)名称	重金属元素						
	As	Cd	Cr	Hg	Pb	Zn	Ni
酸性火成岩	7.7	0.075	46.8	0.054	31.9	73.8	19.9
中性火成岩	8.1	0.082	58.3	0.086	26.9	86.6	22.6
基性火成岩	12.4	0.078	101.2	0.090	22.9	85.2	48.9
火山喷发物	7.6	0.064	37.9	0.065	31.7	83.6	15.7
沉积页岩	14.8	0.095	76.6	0.068	26.3	82.7	31.8
沉积砂岩	12.5	0.080	68.3	0.057	25.5	71.7	28.1
沉积石灰岩	18.7	0.218	78.1	0.112	32.7	97.8	38.0

续表

成土母质（母岩）名称	重金属元素						
	As	Cd	Cr	Hg	Pb	Zn	Ni
沉积红砂岩	12.1	0.162	80.8	0.030	22.5	61.0	34.8
沉积紫砂岩	10.9	0.115	59.5	0.062	25.5	77.7	29.9
沉积砂页岩	12.9	0.079	55.5	0.064	24.7	63.8	22.7
流水冲积沉积	10.5	0.104	59.7	0.055	23.4	70.0	26.8
湖相沉积母质	10.6	0.119	71.2	0.081	22.6	77.6	30.3
海相沉积母质	8.0	0.127	66.1	0.177	32.6	91.5	32.3
黄土母质	10.7	0.095	59.0	0.029	21.6	64.5	27.8
冰水沉积母质	17.7	0.108	62.1	0.022	25.1	77.1	30.2
生物残积母质	9.3	0.096	56.8	0.047	26.8	72.4	18.6
红土母质	14.3	0.079	63.8	0.091	29.3	76.7	28.5
风沙母质	5	0.048	29.3	0.019	15.9	39.5	13.6
其他	12.3	0.155	48.7	0.018	32.1	60.5	18.9

注：参照《中国土壤元素背景值》。

土壤母质以及不同岩石的成土过程影响土壤中重金属含量。唐豆豆等（2018）分析不同母质发育的地质高背景土壤，结果表明 Cd 与 As 在黑色岩系发育形成的土壤中含量超标，而 Pb、Cd 和 As 在碳酸盐系石灰岩发育形成的土壤中含量超标。Liu 等（2017）发现，相比于以片麻岩、花岗岩为主的河流冲积物地区，高度风化的黑色页岩地区高背景土壤中 Cd 极易富集。云南省岩溶区砷、镉高背景值异常区，土壤中砷、镉主要来源为碳酸盐岩的高背景含量，碳酸盐岩土壤具有高 pH 和高阳离子交换量（CEC）值，质地黏重，从而造成碳酸盐岩土壤中的砷、镉高度富集。

2. 人为污染源

人为污染源主要包括工业源（如采矿、冶炼、燃煤和电镀等）、生活源（废水、燃煤、交通和生活垃圾等）以及农业源（肥料、农药、污水灌溉和污泥农用等），表 1-4 列出了几种主要重金属元素的主要来源。不同污染来源进入土壤的途径不同，重金属进入农田土壤的途径主要有大气沉降、污水灌溉、固体废弃物的渗滤和农用化学物质的使用。

1）大气沉降

大气中重金属主要来源于工业生产、汽车尾气排放及汽车轮胎磨损产生的大量含重金属的有害气体和粉尘等，主要分布在工矿的周围和公路、铁路两侧。大气中的重金属是通过自然沉降和雨淋沉降进入土壤的。

表 1-4　土壤中重金属的主要来源（张乃明等，2017）

重金属	主要来源
As	大气沉降、含砷农药与化肥、燃煤、含砷矿物的开采与冶炼
Cd	采矿、金属冶炼、电镀、污水灌溉和农业施肥
Cr	镀铬、印染、制革化工、污泥以及制革废弃物的使用
Hg	污水灌溉、燃煤、汞冶炼厂和汞制剂厂（仪表、电气、氯碱工业）
Pb	矿山、冶炼、蓄电池厂、电镀厂、合金厂、涂料等工厂排放的"三废"，汽车尾气以及农业上使用的含铅农药（砷酸铅）
Zn	炼油、化工和肥料
Ni	纺织、氯碱制造、炼油和肥料、含镍电池的制造
Cu	冶金电镀、化工、燃料、采矿、含铜农药等

2）污水灌溉

污水灌溉是指城市下水道污水、工业废水、排污河污水以及超标的地表水等对农田进行灌溉。通常，化工、采矿、冶炼、电镀等行业排放的污水中重金属含量较高，污水未经处理而直接灌溉农田会造成土壤重金属污染。

3）固体废弃物的渗滤

矿山开采和冶金生产过程中产生大量含有重金属元素的固体废弃物，若是处理不当会随降水流动向四周扩散，造成重金属污染，重金属也会随地表径流进入周围土壤中或由于淋滤作用渗入地下，污染地下水。

4）农用化学物质的使用

使用含有铅、汞、镉、砷等重金属的农药、化肥和有机肥，都会导致土壤中重金属的污染。通常，磷矿石和含磷肥料中重金属含量较高，而氮肥和钾肥中重金属含量较低。大量施用含重金属有机肥是设施菜地土壤重金属积累的重要原因。此外，农用塑料薄膜等其他农用物质中也含有一定量的 Cd 和 Pb，在大量使用塑料薄膜的温室大棚和保护地中，如不及时清理残留在土壤中的农用塑料薄膜，可能会导致土壤重金属的累积。

1.1.3　我国耕地土壤重金属污染特征

土壤重金属具有隐蔽性、滞后性和不可逆性等特点，增加了重金属污染土壤修复的难度。

1）隐蔽性

大气、水体受到污染后，人们可以很容易从感官上直观地感受污染特征。而土壤受到重金属的污染后，没有表现出直接的、明显的现状特征，因此很难通过观察发现污染现状。只有对土壤进行检测和分析，才能了解土壤的污染状况。

2）滞后性

土壤受到重金属的污染后，土壤中的重金属被植物吸收，人类食用受重金属污染的植物，人体的健康状况在短时间内不会表现出异样；但长期摄入含重金属的食物会对健康产生损害，人体会表现出异常。从污染出现到产生危害需要相当长的时间，因此，土壤重金属污染带来的危害是滞后的。

3）不可逆性

重金属污染物对土壤环境的污染基本是一个不可逆的过程，主要表现为两个方面：一是进入土壤环境后，很难通过自然过程从土壤环境中稀释和消失；二是对生物体的危害和对土壤生态系统结构与功能的影响不容易恢复。

4）空间异质性强

我国幅员辽阔，不同区域土壤重金属背景值和累积量差异较大。《全国土壤污染状况调查公报》显示，南方土壤重金属污染重于北方；长江三角洲地区（长三角）、珠江三角洲地区（珠三角）、东北老工业基地等部分区域土壤重金属污染问题较为突出，西南、中南地区土壤重金属超标范围较大；镉、汞、砷、铅4种无机污染物含量分布呈现从西北到东南、从东北到西南方向逐渐升高的态势。

5）污染成因复杂多样

我国耕地土壤受重金属污染的成因复杂，包括自然的成土条件、人为的污染因素以及自然与人为因素的叠加作用等。从区域的大尺度上看，自然因素的影响比较明显，成土母质和母岩等地球化学属性直接影响土壤中重金属的含量。调查资料显示，不同类型成土母质发育的土壤重金属差异很大，火山岩和石灰岩母质发育的土壤中Cd、As、Hg和Pb平均含量显著高于风沙母质土壤。而在长三角、珠三角、环渤海和华北城郊区域等局部范围内，耕地土壤重金属含量异常往往是受人为因素的影响。在大中城市郊区，大气沉降和污水灌溉是城市工业和交通源重金属进入农田土壤最主要的途径。

6）土壤类型差异明显

我国土壤类型多样，由于土壤条件、气候条件和耕作管理水平的不同，土壤理化性质差异较大，进一步加剧了耕地土壤重金属污染的多样化格局。

7）土壤酸化加剧了重金属污染的危害

我国土壤酸化面积近200万hm^2，近年来粮田、菜园和果园土壤酸化趋势均有增加。1980～2000年，我国近5种典型土壤pH降低范围为0.13～0.80，其中水稻土酸化最为严重，pH年均下降速率为0.012。土壤酸化增强了土壤中重金属的活性及迁移能力，加剧了重金属污染的生态风险，这也使我国个别地区近年来稻米Cd含量超标问题多发，而同样以水稻为主要农作物的其他亚洲国家（泰国、韩国、日本等）稻米Cd含量超标问题不突出的主要原因之一。

1.1.4 我国耕地土壤重金属污染的危害

1. 重金属对土壤肥力的影响

土壤质量是指土壤维持生态系统生产力，保障环境质量，促进动物和人类健康的能力。土壤中重金属的累积会影响植物所需元素的存在形态以及植物对其的吸收能力，将对土壤的肥力造成影响。植物生长所需的氮、磷、钾会因重金属的污染，而使有机氮的矿化、植物对磷的吸附和钾的存在形态等受到影响，最终将影响土壤中氮、磷、钾的保持与供应。

重金属对氮的影响，主要是它会影响土壤氮的矿化势和矿化速率常数，当土壤被重金属污染后，土壤氮的矿化势会明显降低，使土壤供氮能力也相应下降。不同重金属元素对土壤氮矿化势的影响不同。

重金属对磷的影响，主要是因为外源重金属进入土壤后，可导致土壤对磷的吸持固定作用增强，使土壤磷有效性下降。不同重金属对土壤磷吸附量影响不同，一般多个重金属元素复合污染条件下影响的强度大于单个重金属元素。重金属污染还会影响土壤磷的形态，使土壤可溶性磷、结合态磷和闭蓄态磷的比例发生变化。

重金属对钾的影响，一方面，重金属在土壤中的累积会占据部分土壤胶体的吸附位，从而影响钾在土壤中的吸附、解吸和形态分配；另一方面，重金属对微生物和植物的毒害作用，导致其对钾的吸收能力减弱。在重金属条件下土壤中水溶态钾会明显上升，交换态钾则明显下降，导致土壤钾的流失加剧。不同重金属对土壤钾形态的影响不同，重金属复合污染的影响大于单个重金属元素。

2. 重金属对植物的影响

重金属进入植物体后，可通过抑制一些蛋白酶的活性、在植物细胞中产生活性氧损坏细胞抗氧化系统，导致细胞受损或死亡等，从而影响植株正常生长发育，导致农产品质量下降，严重时甚至绝收。例如，铅的累积会对植物产生毒害作用，导致萌发率降低、生物量降低、叶绿素合成受到抑制、细胞活性紊乱、染色体遗传基因受到破坏。镉的累积会破坏叶片的叶绿素结构，降低叶绿素含量，叶片发黄褪绿，严重的几乎所有叶片都出现褪绿现象，叶脉组织呈酱紫色，变脆、萎缩，叶绿素严重缺乏，表现为缺铁症状等。由于叶片受到严重伤害，植物生长缓慢，植株矮小，根系受到抑制，产量降低，在高浓度镉的毒害下死亡。汞对植物生长发育的影响主要是抑制光合作用、根系生长和养分吸收、酶的活性、根瘤菌的固氮作用等。

植物对重金属的累积，因植物种类、部位及重金属种类而不同。崔爽等（2006）

研究发现，苘麻（*Abutilon theophrasti*）对 Pb 的吸收和富集能力较强，小蓬草（*Erigeron canadensis*）、三裂叶豚草（*Ambrosia trifida*）、酸模叶蓼（*Persicaria lapathifolia*）、苘麻、龙葵（*Solanum nigrum*）、尖头叶藜（*Chenopodium acuminatum*）和菊芋（*Helianthus tuberosus*）对 Zn 的吸收和富集效果较好，尖头叶藜和苘麻对 Cu 的吸收和富集能力较强，龙葵、尖头叶藜、苘麻、酸模叶蓼和小蓬草对 Cd 的吸收和富集能力较强。这些植物向地上部转移某些重金属的能力很强，转移系数大于 1，可用于植物提取方式的污染土壤修复。其他转移系数小于 1 的植物，适用于重金属污染土壤的植物稳定。张丽等（2014）研究表明，马兜铃（*Aristolochia debilis*）的地上部对 Cu、Pb、Cd、Zn，臭牡丹（*Clerodendrum bungei*）、接骨草（*Sambucus javanica*）的地上部对 Pb、Cd、Zn，山莴苣（*Lactuca sibirica*）的地上部对 Pb、Zn，狗尾草（*Setaria viridis*）、牛皮消（*Cynanchum auriculatum*）的地上部对 Cd，喜旱莲子草（*Alternanthera philoxeroides*）的地上部对 Cu 的生物富集系数和转运系数都大于 1。重金属在作物体内的累积一般表现为根>叶>枝（茎）>果实，须根>块茎，老叶>新叶（白瑛和张祖锡，1988）。

3. 重金属对土壤微生物和酶活性的影响

1）重金属对土壤微生物的影响

（1）土壤微生物生物量。

土壤微生物生物量是指土壤中个体体积小于 $5×10^3$ μm^3 的微生物总量，主要包括真菌、细菌、放线菌及原生动物等，常用土壤微生物生物量碳、土壤微生物生物量氮等来表征，常用测定方法为氯仿熏蒸浸提法。微生物生物量与土壤健康密切相关，可以反映土壤养分有效性及生物活性，但是，微生物生物量只反映微生物在总量上的差异，无法表现组成和区系上的变化。微生物生物量受影响程度与重金属种类、浓度、土壤理化性质等因素相关，一般说来，土壤微生物生物量碳、土壤微生物生物量氮与重金属浓度之间存在显著的负相关关系，土壤微生物生物量碳、土壤微生物生物量氮随着重金属浓度的提高而降低。土壤微生物生物量作为对重金属污染比较敏感和重要的指标，当土壤中的重金属浓度达到一定程度时，会对微生物生物量产生负面影响（刘娟等，2021）。

（2）土壤微生物群落。

土壤微生物群落是反映土壤稳定性和生态机制的重要敏感性指标，良好的土壤微生物种群是适应外界因素和维持土壤肥力的必要因素（刘沙沙等，2018）。在大多数情况下，重金属污染能够明显影响土壤的微生物群落，如降低土壤微生物生物量，降低活性细菌、真菌和放线菌菌落的数量等，同时，重金属污染还能影响土壤微生物群落结构，即土壤微生物多样性，但这种影响因重金属污染程度、重金属元素类型、水稻根系分泌物和土壤基本理化性质（pH、电导率、有机碳、机械组成及铝氧化物）等因素而异。

　　土壤微生物一般包括细菌、真菌和放线菌等，不同浓度范围的重金属对土壤微生物数量增长的影响不一定是相同的。有研究表明（王秀丽等，2003），重金属Cu、Zn、Cd、Pb 复合污染对水稻土微生物群落有较大的影响，能够降低细菌、真菌、放线菌菌落数量。张建等（2018）在研究鄱阳湖河湖交错带重金属污染对微生物群落的影响时发现，受重金属污染严重的区域通常微生物群落丰度较低，但是个别点位重金属污染严重，微生物多样性却较丰富，说明微生物多样性不仅仅受单一因子影响，还受多重因子共同影响。同时，不同类群微生物对重金属的敏感程度也不同，如水稻土中微生物种群对 Cd^{2+} 的敏感度为放线菌>细菌>真菌，对 Cu^{2+} 的敏感度为真菌>放线菌>细菌（吴春艳等，2006）。土壤微生物群落结构是表征土壤生态系统群落结构和其稳定性的重要参数，能够较好地指示土壤环境污染状况（孙波等，1997）。微生物群落结构多样性的研究，常用 Biolog 碳素利用法、磷脂脂肪酸（FLFA）法、群落水平生理学指纹（CLPP）方法和基于聚合酶链式反应（PCR）的分子生物学技术等（高贵锋和褚海燕，2020；褚海燕等，2020）。

　　2）重金属对土壤酶活性的影响

　　土壤酶活性值的大小可综合反映重金属含量的高低，在重金属生态毒理、污染监测评价及修复等方面研究中，土壤酶是国内外关注的主要课题之一。土壤中的酶类型很多，在目前已知的存在于生物体内的近 2000 种酶中，在土壤中检测到的有 50 余种，它们主要属于水解酶（hydrolase）、裂解酶（lyase）、氧化还原酶（oxido-reductase）和转移酶（transferase）4 种类型，其中以水解酶和氧化还原酶为主。近 30 年国内外学者先后提出了氧化还原酶（脱氢酶、过氧化氢酶）、水解酶（转化酶、脲酶、磷酸酶、纤维素酶、蛋白酶、脂肪酶、酯酶）等重金属污染监测指标。

　　重金属对酶的作用（胡学玉等，2007）主要表现在重金属与构成酶的蛋白质分子的作用，分为 3 种类型：①重金属离子以酶的辅基形式参与反应，促进酶活性部位与底物进行配位结合，提高酶的活性；②重金属离子占据酶的活性中心，与土壤酶分子的巯基、氨基和羧基等基团结合，破坏酶的结构，阻碍酶参与化学反应，抑制酶的活性；③重金属与土壤酶不存在专一性对应关系，酶活性不发生改变。国内外学者对土壤酶活性监测土壤重金属污染进行了积极探索，这些研究表明，土壤酶活性对重金属污染（如 Hg、Cd、As、Cr、Pb 和 Zn 等）的敏感性很强，可利用土壤酶活性监测重金属污染区的污染状况。

　　4. 重金属对人体健康的危害

　　重金属污染土壤的最终后果是影响人畜健康，土壤重金属污染往往是逐渐累积的，具有隐蔽性，一旦发现污染危害时，往往已经达到相当严重的程度，很难治理。通常重金属污染越重的土壤，作物可食部分的重金属含量也越高，重金属通过食物链进入人体，将对人体健康造成直接或间接的影响。对人体毒害最大的元素有 5 种：铅、汞、铬、砷、镉。常见重金属对人体健康的危害如表 1-5 所示。

表 1-5   常见重金属对人体健康的危害

重金属	重金属对人体健康的危害
汞	食入后直接沉入肝脏，对大脑视力神经破坏极大。长期食用含有微量汞的饮用水会引起蓄积性中毒
铬	会造成四肢麻木，精神异常
砷	会使皮肤色素沉着，导致异常角质化
镉	导致高血压，引起心脏血管疾病；破坏骨骼，引起肾功能失调
铅	直接伤害人的脑细胞，特别是胎儿的神经板，可造成先天大脑沟回浅，智力低下；造成老年人痴呆、脑死亡等
钴	对皮肤有放射性损伤
钒	对心、肺等有损伤，导致胆固醇代谢异常
锑	能使银首饰变成砖红色，对皮肤有强损伤
铊	会使人患多发性神经炎
锰	超量时会使人甲状腺功能亢进
锡	是古代毒药"鸩"中的重要成分，入腹后凝固成块，使人致死
锌	过量时会患锌热病

重金属对人体的危害，最突出的两个事件就是被列为八大公害的日本"水俣病"和"痛痛病"，前者是由汞的污染造成的，后者是由镉的污染引起的。近年来，我国耕地土壤被重金属污染的情况也越来越突出，"镉大米"的报道已较频繁，我国农产品质量安全令人担忧。

据报道，我国市售大米 Cd 含量超过国家大米 Cd 限量标准（0.2 mg/kg），超标率在 2.2%~10%（Chen et al., 2018; Zhen et al., 2008; Qian et al., 2010），而南方部分地区有相当一部分大米 Cd 含量超过 1 mg/kg（镉大米），超标率甚至在 50%以上（Du et al., 2013）。研究表明，食用大米已成为我国人群 Cd 摄入的主要来源。在南方污染严重的区域，农民长期食用当地 Cd 污染大米，成人每日 Cd 摄入量高达 142~214 μg，出现中等 Cd 毒害症状仅需要 33~50 年，对于一些高暴露人群，假如每日都摄入同样数量的 Cd，则仅需 4.7~8.3 年就能达到 Cd 中等毒害水平（体内累积 2.6 g Cd），10~20 年就能达到半数病人出现"痛痛病"等严重毒害症状（体内累积 3.8 g Cd），15~30 年就可能达到 Cd 致死剂量 5.4 g（汪鹏等，

2018）。

1.2 江苏省耕地质量状况与重金属污染特征

江苏省简称苏，位于我国东部，地处长江、淮河下游，介于东经 116°22′～121°55′、北纬 30°46′～35°07′，处于中纬度亚热带和暖温带。东滨黄海、西邻安徽、北接山东、东南与浙江和上海毗邻，主要由苏南平原、江淮平原、黄淮海平原和东部滨海平原构成。江苏省土地总面积为 10.26 万 km²，占全国总面积的 1.07%。根据《江苏省第三次国土调查主要数据公报》，全省耕地面积为 409.89 万 hm²，人均耕地 0.72 亩，约为全国平均数的二分之一。江苏省农业生产呈现明显的地域性，地区差异十分明显。根据农业地域分异规律，全省分为徐淮、里下河、沿海、沿江、宁镇扬丘陵、太湖六大农区。不同农区自然生态与经济社会条件差异明显，农业生产各具特色。江苏省是著名的"鱼米之乡"，农业生产条件得天独厚，农作物、林木、畜禽种类繁多，粮食、蔬菜、油料等农作物种植几乎遍布全省。主要农作物有水稻、小麦、玉米、大豆、油菜、西瓜、辣椒等。全省耕地的利用方式主要为水田和旱地：水田按一级农业区划分为太湖平原水田区、里下河水田区、宁镇扬丘陵水田区、沿江水田区和徐淮水田区；旱地分为徐淮旱地区、沿海旱地区、沿江高沙土旱地区、宁镇扬丘陵旱地区、太湖旱地区和里下河旱地区。

1.2.1 江苏省耕地质量状况

1. 耕地质量等级及分布特征

对江苏省 75 个农业县（市、区）上报调查耕地面积 449.08 万 hm² 以及 32 个非农业县图斑面积 19.83 万 hm² 的耕地质量进行等级评价，结果表明（王绪奎等，2023）：全省高等级耕地（一级至三级地）面积 154.42 万 hm²，占耕地面积的 32.93%；中等级耕地（四级至六级地）面积为 221.78 万 hm²，占耕地面积的 47.30%；低等级耕地（七级至十级地）面积为 92.71 万 hm²，占耕地面积的 19.77%。具体来看，一级地 32.44 万 hm²，占比 6.92%；二级地 56.83 万 hm²，占比 12.12%；三级地 65.15 万 hm²，占比 13.89%；四级地 69.93 万 hm²，占比 14.91%；五级地 83.51 万 hm²，占比 17.81%；六级地 68.34 万 hm²，占比 14.58%；七级地 41.19 万 hm²，占比 8.78%；八级地 35.46 万 hm²，占比 7.56%；九级地 11.19 万 hm²，占比 2.39%；十级地 4.87 万 hm²，占比 1.04%。全省耕地地力分布不平衡，总体上与全省地貌类型、水资源、经济社会发展水平有一定的相关性，即全省耕地质量等级南部高，北部低，中部平原高，周边丘陵、沿海低。

2. 土壤主要营养元素分布

根据江苏省 2022 年耕地质量监测报告，2022 年江苏省耕地土壤有机质、全氮、有效磷、速效钾养分含量平均值分别为 27.8 g/kg、1.67 g/kg、30.0 mg/kg、147 mg/kg。

1）有机质

按照江苏省耕地质量监测指标分级标准，2022 年耕地质量长期定位监测点有机质含量为 1 级（高）水平和 2 级（较高）水平的点位占比相同，合计占 79.2%，3 级（中等）水平的点位占比为 20.5%，5 级（低）水平占比为 0.3%。

从地区分布看，江苏省苏州市、无锡市、镇江市、扬州市、淮安市等市土壤有机质含量平均值高于全省平均水平，扬州市最高，平均含量为 36.7 g/kg；常州市、南京市、泰州市、南通市、宿迁市、盐城市、徐州市、连云港市等市土壤有机质含量低于全省平均水平，南通市最低，平均含量为 20.8 g/kg。扬州市是江苏省粮食主产区、国家商品粮基地，是农业大市，保持和提高土壤有机质历来为该市土壤培肥重点。南通市、盐城市主要地处沿海农区，成陆时间晚，土壤有机质含量较低，需继续加大增施有机肥料、秸秆还田、种植绿肥等土壤培肥工作力度，逐步提高土壤有机质含量。

从时间演变看，与第二次全国土壤普查时（1982 年）相比，2022 年江苏省耕地土壤有机质含量上升了 12.1 g/kg，增长 77.07%，从 3 级（中等）提升到 2 级（较高）水平；与 2021 年相比，全省土壤有机质含量增加了 0.1 g/kg，增长 0.36%，整体基本保持稳定。从中长期看，有机质含量虽然有所提高，但还不能充分满足现代农业高产、稳产的要求，仍需以提升耕层土壤有机质为核心，培肥土壤。

2）全氮

按照江苏省耕地质量监测指标分级标准，2022 年耕地质量长期定位监测点全氮含量为 1 级（高）水平、2 级（较高）水平、3 级（中等）水平、4 级（较低）水平和 5 级（低）水平的点位分别占 24.00%、37.00%、31.00%、5.67%和 2.33%。其中，2 级（较高）水平点位占比最高，5 级（低）水平点位占比最低。

从地区分布看，江苏省苏州市、无锡市、常州市、镇江市、扬州市、淮安市等市土壤全氮含量平均值高于全省平均水平，扬州市最高，平均含量为 2.20 g/kg，其他各市土壤全氮含量低于全省平均水平，其中南通市、宿迁市、盐城市、徐州市和连云港市等市全氮含量低于 1.50 g/kg，处于 3 级（中等）水平，低于全省平均含量一个级别。土壤中 95%以上的氮以有机形态存在于土壤中，其含量与有机质含量显示了较好的相关性。

从时间演变看，与第二次全国土壤普查时期（1982 年）相比，2022 年江苏省耕地土壤全氮含量明显上升，提高了 0.62 g/kg，增长 59.05%，从 3 级（中等）

水平提升到 2 级（较高）水平；与 2021 年相比，全省耕地土壤全氮含量增加了 0.01 g/kg，基本保持稳定。

3）有效磷

按照江苏省耕地质量监测指标分级标准，2022 年耕地质量长期定位监测点有效磷含量为 1 级（高）水平、2 级（较高）水平、3 级（中等）水平、4 级（较低）水平和 5 级（低）水平的点位分别占 24.67%、21.38%、27.30%、13.49%和 13.16%。其中，3 级（中等）水平点位占比最高，5 级（低）水平点位占比最低。

从地区分布看，江苏省苏州市、无锡市、镇江市、南京市、扬州市、徐州市和连云港市等市土壤有效磷含量超过全省平均水平，其余各市土壤有效磷含量低于全省平均水平。其中，连云港市土壤有效磷含量高达 39.8 mg/kg，而盐城市土壤有效磷含量仅为 20.6 mg/kg，区域间差异较大。

从时间演变看，与第二次全国土壤普查时期（1982 年）相比，2022 年江苏省土壤有效磷含量大幅增加，提高了 24.3 mg/kg，增长 426.32%，由 5 级（低）水平提升到了 2 级（较高）水平；与 2021 年相比，降低了 0.1 g/kg，降低了 0.33%，降幅不明显。根据第二次全国土壤普查资料，20 世纪 80 年代江苏省土壤有效磷含量小于 10 mg/kg 的缺磷土壤占耕地总面积的 88.03%，大于 15 mg/kg 的土壤只占耕地总面积的 4.6%，而 2022 年各地土壤有效磷平均含量均超过了 10 mg/kg 的土壤缺磷临界值。

4）速效钾

按照江苏省耕地质量监测指标分级标准，2022 年耕地质量长期定位监测点速效钾含量为 1 级（高）水平、2 级（较高）水平、3 级（中等）水平、4 级（较低）水平和 5 级（低）水平的点位分别占 42.05%、15.23%、14.90%、14.24%和 13.58%。其中，1 级（高）水平点位占比最高，5 级（低）水平点位占比最低。

从地区分布看，江苏省无锡市、镇江市、南京市、扬州市、淮安市、盐城市和连云港市等市土壤速效钾含量超过全省平均水平，其余各市土壤速效钾含量低于全省平均水平。土壤速效钾含量受成土母质以及秸秆还田等农业措施影响非常明显。例如，盐城市地处滨海地区，第二次全国土壤普查时滨海盐土速效钾含量平均值高达 264 mg/kg，20 多年以来土壤速效钾含量虽有所降低，但仍处于较高水平。

从时间演变看，与第二次全国土壤普查时期（1982 年）相比，2022 年江苏省土壤速效钾含量大幅增加，提高了 30 mg/kg，增长 25.64%，由 3 级（中等）水平提升到了 2 级（较高）水平；与 2021 年相比，降低了 3 mg/kg，降低了 2.00%。1982～2022 年，江苏省土壤速效钾含量整体呈上升趋势，2018 年以后上升趋势尤为明显。近年来，江苏省引导和鼓励农民增施有机肥，大力推广秸秆还田技术和测土配方施肥技术等，土壤中速效钾含量得到了一定提升。

3. 土壤微量元素分布

微量元素是指在植物体内含量介于 0.0002%~0.02%（按干重计）的植物必需的营养元素。根据江苏省 2022 年耕地质量监测报告，全省耕地土壤有效铜、有效锌、有效铁、有效锰、有效钼、有效硼含量平均值分别为 3.95 mg/kg、2.45 mg/kg、128 mg/kg、28.05 mg/kg、0.19 mg/kg、0.59 mg/kg。其中，有效铜、有效铁处于 1 级（高）水平，有效锌、有效锰、有效钼处于 2 级（较高）水平，有效硼处于 3 级（中等）水平；与 2017 年相比，有效锌、有效钼和有效硼均提升了 1 个等级。

1）有效铜

江苏省 2022 年土壤有效铜含量平均值为 3.95 mg/kg，评价结果为 1 级（高）水平。从地区分布看，各市土壤有效铜含量评价结果均为 1 级（高）水平。从时间演变看，与第二次全国土壤普查时期评价结果相比，两个时期评价结果基本一致，全省土壤均不缺铜，不需施用铜肥；与 2017 年相比，全省有效铜含量降低 0.37 mg/kg，但整体评价结果依然为 1 级（高）水平。

2）有效锌

江苏省土壤有效锌含量平均值为 2.45 mg/kg，评价结果为 2 级（较高）水平。从地区分布看，无锡市、南京市、徐州市土壤评价结果为 1 级（高）水平，泰州市、盐城市土壤有效锌含量评价结果为 3 级（中等）水平，淮安市土壤有效锌含量较低，评价结果为 4 级（较低）水平，其他地区土壤有效锌含量评价结果均为 2 级（较高）水平。从时间演变看，与第二次全国土壤普查时期评价结果相比，土壤有效锌含量显著提高，缺锌状况大为改观；与 2017 年相比，江苏省土壤有效锌含量提高了 0.48 mg/kg，其中镇江市、南通市土壤有效锌含量提升最为明显，由 4 级（较低）水平提升为 2 级（较高）水平。有效锌含量的区间不平衡性较大，如无锡市土壤有效锌含量为 5.05 mg/kg，而淮安市仅有 0.67 mg/kg。近年来作物产量大幅提高，作物对锌的需求也有提高。锌与磷等元素存在拮抗作用，玉米、水稻等作物对锌敏感，部分地区特定作物仍表现缺锌症状，要根据实际情况决定是否施用锌肥。

3）有效铁

江苏省土壤有效铁含量平均值为 128 mg/kg，评价结果为 1 级（高）水平。从地分布看，13 个市土壤有效铁含量评价结果均为 1 级（高）水平。从时间演变看，与第二次全国土壤普查时期评价结果相比，土壤有效铁含量显著提高；与 2017 年相比，全省土壤有效铁含量提高了 21.64 mg/kg，其中扬州市和淮安市提升最为明显，分别提高了 117.34 mg/kg、116.77 mg/kg，增幅分别为 70.12%、67.9%。根际有还原能力并能分泌有机螯合物的植物，如分泌麦根酸的小麦，能有效利用土壤中的铁，较少发生缺铁现象。江苏省的小麦、水稻等主要粮食作物，均对铁不敏感，故一般地区和作物不需施用铁肥。

4）有效锰

江苏省土壤有效锰含量平均值为 28.05 mg/kg，评价结果为 2 级（较高）水平。从地区分布看，江苏省多数地市土壤有效锰含量评价结果为 2 级（较高）水平，但南通市、淮安市、盐城市等市土壤有效锰含量相对较低，其中南通市土壤有效锰评价结果为 3 级（中等）水平。从时间演变看，与第二次全国土壤普查时期评价结果相比，土壤有效锰含量显著提高；与 2017 年相比，全省有效锰含量降低了11.63 g/kg，降幅达 29.31%。小麦、大豆、花生等为锰敏感作物，南通市、淮安市、盐城市等市要注意锰肥的施用。

5）有效钼

江苏省土壤有效钼含量平均值为 0.19 mg/kg，评价结果为 2 级（较高）水平。从地区分布看，江苏省多数市土壤有效钼含量评价结果为 3 级（中等）水平。从时间演变看，与第二次全国土壤普查时期相比，土壤普遍缺钼的状况改观不明显；与 2017 年相比，全省土壤有效钼含量提升了 0.04 mg/kg，提升不明显。仍需重视对豆科作物、绿肥作物等钼敏感作物施用钼肥。

6）有效硼

江苏省土壤有效硼含量平均值为 0.59 mg/kg，评价结果为 3 级（中等）水平。从地区分布看，江苏省多数市土壤有效硼含量评价结果为 3 级（中等）水平或 4级（较低）水平，连云港市评价结果为 5 级（低）水平。从时间演变看，与第二次全国土壤普查时相比，土壤普遍缺硼的状况改观明显；与 2017 年相比，全省土壤有效硼含量提升了 0.25 mg/kg，从 4 级（较低）水平提升为 3 级（中等）水平。对甘蓝型油菜、棉花、花生、大豆等硼敏感作物，要科学施用硼肥。

4. 其他土壤性质

作物从土体中吸收的养分主要来自耕层土壤。耕层土壤的容重、酸碱度（pH）、阳离子交换量（CEC）是土壤的重要理化性状指标，对土壤养分的供应有重要影响。根据统计分析结果，2022 年全省监测点耕地土壤容重、酸碱度（pH）、阳离子交换量（CEC）平均值分别为 1.26 g/cm^3、7.11、17.98 cmol（+）/kg。

1）容重

容重是反映土壤通透性和紧实度的重要指标。江苏省监测点耕地土壤容重平均值为 1.26 g/cm^3，评价结果为 2 级（较高）水平。从地区分布看，江苏省各地区耕地土壤容重偏高，其中盐城市土壤容重平均值为 1.41 g/cm^3，评价结果为 4级（较低）水平；宿迁市、徐州市、连云港市土壤容重≥1.3 g/cm^3，评价结果为3 级（中等）水平，应注意加以改善。从时间演变看，与第二次全国土壤普查时期相比，2022 年江苏省土壤容重略有降低，降低了 0.03 g/cm³。近年来，江苏省农机作业率不断提高，对农田土壤碾压频率同步上升，需要密切关注其对土壤紧实度的影响。

2）酸碱度（pH）

酸碱度（pH）是反映土壤化学性质的重要指标之一，对土壤养分的有效性和供应能力有重要影响。多数作物适宜生长在中性、弱碱性或弱酸性土壤中。2022 年江苏省监测点土壤 pH 平均值 7.11，呈中性。从地区分布看，江苏省土壤 pH 分布存在一定的空间差异性，苏州市、扬州市、泰州市、淮安市、宿迁市和连云港市等地土壤 pH 介于 6.5～7.5，等级属于 1 级（高）水平，无锡市、常州市、镇江市、南京市等市土壤 pH 均小于 6.5，土壤偏酸性；南通市 pH 为 8.24，土壤偏碱性。从时间演变看，与 1982 年比较，江苏省 pH 平均值降低了 0.44，pH 由 3 级（中等）水平提升为 1 级（高）水平；与 2021 年相比，pH 从 7.08 上升到 7.11，说明近几年针对江苏省土壤酸化问题开展的治理效果取得了一定成效，但局部地区土壤酸化问题仍要持续关注。

3）阳离子交换量（CEC）

阳离子交换量（CEC）是反映土壤养分保蓄能力的重要指标，其大小主要受有机质和黏粒含量的影响。江苏省监测点土壤阳离子交换量平均值为 17.98 cmol（+）/kg，评价结果为 3 级（中等）水平，比第二次全国土壤普查时期提高了 2.94 cmol（+）/kg，这与土壤有机质的变化趋势一致，说明提高耕地土壤有机质含量，可以相应提高土壤阳离子交换量的水平，从而提高土壤保肥能力。

1.2.2　江苏省耕地土壤重金属污染特征

1. 耕地土壤重金属污染空间分布特征

土壤环境有人为（活动）和自然环境之分，一般表层土壤（0～20 cm 深度）重金属含量分布代表了人为活动环境，而深层土壤（150～200 cm 深度）重金属含量分布则主要反映了自然环境。廖启林等（2009）以 24186 个表层土壤（0～20 cm）和 6127 个深层土壤（150～200 cm）样品 Cd、Hg、Pb、As 等重金属含量数据为基础，研究了江苏省土壤环境的重金属分布与主要污染特征。江苏省深层、表层土壤的重金属含量分布不均，最大值与最小值的差值较大。深层土壤中 Hg 元素含量变异系数（Cv）高达 3.58，Cd、Pb、Cr、As 重金属元素 Cv 都接近或小于 0.5，表明全省自然环境土壤中重金属 Hg 分布极不均匀。表层土壤中 Cd、Hg、Pb 的含量变异系数都远大于 0.5，表明人为活动土壤环境中部分重金属元素分布相对更不均匀。表层土壤同深层土壤相比，Cd、Hg、Pb 等元素平均含量明显在表层土壤偏高，显示人为活动导致这些重金属在表层土壤出现了明显富集，Cd、

Hg 在地表相对富集最强烈。相对目前发布的全国土壤元素背景值而言,江苏省深层土壤各重金属元素平均含量除 Cr 偏高外,其他重金属元素平均含量基本接近其全国土壤背景含量,As 的平均含量还略低于其全国土壤背景含量。但表层土壤的 Cd、Hg 等重金属平均含量远高于其全国土壤背景值,也显示了人为活动因素对江苏省表层土壤的 Cd、Hg 等重金属分布有极显著影响。

不同地貌单元之间的土壤重金属含量分布也有明显差异。江苏全省从北向南分为沂沭丘陵平原、徐淮黄泛平原、里下河浅洼平原、苏北滨海平原、长江三角洲平原、太湖水网平原、宁镇扬丘陵岗地 7 大地貌单元,研究表明沂沭丘陵平原深层土壤中 As、Cr 等重金属元素的平均含量明显高于其表层土壤,显示这一带自然成土过程中相对富集了 As、Cr 等重金属元素,这一片也正是苏鲁造山带(超高压变质带)所在地,其地质背景与周边存在较大差异。长江三角洲平原与太湖水网平原表层土壤的 Cd、Hg、Pb 等重金属元素平均含量普遍偏高,且高于当地深层土壤的平均含量,这一带也是江苏省人口相对密集、经济相对发达的地段,显示人类活动对这些地段土壤的重金属分布有明显影响。宁镇扬丘陵岗地的深层、表层土壤中 As、Cd、Hg、Pb 等重金属元素含量的变异系数都普遍较高(多大于0.5),应与当地是江苏省境内多金属矿化最集中的地段有一定联系。总体看来,苏北土壤中 As 含量明显偏高,苏南土壤的 Cd、Hg 含量明显偏高。

江苏全省从南到北依次分为苏州市、无锡市、常州市、镇江市、南京市、南通市、泰州市、扬州市、淮安市、盐城市、宿迁市、徐州市、连云港市 13 个省辖市,总体表现为东南部的经济发展水平、人口密度、工业化程度高于西北部。不同地区因为人口密度、产业结构、经济发展水平等有一定差异,其土壤尤其是表层土壤的重金属含量分布上也存在一些差异。上述 13 个城市土壤环境的重金属分布资料统计结果显示:各市深层土壤之间的重金属含量差异远不如表层土壤明显,说明不同地区自然环境土壤之间的重金属含量分布差异远不如人为活动所造成的差异明显,人为因素对江苏省土壤的重金属分布有直接影响。

重金属含量分布不均衡是江苏省土壤的一大共性,但江苏省境内自然环境土壤的绝大多数重金属元素的平均含量与全国土壤相关元素背景含量接近。地貌差异对自然环境土壤的重金属含量分布也有一定影响;且人为活动已成为影响地表土壤重金属含量分布的重要因素,地表土壤中 Cd、Hg 等元素含量分布能够有效指示人类活动对土壤环境影响的程度,这些重金属相对富集越明显,说明人为作用力度越强烈。全省 13 个市之间自然环境土壤的 Cd、Hg 重金属元素含量分布差异远不如人为活动土壤环境显著,发达城市的地表土壤环境重金属含量总体偏高。

2. 耕地土壤重金属污染类型与程度

从 2017 年江苏省重金属监测数据来看,苏南地区 76 个监测点中有 22 个监测点土壤环境质量超出国家二级标准，超标监测点数占地区监测点总数的28.95%，其中2个监测点综合评价结果为清洁，11个监测点为尚清洁，7个监测点为轻污染，2个监测点为中污染。说明苏南局部地区耕地土壤环境存在重金属污染，主要致污因子是Cd、Hg，超标监测点数分别为10个和14个。苏中地区74个监测点中有12个监测点土壤环境质量超出国家二级标准，超标监测点数占地区监测点总数的16.22%，其中3个监测点综合评价结果为轻污染，其余均为尚清洁，说明苏中地区耕地土壤环境总体尚可，但存在局部轻污染，主要致污因子是Cd、Hg，超标监测点数分别为7个和4个。苏北地区150个监测点中有12个监测点土壤环境质量超出国家二级标准，超标监测点占地区监测点总数的8.00%，其中7个监测点综合评价结果为清洁，2个监测点为尚清洁，3个监测点为轻污染，说明苏北地区耕地土壤环境总体良好，虽有个别点综合评价指数偏高，但整体可控。

廖启林等（2009）研究表明，江苏省自然环境土壤的重金属元素平均含量大多与全国土壤环境对应的重金属元素背景含量接近，但全省土壤重金属分布极不均衡，苏南土壤Cd、Hg等含量总体偏高，苏北土壤则相对聚集了更多的As。江苏省境内存在局部土壤环境的重金属污染，全省农田土壤环境受到Cd、Hg、Pb、Cu、Zn、Cr、Ni、As 8种重金属综合污染的比例为1.02%，有污染土壤面积超过900 km^2。江苏省13个市中，苏州市、无锡市土壤环境的重金属污染相对较严重，中度和重度污染比例之和均超过7%，其耕地土壤重金属Cd、Hg污染应引起足够重视。

3. 耕地土壤重金属污染成因简析

前人研究已经认识到地表土壤的重金属含量分布是随着时间推移而不断变化的，而且地表土壤环境中的重金属将在土壤-植物或农作物之间不断发生迁移与重新分配，土壤重金属污染可能随时威胁到当地农作物的安全，这些都说明了研究土壤重金属污染机理是非常必要的，同时也预示着准确掌握一个地区的土壤重金属污染成因也是有相当有难度的。

江苏省局部土壤环境出现重金属污染的因素不是唯一的，地表土壤重金属污染与人类活动有直接关系。有资料表明工业化、城市化可能是加剧部分土壤重金属污染的直接原因（廖启林等，2009）。

也有研究者发现在苏南等经济更发达、乡镇工业水平更高、城市化发展更快的地区，在人为活动背景下，其土壤剖面的重金属在地表40 cm以上深度出现了显著富集，重金属含量远高于100 cm深度以下的自然环境土壤，而在苏北一些县市农田土壤剖面上则未出现人为活动背景下的重金属表层富集现象，这类地区土壤剖面的重金属含量从地表到深部（100 cm以下）都相对稳定，基本找不到受人为活动明显影响的证据。这些不同人为活动背景下的土壤剖面重金属含量随深度递变，说明伴随工业化、城市化的发展，通过一些人为生产、消费活动向局部土壤环境输入重金属是导致地表土壤重金属污染的重要原因，人类活动对环境的作用力度越大，表层土壤受到重金属污染的程度有可能就越高，土壤被污染的深度将更深。工业化、城市化等人为活动因素导致局部土壤重金属污染的机制较复杂，矿业活动、农田施肥、机械加工、造纸印刷等都可能导致附近土壤出现重金属污染。

同时，还有研究资料表明，金属加工与冶炼对土壤的重金属污染影响很明显。以南京市附近的梅山钢铁厂为例，人为活动导致周边土壤重金属显著富集，Hg污染较为普遍；表层 30 cm 以内土壤重金属 Hg、Pb、Cd 等含量远高于 200 cm 以下深部自然环境土壤。

除了上述人为因素外，自然地质作用也是导致江苏省土壤出现重金属污染的重要原因之一。江苏省境内洪泽湖南侧（靠近盱眙—六合一带）存在大片 Cr、Cu 等重金属污染土壤，呈面状分布，当地大片土壤的 Cr、Ni 等含量都超出了绿色食品产地限定的质量标准。将当地 Cr、Ni 污染土壤的分布特征与地质背景做对比分析，了解到 Cr、Ni 重金属污染土壤的分布特征如下：①所在地土壤 Cr、Ni 等不同亲铁元素之间的富集范围高度吻合；②当地深层、表层土壤中出现了 Cr、Ni、Co 等重金属的同步富集，且深层土壤的 Cr、Ni 等重金属含量丝毫不比其表层土壤低；③Cr、Ni 等重金属元素的相对富集范围（或异常区）与当地一套新近系的基性偏超基性火山岩（玄武岩等）的分布范围高度一致。这些都共同反映了这样一个事实，即当地土壤中所存在的大片面状 Cr、Ni 等重金属污染是由基性偏超基性火山岩风化成土所致，是由地质背景所形成的自然污染，非人为污染。自然地质作用所形成的局部重金属土壤污染，其污染区分布范围、污染强度、元素组合、对农作物的危害等都与人为污染有明显区别，自然地质作用所形成的污染通常具有非点状、多元素、低强度、深层和表层同时出现污染等共性，这些都可以为鉴别人为污染与自然污染提供参考。

朱立新等（2006）在研究中国东部平原土壤元素基准值时，也发现了在珠江三角洲平原、鄱阳湖平原一带土壤中 Pb、Zn、Hg、Cd、Sn 等重金属基准值明显高于中国东部平原其他地区土壤，这些都说明了成土母质的差异是导致土壤重金属分布不均衡的重要原因，也为自然地质作用能形成局部土壤环境重金属污染提供了旁证。江苏省境内洪泽湖南侧土壤的重金属污染源于自然地质作用的实例在连云港市等地也存在，随着对土壤重金属污染研究的不断深入，有关认识也会不断深化。

1.3　土壤重金属赋存形态及迁移转化

1.3.1　土壤重金属赋存形态

重金属在土壤中的赋存形态非常复杂，受土壤理化性质、金属性质等的影响，通常可以分为以下几种形态。

1）交换态

该形态重金属可进行的离子交换以及专性吸附是这种形态重金属的特征。这种形态的重金属可以在阳离子的溶液中被释放出来，直接在土壤中被生物吸收。

2）碳酸盐结合态

碳酸盐结合态重金属指土壤中以沉淀或共沉淀形式存在，但通过较为温和的酸即可被溶出的重金属，也可以称为生物有效态重金属。

3）锰铁结合态

锰铁结合态重金属在土壤氧化物中共沉淀或是专性吸附，但是在还原状态下可以被释放到土壤溶液里。

4）有机结合态

重金属在这种形态下的含量会受到土壤中有机质含量以及配位基团含量的影响，而且金属离子的外层电子轨道形态也可以影响它。

5）残渣态

残渣态重金属是矿物晶格中包含的重金属形态，较难迁移和被生物利用，对于环境来说是比较安全的，只有在遇到强酸、螯合剂或者微生物时才会被释放到环境中。

1.3.2　土壤重金属迁移转化

重金属元素的迁移转化是指重金属在自然环境空间位置的移动和存在形态的转化，以及由迁移转化所引起的重金属富集与分散过程。

1．物理迁移

重金属是相对较难在土体中迁移的污染物。重金属进入土壤后总是停留在表层或亚表层，很少迁入底层。土壤溶液中的重金属离子或配离子可以随水迁移至地表水体，而更多的重金属则可以通过多种途径被包含于矿物颗粒内或被吸附于土壤胶体表面上，随土壤中水分的流动被机械搬运，特别是多雨的坡地土壤，这种随水冲刷的机械迁移更加突出。在干旱地区，矿物或土壤胶粒还以尘土的形式被风机械搬运。

2. 物理化学迁移和化学迁移

土壤环境中的重金属污染物能以离子交换吸附、络合-螯合等形式和土壤胶体相结合或发生沉淀与溶解等反应。

1）重金属与无机胶体的结合

重金属与无机胶体的结合通常分为两类：一类是非专性吸附，即离子交换吸附；另一类是专性吸附，它是土壤胶体表面和被吸附离子间通过共价键或配位键而产生的吸附。

（1）非专性吸附，指重金属离子通过与土壤表面电荷之间的静电作用而被土壤吸附，又称为离子交换吸附或极性吸附，这种作用的发生与土壤胶体微粒所带电荷有关。土壤胶体表面常带有净负电荷，对金属阳离子的吸附顺序一般为 $Cu^{2+}>Pb^{2+}>Ni^{2+}>Co^{2+}>Zn^{2+}>Ca^{2+}>Ma^{2+}>Na^{+}>Li^{+}$。不同黏土矿物对金属离子的吸附能力存在较大差异，蒙脱石的吸附顺序一般是 $Pb^{2+}>Cu^{2+}>Hg^{2+}$；高岭石为 $Hg^{2+}>Cu^{2+}>Pb^{2+}$；而带正电荷的水合氧化铁胶体可以吸附 PO_4^{3-}、AsO_4^{3-} 等。一般而言，阳离子交换量越大的土壤对带正电荷重金属离子的吸附能力越强，而对带负电荷的重金属含氧基团吸附量则较小。离子浓度不同，或有络合剂存在时会打乱上述顺序。因此对不同的土壤类型可能有不同的吸附顺序。

（2）专性吸附，又称选择性吸附。重金属离子可被水合氧化物表面牢固地吸附，这些离子能进入氧化物金属原子的配位壳中，与—OH 和—OH$_2$ 配位基重新配位，并通过共价键或配位键结合在固体表面。这种吸附不仅可以发生在带电体表面上，也可发生在中性体表面，甚至还可在吸附离子带同号电荷的表面上进行。被专性吸附的重金属离子是非交换态的，只能被亲和力更强或性质相似的元素所解吸，有时也可在低 pH 条件下解吸。土壤中胶体性质对专性吸附的影响极大。重金属离子的专性吸附还与土壤溶液 pH 密切相关，一般随 pH 的上升而增加。在所有重金属中，以 Pb、Cu 和 Zn 的专性吸附最强。这些离子在土壤溶液中的浓度在很大程度上受专性吸附所控制。专性吸附使土壤对重金属离子有较大的富集能力，影响它们在土壤中的移动和在植物中的累积，专性吸附对土壤溶液中重金属离子浓度的调节、控制强于受溶度积原理的控制。

2）重金属与有机胶体的结合

重金属元素可以被土壤中有机胶体络合或螯合，或被有机胶体表面所吸附。从吸附作用上看，有机胶体的吸附容量远远大于无机胶体。但土壤中有机胶体的含量远小于无机胶体的含量。必须指出，土壤腐殖质等有机胶体对金属离子的吸附交换作用与络合-螯合作用是同时存在的，当离子浓度较高时以吸附交换作用为主，离子浓度较低时以络合-螯合作用为主。当有机胶体与重金属形成水溶性的络合物或螯合物时，重金属在土壤环境中随水迁移的可能性很大。

3）溶解和沉淀

重金属的溶解和沉淀作用，是土壤环境中重金属元素化学迁移的重要形式，它实际上是各种重金属难溶电解质在土壤固相和液相之间的离子多相平衡，因此需要根据溶度积变化的一般原理，结合土壤的具体环境条件进行研究。重金属在土壤中的溶解和沉淀作用主要受土壤 pH、氧化还原电位（Eh）值、重金属的配位（合）作用和土壤中其他物质如富里酸、胡敏酸的影响。

3. 生物迁移

土壤环境中重金属的生物迁移主要是指植物通过根系从土壤中吸收某些化学形态的重金属，并在植物体内累积。这一方面可看作是生物体对土壤重金属污染物的净化；另一方面也可看作是重金属通过土壤对生物的污染。除植物的吸收外，土壤微生物的吸收以及土壤动物啃食重金属含量较高的表土也是重金属发生迁移的一种途径。但是生物残体还会将重金属归还给土壤。植物根系从土壤中吸收重金属，并在体内累积，该过程受多种因素的影响，其中主要的影响因素有重金属浓度及其存在形态、土壤环境状况、不同作物种类、伴随离子等。

1.4　重金属污染耕地安全利用与修复

1.4.1　重金属污染耕地治理流程

根据《受污染耕地治理与修复导则》（NY/T 3499—2019），受污染耕地治理与修复的一般流程如图 1-1 所示。主要工作包括：污染耕地基础数据和资料的收集、受污染耕地污染特征和成因分析、治理与修复范围和目标确定、治理与修复模式选择、治理与修复技术确定、治理与修复实施方案编制、治理与修复组织实施以及治理与修复效果评估。

1. 污染耕地基础数据和资料的收集

在受污染耕地治理与修复工作开展之前，应收集治理与修复相关的资料，包括但不限于以下内容：

（1）区域自然环境特征：气候、地质地貌、水文、土壤、植被、自然灾害等。

（2）农业生产状况：农作物种类、布局、面积、产量、农作物长势、耕作制度等。

（3）耕地污染风险评估情况：包含土壤环境状况、农作物监测资料、污染成因等。

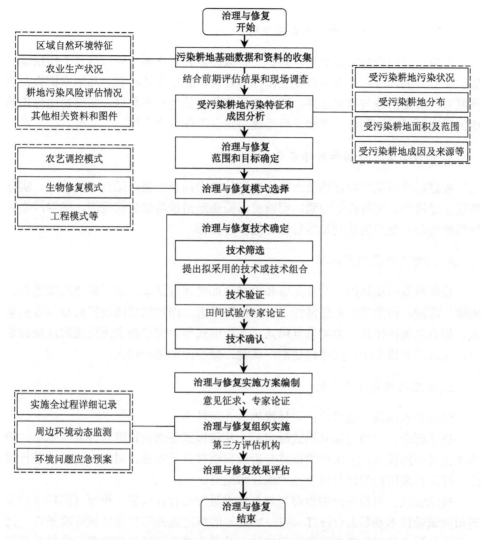

图 1-1　受污染耕地治理与修复流程图

　　其中，土壤环境状况就包括土壤污染物种类、含量、有效态含量、历史分布与范围、土壤环境质量背景值状况、污染源分布情况等；农作物监测资料包括农作物超标历年值、农产品质量现状等；污染成因包括受污染耕地土壤与农产品污染来源、污染物排放途径和年排放量资料、农灌水质及水系状况、大气环境质量状况、农业投入品状况等。

　　（4）其他相关资料和图件：土地利用现状图、土地利用总体规划图、行政区划图、农作物种植分布图、土壤（土种）类型图、高程数据、耕地地理位置示意图、永久基本农田分布图、粮食生产功能区分布图等。

2. 受污染耕地污染特征和成因分析

汇总已有调查资料和数据，判断已有数据是否能支撑治理与修复工作精准实施。如有必要，应在治理和修复工作开展之前，进行土壤和农产品加密调查，摸清底数，确定治理与修复边界。综合分析收集到的资料和数据，明确耕地污染的成因和来源等，为制订方案和开展治理与修复工作提供支撑。

3. 治理与修复范围和目标确定

根据耕地污染风险评估及土壤和农产品加密调查结果，综合工作基础、实际情况、经济性、可行性等因素，明确受污染耕地治理与修复的范围，确定污染耕地经治理与修复后需达到基本目标还是参考目标。

4. 治理与修复模式选择

根据耕地污染风险评估及土壤和农产品加密调查结果，基于耕地污染类型、程度、范围、污染来源及经济性、可行性等因素，因地制宜地选择治理与修复模式，如农艺调控模式、生物修复模式、工程模式等。对已确定污染源的地块或区域，在治理和修复中，应考虑切断污染源，减少污染物的输入。

5. 治理与修复技术确定

包括技术筛选、技术验证和技术确认 3 个环节。

技术筛选：治理与修复模式确定后，从该模式备选的治理与修复技术中，筛选潜在可用的技术，采用列表描述分析或权重打分等方法，对选出的技术进行排序，提出拟采用的治理与修复技术或技术组合。

技术验证：对拟采用的治理与修复技术进行可行性验证，按照《肥料效应鉴定田间试验技术规程》（NY/T 497—2002）的规定选择与目标区域环境条件、污染种类及污染相似的耕地开展田间试验，或者直接在目标区域选择小块耕地开展田间试验。例如治理与修复技术已在相似耕地开展田间试验，并可提供详细试验数据和报告，经专家论证后，可以不再开展田间试验。

技术确认：根据技术的田间试验结果，综合经济性、可行性等因素，最终确定目标区域内受污染耕地治理与修复技术。

6. 治理与修复实施方案编制

根据上述所确定的治理与修复的范围、目标、模式、技术等，编制受污染耕地治理与修复实施方案。

7. 治理与修复组织实施

严格按照治理与修复实施方案确定的步骤和内容，在目标区域开展受污染耕地治理与修复工作。对治理与修复实施的全过程进行详细记录，并对周边环境开展动态监测，分析治理与修复措施对耕地及其周边环境的影响，并对可能出现的环境问题需有应急预案。

8. 治理与修复效果评估

评估受污染耕地经治理与修复后是否达到治理修复目标。治理与修复完成（或阶段性完成）后，由第三方机构对治理与修复的措施完成情况及效果开展评估。对于基本目标，评估方法参照《耕地污染治理效果评价准则》(NY/T 3343—2018)；对于参考目标，评估方法参照《耕地污染治理效果评价准则》(NY/T 3343—2018)与《污染地块风险管控与土壤修复效果评估技术导则（试行）》(HJ 25.5—2018)。

1.4.2 重金属污染耕地安全利用与治理修复技术

我国耕地资源紧张，对中、低度污染耕地提倡实施安全利用措施，即通过降低重金属进入食物链的方式来保障粮食生产安全，这对我国农用地污染治理具有十分重要的意义。

重金属污染耕地安全利用与治理修复技术主要包括：耕地重金属污染源解析与控制技术、土壤重金属污染风险评估与耕地环境质量类别划分技术、重金属低积累作物品种筛选与应用、重金属污染耕地钝化调控技术、重金属污染耕地水分调控技术、重金属污染耕地养分调控技术、重金属污染耕地植物修复技术、重金属污染耕地种植结构调整技术等。

1）耕地重金属污染源解析与控制技术

土壤重金属污染源解析的研究既包括土壤中重金属主要来源的定性判断，即源识别，也包括各类污染源贡献的定量计算，即源解析，通常将二者统称为源解析。对土壤重金属来源解析最理想的结果是定量给出每一种来源对土壤中累积的重金属含量的贡献，并指出其进入土壤的途径，进而有针对性地采取措施加以控制。

2）土壤重金属污染风险评估与耕地环境质量类别划分技术

农用地土壤重金属生态安全阈值是指农用地土壤中某一重金属对农用地土壤生态系统中暴露生物不产生有害影响的最大安全剂量或浓度，通常用于农用地土壤重金属污染风险评价，是农用地土壤环境质量标准制定的科学依据和重要基础。耕地环境质量类别划分是根据土壤和农产品的污染物含量和超标情况，按照一定技术流程，将耕地划定为不同的类别，包括优先保护类、安全利用类和严格管控类。

3）重金属低积累作物品种筛选与应用

不同作物种类和同一作物不同品种或基因型对重金属的吸收和累积存在很大差异。利用农作物这一特点，在中轻度重金属污染土壤上种植作物的可食部位重金属富集能力较弱，但生长和产量基本不受影响的农作物品种，可以减少重金属进入食物链，有效降低农产品的重金属污染风险。目前我国已经开展大量低积累作物品种的筛选研究，筛选的作物涵盖小麦、水稻、大麦、花生、玉米、大豆、油菜等粮油作物，大白菜、萝卜、茄子等蔬菜品种。重金属低积累作物品种筛选与应用已成为防止重金属污染和保障农产品安全的有效措施之一。

4）重金属污染耕地钝化调控技术

重金属污染耕地钝化调控技术是通过向土壤中加入一种或多种改良剂，通过调节土壤理化性质以及沉淀、吸附、络合、氧化/还原等一系列反应，改变重金属元素在土壤中的化学形态和赋存状态，降低其在土壤中的移动性和生物有效性，从而降低这些重金属污染物对环境的危害，进而达到修复污染土壤的目的。常用的改良剂分为无机改良剂和有机改良剂两大类。其中无机改良剂包括：石灰、碳酸钙、粉煤灰等碱性物质，羟基磷灰石、磷矿粉、磷酸氢钙等磷酸盐，天然或改性的沸石、膨润土等矿物，铁氧化物、锰氧化物等金属氧化物。有机改良剂包括：农家肥、绿肥、草炭等有机肥料以及生物质炭等。

5）重金属污染耕地水分调控技术

水分管理是重要的农艺措施。土壤中水分主要是通过改变土壤氧化还原电位（Eh），进而影响 Cd、Pb、As、Cr、Cu 等重金属化学形态和有效性。淹水处理可降低土壤 Eh，增加土壤中还原态铁（Fe）、锰（Mn）等阳离子含量和硫离子（S^{2-}）等阴离子的含量，淹水后逐渐提高的 pH 增加了 Cd^{2+} 在土壤中的吸附，还原态阴离子与 Cd^{2+} 的共沉淀作用，可以抑制水稻对镉的吸收；相反淹水处理会增加 As 还原，提高 As 有效性和水稻 As 吸收。因此，需要根据土壤重金属污染物类型，选择合理的水分调控技术。

6）重金属污染耕地养分调控技术

植物必需营养素分为两大类：大量营养素，包括氮（N）、磷（P）和钾（K）；以及微量营养素，包括铜（Cu）、铁（Fe）、锰（Mn）和锌（Zn）。施肥不仅能满足作物生长所需养分，而且对土壤中重金属的生物有效性具有较大影响。优化施肥是指根据土壤环境状况与种植作物特征，优化有机肥、化肥种类与施用量。化肥的施用要结合当地耕作制度、气候、土壤、水利等情况，选择适宜的氮、磷、钾肥料品种，避免化学肥料活化土壤重金属。

7）重金属污染耕地植物修复技术

重金属污染耕地植物修复技术是近年来研究最多的一类修复技术，大量重金属超积累植物的发现与研究，为重金属污染耕地植物修复技术的应用创造了前提条件。植物修复通常包括植物吸取、植物根系过滤、植物固定、植物降解、植物挥发和植物刺激等修复类型。

8）重金属污染耕地的种植结构调整技术

重金属污染耕地的种植结构调整技术是指通过作物替代种植或休耕制度来实现受污染耕地的安全利用。对于重度污染的耕地土壤，采用作物替代种植技术，即改种不被人体摄入的非食用经济作物，如棉花、苎麻、桑树、花卉、高粱、饲用玉米等，不仅切断了重金属食物链，实现了农田土壤的污染修复，而且为当地创造了就业机会和经济效益，实现了农田土壤的高效利用和可持续发展。

参 考 文 献

白瑛, 张祖锡. 1988. 灌溉水污染及其效应[M]. 北京: 中国农业大学出版社.

褚海燕, 马玉颖, 杨腾, 等. 2020. "十四五"土壤生物学分支学科发展战略[J]. 土壤学报, 57(5): 1105-1116.

崔爽, 周启星, 晁雷. 2006. 某冶炼厂周围 8 种植物对重金属的吸收与富集作用[J]. 应用生态学报, 17(3): 3512-3515.

高贵锋, 褚海燕. 2020. 微生物组学的技术和方法及其应用[J]. 植物生态学报, 44(4): 395-408.

胡学玉, 孙宏发, 陈德林. 2007. 大冶矿区土壤重金属积累对土壤酶活性的影响[J]. 生态环境, 16(5): 1421-1423.

廖启林, 华明, 金洋, 等. 2009. 江苏省土壤重金属分布特征与污染源初步研究[J]. 中国地质, 36(5): 1163-1174.

刘娟, 张乃明, 于泓, 等. 2021.重金属污染对水稻土微生物及酶活性影响研究进展[J]. 土壤, 53(6): 1152-1159.

刘沙沙, 付建平, 蔡信德, 等. 2018. 重金属污染对土壤微生物生态特征的影响研究进展[J]. 生态环境学报, 27(6): 1173-1178.

刘瑶. 2015. 中国耕地地球化学调查报告(2015 年)[R]. 北京: 国土资源部中国地质调查局.

孙波, 赵其国, 张桃林, 等. 1997. 土壤质量与持续环境——Ⅲ.土壤质量评价的生物学指标[J]. 土壤, 29(5): 225-234.

唐豆豆, 袁旭音, 汪宜敏, 等. 2018. 地质高背景农田土壤中水稻对重金属的富集特征及风险预测[J]. 农业环境科学学报, 37(1): 18-26.

汪鹏, 王静, 陈宏坪, 等. 2018. 我国稻田系统镉污染风险与阻控[J]. 农业环境科学学报, 37(7): 1409-1417.

王秀丽, 徐建民, 姚槐应, 等. 2003. 重金属铜、锌、镉、铅复合污染对土壤环境微生物群落的影响[J]. 环境科学学报, 23(1): 22-27.

王绪奎, 张永春, 梁永红. 2023. 江苏省耕地地力评价与应用丛书——江苏耕地[M]. 南京: 江苏凤凰科学技术出版社.

吴春艳, 陈义, 闵航, 等. 2006. Cd^{2+}和Cu^{2+}对水稻土微生物及酶活性的影响[J]. 浙江农业科学, 47(3): 303-307.

张建, 黄小兰, 张婷, 等. 2018. 鄱阳湖河湖交错带重金属污染对微生物群落与多样性的影响[J]. 湖泊科学, 30(3): 640-649.

张丽, 彭重华, 王莹雪, 等. 2014. 14种植物对土壤重金属的分布、富集及转运特性[J]. 草业科学, 31(5): 833-838.

张乃明, 包立, 王宏镔, 等. 2017. 重金属污染土壤修复理论与实践[M]. 北京: 化学工业出版社.

朱立新, 马生明, 王之峰. 2006. 中国东部平原土壤生态地球化学基准值[J]. 中国地质, 33(6): 1400-1405.

Chen H P, Tang Z, Wang P, et al. 2018. Geographical variations of cadmium and arsenic concentrations and arsenic speciation in Chinese rice[J]. Environmental Pollution, 238: 482-490.

Du Y, Hu X F, Wu X H, et al. 2013. Affects of mining activities on Cd pollution to the paddy soils and rice grain in Hunan Province, Central South China[J]. Environmental Monitoring and Assessment, 185(12): 9843-9856.

Liu Y Z, Xiao T F, Perkins R B, et al. 2017. Geogenic cadmium pollution and potential health risks, with emphasis on black shale[J]. Journal of Geochemical Exploration, 176: 42-49.

Lv J S, Liu Y, Zhang Z L, et al. 2014. Multivariate geostatistical analyses of heavy metals in soils: Spatial multi-scale variations in Wulian, Eastern China[J]. Ecotoxicology and Environmental Safety, 107: 140-147.

Qian Y Z, Chen C, Zhang Q, et al. 2010. Concentrations of cadmium, lead, mercury and arsenic in Chinese market milled rice and associated population health risk[J]. Food Control, 21(12): 1757-1763.

Zhen Y H, Cheng Y J, Pan G Z, et al. 2008. Cd, Zn and Se content of the polished rice samples from some Chinese open markets and their relevance to food safety[J]. Journal of Safety and Environment, 8: 119-122.

第 2 章　耕地重金属污染源解析与控制技术

了解耕地土壤重金属的污染来源，从而制定和采取相应的源头消减与阻控措施，是保障耕地土壤质量和农产品安全的重要措施。耕地土壤重金属来源复杂，重金属在土壤中的迁移和累积过程受到多种因素的影响。因此面对多污染来源的污染土壤，如何准确地辨析出特定区域内土壤重金属污染来源是有效治理土壤重金属污染的关键。本章重点介绍耕地土壤重金属污染源解析技术原理和方法，以及基于源解析的耕地重金属污染控制技术，并通过具体案例介绍江苏省在耕地重金属污染源解析与控制技术方面的实践。

2.1　耕地重金属污染源解析技术原理和方法

常用的源解析技术，依据其性质大致可以分为两类：定性源识别与定量源解析。源识别（source identification）是指定性判断污染物来源的方法，如因子分析法、主成分分析法等；源解析（source apportionment）是指定量计算各类污染物来源贡献大小的方法，如化学质量平衡法、同位素示踪法等。20 世纪 60 年代，美国科学家在大气颗粒物研究中首次使用源排放清单法，进而提出通过模拟污染过程达到溯源目的的扩散模型；20 世纪 70 年代，美国、日本等国家将注意力转移到受体模型研究中；20 世纪 80 年代，欧洲地区的许多国家和地区也相继开展源解析工作（刘宏波等，2021）。

2.1.1　定性源识别原理与方法

定性源识别法是通过对污染物的主要特征进行识别，进而判断污染源类型。这类方法操作简单、流程简易。但由于土壤污染物的某些性质具有不稳定性，因而单一的定性方法所得到的结论往往较实际有偏差，故一般用于对污染源类型的初步判断。

1. 传统的多元统计方法

重金属在土壤中分布往往会具有某些相似的特征，传统的多元统计方法则利用这些特征进行污染源的定性识别，其基本思路是观测物质间的内在联系，归类同源污染物，进而判断污染源。该方法不需要提前对污染源进行详细调查，极大节省了工作量，但对污染源选择时具有一定的经验性、主观性，对相似的几种污染源往往无法有效区分。研究中常用的方法包括聚类分析法、因子分析法和主成分分析法等。

聚类分析（cluster analysis，CA）法是通过比对和分析两种污染物间的相似程度，得到能反映它们之间亲疏关系的"距离"，随后加入新物质与之前物质进行比对，重复多次直至所有污染物均完成比对，最后按"距离"由近至远进行合并，进而识别污染源。一般使用树状图展示污染物间的亲疏关系。

因子分析（factor analysis，FA）法是将土壤中各重金属浓度看作是少数几个主要污染源贡献的线性组合，可将一系列具有复杂关系的高维变量归结为少数几个公因子，达到降低维度的效果，进而有效识别污染源。此法主要流程是采集许多样品，利用化学提取方法，分析出若干种化学成分，构成一个数据集，从数据集中归结公因子，由此计算各个因子载荷，进而结合因子载荷和污染源特征推断可能的污染源。

主成分分析（principal component analysis，PCA）法基本思路与因子分析法类似，但细节上又有所区别。此法采用旋转变换对因子载荷矩阵进行处理，从而识别主要因子，在尽量不丢失原始信息的情况下，使用互不关联的新指标解释变量间的相关性，结合污染源特征推测污染物的可能来源。但若污染源类型众多，PCA 的分析能力往往会略显不足，可能会丢失对一些污染源的解读。

2. 空间分析法

空间分析法的基本思路是基于地理信息科学原理，根据区域采样点间的空间自相关性，利用地统计插值等方法，对研究区域的土壤重金属分布状况进行空间分布预测，并通过空间分析推断可能的污染源（Cai et al.，2015）。自然源与人为源对污染物的影响往往会在污染物的空间分布上有所体现。例如，自然因素对土壤重金属的分布影响一般具有连续性，重金属含量的异常变化往往与工、农业等人为源的出现密切相关。此方法的优势在于通过少量采样就可获取有价值的信息，不仅有效减少研究成本与人员精力，还可通过分布预测对污染状况有宏观了解，也是对其他源解析方法的良好补充（Chen et al.，2016）。但当前技术有一定局限性，如阶梯采样的过程具有一定针对性，插值结果往往无法清晰反映局部变化等。

传统的地统计插值方法一般有克里金（Kriging）、反距离权重（IDW）、序贯高斯模拟（SGS）等。此外，地理探测器在探测空间分异性和解释其背后的驱动因子方面也有独特优势，逐渐被源解析研究者们所采用。研究者们常常将空间分析法与其他源解析方法联合使用，优势互补，有效提高了源解析结果的精度。例如利用绝对主成分分数-多元线性回归模型与空间分析法相结合，有效解析了土壤中镉的潜在来源（瞿明凯等，2013）。

2.1.2　定量源解析原理与方法

源解析法不仅要识别污染源的类型，还要通过一定的数学手段，计算污染源对受体所做的贡献（具体的数字或比例），便于清晰、直观展现污染源信息。

1. 源清单法与扩散模型法

源清单法和扩散模型法均需收集完整的污染排放源信息，即排放清单。源清单法是通过调查和记录，获取各污染源的排放水平，生成污染源数据清单，估算排放源的排放量，在一定区域内对主要排放源及贡献进行定量解析。扩散模型法则是依据排放清单，结合浓度、与受体空间距离、气候等影响因素，模拟源排放对受体的影响，进而量化污染源的贡献程度。

基于实际观测数据的源清单法和扩散模型法的结果具有直观、清晰等优点，且适用于不同的范围尺度。但它们也有一些局限性，如土壤源排放量难以精确记录、全面采集数据的过程费时费力、不同的重金属在土壤中积累传播能力也有显著差异、污染源与土壤受体间的关系难以确定等。综上，源清单法与扩散模型法虽然原理简单、结果解释力强，但由于一些局限性，目前在土壤源解析工作中使用较少。

2. 化学质量平衡模型

化学质量平衡（chemical mass balance，CMB）模型是美国国家环境保护局（USEPA）推荐的一种定量源解析方法，也是目前应用最为广泛的受体模型之一。

在污染源已知的情况下，使用此模型需先假设三个前提：①污染物的化学成分保持相对稳定，且成分间具有显著差异；②污染物之间不发生化学反应；③污染源成分谱均为线性无关的，且采样误差符合正态分布。在满足上述前提的情况下，基于质量守恒定律，各污染物中化学组分和污染源对土壤样品的贡献率乘积之和，即为土壤样品中污染物对应浓度，计算公式为

$$Y_i = \sum_{j=1}^{q} x_{ij} f_i + a_i \tag{2-1}$$

式中，Y_i 为样品中第 i 种污染物对应浓度；x_{ij} 为第 j 类污染源中第 i 种污染物对应浓度；f_i 为污染源 j 对土壤样品的贡献率；a_i 为误差；q 为污染源个数。

CMB 在污染源成分谱明确、污染源数目较多的源解析场景中应用广泛。具有如下优点：①采样量少，只需要一个土壤数据就能得到可靠结果；②算法原理直观易懂，应用简单且成熟；③可侧面印证是否遗漏了一些来源，也可用于对其他

方法的适用性进行检验。但是此模型也存在一些局限性：①在应用前需对研究区进行详尽的污染源成分谱调查，面对新区域需要不断更新污染源成分谱；②污染源的选择往往依靠经验，存在一定的主观性；③若污染源成分间存在共线性，则会严重影响结果的精度。

3. 正定矩阵因子分解法

正定矩阵因子分解（positive matrix factorization，PMF）法也是 USEPA 推荐的一种定量方法。该方法是在因子分析的基础上演变而来的多变量因素解析工具，其基本思路是首先将多种土壤样品的污染物浓度数据组合为一个矩阵，然后将矩阵分解成贡献率矩阵和源成分谱矩阵，以及残差矩阵，具体公式为

$$X = GF + E \tag{2-2}$$

式中，X 为样品污染物浓度数据矩阵；G 为贡献率矩阵；F 为源成分谱矩阵；E 为残差矩阵。

其中每个元素的计算公式为

$$e_{ij} = x_{ij} - \sum_{k=1}^{q} g_{ik} f_{kj} \tag{2-3}$$

式中，e_{ij} 为第 i 个样品中第 j 个元素的残差值，mg/kg；x_{ij} 为第 i 个样品中第 j 个元素的浓度，mg/kg；g_{ik} 为第 k 个污染源对第 i 个样品的贡献率；f_{kj} 为第 k 个污染源中第 j 个元素的浓度，mg/kg；q 为污染源个数。

PMF 会通过多次迭代计算将原始矩阵 X 分解，不断进行优化，以期使目标函数 Q 达到最小。目标函数 Q 计算公式为

$$Q = \sum_{i-1}^{n} \sum_{j=1}^{m} \left(\frac{e_{ij}}{u_{ij}} \right)^2 \tag{2-4}$$

式中，u_{ij} 为第 i 个样品中第 j 个元素的不确定度；n 为样品个数；m 为元素个数。

当元素的浓度小于或等于对应的方法检出限（MDL）时，不确定度计算公式为

$$\text{Unc} = \frac{5}{6} \times \text{MDL} \tag{2-5}$$

当元素的浓度大于对应方法的检出限（MDL）时，不确定度计算公式为

$$\text{Unc} = \sqrt{(\sigma \times c)^2 + (\text{MDL}^2)} \tag{2-6}$$

式中，Unc 为不确定度；σ 为相对标准偏差；c 为元素浓度，mg/kg。

如今研究者在土壤有机物、重金属源解析中广泛使用 PMF。其优势在于：①可以在源未知的情况下使用；②在求解的过程中应用非负因子分析方法，能有

效避免分解的过程中产生负值，使分析结果更具可解释性和现实意义。但其局限性为缺少可靠的判定因子数目的方式，为保证结果的准确，需要反复运行迭代过程来确定最小 Q 值和尽量小的残差值。

4. UNMIX 方法

UNMIX 方法最早由 Henry 于 2003 年提出。此方法基于因子分析，结合自主建模曲线技术，使用奇异值分解方法对数据进行处理，遵循对污染源组成和贡献值的非负约束，保证得到有意义的结果（刘宏波等，2021）。该方法成功运行需建立在三个假设前提之上：①样品中某些污染源贡献值很小甚至几乎无贡献；②保证污染源对土壤的贡献值均为正数；③污染源贡献量由各源成分的线性组合所构成。其计算公式在形式上和 PMF 有些相似，公式如下：

$$X_{ij} = \sum_{k=1}^{q} M_{jk} N_{ik} + E \tag{2-7}$$

式中，X_{ij} 为第 i 个样品的第 j 个元素的浓度；M_{jk} 为污染源 k 的第 j 个元素所占的比例；N_{ik} 为污染源 k 对第 i 个样品的贡献率；E 为残差矩阵；q 为污染源个数。

目前 UNMIX 在土壤源解析方面应用不多，是一种很有潜力的模型。此方法优势在于无须事先确定污染源个数及源成分谱等信息，并在一定程度上规避负值所带来的影响，分析过程迅速、简便和高效，结果相对准确。但需大量数据支撑运算，对数据质量要求严格等局限性限制了其发展。

5. 同位素法

同位素法是通过测定土壤中某种同位素组成，基于同位素质量守恒定律，识别污染源并计算其贡献率的方法。同位素一般性质较为稳定，且污染物所携带的同位素具有特定的成分及比例，故利用同位素的溯源方式具有灵敏度高、结论准确可靠等优点。但目前由于技术限制，同位素法的样本处理成本较高，且能识别的同位素种类有限，稳定的同位素主要有铅（Pb）、镉（Cd）、锌（Zn）、汞（Hg）、碳（C）等。

基于铅同位素的源解析较为常用，自然环境中主要有四种稳定的铅同位素，即 ^{204}Pb、^{206}Pb、^{207}Pb、^{208}Pb，除了 ^{204}Pb 是非衰变的产物，其他三种均为放射性同位素衰变的产物，进行源解析时常使用比值 $^{206}Pb/^{207}Pb$ 与 $^{208}Pb/^{206}Pb$ 来构建模型。镉同位素在矿物中广泛存在，它有 8 种稳定的同位素，即 ^{106}Cd、^{108}Cd、^{110}Cd、^{111}Cd、^{112}Cd、^{113}Cd、^{114}Cd 和 ^{116}Cd，文献中多采用 ^{110}Cd 和 ^{114}Cd 进行研究。镉同位素法作为新型示踪技术，有巨大的研究潜质，但是环境中干扰物质多、样品中镉同位素分馏量小等限制了其发展。锌在自然环境的同位素主要有 ^{64}Zn、^{66}Zn、

^{67}Zn、^{68}Zn 和 ^{70}Zn，构建模型时常使用其他同位素与 ^{64}Zn 的比值。稳定存在于自然界的汞同位素主要有 ^{198}Hg、^{199}Hg、^{200}Hg、^{201}Hg、^{202}Hg 和 ^{204}Hg。高精度的汞同位素测定方法于 2000 年时实现，此后汞同位素源解析的发展也进入了快车道。

在源解析工作中，如果已知两种来源与一种同位素的情况下，常使用同位素的比值关系来构建二元模型计算源贡献率，如果已知三种来源则可依据二元模型推导三元模型，甚至多元模型。二元模型计算公式如下：

$$\delta_M = f_A \times \delta_A + f_B \times \delta_B \qquad (2\text{-}8)$$

$$1 = f_A + f_B \qquad (2\text{-}9)$$

式中，δ_M 为样品总同位素的含量，mg/kg；f_A、f_B 为 A、B 两种源贡献率；δ_A、δ_B 为 A、B 两种源对应的同位素含量，mg/kg。

利用稳定碳同位素（δ^{13}C）与放射性碳同位素（^{14}C）的源解析，原理与铅同位素法类似。不同污染源产生的亚硝酸与铵盐的氮氧组成不同，基于氮氧同位素的源解析研究也具有现实意义。

6. 混合方法

传统的因子模型（如 FA、PCA 等）一般在污染源数量较少的工作中表现良好，但污染源数量的增加往往会导致误差变大，且定性方法无法定量解释源贡献。相比之下，联合多元线性回归（multivariate linear regression，MLR）模型可得到更好的解析效果。MLR 计算公式如下：

$$Y = \sum_{n=1}^{p} m_n X_n + b \qquad (2\text{-}10)$$

式中，Y 为污染物总量，mg/kg；p 为污染源个数；m_n 为第 n 个因子的标准回归系数；X_n 为第 n 个因子得分；b 为回归常数。

两类方法结合的主成分/因子分析-多元线性回归（PCA/FA-MLR）方法得到广泛应用，此法先使用 PCA/FA 对受体进行分析，识别主要来源，然后使用 MLR 分析源贡献，得到量化的源解析结果。

非负约束因子分析（FA-NCC）法是将因子模型与非负约束旋转矩阵相结合，此方法对 FA 进行改进，保证得到具有实际意义的污染源非负值，使得源解析结果更加可靠。其计算公式如下：

$$D = C \times R \qquad (2\text{-}11)$$

式中，D 为标准化数值矩阵；C 为源分布情况的因子载荷矩阵；R 为源贡献的因子得分矩阵。

此外，随着跨学科研究的兴起，其他领域的新型算法也正被用于源解析，如有良好的抵抗异常值干扰能力的随机森林模型。

2.2 基于源解析的耕地重金属污染控制技术

2.2.1 耕地土壤重金属主要污染来源

1. 工业活动

工业生产过程中,一些工矿企业不可避免地会使用含重金属元素的生产材料,而其处理未达标的废水直接排放使得它们周围的土壤容易累积高含量的有毒重金属。此外,一些工业企业排放的烟尘、废气中也含有重金属,也会通过大气沉降方式进入土壤。例如工业生产中煤炭燃烧和有色金属冶炼过程中释放的 Cr、Pb 和 Hg 等污染物会以干湿沉降的方式进入土壤。另外,矿业和工业产生的固体废弃物随意堆放在野外,或处理过程中由于雨淋、水洗等,重金属极易以辐射状向周围土壤扩散。

2. 农业活动

农业生产尤其是近代农业生产过程中含重金属的化肥、有机肥以及农药的不合理施用都可以导致土壤中重金属的污染。例如过磷酸钙和磷矿粉中含有 Cr 和 Cd 等重金属元素。据报道,在一些进口化肥中,重金属 Cr 存在含量超标现象(Luo et al., 2009)。另外,许多农用化学品含 Cu、Hg 和 As 等元素,使用后也会使土壤遭受污染(刘志红等, 2007)。一项关于中国农田土壤重金属输入/输出平衡的研究发现,农业投入(畜禽粪便、杀虫剂和化肥)中 Cu 的含量占农田土壤铜总输入量的 79%以上(Ni and Ma, 2018)。此外,农业生产中的畜禽养殖业也是一个不可忽视的重金属污染源。这主要是由于在养殖过程中使用的配方饲料中可能含有适当比例的重金属元素,且饲料本身也可能被重金属污染。饲料中的重金属元素通过所饲养动物排泄到土壤或水域中,或通过有机肥的形式施入农田。与传统的有机肥肥源相比,当前有机肥肥源大多来源于集约化的养殖场,而这些养殖场大多使用含 Cu 和 Zn 的饲料添加剂,这使得有机肥料中的 Cu 和 Zn 含量也明显增加,并随着肥料施入农田。

3. 交通活动

高速公路因车流量大、流动性好、扩散面广等特点,成为周边农田土壤重金属污染的重要来源。交通活动对农田土壤重金属的影响主要是由于汽油燃烧、尾气排放、刹车片及轮胎磨损、路基风化等过程含有重金属微粒的释放。我国高速公路周边土壤和农作物等均存在不同程度的污染,主要污染或超标的重金属包括

Pb、Zn、Cd、Cr、Cu、Ni 和 Mn 等，其中 Pb 和 Cd 污染相对较为严重，具有较高的生态环境风险（周怡等，2020；李丰旭，2019）。公路沿线重金属主要累积在公路两侧的 0～20 cm 表层土壤中。此外，道路交通引起的地面扬尘中重金属含量较高，随着大气沉降逐渐对高速公路周边土壤造成影响（华明等，2008）。另外，由于公路为线状污染源，研究显示沿线呈现以公路为中心向两侧延伸的带状污染分布规律，并且大多数公路两侧土壤中重金属含量与公路距离具有负相关性。

2.2.2　耕地土壤重金属污染来源控制技术

1. 工业重金属污染物排放的控制

1）优化产业结构，调整产业布局

加快推进城市规划区工业企业搬迁改造，对落后产能坚决予以淘汰；对"散乱污"企业坚决予以取缔，腾出环境容量；对布局不合理、能源和原材料消耗高、经济效益差、污染严重又难以治理的企业实行关、停、并、转；对老企业进行技术改造，提高资源利用率。

提高清洁能源消费比重。合理控制能源消费总量和煤炭消费比重，实施煤炭消费替代工程，通过有序推进煤改气、煤改电等措施，进一步降低煤炭消费比重；同时不断提高清洁能源消费比重，通过风火打捆、风光互补、风电供热等多种措施，加强风电、光电等能源就地消纳利用。

建立绿色低碳供应链。大力发展新能源、节能环保产业、先进装备制造等新兴产业，形成低能耗、低污染、低排放的产业体系，努力实现产业低碳化、低碳产业化（王华，1996）。

2）发展清洁工艺，减少污染物排放

电力行业是大气污染的重点源头，控制电力行业的废气排放总量及提高污染物去除量，就能控制大气污染的总趋势。为实现该目标，其根本途径是改进锅炉，淘汰小机组及旧锅炉，建设新型高效节能锅炉，采用先进的除尘技术及设备；还应开发和完善脱硫技术，建立硫回收装置，回收资源并削减烟尘及二氧化硫排放量。因此，应重点应用好三种脱硫技术：①燃烧前脱硫——原煤净化，即使用脱硫后的清洁煤，可以从源头上遏制二氧化硫的产生；②燃烧中脱硫——流化床燃烧和炉内喷吸收剂；③燃烧后脱硫——烟气脱硫，也就是"末端"治理。

造纸行业是工业废水排放大户，同时也是化学耗氧量、石油类、挥发酚等污染物的排放大户。要实现减少废水等排放的目标，必须继续应用和完善碱回收、白水回收、粗浆回收技术，增加废水治理能力，实现废水处理循环利用，减少废水排放量。日化品生产行业也是废水排放大户，而传统的清洗产品技术效率低、耗水量大，且容易出现不合格现象，可采用在线清洗技术，控制清洗参数，在线监测清洗过程，自动判断清洗终点，提高清洗效率；还可采用蒸汽冲洗技术，快速剥离并去除产品表面的污渍和残留物，废水产生极少。另外，还应提高废水处理系统运行管理者水平，通过学习培训增强运管人员专业素养，或者将废水处理系统交由第三方运行，以确保处理系统高效稳定运行，出水达标排放。此外，升级改造废水处理系统，根据工业废水的复杂特性，可增设厌氧处理、高级氧化处理等环节，将难降解的物质络合，降低废水处理难度，提高废水处理效率（邱小燕和仲崇庆，2020）。

2. 农业生产中重金属输入的控制

1）严格控制重金属随肥料进入土壤

改进施肥方法。目前，测土配方施肥技术在农业生产中运用范围较为广泛。测土配方施肥技术是以一系列精密的土壤测试和肥料田间试验为基础，根据农作物的需肥规律、土壤供肥性能和肥料效应，在合理使用有机肥料的前提下，提出氮、磷、钾及中、微量元素等肥料的使用数量、施肥时期以及施用方法。该技术科学规范了化肥的施用量和施用方法，不仅满足了农作物的需要，同时也避免了化肥的乱用和混用，有效控制了化肥使用量，进而减少了重金属通过化肥进入农田土壤的含量（丛晓男和单菁菁，2019；师荣光等，2017；张郁松和李琳，2020）。

减少有机肥重金属输入。在有机肥生产过程中，利用化学法、生物吸附法、生物淋滤法、电化学法等手段，控制有机肥中的重金属含量，降低重金属的生物有效性。在使用有机肥时，应选择重金属含量低的品种，杜绝将重金属超标的有机肥用于生产食用性农产品；同时应选择合理的有机肥用量、施用时间和技术，最大程度减少重金属随有机肥输入土壤。

2）严格控制重金属随农药进入土壤

研发高效、低毒、低残留农药。农药是农业生产中必不可少的生产资料，如何合理使用农药，保障农产品安全，最大限度地降低其对环境的污染，已成为农业环境重要的研究课题。从源头治理的理念出发，首先需要加大农药残留方面的调查研究力度，详细了解不同类型农药在不同环境中的半衰期、毒性效应以及环境行为特点，为后期新型农药的研发提供依据。在农药研发过程中，借助现代生物技术的应用优势，重视高效、低毒、低残留农药研发（赵玲等，2017）。

增强病虫害防控技术。在农业生产中，农药的使用主要是为了防治病虫害。如果农产品的病虫害发病率降低，那么意味着农药使用量亦随之降低。因此，可以根据农作物的生长情况，制定针对性的病虫害防控方案，合理应用病虫害现代化防控技术。例如，可以应用无人机飞防植保，提高农药利用效率，缩短防治时间。同时，减少重金属随农药进入农田的比例，使得农药的喷洒更加精准有效。

3）构建土壤重金属污染预警信息平台

完善农用品重金属污染防治的法律法规及标准体系，进一步完善耕地农用品土壤重金属污染的监督管理制度、应急监测和控制制度。因地制宜，尽快制定化肥、农药、农膜等农业投入品中重金属的限量标准，完善农业投入品清洁生产的使用技术规范等相关技术标准。同时，农业、市场监督管理、工商行政等相关部门，通过有效配合保证化肥农药市场监督活动的开展，创造全面防治农田化肥农药污染的良好氛围，谨防市场中出现劣质农用品。对生产和销售劣质化肥和农药的生产者进行严格的处理，从源头上控制劣质化肥和农药（曾希柏等，2013）。

树立农户科学管理意识。首先，通过手机、电视、广播等媒介，以及发放农户施肥喷药建议卡、召开技术培训会等方式，向农户广泛宣传科学的农田管理技术，转变农户用肥观念，提高科学施肥喷药水平。农事部门在农户应用测土配方施肥技术时，应派专业的技术人员对其进行指导，对测土配方施肥技术应用效果好的农户进行奖励并让其分享经验，建立测土配方施肥技术应用示范户，充分发挥其示范作用，带动其他农户积极应用科学高效的农事管理方法。最终有效改善农田土壤化肥农药污染现状，降低重金属伴随农产品进入耕地土壤的风险，推动农业生产的稳定有序进行。

3. 交通运输中重金属排放的控制

1）降低燃料中重金属污染物含量

汽车尾气的污染物主要包括二氧化硫、碳氢化合物、重金属污染物、氮氧化合物和一氧化碳等。改进车辆燃油品质是减少汽车排放污染物最有效的方法之一。在燃油中使用广泛的汽油中含有的四乙基铅是一种汽油抗爆剂，具有毒性并且会污染周围环境，因此，我国早已禁用含铅汽油。为了提高汽油的质量，进一步改进了石油提炼技术，采用催化裂解法对原油进行提炼，不需要加入四乙基铅进行抗爆处理。采用无铅汽油，不仅提高了发动机的燃烧质量，而且降低了废气中的铅成分。

2）设立防护林或绿化带，加强对重金属污染物的拦截

道路绿化带的结构类型。公路周边土壤重金属污染的范围与绿化带的组成结构类型、生长状况、林地管理方式等因素密切相关，尤其是绿化带的高度和密度对缩小重金属污染范围影响很大。王成等（2007）对高速公路两侧毛白杨枝叶和公路周边土壤中重金属进行研究，发现 40～60 m 宽度的单一毛白杨林带（高度 ≥10 m）能够有效降低高速公路两侧土壤重金属含量。孙龙等（2008）选择了乔

灌草组成的复层结构的林带和纯乔木形成的林带土壤进一步研究表明，复层结构林带能够控制交通运输产生的重金属集中在道路两侧 20 m 范围内，单层乔木林带对阻止重金属污染的防护效果较差，而无绿化带道路的重金属污染范围更大。王慧等（2010）选择了宽带型和窄带型、高密度和低密度两组绿化带进行研究，发现林带宽度是影响重金属污染防治效应的主要因素之一，植物郁闭度大的林带能够有效降低重金属污染的范围。

2.3　耕地重金属污染源解析与控制技术江苏实践

2.3.1　典型城市近郊蔬菜种植区土壤重金属污染特征与来源

　　研究区域南部紧邻主城区，西北部和东南部为工业区，为长江冲淤积作用形成的江中沙洲型平原，洲内地势低平，总体上呈现西北略高、东南略低的格局，土壤类型主要有水稻土和灰潮土，是典型的城市近郊蔬菜种植区，野生蔬菜种植面积达 2200 hm^2（董骡睿等，2015；吴秋梅，2020）。

　　1. 土壤样品采集

　　为分析该典型蔬菜种植区的土壤重金属污染成因及其分布特征，采用不等概率随机样点布设法，采集了 88 个表层土壤样品，其中包含了 7 个土壤剖面，分别为 P1～P7，位于岛内各个方位及岛中心（图 2-1）。根据不同土壤功能区、地形地势及主导风向，分别布设 7 个大气降尘采样点（A1～A7），A1～A5 采样点位于

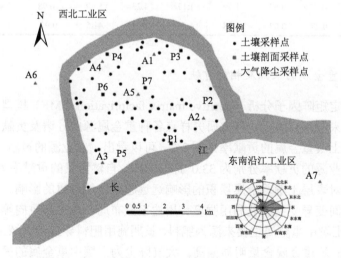

图 2-1　研究区样点分布图

岛内农业区的各个方位，A6 和 A7 采样点分别位于岛周边西北工业区和东南沿江工业区，每月采集 1 次大气降尘样品。此外，还收集了当地 28 种化学肥料和 5 种商业有机肥。

2. 土壤重金属污染特征

研究区域表层土壤重金属含量及基本性质分析结果见表 2-1。土壤重金属元素 Cd、As、Hg、Pb、Cu、Zn 和 Cr 平均含量分别为 0.31 mg/kg、11.2 mg/kg、0.08 mg/kg、35.6 mg/kg、44.8 mg/kg、119 mg/kg 和 97.0 mg/kg，均高于南京市土壤背景值，分别有 98.9%、84.1%、44.3%、67.0%、90.9%、96.6%和 93.2%的样点超过背景值，表明该区域重金属有不同程度的积累，Cd 的点位超标率高于 40%，Cu 的点位超标率高于 20%，其他元素的极大值均未超过标准。研究区土壤中 7 种重金属的变异系数均较小，属于弱变异（董骡睿等，2014）。

表 2-1　典型蔬菜种植区表层土壤中重金属含量的描述性统计

项目	样品数/个	pH	OM / (g/kg)	Cd / (mg/kg)	As / (mg/kg)	Hg / (mg/kg)	Pb / (mg/kg)	Cu / (mg/kg)	Zn / (mg/kg)	Cr / (mg/kg)
平均值	88	6.78	23.1	0.31	11.2	0.08	35.6	44.8	119	97.0
最大值	88	7.83	41.7	0.58	20.6	0.31	150	58.1	181	120
最小值	88	3.90	10.2	0.19	6.91	0.04	21.1	22.4	75.6	56.5
标准差	88	0.98	6.95	0.07	2.18	0.03	14.8	7.23	19.7	13.0
变异系数	88	6.91	3.33	4.54	5.11	2.42	2.40	6.19	6.03	7.48
偏度	88	−1.12	0.57	1.59	1.17	4.23	5.69	−0.98	0.43	−0.49
峰度	88	0.27	0.09	4.38	4.51	24.1	41.5	0.92	1.41	0.21

3. 土壤重金属的来源及相对贡献

利用正定矩阵因子分析（positive matrix factorization, PMF）模型对研究区土壤重金属的来源进行解析，探究研究样点各种重金属源成分谱及贡献率。各种污染源对表层土壤重金属的贡献率见图 2-2。可以看出，农业源的贡献率为 30.8%，降尘源和工业源的贡献率分别为 33.0%和 25.4%，自然背景的贡献率为 10.8%，表明人为活动对表层土壤重金属累积的影响远远超过自然母质的影响。土壤重金属的累积和空间变异受到农业利用强度、周边工业布局、地形和风向等多种因素的综合影响。土壤中重金属主要来源为肥料，长期施用肥料导致该区域土壤有机质、Cd、As、Pb 等重金属含量明显偏高。大气降尘为土壤中重金属的另一个来源，在主导风向的作用下，使土壤中 Cd、Hg 和 Pb 等产生累积。

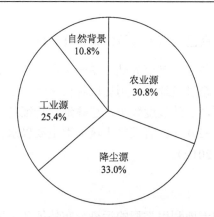

图 2-2　研究区土壤重金属不同污染源贡献率

　　为了研究大气降尘对农田土壤重金属累积的贡献,在研究区域内及其周边工业区布设 7 个大气干湿沉降收集装置,每月采集 1 次。同时调查和采集研究区不同类型肥料中的重金属含量及年投入量。从图 2-3 施肥和大气降尘对土壤重金属的年输入通量的影响来看,尽管施肥对土壤重金属累积的贡献明显,但大气降尘中 Cd、Hg、As、Cu 和 Zn 的年输入通量已经接近肥料的带入量,大气降尘中 Pb 的年输入通量已经超过肥料的带入量。可见,大气降尘对农田土壤中 Cd、Pb 等的贡献明显,需要加强监管。因此,对该区域的土壤环境质量管理应当重点严格控制肥料的使用量,同时加大周边工业园区管理,减少污染物通过大气排放,最终达到减少土壤中重金属累积、保障蔬菜安全生产的目的(董骙睿等,2015)。

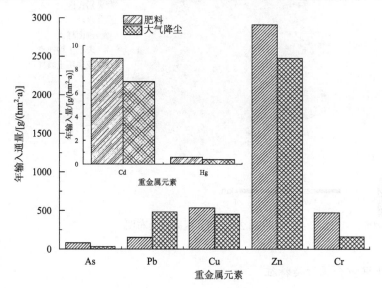

图 2-3　施肥和大气降尘对土壤重金属的年输入通量的影响

2.3.2　典型经济快速发展区土壤重金属污染特征与来源

研究区位于江苏省与上海市交界处，是一个典型的经济快速发展区。研究区地处北亚热带和中亚热带过渡地带，历史以种植水稻、三麦、油菜为主。该区域地处太湖以东低洼平原，自然坡度较小，总体地貌特征是南高北低，由西南向东北倾斜，平均高程 1.3～2.0 m。研究区土壤类型主要以水稻土、潮土、黄棕壤和沼泽土为主（吴秋梅，2019）。

1. 土壤样品采集

为探索研究区不同土地利用类型的污染分布特征及土壤污染成因，根据不同土地利用类型及农田分布情况，采用不等概率随机样点布设原则，在研究区的 30 km^2 范围内相对均匀的布设表层土壤样点 157 个、亚表层土壤样点 28 个、剖面样点 7 个，同时对应土壤样品采集小麦样品 36 个，水稻样品 133 个，见图 2-4。

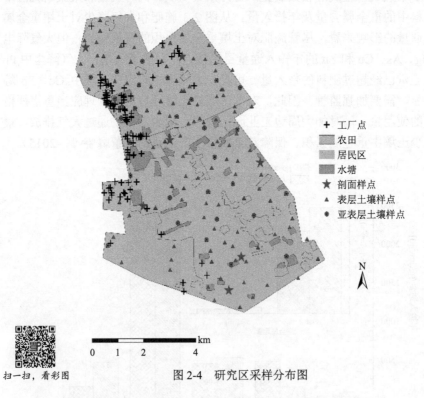

图 2-4　研究区采样分布图

扫一扫，看彩图

2. 土壤重金属污染特征

研究区表层土壤不同重金属全量值存在不同程度的差异（表 2-2），土壤全量

Zn 的平均含量最大，高达 145 mg/kg，其次 Cr、Cu 和 Pb 的平均含量分别为 90.5 mg/kg、47.9 mg/kg 和 41.72 mg/kg，Cd 的平均含量为 0.456 mg/kg。五种重金属中 Cd 的变异系数大于 1，百分比为 108.84%属于强变异，说明土壤中 Cd 受到人为扰动较大，其余重金属 Cr、Cu、Pb 和 Zn 的变异系数分别为 36.21%、43.65%、46.30%和 37.60%，属于中等强度变异，说明受外源重金属的影响比 Cd 小。研究区表层土壤中 Cd、Cr、Cu、Pb 和 Zn 平均含量均超过苏南地区背景值，分别有 90.45%、87.90%、93.63%、92.36%和 96.18%点位超标，表明该研究区域重金属产生了不同程度的累积。此外，参照《土壤环境质量　农用地土壤污染风险管控标准（试行）》（GB 15618—2018），Cd 点位超标率为 36.94%，Cu 和 Zn 点位超标率分别为 6.37%和 9.55%，Cr 点位超标率仅 2.55%，Pb 未超过标准。土壤 Cd 全量的变异系数高于其他元素，且超过土壤质量标准筛选值的点位比例高于其他元素，推断土壤中 Cd 可能出现局部区域的点源污染。

表 2-2　表层土壤中重金属含量的描述性统计

项目		Cd / (mg/kg)	Cr / (mg/kg)	Cu / (mg/kg)	Pb / (mg/kg)	Zn / (mg/kg)
重金属全量 (n=157)	均值	0.456 ± 0.496	90.5 ± 32.8	47.9 ± 20.9	41.72 ± 19.32	145 ± 55
	中值	0.284	78.4	43.7	36.34	133
	最大值	3.690	206.9	110.3	100.3	314
	最小值	0.103	51.3	13.1	8.96	51.4
	变异系数/%	108.84	36.21	43.65	46.30	37.60
背景值	苏南地区	0.111	62.1	21.1	20.2	68.2
	长三角	0.110	62.9	21.6	20.8	64.0
	江苏省	0.116	65.7	22.8	20.4	73.0
农用地土壤污染风险筛选值	pH≤5.5	0.3	150	50	70	200
	5.5<pH≤6.5	0.3	150	50	90	200
	6.5<pH≤7.5	0.3	200	100	120	250
	pH>7.5	0.6	250	100	170	300
	点位超标率/%	36.94	2.55	6.37	0	9.55
项目		均值	中值	最大值	最小值	变异系数/%
表层土壤理化性质 (n=157)	pH	7.08	7.12	8.29	4.89	9.56
	OM/ (g/kg)	28.7	28.7	80.7	5.95	41.25

3. 土壤重金属的来源及相对贡献

利用正定矩阵因子分析模型对研究区土壤重金属的来源和相对贡献进行解析。各种污染源对表层土壤重金属的贡献率见图 2-5。可以看出，研究区土壤重金属污染源为自然源、农业源、工业和交通排放沉降源，贡献率分别为 29.09%、34.59%和 36.32%。

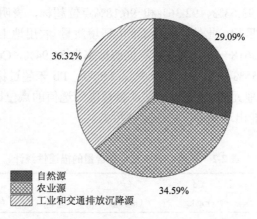

29.09%

36.32%

自然源
农业源
工业和交通排放沉降源　　34.59%

图 2-5　研究区土壤重金属不同污染源贡献率

研究区中的 Cr 主要来自土壤母质风化和成土作用，在自然源中其贡献率达到了 54.9%。Zn、Cu 在农业源中贡献率达到了 55.3%和 37.6%，中国每年有 1200 t Zn 和 5000 t Cu 进入农田。根据 2018 年苏州市和上海市统计年鉴进行换算，研究区所在地大约每年使用化肥 2.2 万 t，使用农药 0.08 万 t。农业是当地农民收入的主要来源，因此，为获得更好的产量，较多的农药和化肥被投入到土壤中，这些农业活动反过来导致土壤中 Cu 和 Zn 浓度的增加。此外，研究区中还包括了林地、园地、菜地等不同土地利用类型，果园、林地等农膜的使用，也会造成 Zn 含量的增加；居民区附近土壤采用畜禽类粪便及其堆肥进行农田管理，畜禽养殖饲料中含有 Cu、Zn 等重金属，通过粪便形式进入农田土壤从而造成农田 Cu、Zn 含量增加。在工业和交通的大气沉降源中，Cd 和 Pb 具有较强的正载荷，贡献率分别为 61.4%和 50.0%。作为研究区中污染较为严重的 Cd，变异系数最高，Cd 高值区的分布与工业区的分布大体一致，且工业区和居民区的 Cd 含量显著高于农业区和休耕区，据此推断 Cd 的污染累积主要来自工业活动。在研究区西部和西北部，主要分布着机械制造厂、五金厂、模具厂等工业区，在中北部和东北部主要聚集着电子、有色铸造、冶炼、化工等企业，这些工业区在生产过程中极易产生烟尘废气，进而通过大气沉降影响周围土壤重金属沉降累积。此外，研究区 Cd 高值区所在的地理位置不利于大气扩散。对于 Pb，昆山水文气象资料（1980～2010

年）显示，夏季（采样时间）盛行东南风，而且全年最多风向为东南风，研究区作为交通枢纽的交会地区，由此可以推测 204 国道西侧和 321 省道北侧出现 Pb 高值区（图 2-6）可能是由于汽车废气排放及汽车轮胎和刹车片磨损粉尘等原因导致，因此推断土壤中 Pb 的累积主要与交通运输有关。

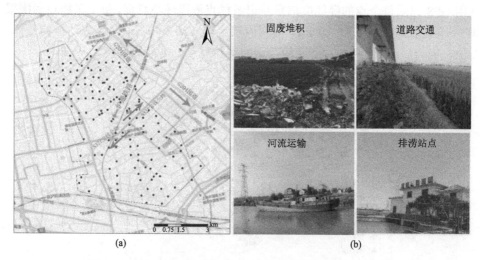

图 2-6　研究区地理交通位置（a）及农田周边污染实景（b）

　　长三角典型经济快速发展区土壤的重金属累积多与工业三废排放有关，本研究区除受工业降尘影响外，因其位于省道交会的特殊地理位置，交通排放也是不可忽视的重金属来源；农业生产活动是影响农田土壤重金属最直接的途径，来源贡献率仅次于工业和交通排放沉降源；研究区河塘遍布，历史时期采取过污灌，造成了较高的污染物地质化学背景，形成工业和交通排放沉降源、农业源及自然源共同影响的局面。农田周边环境复杂，城市化进程加速，污染来源容易出现变化或叠加，因此需对农田土壤进行长时间的监测，并定期进行重金属污染风险评估。

2.3.3　沿江某县企业周边土壤重金属污染特征与来源

　　研究区位于江苏省南部，作为典型县域城市，该区工业企业类型多样，农业发达，土壤重金属污染的潜在风险较高。已有研究表明，该区土壤重金属空间变异较大，且含量受人为活动影响明显。因此，研究该区土壤重金属污染特征，定量人类活动对土壤重金属空间分布的影响，同时识别其污染来源对进一步科学、高效管理与利用土壤资源具有重要意义（邵学新，2006；王信凯等，2021）。

1. 土壤样品采集与分析

样品采集时间为 2004～2005 年。根据土壤类型、土地利用方式、采样均匀性以及企业排污类型等，在企业周边大田上共布设 188 个采样点（图 2-7）。取样时采用 GPS 记录每个点的经纬度信息并记录样点周围环境特征，每个采样点周围采集 6～8 处表层土壤（0～20 cm）与亚表层土壤（20～40 cm），拣去动植物残体、石块，混匀后缩分至 1～2 kg 装袋，送回实验室风干磨碎后待测。

图 2-7　研究区采样点分布与研究区土壤类型

2. 土壤重金属污染特征

六种重金属在表层土壤的含量显著高于亚表层土壤，表明这六种重金属在表层土壤中存在累积现象，但累积程度明显不同。表层土壤中 Hg、Cd、Cu、As、Pb 和 Cr 分别有 79.79%、71.28%、64.89%、57.98%、57.45% 和 45.21% 的点位高于亚表层土壤。表层土壤重金属的变异性高于亚表层土壤，表明表层土壤重金属含量受外界活动影响大（图 2-8）。

地累积指数法评价结果表明（图 2-9），Cd 和 Hg 的污染程度较重，Cd 有 3.21% 的样点处于中度污染状态，8.56% 的样点处于轻度-中度污染状态；Hg 有 20.86% 的样点处于轻度-中度污染状态。As、Cu、Pb 和 Cr 各有 12.23%、11.17%、9.63% 和 4.79% 的样点处于污染状态。地累积指数法评价结果与累积趋势较为一致，其显示 Cd 和 Hg 污染状况较其他四种重金属严重，Hg 污染样点较 Cd 多，Cd 污染状况较 Hg 严重；而 As、Cu、Pb 和 Cr 污染状况相对较轻，部分样点处于污染状态，个别样点处于中度污染状态和中度-重度污染状态。

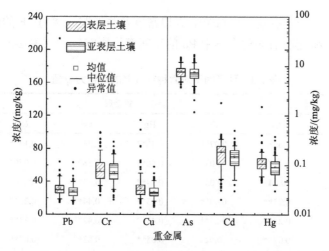

图 2-8　表层（0～20 cm）、亚表层（20～40 cm）土壤重金属含量

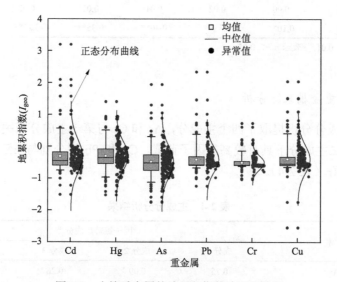

图 2-9　土壤重金属的地累积指数法评价结果

3. 不同因子对土壤重金属含量的影响

运用地理探测器定量研究了土壤因子（pH、土壤有机质、土壤类型）、农业因子（化肥使用量、农药使用量）、社会因子（人口密度、GDP）、交通因子（与道路距离）和工业因子（工业总产值）对土壤重金属含量的影响。结果表明，化肥和农药的使用量以及工业总产值对六种重金属空间分异均有较大的解释力，表明人类活动对研究区土壤重金属含量的影响明显。此外，其他因子对土壤重金属

的空间分异也有一定影响，如 GDP、人口密度及与道路距离对 Pb 的解释力较大，说明社会活动和交通活动对土壤中 Pb 的空间变异影响较大（表 2-3）。

表 2-3 环境因子对六种重金属的解释力 q 值

环境因子	重金属					
	As	Cr	Hg	Cd	Cu	Pb
土壤有机质	0.06**	0.07**	0.40**	0.24**	0.17**	0.07**
pH	0.12**	0.03	0.40**	0.38**	0.07**	0.07**
土壤类型	0.04	0.03	0.34**	0.34**	0.05*	0.03
化肥使用量	0.27**	0.40**	0.43**	0.44**	0.26**	0.17**
农药使用量	0.27**	0.27**	0.43**	0.42**	0.23**	0.17**
GDP	0.07**	0.02	0.05**	0.03**	0.07**	0.08**
人口密度	0.05**	0.03	0.05**	0.03**	0.08**	0.08**
与道路距离	0.00	0.02	0.01	0.01	0.02	0.03**
工业总产值	0.10**	0.38**	0.30**	0.35**	0.23**	0.13**

**表示 $p < 0.01$，*表示 $p < 0.05$。

4. 土壤重金属来源分析

运用主成分分析提取了四个主成分，As 和 Cr 与第一主成分相关性较好，Hg 和 Cd 在第二主成分下具有较高的因子荷载，Cu 和 Pb 则分别与第三、第四主成分相关性较好（表 2-4）。

表 2-4 主成分分析结果

元素	因子旋转后成分 [a]			
	成分 1	成分 2	成分 3	成分 4
As	0.75	0.09	0.26	−0.03
Pb	0.03	−0.02	0.03	0.98
Cr	0.85	−0.11	−0.05	0.08
Cd	0.19	−0.68	0.26	0.20
Cu	0.13	−0.09	0.95	0.03
Hg	0.12	0.86	0.08	0.11
特征值	1.36	1.23	1.05	1.03
方差/%	22.58	20.49	17.45	17.10
累积方差/%	22.58	43.08	60.53	77.63

注：a 表示旋转在 5 次迭代后收敛。

As 和 Cr 在第一主成分下具有较高的因子载荷，其分别为 0.75 和 0.85。因子探测结果显示研究区内的农业活动对土壤中 As 和 Cr 的空间分异具有较大的影响，结合该地统计年鉴发现，研究区在 21 世纪初农药与化肥投入量较高，因此认为研究区土壤中 As 和 Cr 主要来源于农业活动中使用的化肥与农药；此外，因子探测结果还显示工业活动也会影响土壤中 As 和 Cr 的空间分异。有研究指出，工业生产中煤炭燃烧释放的 Cr 和 As 会以大气干湿沉降的方式进入土壤。因此，第一主成分反映 As 和 Cr 的来源为农业源和工业源（鲍丽然等，2016）。

第二主成分与 Hg 和 Cd 具有较高的相关性，因子载荷分别为 0.86 和 –0.68。因子探测结果显示研究区农业活动对土壤中 Hg 和 Cd 的空间分异影响较大，结合前文已提及研究区过去农药与化肥投入较高，说明农业活动会造成土壤中 Hg 和 Cd 的累积。此外还发现研究区土壤中高浓度的 Hg 和 Cd 样点与其高工业产值区域比较吻合，因此认为研究区工业活动与土壤中 Hg 和 Cd 的累积也有关系（Streets et al., 2005）。

Cu 在第三主成分下因子载荷最高，为 0.95。从因子探测结果来看，农业活动和工业活动对土壤中 Cu 空间分异的影响较大。该地统计年鉴数据显示，研究区东部乡镇农业投入较大，而该地土壤中 Cu 含量亦较其他地区高，因此认为土壤中 Cu 的来源与研究区农业活动有关。此外，在采样过程中还发现研究区中部集中分布着一些养殖场，养殖活动与动物粪肥的使用也是研究区中部土壤 Cu 累积的原因之一。这均表明第三主成分能够反映农业活动和工业活动对土壤 Cu 含量的影响。

第四主成分与土壤 Pb 相关性较高，因子载荷为 0.98。通过因子探测结果发现工业活动、社会活动以及交通活动对土壤中 Pb 的空间变异解释力较大。这说明工业排放与汽车尾气是土壤中 Pb 的主要来源。大气干湿沉降是 Pb 进入土壤的主要方式，且交通活动也可造成道路两旁土壤中 Pb 的累积。

2.3.4　基于源清单法的典型城郊设施农业土壤重金属来源分析

近年来，随着设施农业的发展，大量的商品有机肥和化肥被用于设施蔬菜生产基地，其中商品有机肥的原料往往来自规模化畜禽养殖场，在畜禽饲料中往往添加洛克沙胂及含铜、锌等重金属的化学物质，这些被携带的重金属最终通过动物排泄物（畜禽粪便）以有机肥的形式进入设施农田，导致设施农田重金属的累积。由于设施蔬菜生产基地常年覆膜，受大气沉降、交通扬尘等影响较小，而且设施蔬菜基地附近往往无大型污染企业存在，通常可以排除重金属的工业来源。

1. 研究区概况

研究区属北亚热带季风气候区，年平均气温为 15.7℃，年平均降水量为

1072.9 mm。为了满足城市对新鲜蔬菜的供应，城市周边发展了大量的设施蔬菜生产基地，在前期调研和大量实地考察的基础上，最终选择了分布于长江阶地或丘陵区第四纪黄土母质上，由长期种植水稻而形成的水耕人为土转变成设施蔬菜生产的基地作为典型研究区。选择的研究基地包括某标准设施蔬菜科技示范基地（种植时长 6 年，定义为中期无公害蔬菜基地）、某设施蔬菜生态旅游基地（种植时长 15 年，定义为长期无公害蔬菜基地）、某有机蔬菜公司（种植时长 12 年，定义为中长期有机蔬菜基地）、某设施蔬菜基地（种植时长 4 年，定义为短期无公害蔬菜基地）等。

2. 设施农业土壤重金属污染特征

通过对四个典型设施蔬菜生产基地 309 个土壤样品的分析可以看出，土壤 pH 整体呈酸性，平均值在 6.0 以下，土壤有机质含量较高。从设施蔬菜生产基地土壤重金属的累积和污染风险来看，土壤中重金属存在累积，部分样点已出现超标现象。设施蔬菜生产基地 Hg 的平均含量已超过《温室蔬菜产地环境质量评价标准》（HJ/T 333—2006），同时可以发现 Cu、Pb、Zn 含量相对于南京地区土壤背景水平也有一定程度的累积。各种重金属的变异系数均较大，表明四个研究基地重金属含量之间存在较大的差异（表 2-5）。

表 2-5　典型城郊设施蔬菜生产基地土壤重金属累积特征

样品数/个	项目	均值	标准差	最小值	最大值	变异系数/%	标准	背景值
309	pH	5.57	0.88	3.99	7.65	15.78	<6.5	—
309	OM/（g/kg）	32.72	8.93	14.61	65.04	27.29	—	—
309	As/（mg/kg）	8.02	1.83	3.79	22.80	22.86	30	10.6
309	Cd/（mg/kg）	0.19	0.07	0.02	0.43	34.85	0.3	0.19
309	Cu/（mg/kg）	40.10	12.74	19.40	89.10	31.76	50	32.2
309	Hg/（mg/kg）	0.34	0.31	0.04	2.18	91.86	0.25	0.12
309	Pb/（mg/kg）	40.28	19.90	21.30	243.00	49.41	50	24.8
309	Zn/（mg/kg）	101.45	21.21	60.50	213.00	20.91	200	76.68

资料来源：南京土壤背景值（李建和郑春江，1989）；《温室蔬菜产地环境质量评价标准》（HJ/T 333—2006）。

3. 设施农业土壤重金属的来源分析

根据项目组的调查（表 2-6），设施蔬菜生产基地施用的鸡粪中 As、Cu、Zn 含量较高，平均值分别为 5.38 mg/kg、66.9 mg/kg、439 mg/kg，最高值分别为 18.3 mg/kg、160 mg/kg、678 mg/kg；商品有机肥中 Cd、Cr、Hg、Pb 含量较高，平均值分别为 1.14 mg/kg、59.30 mg/kg、0.32 mg/kg、21.20 mg/kg，最高值分别为 2.32 mg/kg、108 mg/kg、1.04 mg/kg、34.6 mg/kg。菜籽饼中各种重金属含量都相

对较少。研究结果表明鸡粪是研究区设施蔬菜生产基地 As、Cu、Zn 累积的主要原因，商品有机肥和化肥是设施蔬菜生产基地 Cd 等重金属累积的主要原因。

表 2-6　典型城郊设施蔬菜生产基地不同类型肥料中重金属含量特征

肥料类型	鸡粪	商品有机肥	菜籽饼	化肥	无机肥参考标准	其他肥料参考标准
样本数/个	11	5	2	24	—	—
As/（mg/kg）	5.38±5.02^a	4.33±0.051^a	0.43±0.23^b	6.92±5.37^a	50	15
Cd/（mg/kg）	0.45±0.13^a	1.14±0.76^b	0.16±0.00^a	1.81±3.96^b	10	3
Cr/（mg/kg）	25.32±16.33^a	59.30±27.67^b	11.40±2.26^c	29.83±35.14^a	500	150
Hg/（mg/kg）	0.05±0.028^a	0.32±0.41^b	0.02±0.03^a	0.09±0.14^a	5	2
Pb/（mg/kg）	9.34±5.65^a	21.20±8.12^b	2.20±2.83^a	3.22±3.64^a	200	50
Cu/（mg/kg）	66.9±38.0^a	48.7±27.2^a	9.32±2.66^b	4.14±3.42^c	—	—
Zn/（mg/kg）	439±166^a	177±102^b	93.8±1.8^c	37.4±43.7^c	—	—

注：各重金属数据为平均值±标准差，同一行内不同字母表示在 $p<0.05$ 水平上差异显著。

资料来源：《肥料中有毒有害物质的限量要求》（GB 38400—2019）。

化肥中 Cd 含量较高，其中磷酸二铵肥料样品中 Cd 含量平均值为 1.81 mg/kg，最高达到 28.2 mg/kg，超过《肥料中有毒有害物质的限量要求》（GB 38400—2019）中无机肥 Cd 含量限值 10 mg/kg。

灌溉是农业耕作中的重要环节，而灌溉的水源质量以及灌溉方式对蔬菜的种植生产和周边的环境质量有很大的影响。为了查明几个典型城郊设施蔬菜生产基地灌溉对土壤重金属累积的影响，对各蔬菜生产基地的灌溉水进行采样分析，结果表明，灌溉水中重金属含量均在《地表水环境质量标准》（GB 3838—2002）的 I 类水质安全标准以内，对设施蔬菜生产基地重金属累积不会造成太大的影响（表 2-7）。

表 2-7　典型城郊设施蔬菜生产基地灌溉水基本性质及重金属含量

采样区	短期无公害蔬菜基地（4 年）	中期无公害蔬菜基地（6 年）	中长期有机蔬菜基地（12 年）	长期无公害蔬菜基地（15 年）	I 类水质安全标准
样本数/个	13	17	6	16	
pH	7.45±0.27^a	7.58±0.29^a	7.89±0.46^b	7.70±0.35^{ab}	6~9
As/（μg/L）	2.63	1.66	1.80	0.58	50
Cr/（μg/L）	2.58	1.40	0.09	1.9	10
Cd/（μg/L）	—	—	—	—	1
Cu/（μg/L）	—	—	—	0.10	10
Zn/（μg/L）	—	0.14	—	0.83	50

注：同一行内不同字母表示在 $p<0.05$ 水平上差异显著。

　　以上研究表明，设施农业农用投入品，特别是重金属含量较高的有机肥和化肥的施用是设施蔬菜生产基地土壤重金属累积的重要原因，肥料中重金属含量高与长期缺乏相关标准与生产技术规范有关。从典型城郊设施蔬菜生产基地不同类型肥料中重金属年输入量清单（表 2-8）来看，相较于其他设施蔬菜生产基地，有机设施蔬菜生产基地中每年通过商品有机肥输入土壤的各种重金属的量远远高于施用无机肥或其他有机肥输入的量。另外，鸡粪、磷肥、复合肥重金属的年输入量较高，需要关注。菜籽饼各种重金属的年输入量都相对较少。因此，设施蔬菜生产基地土壤中重金属的主要来源是商品有机肥和鸡粪、磷肥、复合肥。

表 2-8　典型城郊设施蔬菜生产基地不同类型肥料中重金属年输入量清单［单位：g/（hm²·a）］

肥料名称	Cd	As	Hg	Pb	Cu	Zn	Cr
商品有机肥 [a]	126±68	303±28	45±46	2044±780	4864±2233	19425±6682	5542±3617
鸡粪	7±2	80±75	0.7±0.4	139±84	997±566	6537±2477	377±243
商品有机肥 [b]	3±2	17±2	0.5±0.2	64±15	140±91	451±273	183±14
磷肥	2	22	0.2	34	30	216	51
复合肥	1.1±0.9	28±22	0.3±0.6	17±26	20±19	139±159	70±28
菜籽饼	0.3	1.1	0.07	7.6	20.2	171	23.4
豆粕	0.4	0.6	0.01	0.5	17	208	22
尿素	0.02±0.00	0.11±0.05	0.001±0.000	0.09±0.16	0.7±0.8	3.2±0.9	11.0±0.8

注：a 表示有机设施蔬菜生产基地的肥料施用水平；b 表示除有机设施蔬菜生产基地之外的肥料施用水平。

　　通过对典型城郊设施蔬菜生产基地的重金属元素平衡分析发现，重金属年输入量远远大于其作物重金属输出量，产生了正平衡，每年每公顷土壤盈余的 Zn量相对较高，相对于其他来源的重金属投入，肥料源的贡献率很高。同时，含 Cu、Zn 农药的大量使用，增加了设施蔬菜生产基地土壤 Cu、Zn 污染负荷。

参 考 文 献

鲍丽然, 杨乐超, 董金秀, 等. 2016. 重庆西部农业区大气沉降特征及其对地表的影响[J]. 环境污染与防治, 38(1): 41-46.

丛晓男, 单菁菁. 2019. 化肥农药减量与农用地土壤污染治理研究[J]. 江淮论坛, (2): 17-23.

董骙睿. 2015. 南京沿江地区重金属多介质富集特征、来源及生态效应[D]. 南京: 南京信息工程大学.

董骙睿, 胡文友, 黄标, 等. 2014. 南京沿江典型蔬菜生产系统土壤重金属异常的源解析[J]. 土壤学报, 51(6): 1251-1261.

董骙睿, 胡文友, 黄标, 等. 2015. 基于正定矩阵因子分析模型的城郊农田土壤重金属源解析[J]. 中国环境科学, 35(7): 2103-2111.

华明, 朱佰万, 廖启林, 等. 2008. 江苏主要公路两侧农田土壤重金属污染现状初步研究[J]. 地质学刊, 32(3): 165-171.

李丰旭. 2019. 高速公路沿线农田重金属污染特征及环境风险评价——以京哈高速德惠市内路段为例[D]. 长春: 东北师范大学.

李建, 郑春江. 1989. 环境背景值数据手册[M]. 北京: 中国环境科学出版社.

刘宏波, 瞿明凯, 张健琳, 等. 2021. 土壤污染物源解析技术研究进展[J]. 环境监控与预警, 13(1): 1-6, 19.

刘志红, 刘丽, 李英. 2007. 进口化肥中有害元素砷、镉、铅、铬的普查分析[J]. 磷肥与复肥, 22(2): 77-78.

邱小燕, 仲崇庆. 2020. 扬州某工业园日化生产废水产污量估算及减排措施[J]. 中国资源综合利用, 38(11): 183-185, 195.

瞿明凯, 李卫东, 张传荣, 等. 2013. 基于受体模型和地统计学相结合的土壤镉污染源解析[J]. 中国环境科学, 33(5): 854-860.

邵学新. 2006. 经济高速发展地区人为作用对土壤重金属污染的影响及其生态效应研究[D]. 南京: 中国科学院南京土壤研究所.

师荣光, 郑向群, 龚琼, 等. 2017. 农产品产地土壤重金属外源污染来源解析及防控策略研究[J]. 环境监测管理与技术, 29(4): 9-13.

孙龙, 韩丽君, 穆立蔷, 等. 2008. 绥满公路路侧典型植被区土壤重金属污染特征及评价研究[J]. 土壤通报, 39(5): 1149-1154.

王成, 郄光发, 杨颖, 等. 2007. 高速路林带对车辆尾气重金属污染的屏障作用[J]. 林业科学, (3): 1-7.

王华. 1996. 江苏省重点企业污染防治规划及控制措施[J]. 江苏环境科技, (1): 26-28.

王慧, 郭晋平, 张芸香, 等. 2010. 公路绿化带对路旁土壤重金属污染格局的影响及防护效应——以山西省主要公路为例[J]. 生态学报, 30(22): 6218-6226.

王信凯, 张艳霞, 黄标, 等. 2021. 长江三角洲典型城市农田土壤重金属累积特征与来源[J]. 土壤学报, 58(1): 82-91.

吴秋梅. 2020. 典型经济快速发展区农田重金属风险评估与安全利用技术研究[D]. 南京: 南京信息工程大学.

吴秋梅, 刘刚, 王慧峰, 等. 2019. 水铝钙石对不同镉污染农田重金属的钝化效果及机制[J]. 环境科学, 40(12): 5540-5549.

曾希柏, 徐建明, 黄巧云, 等. 2013. 中国农田重金属问题的若干思考[J]. 土壤学报, 50(1): 186-194.

张郁松, 李琳. 2020. 测土配方施肥技术应用现状及前景探析[J]. 农业科技通讯, (1): 34-35.

赵玲, 滕应, 骆永明. 2017. 中国农田土壤农药污染现状和防控对策[J]. 土壤, 49(3): 417-427.

周怡, 胡文友, 黄标, 等. 2020. 我国高速公路周边土壤重金属污染现状及研究进展[J]. 中国环境监测, 36(5): 112-120.

Cai L M, Xu Z C, Bao P, et al. 2015. Multivariate and geostatistical analyses of the spatial distribution and source of arsenic and heavy metals in the agricultural soils in Shunde, Southeast

China[J]. Journal of Geochemical Exploration, 148: 189-195.

Chen T, Chang Q R, Liu J, et al. 2016. Identification of soil heavy metal sources and improvement in spatial mapping based on soil spectral information: A case study in Northwest China[J]. Science of the Total Environment, 565: 155-164.

Luo L, Ma Y B, Zhang S Z, et al. 2009. An inventory of trace element inputs to agricultural soils in China[J]. Journal of Environmental Management, 90(8): 2524-2530.

Ni R X, Ma Y B. 2018. Current inventory and changes of the input/output balance of trace elements in farmland across China[J]. PLoS One, 13(6): e0199460.

Streets D G, Hao J M, Wu Y, et al. 2005. Anthropogenic mercury emissions in China[J]. Atmospheric Environment, 39(40): 7789-7806.

第 3 章　耕地重金属污染风险评估、安全阈值及类别划分

耕地土壤重金属污染与土壤环境质量、农产品质量、人体健康和生态安全密切相关。科学评估土壤中重金属污染程度与空间分布、相应的生态效应与风险等，是有效开展土壤重金属污染防治的基础。土壤重金属生态安全阈值是开展土壤重金属污染风险评估，以及制定土壤环境质量标准的科学依据和重要基础。开展耕地土壤环境质量类别划分是实现农用地分类管理的工作要求。本章重点论述耕地土壤重金属污染风险评估、生态安全阈值及类别划分方面的研究方法与相关技术，并介绍江苏省在土壤重金属安全阈值研究与耕地土壤环境质量类别划分方面的实践经验。

3.1　耕地土壤重金属污染风险评估

3.1.1　土壤重金属生物有效性及研究方法

土壤重金属的生物有效性是指其被生物利用的程度。土壤中的有效态重金属并非某一特定形态，它因土壤 pH、有机质含量、粒径组成、植物种类、重金属来源等不同而有所差异，因此准确提取和测定土壤中有效态重金属含量对评价重金属生物有效性具有重要意义。

1. 土壤重金属生物有效性的影响因素

植物对土壤中重金属的吸收和积累受多方面因素的影响，可分为植物自身和环境影响两大类：植物方面的影响因素主要来源于植物种内和种间的差异，即不同植物种类之间以及同一植物不同品种之间在吸收、转运、积累重金属方面的差异；以土壤为主体的环境则通过影响重金属的生物有效性而影响其植物吸收。重金属对植物的毒性和危害程度以及植物对重金属的吸收量，不仅取决于土壤中重金属元素的总含量，还与该元素在土壤中的赋存形态直接相关。

重金属以多种化学形态存在于土壤中，其固-液分配、形态分布和转化受土壤的物理、化学、生物性质影响而处于动态平衡，正是这种动态平衡决定了其生物有效性。重金属的生物有效性与其在土壤环境中的沉淀/溶解、吸附/解吸、配位/解离、氧化/还原等化学过程密切相关。所有影响土壤中重金属形态（水溶性、移

动性）平衡的因素都将影响其生物有效性，主要包括土壤性质如酸碱值（pH）、氧化还原电位（Eh）、土壤有机质（SOM）含量、黏土含量、阳离子交换量（CEC），以及碳酸盐及各种铁、铝、锰氧化物含量等（表 3-1），土壤类型的影响体现为土壤组成和理化性质的不同，各因素常表现为综合效应（罗小三等，2008）。

表 3-1 影响重金属移动性/生物有效性的部分土壤因子

土壤因子	原因过程	对移动性/生物有效性的影响
低 pH	降低阳离子在 Fe、Mn 氧化物上的吸附	增
	增加阴离子在 Fe、Mn 氧化物上的吸附	降
高 pH	增加阳离子以碳酸盐、氢氧化物形式沉淀	降
	增加阳离子在 Fe、Mn 氧化物上的吸附	降
	增加某些阳离子与可溶性配体的配合	增
	增加阳离子在（固相）腐殖质上的吸附	降
	降低阴离子的吸附	增
高黏土含量	增加重金属阳离子的离子交换（所有 pH 时）	降
高 OM（固相）	增加阳离子在腐殖质上的吸附	降
高（可溶）腐殖质含量	增加大多数重金属阳离子的配位作用	降/增
竞争性阳离子	增加吸附点位的竞争	增
可溶性无机配体	增加重金属溶解度	增
可溶性有机配体	增加重金属溶解度	增
Fe、Mn 氧化物	随 pH 升高而增加对重金属阳离子的吸附	降
	随 pH 降低而增加对重金属阴离子的吸附	降
低氧化还原电位	低 Eh 时形成金属硫化物降低溶解度	降
	更低 Eh 时降低溶液的配位作用	增/降

土壤的离子吸附与交换是土壤对重金属污染具有一定自净能力和环境容量的根本原因，不同土壤组分对重金属吸附能力也不同（罗小三等，2008）。黏土矿物如硅铝酸盐和铁锰氧化物对重金属的吸附尤其是专性吸附，可起到固定重金属或使其暂时失活的减毒效应，重金属吸附总量取决于土壤 CEC，与黏土矿物类型有关；土壤有机质对重金属移动性及生物有效性的影响可通过静电吸附和络合/螯合作用来实现，固相有机物能吸附重金属而限制其移动性，溶解有机质（DOM）则可能和重金属形成配合物增加重金属的移动性，但土壤溶液中的自由金属离子浓度随之也会发生变化；pH 通过影响土壤组分和重金属的电荷特性，使其沉淀溶解、吸附解吸和配位解离平衡来改变重金属生物有效性，还通过微生物活性间接影响金属生物有效性；Eh 是一个综合性指标，主要取决于土体内水气比例，但微生物活动、易分解有机质含量、易氧化和易还原的无机物质的含量、植物根系代谢作

用及 pH 等也与 Eh 关系密切，Eh 通过影响金属溶解度或价态来影响其生物有效性，如 As（Ⅲ/Ⅴ）、Cr（Ⅲ/Ⅵ）等价态转换。重金属复合污染及陪伴离子、营养元素间的相互作用（加和作用、协同作用、拮抗作用）、植物自身特征（如种类、品种、部位、生育时期）、根际环境（pH、Eh 变化和根系分泌物等）、吸收重金属的根际过程等，都是重金属生物有效性的影响因素。其他因素如污染时间（老化）、农业活动（如耕作、施肥）、添加化学品（如有机肥、磷肥、石灰、络合剂）、土壤物理因素（如质地、结构、孔隙度、含水量、温度）等也都能影响土壤重金属的生物有效性。

2. 土壤重金属生物有效性的表征方法

由于各种重金属的污染特性存在差异，仅采用重金属全量作为评价重金属污染状况将使得评价结果与实际情况存在较大的差异。重金属的有效态更易被植物吸收利用，将其作为土壤重金属污染评价关键参数，可综合考虑不同重金属的污染特性而使评价结果更加合理。重金属生物有效性受土壤 pH 等因素的影响，不同因素的影响机理各不相同且相互交叉影响。只有充分考虑各影响因素，结合化学与生物学之间的联系，才能得到较为客观的重金属生物有效性评价结果。

土壤重金属的生物有效性可用多种方法表征，包括化学试剂浸提法、梯度扩散薄膜法、生物学评价法等。

1）化学试剂浸提法

化学试剂浸提法在实践中比较常用，在实际操作中，化学试剂浸提法又分为单一提取法和连续提取法。

（1）单一提取法。

单一提取法是指采用某种提取剂对特定形态金属进行直接提取的方法。单一提取法采用的提取剂种类覆盖范围广，单一提取剂主要包括 HCl、$CaCl_2$、$MgCl_2$、NH_4OAc、NH_4NO_3、$NaNO_3$、$Ca(NO_3)_2$ 等，复合提取剂主要包括二乙烯三胺五乙酸（DTPA）、Mehlich 3（M_3）等。在这些提取剂中，0.01 mol/L $CaCl_2$ 溶液离子强度与许多土壤溶液盐分浓度接近，能较好地保持土壤的 pH，而且二价 Ca^{2+} 对吸附的金属阳离子具有较好的交换作用，在悬浮液中有凝聚作用，该方法在全国土壤污染状况详查重金属元素可提取态分析中得到应用。0.43 mol/L HNO_3 提取法是国际标准化组织确定的测定土壤有效态金属的方法（标准号 ISO 17586：2016）。

（2）连续提取法。

土壤中重金属形态的确定通常采用连续提取法，即用一系列使化学活性（酸性、氧化还原能力和络合性质）不断增强的试剂逐级提取与土壤固相特定化学基团结合的重金属元素。提取剂可以为盐电解液（如氯化钙、氯化镁）、弱酸缓冲液（如乙酸）、螯合剂［如乙二胺四乙酸（EDTA）、二乙烯三胺五乙酸（DTPA）］、强酸（如盐酸、硝酸、高氯酸）或者碱（如氢氧化钠、碳酸钠）等。连续提取法目前广泛使用的是 Tessier 连续提取法（Tessier et al., 1997）和欧盟的 BCR 三步提取法。

　　Tessier 连续提取法将样品中的重金属元素通过五步分级提取：①可交换态 [1 mol/L MgCl$_2$，pH=7，（25±1）℃振荡 1 h]；②碳酸盐结合态（弱酸可溶态）[残渣中加 1 mol/L NaOAc，pH=5.0，（25±1）℃振荡 5 h]；③铁锰氧化物结合态（可氧化态）[残渣中加 0.04 mol/L NH$_2$OH·HCl 和 25% HOAc 混合液，（96±3）℃振荡 6 h]；④有机物结合态（可还原态）[残渣中加 0.02 mol/L HNO$_3$ 和 30% H$_2$O$_2$，pH=2，（85±2）℃振荡 3 h，加 3.2 mol/L NH$_4$OAc 和 20% HNO$_3$ 混合液，（25±1）℃振荡 0.5 h]；⑤残渣态（HF+HClO$_4$+HCl 消解）。

　　Tessier 连续提取法是 20 世纪 80 年代得到广泛应用的提取方法之一，但也存在一些难以克服的缺点。例如，试剂的选择性差和释出的金属在各个形态间再分配，而且由于这些方案的操作性定义特征，数据可比性和使用的提取程序密切相关，只有用类似方法及相似性质的样品进行分析的结果才具有可比性，这就要求程序的标准化。该方法没有进行质量控制的标准物质，无法进行数据的验证和对比。

　　BCR 三步提取法是 1993 年由欧共体标准物质局（BCR）在 Tessier 方法的基础上提出，将提取方法按步骤定义为弱酸提取态、可还原态、可氧化态。后来又提出了改进的 BCR 顺序提取方案，使 Cr、Cu、Pb 的重现性得到了明确改善，且较原方案能更好地减少基体效应，适应更大范围土壤、沉积物的分析。改进的 BCR 方案：①弱酸提取态 [0.11 mol/L HOAc，（22±5）℃振荡 16 h，3000 g 离心 20 min]；②可还原态 [残渣中加 0.5 mol/L NH$_2$OH·HCl，（22±5）℃振荡 16 h，3000 g 离心 20 min]；③可氧化态 [残渣中加 30% H$_2$O$_2$，保持室温 1 h，加热至（85±2）℃消解，分次加入 30% H$_2$O$_2$，加热至近干；加 1 mol/L NH$_4$OAc，pH=2，（22±5）℃振荡 16 h，3000 g 离心 20 min]；④残渣态（王水消解，遵循 ISO 11466：1995 规范）。改进后的 BCR 顺序提取法仍然存在流程长、耗时多、元素再分配等问题。

　　2）薄膜扩散梯度法

　　薄膜扩散梯度法以菲克第一扩散定律为理论依据，对土壤重金属生物有效性进行测定分析，该技术综合考虑了环境的强度、容量等因素。由于植物对重金属的吸收取决于重金属到植物根系的扩散过程，薄膜扩散梯度法结合的重金属含量与重金属在土壤固-液相的动态供应关系密切，因此可有效模拟农作物吸收重金属的方式，实现对重金属生物有效性的测定。

　　3）生物学评价法

　　采用化学手段所得的土壤重金属生物有效性不能完全反映土壤重金属的生物可给性，只能称其为化学有效性。采用生物学评价法，如植物指示法、动物指示法和微生物评价法，将更为直观、实际地反映土壤重金属生物有效性。

3. 土壤重金属生物有效性预测模型

应用预测模型来评价土壤痕量金属的毒性/生物有效性是近几年新兴的研究方法，可以分为机理模型及经验模型两大类。

1）机理模型

机理模型主要包括自由离子活度模型、生物配体模型和多表面模型等。

（1）自由离子活度模型。

自由离子活度模型（free ion activity model, FIAM）最早是在 1974 年由 Pagenkopf 提出的，他在研究 Cu 对鱼类的毒性效应时，考虑了水溶液中碱度、pH、硬度对毒性作用的影响，并发现只有水溶液中的自由态铜离子会对鱼类产生毒性作用。FIAM 认为金属离子的生物毒性只与其在溶液中的自由态离子活度有关，因此可以在金属自由离子活度和生物毒性效应之间建立特定的剂量-效应关系，再以此对特定条件下的金属离子进行毒性预测。FIAM 的具体推导过程是基于以下四点假设：

a. 细胞膜是重金属与生物之间产生相互作用的主要部位。

b. 细胞膜表面上可以参与重金属反应的自由点位设为 {—X—cell}，并且这些点位的数量要远多于参加反应的重金属的量，那么当金属 M 与细胞膜上的自由点位发生相互作用时，其相互作用关系就可以用以下生物化学方程式（3-1）来表达，即

$$M + \text{—X—cell} \longleftrightarrow M\text{—X—cell} \quad K \tag{3-1}$$

式中，K 为该反应发生的平衡常数；M—X—cell 为重金属作用后细胞膜表面的金属-生物络合物。因此，细胞膜表面金属-生物络合物的活度 {M—X—cell} 可以用方程（3-2）表示，即

$$\{M\text{—X—cell}\} = K \{X\text{—cell}\} \{M\} \tag{3-2}$$

式中，{M} 表示溶液中自由态金属 M 的活度。

c. 重金属的生物跨膜过程很快，因此金属整个致毒过程主要的限速步骤是自由态金属离子扩散到细胞膜表面的过程。

d. 生物对金属毒性作用的响应（如致死与半致死剂量等）是直接与细胞膜表面金属-生物络合物的活度 {M—X—cell} 相对应的。

自由离子活度模型的概念图如图 3-1 所示，正如模型定义的那样，金属离子 M^{n+} 在溶液相中与溶解有机碳（DOC）、Cl^-、CO_3^{2-} 产生络合作用，会因常见阳离子 Ca^{2+}、Mg^{2+}、Na^+、K^+、H^+ 的存在影响溶液的离子强度。通过这两方面的影响，最终导致了溶液相中存在一定量的自由态 M^{n+} 离子。这些自由态的 M^{n+} 离子扩散至细胞膜表面，其活度直接与其产生的毒性效应产生联系。

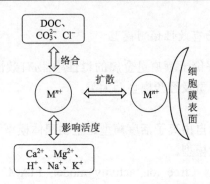

图 3-1　自由离子活度模型概念图

由此可推断出，FIAM 中金属的致毒效应直接与溶液中自由态金属 M 离子活度相对应。当采用 Logistic 剂量效应关系来表述 FIAM 的致毒效应时，生物响应（RE）表达式如下：

$$RE = \frac{1}{1 + \left(\dfrac{\alpha}{EC_{50}}\right)^{\beta}} \times 100\% \qquad (3\text{-}3)$$

式中，α 为溶液中金属 M 的活度；β 为方程的形状参数；EC_{50} 为产生半抑制效应时溶液中金属 M 自由离子的活度。

（2）生物配体模型。

生物配体模型（biotic ligand model，BLM）是一种能够预测重金属生物有效性的机理性模型，具体是指环境介质中的自由态金属离子进入到生物体内，与生物点位相结合从而形成金属-生物配体（M-BL）络合物，当络合物的浓度积累到一定程度（阈值），将会导致生物毒性发作。BLM 不仅考虑到 FIAM 中自由态金属离子的作用，还考虑到环境介质中影响金属化学形态的有机配体（如 DOC）和无机配体（如 OH^-、SO_4^{2-}、HCO_3^-），以及与自由态金属离子竞争配体上结合点位的阳离子（如 Ca^{2+}、Mg^{2+}、Na^+、H^+ 等）（图 3-2）。基于以上理论，BLM 结合重金属形态计算模型，如 MINEQL（chemical equilibrium modeling system）、WHAM（winder-mere humic aqueous model）和 CHESS（chemical equilibrium of species and surfaces）等来预测介质中重金属的生物有效性，并结合数学方程（如 Langmuir 等）计算金属和配体结合的络合平衡常数（K_s）和重金属对生物的毒性阈值（EC_{50}/LC_{50}）。

（3）多表面模型。

多表面模型（multi-surface modeling，MSM）是用于描述多个吸附表面共同作用的地球化学模型。多表面模型根据土壤组成将复杂土壤系统简化为多个固相吸附表面，如土壤有机质、黏土矿物、金属氧化物等，每一个活性表面都对应可

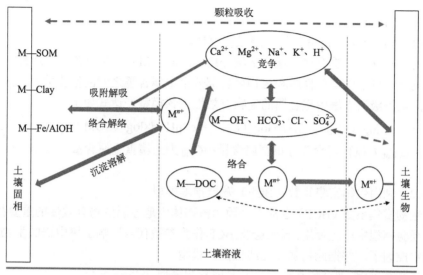

图 3-2　重金属在土壤（固相-液相）-植物（根）系统中作用过程的生物配体模型示意图

用于描述金属吸附行为的表面络合模型，土壤对于金属的总吸附量为各活性表面对金属吸附量之和。MSM 通常是在吸附平衡状态下，同时考虑溶液中可能发生的络合作用和溶解平衡等，通过计算机软件，对这些过程进行计算来预测金属在土壤各固相表面及不同相间的分配。MSM 的原理如图 3-3 所示。

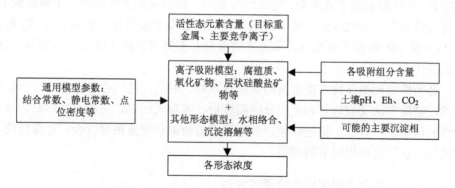

图 3-3　土壤重金属多表面模型原理示意图

2）经验模型

相比于机理模型，经验模型的建立则简单得多，通过选取多种类型的土壤在同一条件下进行生物毒理学实验，而后将毒性阈值与土壤理化性质参数（pH、CEC、OM 等）进行回归分析，建立表征土壤理化性质参数与痕量金属生态毒性之间关系的经验模型。

（1）利用 Freundlich 方程发展预测模型。

通过建立土壤重金属含量、土壤 pH、SOM、CEC、黏粒含量、DOC、铁铝氧化物等土壤基础理化性质和植物可食部分重金属含量之间的量化关系，来预测不同污染等级的土壤中重金属的生物有效性。该模型表达式如下：

$$\log（C_{plant}）=a+b×\log（C_{soil}）+c×pH+d×\log（SOM）+\cdots \qquad (3-4)$$

式中，C_{plant} 为植物可食部分重金属含量；C_{soil} 为土壤重金属含量；a、b、c、d 为常数。

（2）利用生物富集系数（BCF）发展预测模型。

生物富集系数（BCF）也常作为预测植物体内重金属生物有效性的重要指标，且在经验模型中广泛使用。通常会将 BCF 作为参数代入影响土壤中镉的生物有效性的主控因子，并据此构建多元线性回归模型。

（3）利用固-液分配系数（K_d）发展预测模型。

早期研究通过对 38 种土壤进行平衡吸附实验，根据土壤中金属吸附量与黏土，铁、锰氧化物的相关性分析，得到金属分布系数 K_d（固-液分配系数）=吸附态/水溶态，并以此为基础建立了经验性的预测模型。K_d 值是通过计算 HNO_3 提取的金属量与孔隙水中金属浓度的比率确定，它不是一个常数，而是随着元素本身的特征以及土壤类型的变化而变化。研究 K_d 值与土壤性质的关系可以明确重金属在不同类型土壤中固相、液相的分布，当土壤中的金属通过吸附反应被固体吸附保留后，其吸附态高于水溶态，表现为高 K_d 值，而当金属大量保留在土壤溶液中，仍可运输和参与生物或地球化学反应，则水溶态高于吸附态，表现为低 K_d 值。K_d 与土壤 pH 的相关性很好，非晶态铁含量和溶解有机碳（DOC）也解释了 K_d 值的变化。

经验模型预测作物中重金属的生物有效性一般是通过结合多元回归分析法实现的，常用方法又被划分为主成分回归分析、多项式回归、简单线性回归、逐步线性回归等多种方法。构建经验模型所需要的数据和变量相对较少，计算简便，因此是目前研究应用较多的模型。

3.1.2　耕地土壤重金属污染风险评估方法

1. 国内外常见重金属污染评价方法

科学的土壤重金属污染评价方法能较好地评价土壤中重金属污染的程度或空间分布、相应的生态效应等，是保障粮食安全和生态健康的基础。各评价方法中指数法如内梅罗污染指数法、富集因子法、地累积指数法和潜在生态危害指数法应用较为广泛；以指数法为基础的模型指数法，如模糊数学模型和灰色聚类法等在应用时也有一定优势；基于地理信息系统（GIS）的地统计学评价法以及人体健康风险评价法等方法从污染的空间分布到建立土壤中重金属含量与人体健康关系的途径等角度，多维度评价土壤中的重金属（王玉军等，2017；应蓉蓉等，2020）。

内梅罗污染指数（Nemerow pollution index）法是一种应用于土壤重金属污染评价的传统指数评价法，该方法涵盖了各单项污染指数，并突出了高浓度污染在评价结果中的权重。相比单项污染指数法的单独应用，避免了由于平均作用削弱污染金属权值，并提升了评价方法的综合评判能力。而随着研究者对重金属在环境中赋存形态、迁移转化和毒性等方面认知的深入，发现了一些不规范的样点设置或分析检测带来的异常值，可能导致人为夸大了某元素的影响作用，从而降低了该评价方法的灵敏度；同时，某种金属的单项污染指数的最大值的应用，并不具有生态毒理学依据；另外，方法中并没有消除重金属区域背景值的差异，使所得综合指数在区域间比较时不尽合理。因此，在实际运用中需要同其他评价方法联用以使评价结果更加全面合理。

富集因子（enrichment factor）法是广泛应用于土壤和沉积物中的重金属污染评价的方法。该方法通过选择标准化元素对样品浓度进行标准化，再将二者比率同参考区域中两种元素比率相比，产生一个在不同元素间可相比较的因子。通过该指数可有效判断人类活动等方式所带来的重金属在土壤环境中的累积，并可有效避免天然背景值对评价结果的干扰。但富集因子法在实际土壤重金属污染评价中还存在不少问题。首先，由于土壤中重金属污染来源复杂，富集因子法在此的应用仅能反映重金属的富集程度，没有追溯到具体污染源及重金属迁移途径的能力。其次是参考元素的选择并没有统一的选择规范，且该方法在对受 Al、Fe 或者有机污染物污染的土壤评价过程中受到限制。再者，岩石风化或者不同的成土过程会使地壳或背景区域中目标元素与参考元素比值难以稳定，在应用中出现即使土壤不受污染，富集因子也可能差异较大的现象，造成评价失实。背景值的选择也是该评价方法应用的一个关键，选择不同背景值往往对评价结果造成较大差异。

地累积指数（geoaccumulation index）法由德国研究者 Müller 于 1979 年首次提出，用于研究河流沉积物的重金属污染程度。该方法通过元素在环境介质中的实测含量与目标元素地球化学背景值相比，减少环境地球化学背景值以及造岩运动可能引起的背景值变动的干扰。该方法后来常被用于评价土壤中重金属污染，如评价矿山排水区土壤及周边农田土壤中重金属污染，城市土壤尘埃中重金属污染，耕作土壤受工业区、冶炼厂、煤矿等的综合影响等。然而，原本用于沉积物重金属污染评价中的表征沉积特征、岩石地质及其他影响的修正系数，在随后土壤重金属污染的评价中却被直接应用，使应用该方法所得的地累积指数在原污染指数分级框架下的评价结果偏离实际。

潜在生态危害指数（potential ecological risk index）法是从沉积学角度出发，

根据重金属在"水体—沉积物—生物区—鱼—人"这一迁移累积主线，将重金属含量和环境生态效应、毒理学有效联系到一起。很多学者将其应用于土壤中重金属污染评价，如对城市及道路两侧土壤、工业区及各矿区周边农田土壤中重金属污染状况进行评价等。然而该方法在运用于土壤介质时并未经过修正，而是直接采用了该方法推导的毒性系数，并省略湖泊生产力因素，直接将其当作毒性响应系数，因此缺乏表征土壤理化性质对重金属毒性影响的特征指标，使评价结果不够科学合理。

模糊综合评价法（fuzzy comprehension evaluation method），根据模糊数学的隶属度理论把定性评价转化为定量评价，即用模糊数学对受到多种因素制约的事物或对象做出一个总体的评价。它具有结果清晰、系统性强的特点，能较好地解决模糊的、难以量化的问题，适合解决各种非确定性问题。农用地土壤环境质量的复杂性和动态变化性使得农用地环境质量具有一定程度的模糊性，针对农用地土壤环境质量与土壤环境质量构成因素之间的规律性，引入模糊综合评价法，以便较好地表现出其客观实在性。该方法的缺点是：计算方法较复杂，每个监测值分别对其相邻两个级别质量标准建立多个隶属函数，过程烦琐，不易掌握；复合运算基本方法是取大小值，只强调极值的作用，评价结果往往受控于个别因素而出现误判；权重值的科学含义不够明确。

层次分析法（analytic hierarchy process）是将与评价（决策）有关的元素分解为目标、准则和指标等层次，在此基础上进行定性和定量分析的评价（决策）方法。土壤环境是一个多成分复杂系统，主要受到土壤组成、结构和功能特性以及所处环境的综合影响，每个系统内部又存在多种影响子系统的影响因子。该方法的优点是简单、有效、实用，应用广泛。缺点是：在理论方面，一般层次分析法最后是按层次权值的最大值，即"最大原则"来进行分类，忽略比它小的上一级别的层次权值，完全不考虑层次权值之间关联性，因而导致分辨率降低，评价结果出现不尽合理的现象；在一致性检验方面，是否考虑模糊性等还没有得到满意解决；在应用方面，能用于从已知方案中优选，但不能生成方法；得到的结果过多依赖决策者偏好和主观判断。

灰色聚类评价（grey clustering evaluation）法基于环境质量系统的灰色性，考虑多因子综合影响，将聚类对象对于不同聚类指标所拥有的白化数，按几个灰类进行归纳，从而判断该聚类对象属于哪一级。这需经过将实测值和评价标准进行无量纲化处理、通过建立白化函数来反映聚类指标（实测值）、对灰类（评价标准）的亲疏关系求取聚类权、计算聚类系数等步骤。根据聚类系数来判断土壤污染级别（污染级别取聚类系数中最大者）。灰色聚类评价法有等斜率灰色聚类评价法和宽域灰色聚类评价法两种改进方法。等斜率灰色聚类法以等斜率方式构造白化函数，并以修正系数对白化函数进行修正。宽域灰色聚类评价法以宽域式结构确定白化函数。该方法的优点是,考虑土壤环境的模糊性和综合性,避免主观随意性;在确定各污染指标权重时,只与土壤质量分级标准有关,而与污染物实测值无关,克服了用超标倍数确定权重的局限性。缺点是:计算方法较复杂;白化函数包含的污染范围较窄,一般在 $j-1$ 级到 $j+1$ 级标准值之间,当污染物监测值超出该范围时,相应的白化函数值会为 0,存在丢失信息的可能。

2. 土壤和农产品综合质量影响指数法

耕地土壤中重金属污染关乎农产品安全,粮食作物中可食部分重金属的累积对人体健康具有重大影响,因此发展出适用于农田重金属污染的评价方法显得尤为必要。

王玉军等 (2016) 提出了一种农田土壤重金属影响评价的新方法:土壤和农产品综合质量影响指数 (influence index of comprehensive quality, IICQ) 法。该方法由土壤综合质量影响指数 (IICQ$_S$) 和农产品综合质量影响指数 (IICQ$_{AP}$) 组成,同时考虑了土壤元素背景值、土壤元素标准和价态效应、农产品中目标元素的含量和污染物限量标准等因素,可应用于评价农田土壤中重金属的单独和复合污染,主要包括下列计算过程。

1) 污染元素和数量确定

比较土壤样品元素测定值与评价标准值和背景值的大小,以确认土壤样品超过标准值和背景值的数目 X 值和 Y 值;比较农产品样品元素测定值和食品中污染物限量标准,以确认农产品样品超过污染物限量标准的数目 Z 值,比较简单的方法可采用指数判别法。

求土壤 X 值:

$$P_{SSi} = C_i / C_{Si} \qquad (3\text{-}5)$$

式中,P_{SSi} 为土壤样品元素 i 测定值 C_i 与评价标准值 C_{Si} 的比值。当 $P_{SSi} \leqslant 1$ 时,取 $x_i=0$;当 $P_{SSi}>1$ 时,取 $x_i=1$。X 值为 x_i 之和。

求土壤 Y 值:

$$P_{SBi} = C_i / C_{Bi} \qquad (3\text{-}6)$$

式中,P_{SBi} 为土壤样品元素 i 测定值 C_i 与背景值 C_{Bi} 的比值。当 $P_{SBi} \leqslant 1$ 时,取 $y_i=0$;当 $P_{SBi}>1$ 时,取 $y_i=1$。Y 值为 y_i 之和。

求农产品 Z 值:

$$P_{APi} = C_{APi} / C_{LSi} \qquad (3\text{-}7)$$

式中,P_{APi} 为农产品样品元素测定值与食品中污染物限量标准的比值。C_{APi} 为土壤相应点位农产品中元素 i 的浓度;C_{LSi} 为农产品中元素 i 的限量标准(污染物限量标准,卫生标准)。当 $P_{APi} \leqslant 1$ 时,取 $z_i=0$;当 $P_{APi}>1$ 时,取 $z_i=1$。Z 值为 z_i 之和。

2）土壤相对影响当量（relative impact equivalent，RIE）

$$RIE = \frac{\sum\limits_{i=1}^{N}(P_{SSi})^{\frac{1}{n}}}{N} = \frac{\sum\limits_{i=1}^{N}\left(\frac{C_i}{C_{Si}}\right)^{\frac{1}{n}}}{N} \qquad (3-8)$$

式中，RIE 为土壤相对影响当量；N 为测定元素的数目；C_i 为测定元素 i 的浓度；C_{Si} 为元素 i 的土壤环境质量标准值（评价标准值）；n 为测定元素 i 的氧化数。RIE 数值越大，表明外源物质的影响越明显。对于变价元素，应考虑其价态与毒性的关系；由于土壤环境质量标准值已经考虑了元素氧化数与毒性的关系，故在实际评价中一般采用元素在土壤中的稳定态，如 As（Ⅲ）和 As（Ⅴ）一般取氧化数为 5，Cr（Ⅲ）和 Cr（Ⅵ）一般取氧化数为 3。如有可能，应根据土壤中的实际情况进行选择。

3）土壤元素测定浓度偏离背景值程度（deviation degree of determination concentration from the back-ground value，DDDB）

$$DDDB = \frac{\sum\limits_{i=1}^{N}(P_{SBi})^{\frac{1}{n}}}{N} = \frac{\sum\limits_{i=1}^{N}\left(\frac{C_i}{C_{Bi}}\right)^{\frac{1}{n}}}{N} \qquad (3-9)$$

式中，DDDB 为土壤元素测定浓度偏离背景值程度；C_{Bi} 为元素 i 的背景值。其余符号意义同前。DDDB 越大，表明外源物质的影响越明显。

总体上土壤标准偏离背景值程度（deviation degree of soil standard from the background value，DDSB）

$$DDSB = \sum\limits_{i=1}^{N}\left(\frac{C_{Si}}{C_{Bi}}\right)^{\frac{1}{n}} \qquad (3-10)$$

式中，各符号的意义同前。DDSB 越大，表明土壤标准偏离背景值的程度越大，则特定土壤的负载容量越大，对外源物质的缓冲性越强。

4）农产品质量指数（quality index of agricultural products，QIAP）

$$QIAP = \frac{\sum\limits_{i=1}^{N}(P_{APi})^{\frac{1}{n}}}{N} = \frac{\sum\limits_{i=1}^{N}\left(\frac{C_{APi}}{C_{LSi}}\right)^{\frac{1}{n}}}{N} \qquad (3-11)$$

式中，C_{APi} 为土壤相应点位农产品中元素 i 的浓度；C_{LSi} 为农产品中元素 i 的限量标准（污染物限量标准，卫生标准）。QIAP 表明重金属对农产品质量影响的状况，当农产品重金属浓度超过污染物限量标准时，数值越大，质量越差。

5）构建综合质量影响指数（IICQ）

综合质量影响指数为土壤综合质量影响指数（IICQ$_S$）和农产品综合质量影响指数（IICQ$_{AP}$）之和。令

$$IICQ_S = X \cdot (1 + RIE) + Y \cdot \frac{DDDB}{DDSB} \tag{3-12}$$

$$IICQ_{AP} = Z \cdot \left(1 + \frac{QIAP}{k}\right) + \frac{QIAP}{k \cdot DDSB} \tag{3-13}$$

即

$$IICQ = IICQ_S + IICQ_{AP} = \left[X \cdot (1 + RIE) + Y \cdot \frac{DDDB}{DDSB} \right]$$
$$+ \left[Z \cdot \left(1 + \frac{QIAP}{k}\right) + \frac{QIAP}{k \cdot DDSB} \right] \tag{3-14}$$

式中，X、Y 分别为土壤测量值超过评价标准值和背景值的数目；Z 为农产品中超过污染物限量标准的元素数目；k 为背景校正因子，它是与农产品污染物限量标准和元素背景值的比值有关的参数。

农产品综合质量影响指数（IICQ$_{AP}$）考虑了一个附加项，即农产品质量指数（QIAP）与土壤标准偏离背景值程度（DDSB）和背景校正因子的关系。土壤和农产品质量之间可能有多种状况：

（1）当 $X=0$、$0<IICQ_S<1$、$Z=0$、IICQ$_{AP}<1$ 时，表明土壤和农产品均无超标现象，意味着在特定指标下土壤环境质量健康、良好。

（2）当 $X=0$、$0<IICQ_S<1$、$Z \geq 1$ 或者 IICQ$_{AP}>1$ 时，表明土壤虽然没有超标，但农产品已有超标现象，意味着在特定指标下土壤环境质量处于亚健康或者亚污染（亚超标）状态，已不能用作特定农产品的生产，必须追踪污染物的来源。

（3）当 $X \geq 1$ 或者 IICQ$_S>1$、$Z=0$、IICQ$_{AP}<1$ 时，表明土壤已经有超标现象，但农产品依旧符合所规定的质量标准，此亦意味着土壤环境质量处于亚健康或者亚污染（亚超标）状态，需要密切关注。

（4）当 $X \geq 1$、$Z \geq 1$ 时，为污染（超标）状态。通过综合质量影响指数（IICQ），可以较为方便地将特定利用条件下的土壤环境质量状况划分为清洁（未超标）（Ⅰ）、污染（超标）两种状态，而污染（超标）状态可参照《全国土壤污染状况调查公报》和《土壤环境质量评价技术规范（二次征求意见稿）》中的方法进行等级划分，当 $1<IICQ \leq 2$ 时为轻微污染（轻微超标）（Ⅱ），$2<IICQ \leq 3$ 时为轻度污染（轻度超标）（Ⅲ），$3<IICQ \leq 5$ 时为中度污染（中度超标）（Ⅳ），$IICQ>5$ 时为重度污染（重度超标）（Ⅴ）。需要特别强调的是，在污染状态中增加了亚污染（亚超标）的状态描述，当土壤和农产品之一超标时称为亚污染（亚超标）（sub-），其等级划分同样依据 IICQ 的数值，可用 sub-Ⅱ-Ⅴ 进行描述。

（5）写出土壤环境质量状况表达式，该步骤可根据实际需要确定取舍。

a. 对于土壤样品或样点

$$_Z^U T_X^{IICQ} - (a_S, b_S, \cdots; a_{AP}, b_{AP} \cdots) \tag{3-15}$$

式中，X 为超过土壤标准的元素数目；Z 为超过农产品污染物限量标准的元素数目；U 为样品或样点编号；IICQ 为综合质量影响指数；a_S、b_S 为土壤超过评价标准值元素的名称；a_{AP}、b_{Ap} 为农产品中超过限量标准的元素名称。

b. 对于区域

$$^W T_{avIICQ} - (grade) \tag{3-16}$$

式中，W 为区域名称或编号；avIICQ 是区域样品的平均值；grade 为根据 avIICQ 所确定的土壤环境质量等级（表 3-2）。

表 3-2　土壤环境质量状态描述与等级划分

类别	指标	状态及等级描述					
		清洁或未超标（Ⅰ）	亚污染或亚超标（sub-）	轻微污染或轻微超标（Ⅱ）	轻度污染或轻度超标（Ⅲ）	中度污染或中度超标（Ⅵ）	重度污染或重度超标（Ⅴ）
样点	综合质量影响指数（IICQ）	≤1	sub-*	1<IICQ≤2	2<IICQ≤3	3<IICQ≤5	>5
区域	平均综合质量影响指数（avIICQ）	≤1	sub-*	1<avIICQ≤2	2<avIICQ≤3	3<avIICQ≤5	>5

注：亚污染或亚超标指土壤或农产品之一超标，依据数据指标划分等级，如 sub-Ⅱ、sub-Ⅲ 等；*选Ⅱ～Ⅴ 的一个。

综合质量影响指数可用来在重金属单独或复合影响下评价其对特定点位土壤质量的相对影响程度及其时空变化，并可较为方便地在不同比例尺的图件上标示，有利于区域土壤环境质量的比较。

3.2　耕地土壤重金属生态安全阈值

农用地土壤重金属生态安全阈值是指农用地土壤中某一重金属对农用地土壤生态系统中暴露生物不产生有害影响的最大安全剂量或浓度，通常用于农用地土壤重金属污染风险评价，是农用地土壤环境质量标准制定的科学依据和重要基础。

3.2.1　耕地土壤重金属生态安全阈值推导方法

近年来，随着多学科的共同发展，耕地土壤重金属生态安全阈值的确定方法也变得越来越完善，主要包括点模型、经验模型和概率分布模型等。其中，点模型主要以评估因子（assessment factor，AF）法为主，概率分布模型主要以物种敏感性分布（species sensitivity distribution，SSD）法为主，而经验模型中主要有生态环境效应法、贝叶斯风险评估模型、二次判别模型、决策树模型以及逻辑回归模型等。

1. 点模型

点模型中的评估因子法作为最早考虑物种敏感性的一种生态安全阈值确定方法，它是通过所研究区域内某一最敏感物种的急性或慢性毒理学数据除以评估因子来得到作为基准值的预测无效应浓度。它最初被用来确定水环境生态安全阈值，但随着近年来农用地土壤重金属污染的加剧，应用评估因子法确定农用地土壤重金属生态安全阈值的研究也开始变得越来越广泛。利用评估因子法推导农用地土壤环境质量基准的核心步骤为最敏感物种毒性数据的获取及评估因子的选取。其中，最敏感物种毒性数据分为急性毒性数据以及慢性毒性数据。一般情况下，急性毒性数据较易获取，而慢性毒性数据更能体现污染物对农作物的长期危害，与实际环境更为接近。当毒性数据较少时，一般使用评估因子法进行农用地土壤重金属生态安全阈值的推导。

此外，评估因子的选取在不同的国家和地区有不同的规定，具体见表 3-3。由表 3-3 可以看出，不同国家评估因子的取值存在明显差异，而且评估因子与毒理学数据的类型有关，较少的毒性数据对应较高的评估因子。其中，西班牙规定以敏感物种的毒性值乘以评估因子作为环境基准值。虽然评估因子法作为目前较为常用的一种农用地土壤重金属生态风险评估方法，但在使用过程中评估因子的选取过于经验化且主要依赖于国家政策，只能作为保护土壤环境的一种手段，并不能将其作为制定环境基准的标准方法，因此，有学者建议使用评估因子法时应遵循以下原则：

（1）所使用的毒性数据必须科学有效；

（2）评估因子法只能用作评估效应水平的数据筛选；

（3）评估因子的选取应为一定范围内的不同值而不是某个单一值；

（4）不同污染的风险及性质不同，其评估因子的大小也不相同；

表 3-3　不同国家评价因子的取值范围

国家	评估因子取值
法国	急性毒性值：1000；慢性毒性值：10
西班牙	急性毒性值：0.01；慢性毒性值：0.1
英国	急性毒性值：2~10；慢性毒性值：1~100
荷兰	急性毒性值：100；慢性毒性值：10
澳大利亚和新西兰	急慢性毒性值：20~1000

（5）评估因子法进行生态风险评价时往往会出现"过保护"现象，而一些无用的"过保护"则没有必要，因此可考虑适当降低评估因子的取值。

2. 概率分布模型

概率分布模型中的物种敏感性分布（species sensitivity distribution，SSD）法被广泛应用于不同环境介质中污染物的生态风险评价和安全阈值的研究，此方法假设生态系统中不同物种对某一污染物的敏感性[10%效应浓度（EC_{10}）、半数效应浓度（EC_{50}）等]能够被一个分布所描述，通过生物测试获得的有限物种的毒性阈值是来自这个分布的样本，可用于估算该分布的参数。SSD 法是 20 世纪 70 年代于美国和欧洲发展起来的用于建立环境质量基准和生态风险评价的方法，于 1985 年成为美国国家环境保护局推导水质基准的标准方法。

SSD 法包括正向和反向两种用法。正向用法通过污染物浓度水平计算潜在影响比例（potential affected fraction，PAF），用以表征生态系统或者不同生物类别的生态风险；反向用法则用于确定一个可以保护生态系统中大部分物种的污染物浓度，利用不同的分布函数拟合毒理学数据求出概率分布模型，确定危害浓度（hazardous concentration，HC_p），即污染物对生物的效应浓度小于等于 HC_p 的概率为 p，在此浓度下，生态环境中（$100-p$）%的生物是相对安全的。HC_p 中的 p 根据实际情况取 50 或 5 或 1，一般选用 HC_5 作为危害浓度。

SSD 法中构建 SSD 曲线主要包括以下步骤：收集和筛选物种的毒性数据，将生物毒性数据以大小排列的分位数作图，选定某一特定分布对这些数据进行参数拟合，通过拟合优度评价确定 SSD 曲线。其中，收集和筛选物种的毒性数据、选用最优拟合模型是决定 SSD 法准确性的关键步骤。在构建 SSD 曲线时，常用的拟合函数主要有对数正态分布（Log-normal）、Burr Ⅲ 分布、对数逻辑斯谛（Log-logistic）分布、威布尔（Weibull）分布、伽马（Gamma）分布五种分布函数（表 3-4）。SSD 曲线并无特定的拟合方法，也没有确切研究数据表明 SSD 曲线属于某种特定曲线，需根据具体情况进行选择。

表 3-4　常用的拟合函数

模型	适用情况及特点	函数公式	结果描述	不确定性
Log-normal	可用样本数据量充足（HC_5 下，$n>20$；在 HC_{10} 下，$n>20$）情况下，计算结果较有适应性	$F(x) = \Phi\left(\dfrac{\ln x - \mu}{\sigma}\right)$	定量	较高
Burr Ⅲ	适合数据量不充足，多用于盆栽实验，拟合效果稳定且精确度高	$F(x) = \dfrac{1}{\left[1+\left(\dfrac{b}{x}\right)^c\right]^k}$	定量	低

模型	适用情况及特点	函数公式	结果描述	不确定性
Log-logistic	数据并非很充足，但数据质量好的情况下，计算结果较实际性	$F(x) = \dfrac{a}{1+\left(\dfrac{x}{x_0}\right)^b}$	定量	低
Weibull	数据样本不大，但威布尔分布参数的分析法估计较复杂，区间估计值过长，实践中常采用概率估计法，从而降低了参数的估计精度	$F(x) = 1 - e^{-\left(\frac{x}{b}\right)^a}$	定量	较高
Gamma	适用于数据具有递归性质，拟合效果不太稳定，结果易变	$F(x) = \dfrac{\Gamma_x(a)}{b}$ $\dfrac{}{\Gamma(a)}$	定量	高

自 20 世纪 70 年代末，SSD 法已被国际上多个国家和机构确立为制定环境质量标准的方法。虽然 SSD 法的不确定性较低，但其很少考虑物种间食物链的相互关系，无法提供环境的潜在恢复信息，难以体现污染物对环境的间接影响。

3. 经验模型

1）生态环境效应法

生态环境效应法作为经验模型中最常用的一种生态安全阈值确定方法，其原理依据重金属在土壤-农作物体系中的迁移转化规律，构建土壤-农作物体系与重金属含量之间的关系，并依据国家现行标准规定的食品中重金属含量限值反推农用地土壤中重金属的含量，并将此值作为农用地土壤中农作物安全生长的临界浓度值。它考虑了重金属在土壤-农作物体系中的生物有效性，但未考虑物种种类的影响。例如，我国 1995 年颁布的《土壤环境质量标准》（GB 15618—1995）就是根据生态环境效应法制定，它在我国土壤环境质量评价和保护中发挥了重要的历史作用。

由于土壤环境具有复杂性、多变性以及不确定性，不同的土壤理化性质、土壤类型、土地利用方式以及农作物种类等都会影响重金属在土壤-农作物体系中的迁移转化，其中土壤理化性质是最重要的影响因素之一。因此，为使预测的土壤重金属生态安全阈值更加准确，提出了基于农作物重金属含量与土壤理化性质的多元线性回归方程。此外，为更加量化地表征重金属在土壤-农作物体系中的迁移转化过程，研究人员提出了生物富集系数的概念，即用农作物与土壤中重金属含量之比表征重金属在土壤-农作物体系中的迁移能力，通过建立生物富集系数与土壤理化性质之间的多元线性回归方程则能更真实地反映土壤理化性质对重金属生物有效性的影响，因而也被称为生物有效性方程。

2）其他经验模型

除上述方法外，经验模型中的贝叶斯风险评估模型、二次判别模型、决策树模型以及逻辑回归模型等均可用来进行农用地土壤重金属生态风险评价。贝叶斯风险评估模型以贝叶斯经验统计思想中的先验分布为基础，依据土壤重金属含量与农作物重金属超标的相互关系，进而预测农作物重金属的超标概率。

4. 耕地土壤重金属生态安全阈值确定方法的优缺点及不确定性分析

耕地土壤重金属生态安全阈值的确定方法不同，其适用情况、评价结果精度以及不确定性等均存在差异，表 3-5 总结了点模型、概率分布模型以及经验模型中的代表方法、适用情况、优缺点、结果描述以及不确定性。点模型中的评估因子法和概率分布模型中的物种敏感性分布法适用于评价要求较高的情况，而经验模型中的生态环境效应法则主要适用于评价要求低、能粗略反映研究区域内污染风险的情况。此外，三种模型中的代表方法均能定量反映阈值结果，且在不确定性分析中，生态环境效应法的不确定性最高，评估因子法次之，物种敏感性分布法最低。

表 3-5　耕地土壤重金属生态安全阈值的确定方法优缺点及不确定性分析

模型	代表方法	适用情况	优缺点	结果描述	不确定性
点模型	评估因子法	评价要求较高	优点：简单易操作，考虑了物种敏感性差异，不依赖于任何理论模型，定量反映生态安全阈值； 缺点：评估因子选取过于经验化且多依赖于国家政策，敏感物种的种类及数量单一，缺乏代表性	定量	较高
概率分布模型	物种敏感性分布法	评价要求高	优点：考虑了物种敏感性、土壤理化性质、生物有效性及污染物来源等因素的差异，可根据不同的风险水平选取相应的重金属污染物浓度限量值； 缺点：很少考虑物种间食物链的相互关系，无法提供环境的潜在恢复信息，难以体现污染物对环境的间接影响	定量	低
经验模型	生态环境效应法	评价要求低	优点：考虑了土壤理化性质之间的差异，且能定量反映阈值结果； 缺点：没有考虑物种对重金属污染物的敏感性差异	定量	高

应用生态环境效应法推导耕地土壤重金属生态安全阈值时，首先没有考虑农作物对重金属吸收的差异性，导致其推导阈值的不确定性增加。其次，生态环境效应法大多基于实验室数据构建多元线性回归方程，实验室条件下的因子是可控的，而实际大田环境条件下的诸多因素是不可控的，因此，在实验室条件下应用生态环境效应法与实际大田环境条件下存在显著差异，这也是导致其不确定性高的一个重要原因。

而对于评估因子法来说，其不确定性主要由评估因子的选取、敏感物种的种类以及毒理学数据的质量引起。应用评估因子法确定耕地土壤重金属生态安全阈值时评估因子的选取主要依据国家政策和多年的科学经验，且选取的评估因子多为单一数值，并不是某个区间内的多个不同值，这是造成其不确定性较高的一个最主要因素。另外，评估因子法一般选取研究区域内某个最敏感物种的单一毒理学数据作为生态安全阈值计算的基础数据，而敏感物种的种类、毒性评价终点的选择等都会影响毒理学数据的质量，进而影响阈值计算结果，增加其不确定性。

物种敏感性分布法作为不确定性最低的耕地土壤重金属生态安全阈值确定方法，其主要考虑了土壤理化性质、物种敏感性以及污染物来源等因素的差异，可根据不同的风险水平选取相应的重金属污染物浓度限值，因而推导的耕地土壤重金属生态安全阈值更加科学合理。虽然物种敏感性分布法的不确定性较低，但其仍存在不确定性，敏感物种的种类及数量、毒理学数据的获取和处理以及拟合函数的选取等都会影响物种敏感性分布法的准确性。

此外，经验模型中的贝叶斯风险评估模型、二次判别模型、决策树模型以及逻辑回归模型等的不确定性可能是由模型参数的数量以及输入模型的数据质量引起的。数学模型中每一个变量或参数都存在引入误差，变量或参数越多，误差的累积效应就越大，模型结果的准确度就越低；另外，模型的数据质量直接决定着模型运行的稳定性及运行结果的准确性，因此，一个具有较少参数及较好数据质量的模型，其不确定性会降低，反之则会升高。

3.2.2　我国现行土壤环境质量标准

1. 土壤环境质量标准

2018 年颁布的《土壤环境质量　农用地土壤污染风险管控标准（试行）》（GB 15618—2018）替代《土壤环境质量标准》（GB 15618—1995），提出了筛选值和管控值两条线，规定了农用地土壤中镉、汞、砷、铅、铬、铜、镍、锌等基本项目（表 3-6）和六六六、滴滴涕、苯并[a]芘等其他项目的风险筛选值（表 3-7），以及农用地土壤镉、汞、砷、铅、铬的风险管制值（表 3-8），适应风险管控的思路，进行风险筛查和分类，对有效管控农用地土壤污染风险和加强土壤环境管理水平具有重要意义。

表 3-6　农用地土壤污染风险筛选值（基本项目）

序号	污染物项目[①②]		风险筛选值/（mg/kg）			
			pH≤5.5	5.5＜pH≤6.5	6.5＜pH≤7.5	pH＞7.5
1	镉	水田	0.3	0.4	0.6	0.8
		其他	0.3	0.3	0.3	0.6

续表

序号	污染物项目[①②]		风险筛选值/（mg/kg）			
			pH≤5.5	5.5<pH≤6.5	6.5<pH≤7.5	pH>7.5
2	汞	水田	0.5	0.5	0.6	1.0
		其他	1.3	1.8	2.4	3.4
3	砷	水田	30	30	25	20
		其他	40	40	30	25
4	铅	水田	80	100	140	240
		其他	70	90	120	170
5	铬	水田	250	250	300	350
		其他	150	150	200	250
6	铜	果园	150	150	200	200
		其他	50	50	100	100
7	镍	—	60	70	100	190
8	锌	—	200	200	250	300

注：①重金属和类金属砷均按元素总量计；②对于水旱轮作地，采用其中较严格的风险筛选值。

表 3-7　农用地土壤污染风险筛选值（其他项目）

序号	污染物项目	风险筛选值/（mg/kg）
1	六六六总量[①]	0.10
2	滴滴涕总量[②]	0.10
3	苯并[a]芘总量	0.55

注：①六六六总量为 α-六六六、β-六六六、γ-六六六、δ-六六六四种异构体的含量总和；②滴滴涕总量为 p,p'-滴滴伊、p,p'-滴滴滴、o,p'-滴滴涕、p,p'-滴滴涕四种衍生物的含量总和。

表 3-8　农用地土壤污染风险管制值

序号	污染物项目	风险管制值/（mg/kg）			
		pH≤5.5	5.5<pH≤6.5	6.5<pH≤7.5	pH>7.5
1	镉	1.5	2.0	3.0	4.0
2	汞	2.0	2.5	4.0	6.0
3	砷	200	150	120	100
4	铅	400	500	700	1000
5	铬	800	850	1000	1300

《土壤环境质量　农用地土壤污染风险管控标准（试行）》（GB 15618—2018）但在实际应用中，也存在不少问题：

（1）标准制定过分强调统一。我国地域辽阔，气候类型复杂多样，因而各地的土壤性质差异也较大。《土壤环境质量 农用地土壤污染风险管控标准（试行）》（GB 15618—2018）不可能充分考虑我国土壤类型、成土母质、土壤理化性质、种植结构和品种等区域间的巨大差异，全国统一的标准在使用过程中常常可能出现假阴性（土壤未超标但农产品超标）或假阳性（土壤超标但农产品未超标）的情况。

（2）标准中有机污染物指标的种类过少，且不合理。我国农业生产中由于大量使用化肥、农药及污灌，土壤污染物中有机污染物占很大比例。但是，在《土壤环境质量 农用地土壤污染风险管控标准（试行）》（GB 15618—2018）其他项目中仅规定了六六六、滴滴涕、苯并[a]芘的筛选值，由于六六六、滴滴涕均作为高残留率农药于 1983 年已停止生产，过去投放进土壤的农药绝大部分对土壤已不构成污染，随着时间的推移，土壤中这两种农药的影响也会越来越小，而其他有机化合物的影响会越来越大。仅规定这三种有机污染物的风险筛选值，已不能满足我国土壤环境保护工作的实际需要。

（3）以总量作为土壤环境质量标准难以反映重金属对植物的效应。重金属在不同的土壤中的存在形态不同，但土壤污染对植物的效应主要由有效态的部分造成，因此，在评定土壤中污染物的影响时，应主要考虑有效态的数量。我国在重金属有效态方面进行了一些研究，但涉及范围较小，缺乏全国土类的有效态数据。目前土壤环境质量标准采用总量为指标，对重金属有效态较高的土壤具有一定的代表性，但对重金属有效态含量较低的土壤则不能反映实际情况。

（4）缺乏对氟、硒等有害无机物的控制。在《土壤环境质量 农用地土壤污染风险管控标准（试行）》（GB 15618—2018）中仅规定了农用地土壤中镉、汞、砷、铅、铬、铜、镍、锌等基本项目的风险筛选值和农用地土壤中镉、汞、砷、铅、铬的风险管控值，无机物种类少。而土壤中的氟、硒含量过量，将直接或间接影响人体健康。我国健康标准中的食品安全标准对蔬菜等食物中氟和硒等含量作了限定，但却没有相应的土壤环境质量标准对氟和硒等进行限定。

2. 作物安全生产的土壤重金属阈值

除《土壤环境质量 农用地土壤污染风险管控标准（试行）》（GB 15618—2018）外，近年来我国还针对不同作物种类发布了推荐性国家标准，包括《水稻生产的土壤镉、铅、铬、汞、砷安全阈值》（GB/T 36869—2018）（表 3-9）、《小麦安全生产的土壤镉、铅、铬、汞、砷阈值》（GB/T 41685—2022）（表 3-10）、《种植根茎类蔬菜的旱地土壤镉、铅、铬、汞、砷安全阈值》（GB/T 36783—2018）（表 3-11、表 3-12、表 3-13）等。

表 3-9 《水稻生产的土壤镉、铅、铬、汞、砷安全阈值》（GB/T 36869—2018）

污染物项目	安全阈值/（mg/kg）							
	pH<5		5≤pH<6		6≤pH<7		pH≥7	
	OM<20 g/kg	OM≥20 g/kg	OM<20 g/kg	OM≥20 g/kg	OM<20 g/kg	OM≥20 g/kg	OM<20 g/kg	OM≥20 g/kg
镉	0.20	0.25	0.25	0.25	0.30	0.35	0.45	0.50
铅	55	60	70	75	120	135	225	250
铬	110	135	125	150	160	195	210	270
汞	0.45	0.55	0.50	0.65	0.60	0.80	0.80	1.05
砷	25	30	20	25	20	20	15	20

注：OM 为有机质含量。

表 3-10 《小麦安全生产的土壤镉、铅、铬、汞、砷阈值》（GB/T 41685—2022）

污染物项目	阈值/（mg/kg）			
	pH≤5.5	5.5<pH≤6.5	6.5<pH≤7.5	pH>7.5
镉	0.20	0.23	0.30	0.36
铅	70	76	90	99
铬	140	150	175	190
汞	1.30	1.43	1.73	1.90
砷	40	34	25	21

表 3-11 种植根茎类蔬菜的旱地土壤镉安全阈值

污染物项目	安全阈值/（mg/kg）											
	pH≤5.5			5.5<pH≤6.5			6.5<pH≤7.5			pH>7.5		
	OC≤10	10<OC<30	OC≥30	OC≤10	10<OC<30	OC≥30	OC≤10	10<OC<30	OC≥30	OC≤10	10<OC<30	OC≥30
总镉	0.20	0.25	0.30	0.30	0.35	0.40	0.40	0.45	0.50	0.50	0.60	0.70

注：OC 指土壤有机碳，单位 g/kg。

表 3-12 种植根茎类蔬菜的旱地土壤铅安全阈值

污染物项目	安全阈值/（mg/kg）											
	pH≤5.5			5.5<pH≤6.5			6.5<pH≤7.5			pH>7.5		
	CEC≤10	10<CEC<30	CEC≥30	CEC≤10	10<CEC<30	CEC≥30	CEC≤10	10<CEC<30	CEC≥30	CEC≤10	10<CEC<30	CEC≥30
总铅	40	50	60	60	80	90	90	130	160	160	230	290

注：CEC 指土壤阳离子交换量，单位 cmol（+）/kg。

表 3-13　种植根茎类蔬菜的旱地土壤铬、汞、砷安全阈值

污染物项目	安全阈值/（mg/kg）			
	pH≤5.5	5.5＜pH≤6.5	6.5＜pH≤7.5	pH＞7.5
铬	500	290	160	90
汞	1.0	1.5	2.0	3.0
砷	75	55	40	30

3.2.3　苏南稻麦轮作土壤镉汞安全阈值研究

我国地域辽阔，气候、土壤、耕作方式、作物品种等差异大，现行的《土壤环境质量　农用地土壤污染风险管控标准（试行）》（GB 15618—2018），难以对不同气候和不同土壤条件下作物重金属污染进行有效控制，经常出现土壤重金属超标而作物不超标，或土壤重金属不超标而作物超标的情况。

1. 苏南稻麦轮作安全生产的土壤镉汞阈值研究方案

研究区域位于江苏省南部地区，地势低平，隶属长江三角洲平原地区和太湖平原地区，属亚热带季风海洋性气候，四季分明，气候温和，雨量充沛，年均降水量 1100 mm，年均温 15.7℃，1 月均温 2.5℃，7 月均温 28℃。研究区土地肥沃，物产丰富，自然条件优越，农业发达，广泛种植水稻、小麦、蔬菜、果品等。由于城乡工业发展，土壤重金属污染情况日益严重，尤其是 Cd、Hg 污染较为突出。

采用大田实地调查与小区试验相结合的方式（涂峰等，2023），在苏南地区多年多点田间小区试验和大田调查相结合的基础上，利用物种敏感性分布法推导出不同 pH 段下保护 95%水稻和小麦品种不超过国家食品安全标准的土壤 Cd/Hg 安全阈值，指导 Cd/Hg 污染土壤上水稻、小麦的安全生产。

根据土壤性质、Cd 污染程度及水稻品种分布，2018 年 10 月和 2020 年 10 月水稻成熟季，在研究区共布设 161 个样点（120°33′E～121°18′E，31°23′N～31°42′N），协同采集土壤和水稻样品。2019 年和 2020 年在苏南地区设置了 5 个试验点，开展了不同水稻品种小区试验。研究共涉及 18 个水稻品种，基本覆盖了苏南地区常见品种，包括粳型常规稻 15 个：'武运粳 30 号''苏香粳 100''常农粳 10 号''南粳 3908''南粳 5055''常农粳 12 号''南粳 46''常农粳 11 号''嘉花 1 号''常香粳 1813''常农粳 8 号''武科粳 7375''早香粳 1 号''扬育粳 3 号''镇糯 19 号'，粳型三系杂交稻 3 个：'常优粳 6 号''常优 4 号''常优粳 11 号'，分别缩写为 'WYJ30''SXJ100''CNJ10''NJ3908''NJ5055''CNJ12''NJ46''CNJ11''JH1''CXJ1813''CNJ8''WKJ7375''ZXJ1''YYJ3''ZN19''CYJ6''CY4''CYJ11'。

与水稻类似，根据土壤性质、Cd 污染程度及小麦品种区域分布，于 2021 年 5 月小麦成熟季，开展了大田实地调查，在研究区共布设 237 个样点，协同采集土壤和小麦样品。同时于 2018 年、2020 年、2021 年在苏南地区的五个地点进行了小区试验（Hu et al., 2023），共涉及小麦品种 30 个，包括'镇麦 168''镇麦 12 号''镇麦 10 号''扬麦 29''扬麦 25''扬麦 24''扬麦 23''扬麦 20''扬麦 16 号''扬麦 158''扬麦 12 号''扬辐麦 4 号''扬辐麦 10 号''烟农 19 号''苏麦 188''苏隆 128''宁麦 28''宁麦 26''宁麦 24''宁麦 22''宁麦 19''宁麦 14''宁麦 13''明麦 133''济麦 22''淮麦 22''淮麦 18''华麦 5 号''徐麦 28 号''徐州 24 号'，分别缩写为'ZM168''ZM12''ZM10''YM29''YM25''YM24''YM23''YM20''YM16''YM158''YM12''YFM4''YFM10''YN19''SM188''SL128''NM28''NM26''NM24''NM22''NM19''NM14''NM13''MM133''JM22''HM22''HM18''HM5''XM28''XZ24'。

根据不同土壤 pH 范围，将糙米或小麦籽粒生物富集系数取倒数（1/BCF）后按照递增的顺序排序，采用 Burrlioz 2.0（澳大利亚联邦科学和工业研究组织）中 Burr Ⅲ 函数拟合 SSD 曲线，得到不同百分点对应的浓度值（hazardous concentration，HC_p），取 5%处所对应的 HC_5，即保护 95%水稻或小麦品种，代入糙米 Cd 食品安全国家标准（0.2 mg/kg）或小麦 Cd 食品安全国家标准（0.1 mg/kg），得到相应的土壤 Cd 安全阈值。Burr Ⅲ型函数的参数方程为

$$y = \frac{1}{\left[1 + \left(\dfrac{b}{x}\right)^c\right]^k} \tag{3-17}$$

式中，y 为累积分布频率；x 为 $\dfrac{1}{BCF}$；b、c、k 为函数的 3 个参数。取 y=5%，得到的 x 即 HC_5。

2. 苏南水稻安全生产的土壤镉汞安全阈值

1）水稻安全生产的土壤镉安全阈值

（1）线性拟合推导土壤 Cd 安全阈值。

大田实地调查和试验区总样品数为 258 对，土壤 pH 介于 5.0～8.5，将其分为三个区间，酸性 5.0～6.5，中性 6.5～7.5，碱性 7.5～8.5，并将各 pH 段的土壤 Cd 与糙米 Cd 分别进行线性拟合（图 3-4）。结果表明，在土壤 pH 为 5.0～6.5 和 7.5～8.5 的情况下，糙米 Cd 浓度与土壤 Cd 浓度相关性较高，R^2 分别为 0.616 和 0.797；在 pH 为 6.5～7.5 的情况下，糙米 Cd 浓度与土壤 Cd 浓度相关性较低，R^2 为 0.187。总体而言，酸性土壤拟合方程的斜率要远大于中性和碱性土壤，即随着 pH 的下

降，糙米 Cd 浓度随着土壤 Cd 浓度上升的速率在提高，说明土壤酸化会促进水稻对 Cd 的吸收。

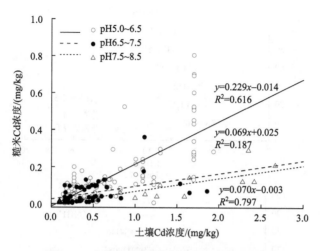

图 3-4　土壤 Cd 浓度与糙米 Cd 浓度相关性

（2）SSD 推导土壤 Cd 安全阈值。

将大田实地调查和试验区的 258 对样品，按土壤 pH 分为三个区间，酸性 5.0～6.5，中性 6.5～7.5，碱性 7.5～8.5，将各区间包含的水稻品种糙米 BCF 倒数的平均值输入 BurrliOZ 软件进行 Burr Ⅲ 模型计算，得到不同品种水稻的 SSD 曲线（图 3-5）。

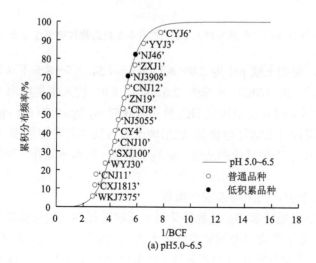

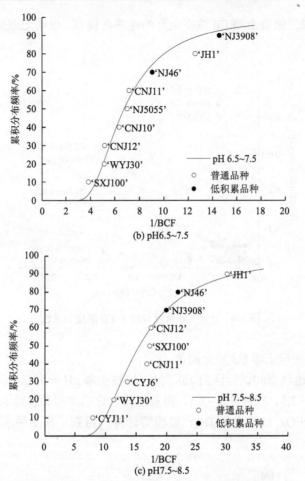

图 3-5　三个 pH 区间不同水稻品种糙米 Cd 生物富集系数的物种敏感性分布（SSD）法曲线

　　通过计算，得到土壤 pH 为 5.0~6.5、6.5~7.5、7.5~8.5 下（表 3-14），5%累积分布频率对应的 1/BCF 分别为 2.6、4.0、8.9，代入水稻糙米 Cd 限量标准 0.2 mg/kg，得到土壤 Cd 安全阈值 HC₅ 分别为 0.52 mg/kg、0.80 mg/kg、1.78 mg/kg，这些值均高于现行《土壤环境质量　农用地土壤污染风险管控标准（试行）》（GB 15618—2018）中水田的风险筛选值，更高于其他（如水旱轮作）种植类型的风险筛选值。

　　2）水稻安全生产的土壤汞安全阈值

　　本书中由于水稻糙米 Hg 超标数量过少无法进行准确的阈值拟合。对于水稻糙米 Hg 而言，基于苏南多个试验点以及大田实地调查的结果，土壤 Hg 含量与水稻籽粒 Hg 含量没有呈现明显的相关性（图 3-6），在 pH 5.4~6.5 以及 pH 6.5~7.5 段，个别水稻糙米 Hg 超过 0.02 mg/kg 的限值。

表 3-14　不同 pH 下稻田土壤 Cd 安全阈值比较　　　　（单位：mg/kg）

项目	土壤 pH		
	5.0～6.5	6.5～7.5	7.5～8.5
本研究推导的土壤 Cd 安全阈值	0.52	0.80	1.78
GB 15618—2018 水田	0.40（pH 5.5～6.5）	0.60	0.80（pH>7.5）
GB 15618—2018 其他	0.30（pH 5.5～6.5）	0.30	0.60（pH>7.5）

注：括号中的 pH 范围指国家标准中的范围。

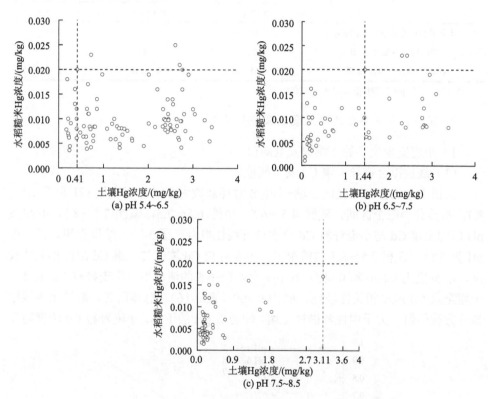

图 3-6　三个 pH 区间土壤 Hg 浓度与水稻糙米 Hg 浓度的相关性

　　因此尚无法准确推测水稻安全生产的土壤 Hg 安全阈值。这可能与 Hg 在土壤中存在形态、水稻糙米 Hg 积累的生理机制以及生产过程水分、沉降等环境因素有关，有待进一步研究。总体而言，在苏南地区当前土壤 Hg 污染状况下，尽管水稻糙米 Hg 存在一定的超标风险，但风险总体较小。考虑苏南地区生产实践中需要提出水稻种植的土壤 Hg 的阈值，而近年来监测的结果表明，苏南地区当前土壤 Hg 污染状况下，除了一些土壤 Hg 污染非常重的区域，其余区域水稻糙米

Hg 超标概率不是很高。为此根据经验大致可以估算，土壤 pH 5.4～6.5、pH 6.5～7.5、pH 7.5～8.5 下，水稻种植的土壤 Hg 安全阈值分别为 0.5～1.0 mg/kg、1.5 mg/kg、2.0 mg/kg。这些值高于当前《土壤环境质量 农用地土壤污染风险管控标准（试行）》（GB 15618—2018）水田的风险筛选值，也高于《水稻生产的土壤镉、铅、铬、汞、砷安全阈值》（GB/T 36869—2018）（表 3-15）。

表 3-15　苏南地区种植水稻的土壤 Hg 安全阈值估计值　　（单位：mg/kg）

项目	土壤 pH		
	5.4～6.5	6.5～7.5	7.5～8.5
本研究估计土壤 Hg 安全阈值	0.5～1.0	1.5	2.0
GB 15618—2018 水田	0.5	0.6	1.0
GB/T 36869—2018 水稻	0.45～0.65（pH<6）	0.6～0.8（pH6～7）	0.8～1.05（pH≥7）

注：括号中的 pH 范围指国家标准中的范围。

3. 苏南小麦安全生产的土壤镉汞安全阈值

1）小麦安全生产的土壤镉安全阈值

（1）线性拟合推导土壤 Cd 安全阈值。

大田实地调查和试验区土壤-小麦成对样品数为 237 对。土壤 pH 介于 4.5～8.7，将其分为三个区间，酸性 4.5～6.5，中性 6.5～7.5，碱性 7.5～8.7，并将各 pH 段的土壤 Cd 与小麦籽粒 Cd 分别进行线性拟合（图 3-7）。结果表明，在土壤 pH 为 6.5～7.5 和 7.5～8.7 的情况下，小麦籽粒 Cd 浓度与土壤 Cd 浓度相关性较高，R^2 分别为 0.660 和 0.683；在 pH 为 4.5～6.5 的情况下，小麦籽粒 Cd 浓度与土壤全量 Cd 浓度相关性较低，R^2 为 0.500（表 3-16）。总体而言，酸性土壤线性拟合方程的斜率大于中性和碱性土壤，即随着 pH 的下降，小麦籽粒 Cd 浓度随着

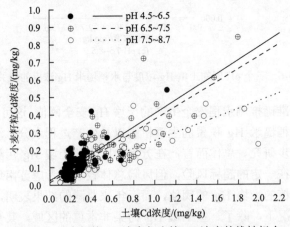

图 3-7　小麦籽粒 Cd 浓度与土壤 Cd 浓度的线性拟合

表 3-16　土壤 Cd 与小麦籽粒 Cd 线性拟合方程与土壤 Cd 安全阈值推导

项目	土壤 pH		
	4.5～6.5	6.5～7.5	7.5～8.7
线性拟合方程	$y=0.38011x+0.02521$	$y=0.35815x+0.01462$	$y=0.22427x+0.02901$
R^2	0.500	0.660	0.683
推导的土壤 Cd 安全阈值（$y=0.1$）/（mg/kg）	0.19	0.24	0.31

土壤 Cd 浓度上升的速率在提高，说明土壤酸化会促进小麦对 Cd 的吸收。将小麦籽粒 Cd 的 0.1 mg/kg 的限量标准代入回归方程，推导出三个 pH 区间的安全阈值分别为 0.19 mg/kg、0.24 mg/kg 和 0.31 mg/kg。

（2）SSD 推导土壤 Cd 安全阈值。

将 237 对样品按土壤 pH 分为三个区间，酸性 4.5～6.5，中性 6.5～7.5，碱性 7.5～8.7，将各区间包含的小麦品种籽粒 BCF 值倒数的平均值输入 BurrliOZ 软件进行 Burr Ⅲ 模型计算，得到不同品种小麦的 SSD 曲线（图 3-8）。

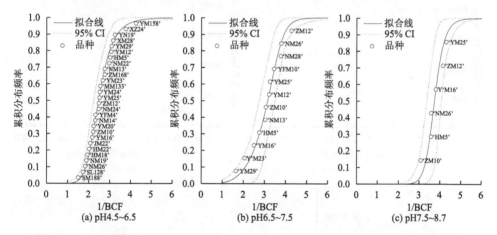

图 3-8　Burr Ⅲ 模型分别拟合的不同 pH 区间下不同小麦品种的物种敏感性分布曲线

可以看出，在三个土壤 pH 范围内，不同小麦品种对 Cd 的富集能力高低与第 1 章的排序结果基本一致，通过计算，得到土壤 pH 在 4.5～6.5、6.5～7.5、7.5～8.7 下，5%累积分布频率对应的 1/BCF 分别为 1.7、1.8、3.1，代入小麦籽粒 Cd 限量标准 0.1 mg/kg，得到土壤 Cd 安全阈值 HC_5 分别为 0.17 mg/kg、0.18 mg/kg、0.31 mg/kg（表 3-17）。这些值低于或接近土壤 Cd 与小麦籽粒 Cd 线性拟合推导的阈值 0.19 mg/kg、0.24 mg/kg、0.31 mg/kg，但明显低于现行《土壤环境质量　农用地土壤污染风险管控标准（试行）》（GB 15618—2018）中其他的风险筛选值。

表 3-17　麦田土壤 Cd 安全阈值比较　　　　　（单位：mg/kg）

项目	土壤 pH		
	4.5～6.5	6.5～7.5	7.5～8.7
SSD 推导土壤 Cd 安全阈值	0.17	0.18	0.31
线性拟合推导土壤 Cd 安全阈值	0.19	0.24	0.31
GB 15618—2018 其他	0.30（pH 5.5～6.5）	0.30	0.60（pH>7.5）

2）小麦安全生产的土壤汞安全阈值

对于小麦种植的土壤 Hg 安全阈值而言，综合试验区以及大田实地调查结果表明（图 3-9），当土壤 pH 4.4～6.5，土壤 Hg 小于等于 2.5 mg/kg 时，所有小麦籽粒 Hg 均不超标；当土壤 pH 6.5～7.5，土壤 Hg 小于等于 3.0 mg/kg 时，所有小麦籽粒 Hg 均不超标；当土壤 pH 7.5～8.7，土壤 Hg 小于等于 1.16 mg/kg 时，所有小麦籽粒 Hg 均不超标。

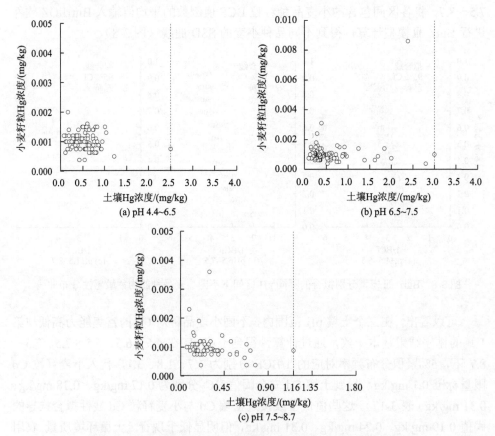

图 3-9　三个土壤 pH 区间小麦籽粒 Hg 浓度与土壤 Hg 浓度关系

因此，研究区域小麦种植的土壤 Hg 安全阈值，推测大于 2 mg/kg，甚至高于 3 mg/kg（表 3-18），高于现行《土壤环境质量　农用地土壤污染风险管控标准（试行）》（GB 15618—2018）中水田和其他的风险筛选值，后续需要继续研究。

表 3-18　不同 pH 下小麦安全生产的土壤 Hg 安全阈值估计值比较　（单位：mg/kg）

项目	土壤 pH		
	4.4～6.5	6.5～7.5	7.5～8.7
本研究估计土壤 Hg 安全阈值	>3.0	>3.0	>3.0
GB 15618—2018 水田	0.5	0.6	1.0
GB 15618—2018 其他	1.3～1.8	2.4	3.4

4. 苏南稻麦轮作土壤镉汞安全阈值小结与建议

推导出苏南地区土壤在 pH 5.0～6.5、6.5～7.5、7.5～8.5 下，保护 95%水稻品种糙米 Cd 不超标的土壤 Cd 安全阈值分别为 0.52 mg/kg、0.80 mg/kg、1.78 mg/kg，均高于现行《土壤环境质量　农用地土壤污染风险管控标准（试行）》（GB 15618—2018）的风险筛选值；推导出苏南地区土壤 pH 4.5～6.5、6.5～7.5、7.5～8.7 下保护 95%小麦品种籽粒不超标的土壤 Cd 安全阈值为 0.17 mg/kg、0.18 mg/kg、0.31 mg/kg，均低于 GB 15618—2018 的风险筛选值。另外，从保障农产品安全生产和经济性角度综合考虑，结合苏南地区多年的监测结果，建议水稻安全生产的土壤 Hg 安全阈值可以提高到 1 mg/kg 甚至 1.5 mg/kg 以上，小麦安全生产的土壤 Hg 安全阈值可以提高到 3 mg/kg 以上。

在苏南地区稻麦轮作体系下，在 Cd 污染土壤上应该优先保护小麦，而 Hg 污染土壤上则需要关注水稻。参考本研究推导的土壤 Cd/Hg 安全阈值，我们可以总结出不同土壤污染情况下稻麦轮作的超标风险及安全利用策略，如图 3-10 所示。

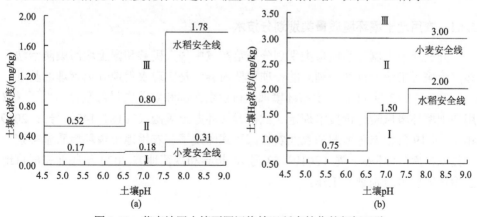

图 3-10　苏南地区土壤不同污染情况稻麦轮作的超标风险

对于 Cd 污染情况，如图 3-10（a）所示。

Ⅰ类土壤（即 pH≤6.5 且土壤 Cd 浓度<0.17 mg/kg，6.5<pH≤7.5 且土壤 Cd 浓度<0.18 mg/kg，pH>7.5 且土壤 Cd 浓度<0.31 mg/kg），水稻和小麦籽粒 Cd 超标风险都低，可正常稻麦轮作。

Ⅱ类土壤（即 pH≤6.5 且 0.17≤土壤 Cd 浓度<0.52 mg/kg，6.5<pH≤7.5 且 0.18≤土壤 Cd 浓度<0.80 mg/kg，pH>7.5 且 0.31≤土壤 Cd 浓度<1.78 mg/kg），水稻糙米 Cd 超标风险低，但小麦籽粒 Cd 超标风险较高，建议水稻季正常种植，而小麦季则需要采取如低积累小麦品种、钝化剂、叶面阻控剂、休耕等措施。

Ⅲ类土壤（即 pH≤6.5 且土壤 Cd 浓度≥0.52 mg/kg，6.5<pH≤7.5 且土壤 Cd 浓度≥0.80 mg/kg，pH>7.5 且土壤 Cd 浓度≥1.78 mg/kg），水稻糙米、小麦籽粒均有 Cd 超标风险，而且小麦籽粒超标风险更高，建议水稻季种植 Cd 低积累水稻，小麦季休耕，并采取其他措施。

对于 Hg 污染情况，如图 3-10（b）所示。

Ⅰ类土壤（即 pH≤6.5 且土壤 Hg 浓度<0.75 mg/kg，6.5<pH≤7.5 且土壤 Hg 浓度<1.50 mg/kg，pH>7.5 且土壤 Hg 浓度<2.00 mg/kg），水稻糙米和小麦籽粒 Hg 超标风险都低，可正常稻麦轮作；

Ⅱ类土壤（即 pH≤6.5 且 0.75≤土壤 Hg 浓度<3.00 mg/kg，6.5<pH≤7.5 且 1.50≤土壤 Hg 浓度<3.00 mg/kg，pH>7.5 且 2.00≤土壤 Hg 浓度<3.00 mg/kg），水稻糙米 Hg 存在一定超标风险，建议种植 Hg 低积累水稻并采取安全利用措施；

Ⅲ类土壤 Hg 浓度≥3.00 mg/kg，水稻糙米、小麦籽粒均有 Hg 超标风险，建议种植 Hg 低积累水稻、小麦，并采取其他措施。

3.3 耕地土壤环境质量类别划分

3.3.1 农用地土壤环境质量类别划分技术

开展耕地土壤环境质量类别划分是落实《中华人民共和国土壤污染防治法》和《土壤污染防治行动计划》的一项重要内容，是实现农用地分类管理的基础。

2018 年 12 月 11 日，生态环境部、自然资源部和农业农村部联合印发了《农用地土壤环境风险评价技术规定（试行）》（环办土壤函〔2018〕1479 号）；2019年 11 月 19 日生态环境部和农业农村部正式印发了《农用地土壤环境质量类别划分技术指南》（环办土壤〔2019〕53 号），指导和规范地方 2020 年底前完成耕地土壤环境质量类别划分工作。

1. 划分原则与技术路线

1) 划分原则

科学性原则。以全国农用地土壤污染状况详查、全国农产品产地土壤重金属污染普查结果为基础，充分考虑土壤与农产品协同监测数据进行耕地土壤环境质量类别划分。

相似性原则。对受污染程度相似的耕地，综合考虑耕地的物理边界（如地形地貌、河流等）、地块边界或权属边界等因素，原则上划分为同一类别。

动态调整原则。根据最新土地用途变更情况、耕地土壤环境质量及食用农产品质量的变化情况（如突发事件等导致的新增受污染耕地或已完成治理与修复的耕地等），及时调整类别。

2) 技术路线

耕地土壤环境质量类别划分主要技术环节包括：基础资料和数据收集、基于详查结果开展耕地土壤环境质量类别初步划分、优化调整、边界核实、划分成果汇总与报送、动态调整等（图 3-11）。

2. 基础资料和数据收集

1) 图件资料收集

主要包括行政区域（到行政村级别）、土地利用现状、土壤类型（1∶5 万或更大比例尺土种图）、地形地貌、河流水系、道路交通等矢量图件及最新高分遥感影像数据。

2) 土壤污染源信息收集

主要包括行政区域内工矿企业所属行业类型（重点是全国土壤污染状况详查确定的重点行业企业）、空间位置分布，农业灌溉水质量，农药、化肥、农膜等农业投入品的使用情况及畜禽养殖废弃物处理处置情况，固体废物堆存、处理处置场所分布等。

3) 土壤环境和农产品质量数据收集

主要是详查数据和其他数据，包括普查、相关的农产品产地土壤环境监测、多目标区域地球化学调查（或土地质量地球化学调查）、土壤环境背景值，以及生态环境部、自然资源部、农业农村部、国家粮食和物资储备局等部门的相关历史调查数据。要依据相关标准和规范，对有关数据质量进行评价，剔除无效数据，保障数据质量。

4) 社会经济资料收集

主要包括人口状况、农业生产、工业布局、农田水利和农村能源结构情况、当地人均收入水平、种植制度和耕作习惯等。

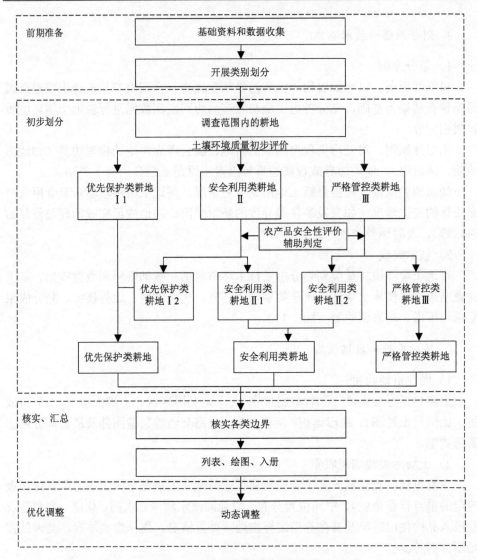

图 3-11　耕地环境质量类别的划分

3. 初步划分耕地土壤环境质量类别

1）详查单元（含详查范围外增补单元）内耕地

详查单元是详查布点时基于污染源类型和污染物传输扩散特征、土地利用方式、地形地貌等因素划分的有相对均一性的调查单元。详查单元包含详查范围外根据相关技术规定纳入详查统计的增补单元。详查单元内的耕地，类别划分方法参照《农用地土壤环境风险评价技术规定（试行）》的五项综合（镉、汞、砷、铅、铬）评价相关规定，主要步骤如下。

（1）详查点表层土壤环境质量评价。依据《土壤环境质量　农用地土壤污染风险管控标准（试行）》（GB 15618—2018）中的风险筛选值 S_i 和风险管制值 G_i，基于表层土壤中镉、汞、砷、铅、铬的含量 C_i，评价耕地土壤污染的风险，并将其土壤环境质量类别分为三类（表 3-19）。

表 3-19　单因子土壤污染风险评价及环境质量分类

污染物含量	风险	质量分类
$C_i \leqslant S_i$	无风险或风险可忽略	优先保护类 I
$S_i < C_i \leqslant G_i$	污染风险可控	安全利用类 II
$C_i > G_i$	污染风险较大	严格管控类 III

注：单因子包括镉、汞、砷、铅、铬。

I 类：$C_i \leqslant S_i$，土壤污染风险低，可忽略，应划为优先保护类；

II 类：$S_i < C_i \leqslant G_i$，可能存在土壤污染风险，但风险可控，应划为安全利用类；

III 类：$C_i > G_i$，土壤存在较高污染风险，应划为严格管控类。

按表层土壤的镉、汞、砷、铅、铬中类别最差的因子确定该点位综合评价结果。

（2）划分评价单元并初步判定其耕地土壤环境质量类别。当详查单元内点位耕地土壤环境质量类别一致，则详查单元即为评价单元；否则应根据详查单元内点位土壤环境质量评价结果，依据聚类原则，利用空间插值法结合专家经验判断，将详查单元划分为不同的评价单元。尽量使每个评价单元内的点位耕地土壤环境质量类别保持一致。

初步判定评价单元耕地土壤环境质量类别包括以下四种情形。

一是当评价单元内点位类别一致时，该点位类别即为该评价单元的类别。

二是当评价单元内存在不同类别点位时，某类别点位数量占比超过 80%，其他点位（非严格管控点位）不连续分布，该单元则按照优势类别点位的类别计；如存在 2 个或 2 个以上非优势类别点位连续分布，则按地物边界（地块边界、村界、道路、沟渠、河流等）兼顾土壤类别，划分出连续的非优势类别点位对应的评价单元。

三是对孤立的严格管控类点位，根据影像信息或实地踏勘情况划分出对应的严格管控类范围；如果无法判断边界，则按最靠近的地物边界（地块边界、村界、道路、沟渠、河流等）划分出合理较小的面积范围。

四是当评价单元内存在不连续分布的优先保护类和安全利用类点位，且无优势类别点位时，可将该评价单元划分为安全利用类。

在镉、汞、砷、铅、铬单因子评价单元划分及耕地土壤环境质量类别初步判定的基础上，将以上因子叠合形成新的评价单元，评价单元内部耕地土壤环境质量综合类别按最差类别确定。

（3）耕地土壤环境质量类别辅助判定。初步划定安全利用类或严格管控类的评价单元，在详查中采集过食用农产品样品的，根据农产品质量辅助判定其耕地土壤环境质量类别，判定依据见表 3-20。

表 3-20　利用食用农产品安全评价结果调整评价单元单因子土壤环境质量类别

评价单元耕地土壤环境质量类别初步判定	判定依据 （评价单元内或相邻单元农产品重金属超标情况）		综合判定后单因子土壤环境质量类别
	评价单元内食用农产品点位 3 个及以上	评价单元内食用农产品点位小于 3 个	
优先保护类	—		优先保护类（Ⅰ1）
安全利用类	均未超标 [1]	均未超标，且周边相邻单元食用农产品点位未超标	优先保护类（Ⅰ2）
	上述条件都不满足的其他情形		安全利用类（Ⅱ1）
严格管控类	未超标点位数量占比≥65%，且无重度 [2] 超标的点位	均未超标，且周边相邻单元食用农产品点位未超标	安全利用类（Ⅱ2）
	以上条件都不满足的其他条件		严格管控类（Ⅲ）

注：1 表示主要食用农产品中 5 项重金属国家标准限量值，2 表示农产品中重金属含量超过 2 倍国家标准限量值。

　　未采集过食用农产品样品的，可直接划定类别，或根据需要结合食用农产品质量的实际情况（包括历史状况），按照《农用地土壤污染状况详查点位布设技术规定》《农产品样品采集流转制备和保存技术规定》的要求，在详查原土壤点位，适当补充采集检测食用农产品（原则上为水稻或小麦，一般每个评价单元不低于 3 个食用农产品点位），开展辅助判定。

　　单因子辅助判定后的单元耕地土壤环境质量类别仍需进行 5 因子（镉、汞、砷、铅、铬）综合，单元类别按类别最差的因子计。

　　2）详查单元以外耕地

　　对于详查单元以外的耕地，原则上划为优先保护类耕地，但对发现土壤超耕地土壤污染风险筛选值的，要及时进行动态调整。

　　4. 边界核实与划分成果汇总与报送

　　重点完成以下两项内容的校核：一是边界划分时的重要依据（如行政边界、灌溉水系、土地用途变更等）是否发生重大调整；二是划分结果与当地历年土壤和农产品质量监测数据、群众反映情况等是否吻合。

　　各地要编制《耕地土壤环境质量类别划分技术报告》，建立耕地土壤环境质量类别分类清单，制作耕地土壤环境质量类别划分图件。

　　对于安全利用类和严格管控类耕地，如本地常年主栽农产品协同监测结果不超标，可以认为实现了安全利用。

5. 动态调整

根据土地用途变更、农产品产地土壤环境监测结果、受污染耕地治理修复效果和水稻、小麦协同监测结果等，结合实际，对各类别耕地面积、分布等信息及时进行更新。

3.3.2　江苏省耕地土壤环境质量类别划分实践

2019 年，根据农业农村部办公厅、生态环境部办公厅《关于进一步做好受污染耕地安全利用工作的通知》（农办科〔2019〕13 号）要求，江苏省在全国率先开展并完成了耕地土壤环境质量类别划分工作。

1. 主要做法

1）组织领导

江苏耕地土壤环境质量类别划分工作由省农业农村厅牵头，会同生态环境厅共同组织实施。省级成立以省农业农村厅、省生态环境厅分管负责人为组长，相关处室单位负责同志为组员的工作协调组，统筹领导全省耕地土壤环境质量类别划分工作，强化组织协调，明确职责分工，严格责任落实。市、县级成立相应的工作推进组，建立部门间沟通协调机制，加强统筹、强化协作，形成合力，确保统一、有序、规范地推进耕地土壤环境质量类别划分工作。落实类别划分联络员制度，明确各地责任部门和联络员，建立上下快速沟通渠道。

2）工作部署

江苏省政府印发《2019 年度十大主要任务百项重点工作细化实施方案》，将耕地土壤环境质量类别划分工作列为年度重点工作，要求 2019 年底前基本完成全省类别划定。省政府办公厅印发《省政府办公厅关于切实抓好受污染耕地安全利用工作的通知》（苏政电发〔2019〕85 号），要求各地加快类别划分成果集成，各县（市、区）政府要按时完成成果审核审定并报设区市人民政府汇总审核后上报省农业农村厅和生态环境厅，经省政府审定后按时上报国家。

江苏省农业农村厅、生态环境厅联合印发《转发农业农村部办公厅生态环境部办公厅关于进一步做好受污染耕地安全利用工作的通知》（苏农科〔2019〕6 号）和《江苏省耕地土壤环境质量类别划分工作方案》（苏农业〔2019〕14 号），进一步明确江苏省耕地土壤环境质量类别划分的目标任务、工作要求和时间节点。要求各市、县（市、区）根据《农用地土壤环境质量类别划分技术指南》，制定具体实施方案，为规范有序开展类别划分工作提供保障。江苏省农业农村厅制定《2019年农业农村重点工作任务分解方案》、江苏省农业农村厅办公室印发《2019 年全省耕地质量与农业环境保护工作要点》（苏农办农〔2019〕15 号）和《2019 江苏省耕地质量保护与提升工作等实施方案》（苏农办农〔2019〕29号），具体部署全省耕地土壤环境质量类别划分工作。

江苏省农业农村厅、财政厅印发《关于下达2019年省以上农业公共服务专项资金预算和实施意见的通知》（苏农计〔2019〕19号、苏财农〔2019〕40号），将耕地土壤环境质量类别划分工作作为指导性任务纳入省级农业公共服务专项支持范围，为各市、县（市、区）类别划分工作提供资金保障。

3）技术支撑

耕地土壤环境质量类别划分工作技术要求高、专业性强、时间紧、保密要求严，为加快工作进度，确保划分工作技术上的科学性和统一性，江苏省农业农村厅通过公开资质招标，在全国公开遴选技术支撑单位为全省提供划分工作技术支撑。经公开遴选确定的技术支撑单位，主要来自国家或省级农业农村部、生态环境部、自然资源部下属的技术单位，在耕地土壤环境保护领域技术力量较强。各设区市、县（市、区）农业农村部从省级遴选的名录中自主选择技术支撑单位，组织技术支撑单位制定《江苏省耕地土壤环境质量类别划分工作手册》，进一步细化内外业工作内容和要求。

4）技术培训

江苏省农业农村厅、生态环境厅联合举办"全省耕地土壤环境质量类别划分技术培训班"，全面启动耕地土壤环境质量类别划分工作，指导各地规范开展内业初步划分、外业踏勘核实与类别调整等工作，要求各地分级组织技术培训，明确各级职责。江苏省耕地质量与农业环境保护站根据划分过程中发现的问题，组织召开针对类别划分技术支撑单位的技术培训、田间实训、技术研讨、成果审核等会议十余次。

5）工作过程

2019年1月～3月，江苏省农业农村厅会同生态环境厅、自然资源厅协调全省类别划分所需的相关调查数据、基础图件等，搭建保密集中办公场所，开展类别划分工作调研等。

2019年4月～6月，制定《江苏省耕地土壤环境质量类别划分工作方案》，部署相关工作。

2019年7月～10月，各设区市、县（市、区）根据技术指南和省级技术培训要求，开展耕地土壤环境质量类别划分内业、外业工作。

2019年11月～12月，省、市、县级同步开展类别划分成果集成工作。

2019年12月30日前，各市、县（市、区）汇总审核本行政区域内类别划分成果，组织专家评审。

2020年1月～6月，各市、县（市、区）陆续完成类别划分成果部门审核、政府审定程序，并上报江苏省农业农村厅、生态环境厅汇总审核。全省类别划分成果由江苏省农业农村厅、生态环境厅审核后报省政府审定。

6）保密管理

本次耕地土壤环境质量类别划分使用的普查、详查等数据及划分成果，属国家秘（机）密。江苏省严格按照《中华人民共和国保守国家秘密法》《中华人民共和国保守国家秘密法实施条例》《计算机信息系统保密管理暂行规定》《关于国家秘密载体保密管理的规定》等相关法律法规及管理文件要求，搭建保密集中办公场所，对涉密数据进行集中存放和使用管理，做好安全保密工作。工作开展前，与所有参与单位和个人签订保密协议，开展保密教育。

7）质量控制

江苏省农业农村部门会同省生态环境部门不定期组织开展耕地土壤环境质量划分情况检查、调研，就划分进展、存在问题等予以跟踪解决，强化划分工作事中、事后监管。江苏省耕地质量与农业环境保护站定期组织技术支撑单位召开工作对接会、专题研讨会，统一类别划分技术要求。市、县级农业农村部门负责类别划分工作全过程质量控制，确保全省土壤环境质量类别划分工作各环节严格按照国家技术规范要求执行。

8）成果审核

各市、县（市、区）严格按照成果审核程序要求，组织相关技术专家对耕地土壤环境质量类别划分结果进行评审，开展部门审核，再由县级农业农村部门、生态环境部门将部门审核后的成果报县级人民政府审定。县级人民政府对本行政区域内耕地土壤环境质量类别边界核实的完整性、准确性负责，对耕地土壤环境质量类别清单及相关图件盖章确认。确认后的划定成果由县级农业农村部门、生态环境部门正式行文联合报送市级农业农村部门、生态环境部门汇总，市级汇总并审核本行政区域内类别划分成果后正式行文联合上报省级农业农村部门、生态环境部门。省级汇总全省成果后经专家评审、部门审核、省政府审定后报农业农村部、生态环境部。

2. 工作成效

江苏省耕地土壤环境质量类别划分，按照《农用地土壤环境质量类别划分技术指南》（环办土壤〔2019〕53 号）要求，依据生态环境部、农业农村部、自然资源部等部门组织开展的"农用地土壤污染状况详查""农产品产地土壤重金属污染普查""江苏省土壤污染状况调查""江苏省生态地球化学调查"等调查监测成果，经过前期准备、初步划分、优化调整、核实汇总四个步骤，将全省耕地划分为优先保护类、安全利用类、严格管控类三个类别，并建立分类清单。

截至 2019 年 12 月底，江苏省 13 个设区市、96 个县（市、区）、8 个主要涉农经开区（新区），已全部完成耕地土壤环境质量类别划定。共建立省、市、县三级耕地土壤环境质量类别分类清单 118 份，绘制土壤环境评价点位图、耕地土壤环境质量类别分布图等图件 118 套 1300 余张，编制耕地土壤环境质量类别划分工作报告和技术报告共 236 份，确保评价单元落到乡镇（街道），污染范围落到田间地块。

　　在耕地土壤环境质量类别划分过程中，江苏省根据本省实际，优化工作流程、创新工作手段、拓宽工作要求，制定了类别划分相关工作手册，通过对安全利用类、严格管控类耕地开展外业踏勘核实，切实将"一图一表"从"纸上"落到"地上"。并将形成的技术成果与划分经验及时向山东、山西、陕西、重庆、江西、上海、浙江等兄弟省市分享。

　　各地根据类别划分成果，及时开展受污染耕地（安全利用类、严格管控类耕地）常年主栽农作物调查，摸清受污染耕地农业生产现状；开展对受污染耕地土壤、农产品加密监测和污染源排查，进一步掌握耕地土壤污染特征与农产品超标风险，为下一步受污染耕地安全利用工作的顺利开展奠定基础。

参 考 文 献

罗小三, 周东美, 李连祯, 等. 2008. 水、沉积物和土壤中重金属生物有效性/毒性的生物配体模型研究进展[J]. 土壤学报, 45(3): 535-543.

涂峰, 胡鹏杰, 李振炫, 等. 2023. 苏南地区 Cd 低积累水稻品种筛选及土壤 Cd 安全阈值推导[J]. 土壤学报, 60(2): 435-445.

王玉军, 刘存, 周东美, 等. 2016. 一种农田土壤重金属影响评价的新方法：土壤和农产品综合质量指数法[J]. 农业环境科学学报, 35(7): 1225-1232.

王玉军, 吴同亮, 周东美, 等. 2017. 农田土壤重金属污染评价研究进展[J]. 农业环境科学学报, 36(12): 2365-2378.

应蓉蓉, 张晓雨, 孔令雅, 等. 2020. 农用地土壤环境质量评价与类别划分研究[J]. 生态与农村环境学报, 36(1): 18-25.

Hu P J, Tu F, Li S M, et al. 2023. Low-Cd wheat varieties and soil Cd safety thresholds for local soil health management in South Jiangsu Province, East China[J]. Agriculture, Ecosystems & Environment, 341: 108211.

Pagenkopf G K, Russo R C, Thurston R V. 1974. Effect of complexation on toxicity of copper to fishes[J]. Journal of the Fisheries Research Board of Canada, 31(4): 462-465.

Tessier A, Campbell P G C, Bisson M. 1979. Sequential extraction procedure for the speciation of particulate trace metals[J]. Analytical Chemistry, 51(7): 844-851.

第 4 章　重金属低积累作物品种筛选

重金属低积累作物品种的选育和应用，是实现重金属污染耕地安全利用、保障农产品安全生产的重要手段。本章概述重金属低积累作物的定义和研究进展，重点阐释低积累水稻品种的筛选与育种方法、水稻低积累重金属的分子机制，还介绍江苏省在重金属低积累作物品种筛选与应用方面的实践经验。

4.1　重金属低积累作物概述

4.1.1　重金属低积累作物定义

不同作物以及同一作物的不同品种对重金属吸收、转运以及积累能力存在很大的变异。重金属低积累作物品种的筛选，主要是基于作物对重金属吸收积累的种间差异和种内差异展开的。筛选适合当地污染土壤种植的重金属低积累作物品种，被认为是保障农产品安全、降低人体健康风险的有效方法。

关于重金属低积累品种，目前尚无统一定义及标准。通常认为作物体尤其是作物可食部分的重金属积累量低是低积累作物品种最重要的特征。也有学者认为重金属低积累的植物应同时具备：地上部和根部的重金属含量低或者可食部分低于有关标准；生物富集系数<1；转运系数<1；对重金属毒害具有较高的耐性，在较高的重金属污染下能够正常生长，并且生物量没有显著降低（刘维涛等，2009）。

以镉低积累水稻品种为例，它是一个相对的概念，即在相同土壤环境条件下稻米镉积累量相对较低的水稻品种（陈彩艳和唐文帮，2018）。由于稻米镉积累受土壤环境和农艺措施的综合调控，目前人们还没有发现绝对的镉低积累品种。结合镉低积累品种的遗传学和农学特征，这类品种在镉高度污染的土壤中（有效态含量高）种植，稻米镉积累量相对较低；在镉中、轻度污染的土壤中种植，稻米镉积累量可以达标；在镉达标的土壤中种植，稻米镉积累量不超标。当土壤镉污染程度高时，稻米镉不可能达标，这个时候基因型决定的表型差异变异最大化，所以镉低积累品种表型最明显；中、轻度污染条件下，镉低积累品种和镉高积累品种稻米的镉积累量也能表现出差异，但差异相对较小，环境变异和栽培措施造成的差异有时会掩盖基因型造成的差异，通过农艺措施调控可以实现稻米达标；达标土壤条件下，低积累品种的镉低积累特性表现稳定，不随环境变化和栽培措施的改变而导致稻米镉积累超标。

4.1.2　重金属低积累作物筛选进展

近 20 年来，在国家自然科学基金、国家重点研发计划、国家科技支撑计划、地方科技计划等资助下，我国在重金属低积累作物品种筛选方面开展了大量工作。在中国国家知识基础设施（CNKI）中以"低积累品种"作为主题词（截至 2023 年 12 月 31 日），可以检索到 274 条期刊论文相关记录。从发文趋势看，2010 年起发文量呈逐年上升趋势。从涉及的重金属元素来看，关注最多的是镉，其次是砷、铅等。从涉及的作物种类看，几乎涵盖了当前我国种植的主要作物，其中研究最多的是水稻，其次是玉米、小麦、白菜、油菜等，另外还有青菜、菜心、薹菜、萝卜、番茄、辣椒、茄子等各类蔬菜，以及豆类、瓜果类、烟草、杂粮等。

1. 水稻低积累品种筛选进展

水稻是世界众多国家的主要粮食作物。我国作为稻米生产和消费较大的国家之一，60%以上的人口以稻米为主食。相比于其他农作物，水稻在生长过程中易从土壤中吸收镉元素，导致一些种植区稻米镉积累超标（Sui et al., 2018）。稻米镉超标是当前我国南方地区受污染耕地安全利用中最突出的问题。而水稻镉低积累品种的选育是解决稻米镉污染最经济、可行的方法之一。

湖南省从 2014 年起开始大规模开展低镉主栽水稻品种筛选工作，通过多年、多点、多重复的大田试验及盆栽试验，先后从 685 个主栽品种中筛选出了 49 个镉积累相对较低的品种作为应急性镉低积累品种，并在安全利用区推广应用。张玉烛等（2017）在 2014~2016 年收集双季稻品种 285 个，在湖南省镉污染区进行了筛选及验证试验，从中筛选出应急性镉低积累水稻品种 25 个，其中早稻品种 12 个，晚稻品种 13 个。其中早稻以'湘早籼 45 号''株两优 189''中嘉早 17''株两优 819''湘早籼 32 号'表现最为突出，晚稻以'湘晚籼 12 号''湘晚籼 13 号''金优 593'表现较为突出。龚浩如等（2016）开展了盆栽试验，在 3 种不同镉污染程度的土壤条件下，从湘潭地区种植广泛的 82 个早、晚稻品种中筛选出 4 个应急性镉低积累品种，包括早稻品种'株两优 729'和'两优早 17'，晚稻品种'丰源优 272'和'C 两优 7 号'。刘三雄等（2019）以选育的 20 个新品系为研究材料，在三个不同污染程度的镉污染区连续种植 3 年，筛选出镉低积累不育系'W115S'和恢复系'R1195''R1514'，可为配置镉低积累组合提供亲本。刘湘军等（2021）在土壤镉含量 0.49 mg/kg 的种植条件下，从祁阳县 18 个水稻品种中筛选 2 个应急性镉低积累水稻品种。Duan 等（2017）在中国南方三个中度污地区（湖南省攸县、湘潭市和浙江省杭州市富阳区）两年种植了 471 个当地的高产水稻品种，从中筛选出 8 个稳定的镉低积累品种。薛涛等（2019）在长沙县进行镉低积累水稻品种筛选田间小区试验，从 8 个早稻品种和 10 个晚稻品种中筛选出 3 个早稻品种以及 3 个晚稻品种，被推荐为湖南省地区中、低镉污染农田适宜推广的镉低积累水稻品种，其中'中嘉早 17''株两优 189'与张玉烛等（2017）研究结果一致。

浙江省在镉低积累水稻品种筛选方面也开展了一系列研究。Lin 等（2020）在浙江省东北部轻度镉污染土壤上进行了为期两年的田间试验，从 27 个晚稻品种中筛选出了 2 个镉低积累且高产的品种，分别为'五优 103'和'五山丝苗'。李贵松等（2021）在浙江省某轻度镉污染农田上对 49 个水稻品种进行筛选试验，结果显示，'甬优 538'为镉低积累品种，且高产稳定，适宜在浙江省镉低污染农田推广种植。徐立军等（2022）在镉中度污染土壤上，从 14 个地方主栽品种中优选出产量高、镉积累性低的品种：'甬优 538''浙粳优 6153''浙粳 99''浙辐粳 83''秀水 121'。

其他省份也开展了大量筛选镉低积累水稻品种和材料研究。张锡洲等（2013）以具有明显遗传差异的 145 种水稻亲本材料为研究对象，在 2 mg/L Cd 水培处理条件下，筛选出恢复系镉低积累种质资源 13 种，保持系镉低积累种质资源 2 种。王宇豪等（2021）从西南地区 8 个水稻品种中筛选出 2 个高产且籽粒镉含量低的品种，即'川优 3203'和'川优 6203'。冯爱煊等（2020）从重庆市 13 个主栽品种中筛选出 4 个适宜当地种植的品种，分别为'隆两优 534''Y 两优 1 号''袁两优 908''渝香 203'。江川等（2019）通过土培盆栽实验从 60 个水稻品种中筛选出 1 个镉低积累品种'台粳 8 号'，在 1 mg/kg Cd 处理条件下，其籽粒镉含量符合国标限量值。Chi 等（2018）在广东省北部 4 个镉砷污染的稻田中对 51 个水稻品种进行筛选，鉴定出两个稳定的杂交籼稻镉低积累品种。单天宇等（2017）在广东省韶关市鉴定出 4 个镉低积累品种，即'金优 463''金优 268''金优 433''株两优 189'，与当地品种相比，镉从颖壳向籽粒的转运能力更低，其中'株两优 189'在湖南省镉低积累水稻筛选试验中也被张玉烛等（2017）和薛涛等（2019）列为应急性镉低积累品种之一，可在安全利用类土壤上种植，籽粒镉含量低于国家标准限量值。

2. 小麦低积累品种筛选进展

小麦作为我国第二大粮食作物，栽培遍及全国。按小麦产区细分，主要集中在河南省、山东省、安徽省、河北省、江苏省、新疆维吾尔自治区、陕西省、湖北省、甘肃省、四川省等省域和自治区，河南省、山东省、安徽省常年稳居全国小麦种植面积与产量前三。近年来，相继出现"镉麦"事件（沈凤斌，2017），对小麦生产安全造成影响。黄淮海地区种植的小麦品种多、生态型和基因型差异大，在全国极具代表性。筛选重金属尤其是镉低积累小麦品种，是 Cd 污染土壤安全利用的重要措施之一。

Liu 等（2020）在山东省招远市、聊城市、莱州市三地对黄淮海地区主栽的 72 个小麦品种 Cd 积累稳定性以及对微量营养元素的吸收的研究结果表明，有 9 个品种在籽粒中表现出稳定的镉低积累和中等高的微量营养素浓度。任超等（2022）利用盆栽试验，比较了河南省主栽的 119 个小麦品种在土壤 Cd 1.5 mg/kg 和 4.0 mg/kg 两种条件下的镉积累性，分别筛选出 16 个和 11 个 Cd 低积累小麦品种，其中'洛旱 7 号'在两种条件下 Cd 积累性都比较低。张心才和唐浩（2023）对河南省焦作市 14 个小麦品种的比较结果表明，在土壤镉严重污染的情况下，种植小麦有很高的超标风险，'同舟麦 916''怀川 916''许科 129'这 3 个品种小麦籽粒及茎秆镉含量相对较低。井永苹等（2023）在山东省偏酸性镉污染棕壤区（pH 5.6，Cd 0.3～0.5 mg/kg）对当地主栽的 20 个小麦品种 Cd 积累性进行了比较，结果表明，小麦籽粒中 Cd 含量范围为 0.013～0.116 mg/kg，富集系数和转运系数差异显著，最大值与最小值之间相差约 2 倍；综合聚类分析、生物富集系数、转运系数等结果，初步筛选出 4 个产量较高而 Cd 积累性较低的小麦品种，即'济麦 55''烟农 745''济麦 0435''济麦 5022'。孔令璇等（2022）利用水培方式对河北省、河南省、山东省、江苏省等省主推的 93 个小麦品种苗期镉吸收和转运特性进行比较，优选出低吸收型品种'河农 5290'和低转运型品种'冀糯 200'。李乐乐等（2019）在河南省北部某镉污染农田，对收集于河南省、河北省等地的 47 个小麦品种进行了比较，不同品种冬小麦籽粒中重金属含镉量介于 0.004～0.130 mg/kg，相差 35.28 倍，并综合聚类分析、标靶危害系数、生物富集系数、转运系数结果，筛选出籽粒镉积累性较低的品种 16 个。陈亚茹等（2017）比较了南京市某铅锌矿区污染农田 261 份具有广泛遗传多样性的中国小麦微核心种质的籽粒重金属积累差异，从中筛选出 13 个 Pb 低积累品种（品系）、10 个 Cd 低积累品种（品系）、6 个 Zn 低积累品种（品系），其中'托克逊 1 号'为 Pb、Zn、Cd 低积累品种。

3. 玉米低积累品种筛选进展

玉米是我国第三大粮食作物，具有分布广、品种资源丰富、生产快、生物量大等特点。除了直接食用外，还可作为畜牧业和工业的原材料。我国大致分为六个种植区：即北方春播玉米区、黄淮海平原夏播玉米区、西南山地玉米区、南方丘陵玉米区、西北灌溉玉米区、青藏高原玉米区。按生育期可分为早熟品种、中熟品种、晚熟品种；按用途与籽粒组成成分可分为甜玉米、糯玉米、高油玉米、高赖氨酸玉米、爆裂玉米 5 类；按籽粒形态与结构可分为硬粒型、马齿型、粉质型、甜质型、甜粉型、爆裂型、蜡质型、有稃型、半马齿型 9 类。

筛选和培育重金属低积累玉米品种,对提高玉米质量安全水平、保障玉米消费者健康水平具有重要意义。现有的研究普遍认为,相较于水稻、小麦等作物,玉米籽粒对重金属的积累性相对较低,在受重金属污染耕地上种植玉米的超标风险更低。

任彧仲等(2022)在矿区周边 Cd 和 Pb 复合污染耕地开展的小区试验,比较了河南省洛阳市大面积种植的 22 个玉米品种对 Cd 和 Pb 的积累性,通过植株 Cd 和 Pb 含量排序、籽粒聚类分析、生物富集系数和转运系数对比,优选出'先玉 335''大丰 30'两个 Cd 和 Pb 复合低积累且 Zn 含量正常水平的玉米品种,这两个玉米品种重金属低积累特性的一致性主要取决于其相似的遗传背景,这些亲本来源可为 Cd 和 Pb 低积累玉米育种亲本的选配提供依据。杨牧青等(2023)在云南省某矿区周边通过田间小区试验,综合比较 20 个玉米品种的产量及 Cd 积累性,优选出了'金秋玉 35''五谷 3861''会玉 336'。唐乐斌等(2023)选取广西壮族自治区桂林市北部主栽的 39 个玉米品种,通过大田试验,研究其籽粒和秸秆对 Pb 和 Cd 的富集特性和差异,结果表明,不同品种玉米的产量、籽粒和秸秆的 Pb 和 Cd 含量之间存在显著差异;通过对不同玉米生物富集系数的聚类分析,综合不同品种玉米的土壤 Pb 和 Cd 风险阈值得出,'惠甜 5 号''新美甜 818''玉糯 9 号'可在 Pb 和 Cd 含量超风险管制值的耕地安全生产,'天贵糯 937''金万糯 2000'可在 Cd 含量超风险筛选值的耕地安全生产。柴冠群等(2022)选取贵州省毕节市主栽的 50 个玉米品种,在 Cd、As 污染耕地上进行小区试验,结果表明,50 个玉米品种均可作为饲料原料种植;'新中玉 801''金都玉 2 号''金都玉 808''康农玉 109''铜玉 3 号''渝单 7 号''金湘 369'不可作为粮食种植,其余玉米品种可作为粮食种植。谢炜等(2022)选取浙江省大面积种植的 11 个鲜食糯玉米品种和 11 个鲜食甜玉米品种,在 Cd 重度污染土壤进行田间试验,结果表明,供试玉米品种产量和籽粒 Cd 含量存在显著差异,综合这两个因素考虑,推荐种植的鲜食糯玉米品种为:'黑甜糯 168''浙糯玉 14''浙糯玉 16''浙甜糯 86',鲜食甜玉米品种为:'浙泰甜 928''承玉 19'。

重金属低积累是一个复杂性状,重金属在作物体内的积累,除了与作物基因型、生育期和组织部位有关,还与土壤因素和环境要素直接相关。因此,培育受年际和地域环境因素影响制约较小的重金属低积累品种,低 Cd 等基因挖掘和种质创新,低积累新品种的培育、认定、分级和生态适应性区间划分仍是今后一段时间的工作重点。

4.2　低积累水稻品种筛选与育种方法

4.2.1　低积累水稻品种筛选方法

我国水稻品种的多样性为镉低积累水稻品种的筛选提供了丰富的种质和基因资源。因此，可以根据水稻不同品种的籽粒镉积累表型或基因型差异选择籽粒镉积累量较低的品种。水稻品种的筛选技术的发展，大体经历了 2 个时期，即主要依赖表型检测的常规筛选阶段和以基因型为依据的分子标记辅助筛选阶段（李婷等，2021）。

1. 常规筛选

常规筛选是指通过比较种植在相同土壤镉污染条件下不同水稻品种的籽粒镉积累表型来筛选低积累品种。目前各省都开展了镉低积累水稻品种的筛选试验。

常规筛选是普遍应用的镉低积累水稻品种筛选方法，但由于其依赖的水稻籽粒镉积累表型易受稻田土壤环境质量、水肥管理措施等影响，常规筛选的"低镉"水稻表型稳定性差。另外，常规筛选从试验到大田示范推广需要时间长，应用具有地域范围等限制性，目前真正商业化广泛应用的还较少。

2. 分子标记辅助筛选

水稻籽粒镉积累性状是多基因控制的数量性状，基因型是影响品种间籽粒镉积累能力的根本内在因素，镉积累相关基因的功能等位变异在水稻镉积累能力差异中发挥重要作用。分子标记辅助筛选是利用与目标性状基因紧密连锁的基因设计分子标记，对目标性状进行基因型筛选的一项育种技术，具有高效、准确、结果稳定的优点，可提高筛选的准确性和效率，为稳定可重复地筛选镉低积累水稻品种提供了可行方案。根据使用分子标记数目的不同，分子标记辅助筛选分为低密度和高密度两种筛选类型。低密度分子标记辅助筛选只能利用已经鉴定出的少数功能基因和数量性状基因座（QTL），难以解决目标基因育种过程中经常发生的遗传连锁累赘问题，且不能排除遗传背景的干扰。全基因组测序和全基因组关联分析（genome-wide association study，GWAS）等技术的发展加深了人类对水稻基因组及基因功能的认识，解决了遗传连锁累赘问题，为利用高密度分子标记辅助筛选镉低积累水稻提供了海量分子标记。全基因组高密度分子标记辅助筛选考虑了基因组中数万甚至数百万的分子标记信息，为未来通过数学模型等对水稻表型进行精准预测、实现基因组水平品种选育奠定了基础。

4.2.2 低积累水稻育种方法

镉低积累水稻育种方法可分为常规育种和分子育种。常规育种主要是通过水稻籽粒表型从水稻群体后代中选择镉低积累的品种。分子育种是一种新型的育种方法，以遗传学、基因组学、分子生物学以及细胞生物学的研究进展为基础，结合最新发展的各种生物技术，实现分子水平上对水稻镉积累性状的定向改良及新品种的培育。

1. 常规育种

常规育种包括杂交育种和诱变育种。

杂交育种是将父母本杂交，形成不同的遗传多样性，再对杂交后代进行筛选，获得具有父母本优良性状且不带有父母本中不良性状的新品种的育种方法。其理论基础是遗传学的基因分离定律、自由组合定律、连锁与交换规律等。目前镉低积累水稻杂交育种的报道还较少，这是由于传统的水稻杂交育种选育周期长、效率低，目前该方法多与分子标记辅助育种法结合开展。

诱变育种以基因突变为理论基础，通过人为地利用物理、化学因素诱导发生遗传变异，然后根据籽粒镉积累性状进行筛选，以创制镉低积累水稻新品种。诱变源处理水稻品种后诱发的突变频率远高于植物自发突变（10^{-6}），由此产生的突变体既可作为推广品种，也可作为优质育种资源。诱变育种产生的突变体不是转基因植物，这可能更容易被消费者所接受。因此，利用诱变育种培育镉低积累水稻新品种是实现种质资源创新的一项重要技术。

2. 分子育种

分子育种包括分子标记辅助育种、基因工程、基因编辑和分子设计育种等。水稻分子育种突破了常规育种周期长、效率低及不稳定的缺点，已成为现代水稻育种发展的主要方向。

分子标记辅助育种是利用与镉积累性状紧密连锁的脱氧核糖核酸（DNA）分子标记或功能标记，从而对镉积累性状进行间接选择，再结合常规育种手段培育新品种的现代育种技术，是分子标记辅助筛选和常规育种的有机结合。分子标记辅助育种具有高效、准确、结果稳定的优点，可降低育种成本、提高筛选准确性和效率，是目前镉低积累水稻分子育种的主要方式之一。

基因工程可通过直接敲除或过表达基因改良水稻品种镉积累特性，使水稻获得镉低积累性状。基因敲除主要方法包括 RNAi、T-DNA 插入突变等。

基因编辑是指通过对调控目标性状基因的碱基进行编辑，从而导致基因功能改变，最终性状也发生改变。CRISPR/Cas9 精确编辑技术是目前水稻育种研究中应用最广的一种基因编辑技术,具有技术操作简单、成本低和效率高的特点。目前基因编辑技术尚未完全成熟,受到编辑范围与突变类型的限制,也存在一定不足,如脱靶率较高、不同基因编辑位点效率不同等。以上问题限制了基因编辑技术的大规模应用,基因编辑技术在培育镉低积累水稻品种上有待进一步深入探究和实践。

分子设计育种又叫分子模块设计育种,是指在分子水平上定向改良水稻多基因调控的复杂性状,以培育综合性状优异的新品种。目前将分子设计育种分为三个步骤:①定位相关性状的基因位点;②寻找所需育种目标的基因型;③设计育种方案并开展设计育种。分子设计育种可以有效提高目标性状的预见性,加快育种效率,从而实现定向、高效的精确育种。

4.3 水稻低积累重金属的分子机制

4.3.1 水稻吸收、积累镉的分子机制

认识水稻重金属吸收和转运的分子机制能为分子标记辅助育种和低积累品种基因工程提供分子位点(Wang et al., 2019; Zhao and Wang, 2020)。水稻籽粒积累镉主要经历以下几个主要过程:根系吸收、细胞液泡区隔化、木质部装载和向地上部转运、通过韧皮部向籽粒中的迁移。一般认为从根向地上部转运过程是籽粒中镉积累的主要限制因素。在针对 69 个水稻品种的研究中发现,籽粒镉含量的变异跟木质部汁液中镉的浓度存在显著的相关性(Uraguchi et al., 2009),而木质部汁液中镉的浓度主要取决于根细胞液泡区隔化过程以及镉向木质部导管中装载的效率。镉的细胞液泡区隔化程度与向地上部迁移能力呈现负相关关系,即根细胞液泡区隔化能力越强,则镉向地上部转运就越少,反之也成立。在水稻的灌浆阶段,籽粒中大部分镉主要是从土壤直接吸收,从茎叶重新分配到籽粒中的镉相对比例不高。

水稻根系从土壤溶液中吸收 Cd^{2+} 主要是通过 OsNRAMP5(natural resistance-associated macrophage protein 5)膜转运蛋白(Sasaki et al., 2012)(图 4-1)。该蛋白位于根外皮层和内皮层细胞质膜上,并呈外侧极性分布,主要负责将 Mn^{2+} 和 Cd^{2+} 向细胞内运输(Sasaki et al., 2012)。敲除 *OsNRAMP5* 基因能显著减少根对 Cd^{2+} 的吸收以及地上部组织和籽粒中镉的积累(Ishikawa et al., 2012; Sasaki et al., 2012; Yang et al., 2014)。短期吸收试验也表明,敲除 *OsNRAMP5* 的水稻几乎丧失了吸收镉的能力(Sasaki et al., 2012)。添加 Mn^{2+} 能显著抑制野生型水稻对镉的吸收,但 *OsNRAMP5* 突变体对镉的吸收不受影响,说明 Mn^{2+} 与 Cd^{2+} 之间存在竞争关系(Yang et al., 2014)。不同作物根系对 Cd^{2+} 的吸收速率也存在较大的差异,水稻对镉的吸收最大速率要比小麦和玉米要大,是小麦的 6.5 倍,是玉米的 2.2 倍,

主要原因是水稻 *OsNRAMP5* 基因的表达水平较高，是玉米和小麦的 4～5 倍（Sui et al.，2018）。除了 OsNRAMP5 外，其他的 OsNRAMP 家族成员也对水稻根系 Cd^{2+} 的吸收有贡献。例如，水稻 OsNRAMP1 也能转运 Cd^{2+} 和 Mn^{2+}，敲除 *OsNRAMP1* 也能减少根系对 Cd^{2+} 和 Mn^{2+} 的吸收，但减少程度比敲除 *OsNRAMP5* 要小，同时敲除 *OsNRAMP5* 和 *OsNRAMP1* 能大幅降低根系对 Cd^{2+} 和 Mn^{2+} 的吸收。过表达 *OsNRAMP1* 也能增加叶中镉的积累（Takahashi et al.，2011）。这些结果表明，虽然 OsNRAMP1 能在一定程度参与根系对 Cd^{2+} 的吸收，但贡献要远比 OsNRAMP5 低。最近，Yan 等（2019）发现一个新的转运蛋白 OsCd1，该蛋白属于 MSF 家族（主要协助转运蛋白超家族），能转运 Cd^{2+}，敲除 *OsCd1* 能降低 20%～50% 的地上部镉浓度，减少 15%～30% 的籽粒镉浓度。

镉进入根细胞后会向木质部导管运输，这个过程受细胞液泡区隔化限制（图4-1）。水稻根系细胞液泡膜上存在一个 P1B 型 ATPase 家族的膜蛋白——OsHMA3，该蛋白能把细胞质中镉转运到液泡中储存（Miyadate et al.，2011；Ueno et al.，2010）。该基因编码序列的变异会影响到 OsHMA3 转运活性，这也是导致不同基因型水稻品种籽粒镉积累差异的一个重要原因（Miyadate et al.，2011；Sui et al.，2019；Ueno et al.，2010；Yan et al.，2016）。*OsHMA3* 基因功能如果较弱或者功能丧失，该水稻品种根系细胞液泡区隔化镉的能力就弱，则地上部和籽粒就会积累更多的镉。相反，如果 *OsHMA3* 基因功能较强，细胞液泡区隔化更多的镉离子，则向地上部和籽粒中迁移的镉显著下降。Ishikawa 等（2011）利用放射性核素 [107]Cd 技术也发现镉在 *OsHMA3* 等位基因功能较弱或者丧失的水稻体内迁移速率要比有 *OsHMA3* 功能的水稻体内的快。

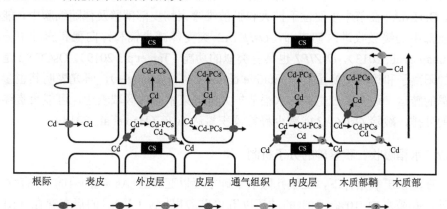

图 4-1　水稻根系镉吸收和转运蛋白

CS 为凯氏带；PCs 为植物螯合素

资料来源：Zhao 和 Wang（2020）

扫一扫，看彩图

　　镉向木质部导管和地上部转运过程中有多个转运蛋白参与（图 4-1）。例如，OsHMA2 和 OsZIP7 转运蛋白能转运锌和镉，它们在根中主要位于中柱鞘细胞质膜，在节中主要位于维管束的薄壁细胞上（Satoh-Nagasawa et al., 2012; Takahashi et al., 2012; Tan et al., 2019; Yamaji et al., 2013）。敲除任一基因，都能抑制镉和锌从根向地上部的转运，降低叶片和籽粒中镉的浓度。有研究认为 OsHMA2 作为外排转运蛋白，能把 Zn 和 Cd 从细胞质外排到木质部导管（Satoh-Nagasawa et al., 2012; Takahashi et al., 2012）；也有研究认为 OsHMA2 作为吸收转运蛋白，在根中能把 Zn 和 Cd 吸收进入中柱鞘细胞，在节中韧皮部负责 Zn 和 Cd 的装载，有利于将 Zn 和 Cd 向上一节和生殖器官运输（Yamaji et al., 2013）。OsZIP7 编码一种具有锌和镉内流转运活性的质膜蛋白，负责水稻根系木质部 Zn/Cd 加载，以及在节的维管束间转移，最终将其输送到籽粒。敲除 OsZIP7 导致 Zn 和 Cd 滞留在根和基部节中，阻碍它们向上运输到上部节、叶片和籽粒中（Tan et al., 2019）。OsCAL1 是一个植物防御素类蛋白，主要定位于根皮层和木质部薄壁细胞，能络合镉，从而提高镉向质外体空间的外排，敲除 OsCAL1 能减少叶片镉积累，但对籽粒镉积累影响不大（Luo et al., 2018）。

　　镉进入水稻籽粒主要通过韧皮部，这个过程有多个转运蛋白参与。OsLCT1 是一类低亲和力阳离子转运蛋白，能把镉从木质部转运外排到韧皮部（Uraguchi et al., 2011）。这个转运蛋白主要定位在节的增大和扩散维管束外围细胞上，通过 RNAi 敲低 OsLCT1 不仅能减少木质部汁液中镉的浓度，而且还能减少韧皮部汁液中镉的浓度，从而也能够降低籽粒镉的浓度，降幅达到 50%（Uraguchi et al., 2011）。OsHMA2 不仅参与了镉从根向地上部的转运过程，还参与了节中镉的分配。OsHMA2 在节中主要位于扩大和扩散维管束韧皮部薄壁及伴随细胞中，能把木质部中的镉吸收进入韧皮部，OsHMA2 突变能减少镉和锌向穗和旗叶中分配（Yamaji et al., 2013），OsZIP7 也具有类似的功能（Tan et al., 2019）。OsCCX2 是推测的阳离子和钙的交换蛋白（putative cation/Ca^{2+} exchanger），研究表明其也参与了镉的转运，这个蛋白主要在水稻节扩大维管束木质部区域表达，可能负责镉和钙的外排，敲除 OsCCX2 能减少籽粒镉积累达 50%（Hao et al., 2018）。

4.3.2　水稻吸收、积累砷的分子机制

　　在淹水厌氧条件下，土壤孔隙水中砷主要以亚砷酸[As（Ⅲ）]的形态存在，另外，孔隙水中 10%～30% 的砷还以五价砷酸根[As（Ⅴ）]的形态存在（Khan et al., 2010; Meharg and Zhao, 2012; Stroud et al., 2011）。在厌氧还原的条件下，As（Ⅴ）的存在主要是由于厌氧微生物参与了 As（Ⅲ）厌氧氧化，这个过程与硝酸盐反硝化作用偶联在一起（Zhang et al., 2017; Zhang et al., 2015）。亚砷酸 As（Ⅲ）的 pKa 为 9.2，在正常的土壤 pH 条件下以分子态形式存在，因此在土壤中容易迁

移；砷酸 As（V）的 pKa 为 2.2，在土壤中主要是以阴离子形式存在，易被铁氧化物吸附，因此较难迁移（Meharg and Zhao, 2012）。水稻根际泌氧也能促使 Fe（II）的氧化和 As（III）的氧化，但根际土壤中铁还原菌的丰度大幅提高，导致根际土壤溶液中 As（III）的含量相比非根际反而增加了（Dai et al., 2020）。除了这两种无机砷形态外，土壤溶液中还存在甲基砷[二甲基砷（DMA）和一甲基砷（MMA）]和巯基砷（无机巯基砷和甲基巯基砷）。

水稻根系对 As（III）吸收主要是通过硅（Si）的吸收途径（Ma et al., 2008）（图 4-2）。水稻主要通过 Lsi1（OsNIP2;1）膜转运蛋白吸收和 Lsi2 膜转运蛋白外排 Si 和 As（III），导致 Lsi1 和 Lsi2 突变体根系对 As（III）的吸收和地上部砷的积累大大减弱（Ma et al., 2008）。添加硅酸盐能抑制野生型水稻根系对 As（III）的吸收，但对 Lsi1 或 Lsi2 突变体根系对 As（III）吸收无影响，主要原因是添加 Si 能与 As（III）直接竞争作用位点，同时还能下调 Lsi1 和 Lsi2 基因的表达水平（Ma et al., 2008; Mitani-Ueno et al., 2016）。与小麦和大麦相比，水稻具有高效的 Si 吸收途径，因此对 As（III）的吸收效率也非常高效（Su et al., 2010），同时水稻生长环境以淹水为主，As（III）又是淹水土壤中主要的化学形态，这两方面的原因是导致水稻籽粒积累过高砷的重要原因。Lsi1 和 Lsi2 转运蛋白的协同作用能将 As（III）从根外层细胞向中柱部位运输，沿着根表向中柱的方向，As（III）浓度逐渐升高，这两个转运蛋白像"水泵"一样将 As（III）从低处向高处"大坝"输送（Sun et al., 2018）。其他水通道蛋白如 OsNIP1;1 和 OsNIP3;3 也具有吸收 As（III）的能力，但与 Lsi1 和 Lsi2 相比，该两个蛋白表达水平较弱（Sun et al., 2018）。有趣的是，通过遗传操作过表达 OsNIP1;1 和 OsNIP3;3 能破坏 Lsi1 和 Lsi2 将 As（III）向"大坝"输送的过程，作用机制类似一个"泄洪阀门"，使得 As（III）从大坝内外泄，因此能减少 As（III）向地上部转运，从而能减少地上部和稻米砷的积累（Sun et al., 2018）。OsNIP3;2 参与了侧根对 As（III）的吸收，但该过程对籽粒砷的积累贡献相对较小（Chen et al., 2017）。Lsi1（OsNIP2;1）除了转运 As（III）外，也能吸收分子态的 DMA 和 MMA 进入根细胞；而 Lsi2 对 DMA 和 MMA 没有吸收能力（Li et al., 2009）。

水稻根系通过磷酸根的转运蛋白吸收 As（V）（图 4-2），主要原因是 As（V）与磷酸根在化学结构上具有相似性，已经发现水稻磷酸根转运蛋白 OsPT1、OsPT4 和 OsPT8 都能参与根系对 As（V）的吸收（Cao et al., 2017; Kamiya et al., 2013; Wang et al., 2016; Ye et al., 2017）。植物体进化出一套 As（V）解毒机制，能把进入细胞的 As（V）还原成 As（III）后外排出去，这个过程非常高效，进入细胞的 As（V）中会有 60%～80%以 As（III）的形式外排到根外（Xu et al., 2007）。这个过程需要 As（V）还原酶的参与，在拟南芥和水稻中都已经鉴别出这个还原酶的存在，其中 OsHAC1;1、OsHAC1;2、OsHAC4 都能把水稻根中 As（V）还原成 As（Ⅲ）（Chao et al., 2014; Sánchez-Bermejo et al., 2014; Shi et al., 2016; Xu et al., 2017）。敲除这些基因都能减少根中 As（Ⅴ）的还原，减少 As（Ⅲ）向根外外排，从而增加了砷向地上部转运和籽粒砷的积累；相反，如果过表达 *OsHAC* 基因，则能减少地上部砷的积累。这些结果表明，当植物暴露 As（Ⅴ）时，As（Ⅴ）还原酶对限制地上部砷积累起到非常重要的作用。到目前为止，对 As（Ⅲ）的外排通道蛋白认识较少，有研究表明双向的 Lsi1 转运蛋白也能参与部分 As（Ⅲ）的外排（Zhao et al., 2010）。

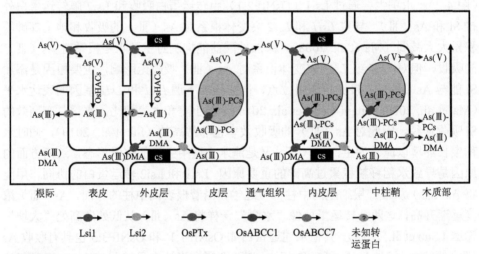

图 4-2　水稻根系吸收砷和转运蛋白
CS 表示凯氏带；PCs 表示植物螯合素；OsHACs 表示砷酸根的还原酶
资料来源：Zhao 和 Wang（2020）

扫一扫，看彩图

砷进入根系细胞后，在内皮层和中柱鞘细胞中，As（Ⅲ）会与巯基化合物形成 As（Ⅲ）-PC 络合物被转运到液泡中储存（Moore et al., 2011; Song et al., 2014）（图 4-2）。OsABCC1 是液泡膜转运蛋白，能把植物螯合素（PCs）和 As（Ⅲ）-PCs 络合物转运入液泡，*OsABCC1* 主要在根、叶、节、穗梗、穗轴部位表达，敲除 *OsABCC1* 能减少籽粒砷的积累（Song et al., 2014）。液泡砷的区隔化也受到植物螯合素合成的影响，如 PCs 合成突变株（*OsPCS1*）会在籽粒中积累更高的砷（Hayashi et al., 2017）。虽然根系对 DMA 吸收效率要比无机砷要低（Li et al., 2009; Lomax et al., 2012），但 DMA 在植物体内向地上部转运效率要比无机砷要高，主要原因可能与 DMA 在植物体内不能形成巯基化合物、不能被转运到液泡中储存有关（Zhao et al., 2013）。

Lsi2 是水稻根中 As（Ⅲ）和 Si 的外排转运蛋白，具有极向分布，主要位于内外皮层细胞朝向中柱的一侧，将细胞内 As（Ⅲ）转运到质外体（Ma et al., 2008）

（图 4-2）。*Lsi2* 突变体的木质部汁液中砷与野生型水稻材料相比低 70%～90%（Ma et al.，2008）。*Lsi2* 高表达活性以及这种极性分布是水稻相比于其他作物具有较高的 As（Ⅲ）吸收和转运效率的重要原因（Su et al.，2010）。OsABCC7 是位于中柱组织薄壁细胞质膜上的转运蛋白，也具有外排 As（Ⅲ）-PCs 的能力，敲除 *OsABCC7* 能减少 25%木质部汁液中砷的浓度，相比于 *Lsi2*，*OsABCC7* 的贡献相对较小（Tang et al.，2019）。As（Ⅴ）和 DMA 如何转运到木质部导管到目前为止还不是很清楚。

Lsi2 在水稻节中也有很高的表达活性，能参与 As（Ⅲ）在维管束之间的转运（Chen et al.，2015）。在水稻节中，Lsi2 主要位于增大维管束的维管束鞘的远侧，*Lsi2* 突变体相比于野生型材料能把更多的 As（Ⅲ）分配到节和旗叶中，从而能减少 As（Ⅲ）向籽粒中转运（Chen et al.，2015）。Lsi2、Lsi6 和 Lsi3 也能转运 Si（Yamaji et al.，2015），它们是否能转运 As（Ⅲ）目前还不是很清楚。在水稻节中，砷主要分布在增大和扩散维管束的韧皮部伴随细胞的液泡中，并且与硫元素有很强的共定位关系，表明水稻节中砷主要与巯基化合物结合（Moore et al.，2014）。OsABCC1 在节韧皮部伴随细胞中也能转运 PCs 和 As（Ⅲ）-PCs 进入液泡储存，*OsABCC1* 突变株、*OsPCS1* 突变株以及 PCs 合成抑制都能减少 As（Ⅲ）液泡区隔化，进而导致籽粒砷积累增加（Hayashi et al.，2017; Song et al.，2014）。这些研究表明，通过提高根细胞 As（Ⅲ）-PCs 液泡区隔化能减少 As（Ⅲ）向地上部转运，且增强节韧皮部伴随细胞液泡的 As（Ⅲ）-PCs 区隔化，可以有效减少砷向籽粒迁移。

液泡区隔化机制对无机砷向籽粒转运起到很大的作用，但对 DMA 不适用。DMA 一旦进入植物体，很容易向籽粒迁移。OsPTR7 是一种潜在的多肽转运蛋白，蛙卵试验结果表明该蛋白具有 DMA 的吸收能力，敲除 *OsPTR7* 能减少 DMA 从根向地上部以及籽粒转运，表明 OsPRT7 蛋白可能参与了水稻体内 DMA 的转运（Tang et al.，2017）。

4.4　重金属低积累作物品种筛选江苏实践

4.4.1　水稻镉低积累品种筛选

水稻镉低积累品种筛选采用大田实地调查与小区试验相结合的方式（涂峰等，2023）。

大田实地调查：根据土壤性质、Cd 污染程度及水稻品种分布，2018 年 10 月和 2020 年 10 月水稻成熟季，在研究区共布设 161 个样点（120°33′E～121°18′E，31°23′N～31°42′N），协同采集土壤和水稻样品。共涉及水稻品种 10 个，基本覆盖了苏南地区主栽的水稻品种。

小区试验设计：2019 年和 2020 年在苏南地区设置了 5 个试验区，开展了不同水稻品种小区试验。小区面积为 9 m²（3 m×3 m），小区间隔 0.5 m，每个品种重复 3 个小区，小区外围设置 0.5 m 以上的保护行。所有品种均按常规管理，基肥施复合肥（有效氮磷钾含量均≥15%）750 kg/hm²，插秧 10 d 后追施尿素 150 kg/hm²。前期淹水，分蘖盛期晒田 5 d 左右，后期采用干湿交替。病虫害防治及其他管理措施参照当地习惯。

　　研究共涉及 18 个水稻品种，基本覆盖了苏南地区常见品种，包括粳型常规稻 15 个：'武运粳 30 号''苏香粳 100''常农粳 10 号''南粳 3908''南粳 5055''常农粳 12 号''南粳 46''常农粳 11 号''嘉花 1 号''常香粳 1813''常农粳 8 号''武科粳 7375''早香粳 1 号''扬育粳 3 号''镇糯 19 号'，粳型三系杂交稻 3 个：'常优粳 6 号''常优 4 号''常优粳 11 号'，分别缩写为 'WYJ30''SXJ100''CNJ10''NJ3908''NJ5055''CNJ12''NJ46''CNJ11''JH1''CXJ1813''CNJ8''WKJ7375''ZXJ1''YYJ3''ZN19''CYJ6''CY4''CYJ11'。

　　将大田实地调查和试验区所有 18 个水稻品种糙米 Cd 的生物富集系数 BCF（糙米 Cd 浓度与土壤 Cd 浓度的比值）进行综合统计和聚类分析得到图 4-3 和图 4-4。从图 4-3 可看出，不同品种间 BCF 差异显著，'武科粳 7375' 的 BCF 最高，为 0.372，'嘉花 1 号' 最低，为 0.079，两者相差约 4.7 倍。各品种 BCF 从大到小依次为：'武科粳 7375''常香粳 1813''苏香粳 100''镇糯 19 号''武运粳 30 号''常农粳 8 号''南粳 5055''早香粳 1 号''常农粳 10 号''扬育粳 3 号''常优 4 号''常农粳 11 号''南粳 46''常优粳 11 号''南粳 3908''常优粳 6 号''常农粳 12 号''嘉花 1 号'。

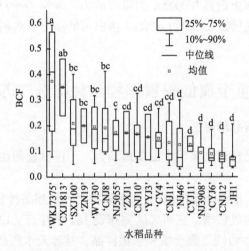

图 4-3　大田实地调查和 5 个试验区不同水稻品种糙米 Cd 生物富集系数综合比较

数据上方不同字母表示在 $P<0.05$ 水平差异显著

聚类分析得到 3 类（图 4-4）：'常香粳 1813' 和 '武科粳 7375' 为第一类，积累性最高；'苏香粳 100''镇糯 19 号''武运粳 30 号''常农粳 8 号''南粳 5055''早香粳 1 号''常农粳 10 号''扬育粳 3 号''常优 4 号'，这 9 个品种为第二类，积累性次之；其余 7 个品种为第三类，包括 '嘉花 1 号''常农粳 12 号''常优粳 6 号''南粳 3908''常优粳 11 号''南粳 46''常农粳 11 号'，积累性最低。进一步通过对不同土壤 pH 段下各品种 Cd 积累稳定性的比较发现，'南粳 46' 和 '南粳 3908' 稳定性最好。

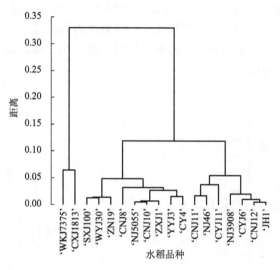

图 4-4　不同水稻品种糙米 Cd 积累性聚类分析

4.4.2　小麦镉低积累品种筛选

1. 苏南小麦镉低积累品种筛选

研究区域位于江苏省南部地区，同样采用大田实地调查与小区试验相结合的方式筛选小麦镉低积累品种。根据土壤性质、Cd 污染程度及小麦品种区域分布，2021 年 5 月小麦成熟季，开展了大田实地调查，在研究区共布设 237 个样点，协同采集土壤和小麦样品，共涉及小麦品种 14 个，同时于 2018 年、2020 年、2021 年三年在苏南地区的五个地点进行了小区试验（Hu et al., 2023）。研究共涉及小麦品种 30 个，包括 '镇麦 168''镇麦 12 号''镇麦 10 号''扬麦 29''扬麦 25''扬麦 24''扬麦 23''扬麦 20''扬麦 16 号''扬麦 158''扬麦 12 号''扬辐麦 4 号''扬辐麦 10 号''烟农 19 号''苏麦 188''苏隆 128''宁麦 28''宁麦 26''宁麦 24''宁麦 22''宁麦 19''宁麦 14''宁麦 13''明麦 133''济麦 22''淮

麦 22''淮麦 18''华麦 5 号''徐麦 28 号''徐州 24 号',分别缩写为'ZM168'
'ZM12''ZM10''YM29''YM25''YM24''YM23''YM20''YM16''YM158'
'YM12''YFM4''YFM10''YN19''SM188''SL128''NM28''NM26''NM24'
'NM22''NM19''NM14''NM13''MM133''JM22''HM22''HM18''HM5'
'XM28''XZ24'。它们基本代表了苏南地区主栽的小麦品种。

　　将大田实地调查和试验区所有 30 个小麦品种籽粒 Cd 的生物富集系数 BCF
(小麦籽粒 Cd 浓度与土壤 Cd 浓度比值)进行综合比较分析(图 4-5),结合试验
区和大田实地调查的结果,发现不同品种间 BCF 存在差异,最大值与最小值相差
约 2.5 倍。'苏麦 188'籽粒 Cd 的 BCF 和积累性均为最高,'扬麦 25''扬麦 12
号'和'镇麦 12 号'的籽粒 Cd 积累性均处于最低的一类,其他品种小麦的 Cd
积累性结果基本一致。

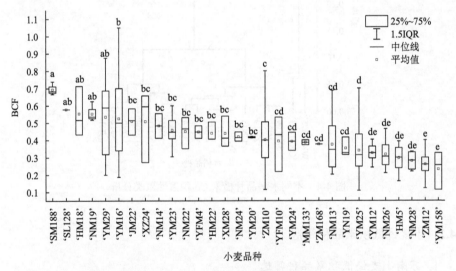

图 4-5　大田实地调查和小区试验中不同小麦品种籽粒 Cd 的 BCF 综合比较

数据上方不同字母表示在 $P<0.05$ 水平差异显著

　　进一步通过系统发育聚类分析(图 4-6),发现 30 个小麦品种的籽粒 Cd 积累
性可分为 4 类。积累性最大的一类是'苏麦 188',最低的一类包括'镇麦 12 号'
'烟农 19 号''宁麦 13''扬麦 25''扬麦 158''宁麦 26''宁麦 28''华麦 5''扬
麦 12 号'。综合以上结果,'镇麦 12 号''扬麦 12 号''扬麦 25'是籽粒 Cd 积累
性低且稳定的小麦品种。

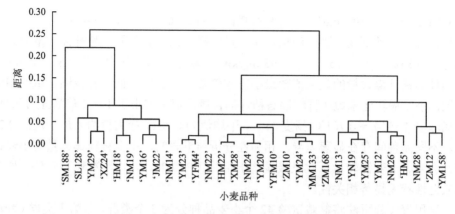

图 4-6　不同小麦品种籽粒 Cd 积累性聚类分析

综合分析，建议在苏南地区 Cd 污染农田上，选择'扬麦 25''镇麦 12 号''扬麦 24''扬麦 16 号''扬麦 158'等 Cd 积累性较低且稳产、优质的小麦品种，以降低小麦 Cd 积累风险。

2. 长江中下游麦区不同小麦品种镉积累差异研究

针对长江中下游麦区小麦镉污染超标率较高的现状，收集了适宜江苏省、湖北省、安徽省等长江中下游地区麦区种植的具有代表性的 107 个小麦品种，首先于无污染大田（土壤镉含量 0.22 mg/kg，pH 6.56）中进行了初步的田间筛选试验，然后按照随机均匀分布法，从中选取了 42 个低、中、高镉积累小麦品种，利用盆栽试验将其种植于轻度镉污染土壤中（土壤镉含量 0.60 mg/kg，pH6.65），以研究不同小麦品种对镉积累、转运的差异，筛选出适宜长江中下游地区种植的镉低积累小麦品种（易超等，2022）。

大田试验结果表明，无污染条件下 107 个不同小麦品种籽粒镉含量存在显著差异（$F=1.817$，$P<0.001$），籽粒镉含量最高的品种为'扬麦 21'，镉含量为 0.082 mg/kg，其次为'镇麦 10 号'和'扬麦 27'；籽粒镉含量最低的品种为'皖麦 54'，镉含量为 0.040 mg/kg，其次为'宁麦 7'和'扬麦 15'。在大田试验 107 个供试品种中，小麦籽粒镉含量平均值为 0.062 mg/kg，各品种间最大值为最小值的 2.05 倍，75% 的小麦品种籽粒镉含量集中在 0.050～0.070 mg/kg。

盆栽试验结果显示，42 个小麦品种的籽粒镉含量分布在 0.261～0.524 mg/kg，各品种间最大值为最小值的 2.0 倍，平均值为 0.384 mg/kg，不同品种间的籽粒镉含量存在显著差异。其中，'宁麦 11''轮选 22''扬辐麦 4 号'3 个品种籽粒镉积累量较低，分别为 0.261 mg/kg、0.270 mg/kg 和 0.274 mg/kg；而'扬麦 11''扬麦 21''扬麦 16'的籽粒镉含量则高于其他小麦品种，分别达 0.524 mg/kg、

0.503 mg/kg 及 0.497 mg/kg。所有盆栽试验的受试小麦品种的秸秆镉含量均大于籽粒镉含量，且不同品种间的秸秆镉含量同样存在显著差异。秸秆镉含量分布范围介于 0.562（'扬麦 15'）～1.095 mg/kg（'扬麦 16'），其均值为 0.816 mg/kg；各品种间秸秆镉含量的最大值较最小值的倍数（1.95 倍）低于籽粒镉含量的相应倍数。小麦镉转运系数（籽粒镉与秸秆镉含量比值）均小于 1，分布范围为 0.314（'扬辐麦 4 号'）～0.701（'扬麦 11'），平均值为 0.481，最大值约为最小值的 2.23 倍，不同品种间存在显著差异。相关性分析结果表明，小麦籽粒镉含量与小麦秸秆镉含量、小麦镉转运系数呈极显著正相关（$P<0.001$），而与籽粒干质量、株高等农艺性状无显著相关性。

　　采用聚类分析法将盆栽试验 42 个小麦品种分为 5 个类群，即第 Ⅰ 类群（籽粒镉低积累品种）、第 Ⅱ 类群（籽粒镉较低积累品种）、第 Ⅲ 类群（籽粒镉中积累品种）、第 Ⅳ 类群（籽粒镉较高积累品种）和第 Ⅴ 类群（籽粒镉高积累品种），从而更直观地反映这些品种的镉积累能力差异。Ⅰ～Ⅴ，各个类群分别占供试小麦总数的 14.29%、33.34%、28.57%、11.90% 和 11.90%。其中，第 Ⅰ 类群由'宁麦 11''轮选 22''皖麦 54''扬辐麦 4 号''扬麦 15''宁麦 17'共 6 个品种组成；第 Ⅱ 类群由'襄麦 25''扬麦 17''镇麦 12'等 14 个品种组成；第 Ⅲ 类群为包含'宁麦 9''鄂麦 580''华麦 12'在内的 12 个品种；第 Ⅳ 类群包括'皖麦 26''宁麦 8'等 5 个品种；第 Ⅴ 类群由'扬麦 11''扬麦 21''扬麦 16''镇麦 10 号''扬麦 27'组成。第 Ⅰ 类群中 6 个品种的籽粒镉含量分布在 0.261～0.298 mg/kg，平均值为 0.279 mg/kg，是本次试验中优先考虑的镉低积累小麦品种；而第 Ⅴ 类群中 5 个品种的籽粒镉含量平均值达 0.503 mg/kg，从食品安全的角度考虑，不推荐将这些品种种植于镉污染地区。

　　进一步采用同种聚类分析法对 42 个小麦品种的籽粒干质量进行了分析。结果表明，'宁麦 8''鄂麦 26''宁麦 11'等 8 个品种组成的类群为籽粒干质量最高的类群，即高产类群，其平均籽粒干质量为 16.08 g/株，最大值为 16.65 g/株（'鄂麦 26'）；而'鄂麦 352''襄麦 55''皖麦 26''扬麦 22''生选 3 号'这 5 个品种组成了低产类群，其平均籽粒干质量最低，为 12.37 g/株。结合两次聚类分析结果，发现'宁麦 11'为籽粒镉低积累品种类群与高产类群的交集，即为本次受试小麦中的低镉高产小麦品种。

4.4.3　蔬菜重金属低积累品种筛选

　　对南京市郊区某地蔬菜的重金属积累性进行了调查，发现不同类型蔬菜可食部分的重金属含量差异明显，总体上叶菜>根茎>茄果；菠菜、小青菜等蔬菜更容易富集土壤中的 Cd 等重金属。另外，不同类型蔬菜可食部分对重金属的生物富集系数（可食部分与土壤比值）也存在差异，总体上叶菜>根茎>茄果；而不同重金属间，Cd 的生物富集系数最高。

1. 盆栽不同小青菜品种重金属积累性比较

小青菜对土壤 Cd 和 Pb 具有较强的富集能力，并且在长三角种植面积较广，是具有代表性的叶菜类型。本研究选取不同品种的小青菜进行重金属积累性比较。供试土壤采自南京市郊区，土壤 Cd 平均含量为 0.34 mg/kg，Pb 平均含量为 30.5 mg/kg，Cu 平均含量为 58.9 mg/kg，Zn 平均含量为 141.6 mg/kg，Cr 平均含量为 163.6 mg/kg，土样过 10 目筛，每个品种 4 个平行，温室培养 80 d 收获测定。结果表明，不同小青菜品种对土壤 Cd 的富集能力依次为矮脚黄<小白菜<精选上海青<鸡毛菜<苏州青<黑油白菜<上海青。上海青对 Cd 的累积最高，鲜重含量均值为 0.141 mg/kg，矮脚黄对 Cd 的累积最低，鲜重含量均值为 0.088 mg/kg。不同小青菜品种对土壤 Pb 的富集能力依次为上海青<矮脚黄<小白菜<苏州青<鸡毛菜<精选上海青<黑油白菜。黑油白菜对 Pb 的累积最高，鲜重含量均值为 0.222 mg/kg，上海青对 Pb 的累积最低，鲜重含量均值为 0.031 mg/kg。上海青对 Zn 累积最高，鲜重含量均值为 5.660 mg/kg，小白菜对 Zn 累积最低，鲜重含量均值为 4.067 mg/kg；上海青与小白菜之间存在显著差异。黑油白菜对 Cr 的累积最高，鲜重含量均值为 0.288 mg/kg，苏州青对 Cr 累积最低，鲜重含量均值为 0.117 mg/kg。

2. 田间小区试验不同蔬菜品种镉积累性比较

田间小区试验区位于江苏省沿江某蔬菜地，土壤 pH 6.70±0.53，总 Cd 含量（0.313±0.049）mg/kg，有机质含量（25.9±3.3）g/kg，CEC 含量（27.7±7.0）cmol（+）/kg。采用随机区组试验设计。试验结果表明，在蔬菜大类上，芦蒿镉含量最高，白菜镉含量其次，菠菜、菜心、苋菜等镉含量较低，萝卜镉含量最低。

进一步比较了不同芦蒿、菊花脑共 10 个品种对镉的积累性，包括昆明芦蒿、红蒿 2 个伏秋芦蒿，大叶芦蒿、四不像芦蒿、八卦洲江滩野蒿、青白芦蒿、大叶青蒿、小叶青蒿 6 个冬春芦蒿，大叶菊花脑、小叶菊花脑 2 个菊花脑品种。结果表明，红蒿、昆明芦蒿 Cd 含量在第一茬超过了国家限量标准，而第二和第三茬均低于国家限量标准；其余 8 类蔬菜 Cd 含量均低于国家限量标准，其中小叶菊花脑、八卦洲江滩野蒿对 Cd 的累积性最弱。

4.4.4　适宜江苏种植的重金属低积累作物品种

2020 年发布的《江苏省受污染耕地安全利用与治理修复技术指南（试行）》（苏农重防办〔2020〕10 号）中，列举出了适宜江苏省种植的重金属相对低积累作物品种（表4-1），各地可结合当地主栽品种、种植习惯等，选用已通过省品种审定的品种，并注意品种适宜种植区。

表 4-1　适宜江苏省种植的重金属相对低积累作物品种

元素	作物类别	具体品种	适用区域
镉	水稻	'武运粳 23''武运粳 30''南粳 46''沪旱''澄糯 218'	江苏省南部和中部地区
		'南粳 5055''常农粳 8 号''苏香粳 100'	
		'镇稻 99''扬育粳 3 号'	
		'武运粳 31'	
		'苏粳 9''南粳 47'	
	小麦	'扬麦 158''扬麦 25''宁麦 13''淮麦 5 号'	江苏省南部和中部地区
		'宁麦 6 号''宁麦 11 号''宁麦 17''皖麦 54'	
		'周麦 30''周麦 26''皖麦 50''烟农 19'	江苏省北部地区
砷	水稻	'甬优 17''甬优 538''冈优 94-11''Y-两优 1998''Ⅱ-优 936''Ⅱ-优 310''连粳 11 号''湘两优 900'	江苏省北部、中部、南部地区
汞	水稻	'武运粳 23''武运粳 31''宁粳 8'	江苏省南部地区
		'南粳 46''苏香粳 100''常优 4 号''南粳 5055'	
铬	水稻	'南粳 46'	江苏省南部地区
	小麦	'镇麦 9'	江苏省南部地区

资料来源：《江苏省受污染耕地安全利用与治理修复技术指南（试行）》。

参 考 文 献

柴冠群, 周礼兴, 王丽, 等. 2022. 镉砷污染耕地玉米重金属安全品种筛选[J]. 河南农业科学, 51(10): 74-85.

陈彩艳, 唐文帮. 2018. 筛选和培育镉低积累水稻品种的进展和问题探讨[J]. 农业现代化研究, 39(6): 1044-1051.

陈亚茹, 张巧凤, 付必胜, 等. 2017. 中国小麦微核心种质籽粒铅、镉、锌积累差异性分析及低积累品种筛选[J]. 南京农业大学学报, 40(3): 393-399.

冯爱煊, 贺红周, 李娜, 等. 2020. 基于多目标元素的重金属低累积水稻品种筛选及其吸收转运特征[J]. 农业资源与环境学报, 37(6): 988-1000.

龚浩如, 邓述东, 陶曙华, 等. 2016. 湘潭市镉低积累水稻品种筛选试验[J]. 湖南农业科学, (12): 18-20.

江川, 朱业宝, 陈立喆, 等. 2019. 不同基因型水稻糙米对镉、铅的吸收特性[J]. 福建农业学报, 34(5): 509-515.

井永苹, 聂岩, 李彦, 等. 2023. 山东偏酸性棕壤区小麦镉低累积品种筛选[J]. 农业环境科学学报, 42(6): 1238-1246.

孔令璇, 郭天亮, 王琪, 等. 2022. 不同品种小麦苗期吸收和转运镉的特性[J]. 环境科学与技术,

45(10): 36-43.

李贵松, 徐火忠, 吴林土, 等. 2021. 适于浙江省种植的镉低积累水稻品种筛选[J]. 浙江农业科学, 62(7): 1309-1311.

李乐乐, 刘源, 李宝贵, 等. 2019. 镉低积累小麦品种的筛选研究[J]. 灌溉排水学报, 38(8): 53-58, 72.

李婷, 胡敏骏, 徐君, 等. 2021. 镉低积累水稻品种选育研究进展[J]. 中国农业科技导报, 23(11): 36-46.

刘三雄, 刘利成, 闵军, 等. 2019. 水稻镉低积累新品系的筛选[J]. 湖南农业科学, (4): 5-7, 11.

刘维涛, 周启星, 孙约兵, 等. 2009. 大白菜对铅积累与转运的品种差异研究[J]. 中国环境科学, 29(1): 63-67.

刘湘军, 刘汇川, 刘嫦娥, 等. 2021. 应急性镉砷低积累水稻品种筛选[J]. 湖南环境生物职业技术学院学报, 8(3): 46-53.

任超, 任彧仲, 王浩, 等. 2022. 镉胁迫下不同小麦品种对镉的积累特性[J]. 环境科学, 43(3): 1606-1619.

任彧仲, 任超, 肖建辉, 等. 2022. 不同玉米品种 Cd、Pb 积累特性及先玉 335 与大丰 30 对比研究[J]. 江苏农业科学, 50(24): 179-188.

单天宇, 刘秋辛, 阎秀兰, 等. 2017. 镉砷复合污染条件下镉低吸收水稻品种对镉和砷的吸收和累积特征[J]. 农业环境科学学报, 36(10): 1938-1945.

沈凤斌. 2017. 含镉小麦再敲土壤污染警钟[J]. 生态经济, 33(9): 10-13.

唐乐斌, 李龙, 宋波, 等. 2023. 基于大田试验的铅镉复合污染土壤中甜糯玉米低积累特性[J]. 环境科学, 44(9): 5186-5195.

涂峰, 胡鹏杰, 李振炫, 等. 2023. 苏南地区 Cd 低积累水稻品种筛选及土壤 Cd 安全阈值推导[J]. 土壤学报, 60(2): 435-445.

王宇豪, 杨力, 康愉晨, 等. 2021. 镉污染大田条件下不同品种水稻镉积累的特征及影响因素[J]. 环境科学, 42(11): 5545-5553.

谢炜, 汪亚萍, 黄窈军, 等. 2022. 镉污染农田甜(糯)玉米品种对镉的积累特性[J]. 浙江农业科学, 63(11): 2478-2485, 2490.

徐立军, 黄窈军, 汪亚萍, 等. 2022. 镉污染农田不同水稻品种对镉的积累特性[J]. 浙江农业科学, 63(11): 2495-2499, 2502.

薛涛, 廖晓勇, 王凌青, 等. 2019. 镉污染农田不同水稻品种镉积累差异研究[J]. 农业环境科学学报, 38(8): 1818-1826.

杨牧青, 和丽萍, 魏恒, 等. 2023. 云南某矿区周边重金属镉低积累、高产玉米品种筛选研究[J]. 农业灾害研究, 13(2): 7-9.

易超, 史高玲, 陈恒强, 等. 2022. 长江中下游麦区不同小麦品种镉积累差异研究[J]. 农业环境科学学报, 41(6): 1164-1174.

张锡洲, 张洪江, 李廷轩, 等. 2013. 水稻镉耐性差异及镉低积累种质资源的筛选[J]. 中国生态农业学报, 21(11): 1434-1440.

张心才, 唐浩. 2023. 不同小麦品种对土壤重金属镉的吸收能力研究[J]. 现代农业科技, (8):

46-48.

张玉烛, 方宝华, 滕振宁, 等. 2017. 应急性镉低积累水稻品种筛选与验证[J]. 湖南农业科学,(12): 19-25.

Cao Y, Sun D, Ai H, et al. 2017. Knocking out *OsPT4* gene decreases arsenate uptake by rice plants and inorganic arsenic accumulation in rice grains[J]. Environmental Science & Technology, 51(21): 12131-12138.

Chao D Y, Chen Y, Chen J G, et al. 2014. Genome-wide association mapping identifies a new arsenate reductase enzyme critical for limiting arsenic accumulation in plants[J]. PLoS Biology, 12(12): e1002009.

Chen Y, Moore K L, Miller A J, et al. 2015. The role of nodes in arsenic storage and distribution in rice[J]. Journal of Experimental Botany, 66(13): 3717-3724.

Chen Y, Sun S K, Tang Z, et al. 2017. The Nodulin 26-like intrinsic membrane protein OsNIP3;2 is involved in arsenite uptake by lateral roots in rice[J]. Journal of Experimental Botany, 68(11): 3007-3016.

Chi Y H, Li F B, Tam N F Y, et al. 2018. Variations in grain cadmium and arsenic concentrations and screening for stable low-accumulating rice cultivars from multi-environment trials[J]. The Science of the Total Environment, 643: 1314-1324.

Dai J, Tang Z, Jiang N, et al. 2020. Increased arsenic mobilization in the rice rhizosphere is mediated by iron-reducing bacteria[J]. Environmental Pollution, 263: 114561.

Duan G L, Shao G S, Tang Z, et al. 2017. Genotypic and environmental variations in grain cadmium and arsenic concentrations among a panel of high yielding rice cultivars[J]. Rice, 10(1): 9.

Hao X H, Zeng M, Wang J, et al. 2018. A node-expressed transporter OsCCX2 is involved in grain cadmium accumulation of rice[J]. Frontiers in Plant Science, 9: 476.

Hayashi S, Kuramata M, Abe T, et al. 2017. Phytochelatin synthase OsPCS1 plays a crucial role in reducing arsenic levels in rice grains[J]. The Plant Journal, 91(5): 840-848.

Hu P J, Tu F, Li S M, et al. 2023. Low-Cd wheat varieties and soil Cd safety thresholds for local soil health management in South Jiangsu Province, East China[J]. Agriculture, Ecosystems & Environment, 341: 108211.

Ishikawa S, Ishimaru Y, Igura M, et al. 2012. Ion-beam irradiation, gene identification, and marker-assisted breeding in the development of low-cadmium rice[J]. Proceedings of the National Academy of Sciences of the United States of America, 109(47): 19166-19171.

Ishikawa S, Suzui N, Ito-Tanabata S, et al. 2011. Real-time imaging and analysis of differences in cadmium dynamics in rice cultivars (*Oryza sativa*) using positron-emitting [107]Cd tracer[J]. BMC Plant Biology, 11: 172.

Kamiya T, Islam R, Duan G L, et al. 2013. Phosphate deficiency signaling pathway is a target of arsenate and phosphate transporter *OsPT1* is involved in As accumulation in shoots of rice[J]. Soil Science and Plant Nutrition, 59(4): 580-590.

Khan K A, Stroud J L, Zhu Y G, et al. 2010. Arsenic bioavailability to rice is elevated in Bangladeshi paddy soils[J]. Environmental Science & Technology, 44(22): 8515-8521.

Li R Y, Ago Y, Liu W J, et al. 2009. The rice aquaporin Lsi1 mediates uptake of methylated arsenic species[J]. Plant Physiology, 150(4): 2071-2080.

Lin Q, Tong W B, Hussain B, et al. 2020. Cataloging of Cd allocation in late rice cultivars grown in polluted gleysol: Implications for selection of cultivars with minimal risk to human health[J]. International Journal of Environmental Research and Public Health, 17(10): 3632.

Liu N, Huang X M, Sun L M, et al. 2020. Screening stably low cadmium and moderately high micronutrients wheat cultivars under three different agricultural environments of China[J]. Chemosphere, 241: 125065.

Lomax C, Liu W J, Wu L Y, et al. 2012. Methylated arsenic species in plants originate from soil microorganisms[J]. New Phytologist, 193(3): 665-672.

Luo J S, Huang J, Zeng D L, et al. 2018. A defensin-like protein drives cadmium efflux and allocation in rice[J]. Nature Communications, 9: 645.

Ma J F, Yamaji N, Mitani N, et al. 2008. Transporters of arsenite in rice and their role in arsenic accumulation in rice grain[J]. Proceedings of the National Academy of Sciences of the United States of America, 105(29): 9931-9935.

Meharg A A, Zhao F J. 2011. Biogeochemistry of Arsenic in Paddy Environments[M]//Arsenic and Rice. Dordrecht: Springer Netherlands: 71-101.

Mitani-Ueno N, Yamaji N, Ma J F. 2016. High silicon accumulation in the shoot is required for down-regulating the expression of Si transporter genes in rice[J]. Plant and Cell Physiology, 57(12): 2510-2518.

Miyadate H, Adachi S, Hiraizumi A, et al. 2011. OsHMA3, a P1B-type of ATPase affects root-to-shoot cadmium translocation in rice by mediating efflux into vacuoles[J]. The New Phytologist, 189(1): 190-199.

Moore K L, Chen Y, van de Meene A M L, et al. 2014. Combined NanoSIMS and synchrotron X-ray fluorescence reveal distinct cellular and subcellular distribution patterns of trace elements in rice tissues[J]. The New Phytologist, 201(1): 104-115.

Moore K L, Schröder M, Wu Z C, et al. 2011. High-resolution secondary ion mass spectrometry reveals the contrasting subcellular distribution of arsenic and silicon in rice roots[J]. Plant Physiology, 156(2): 913-924.

Sánchez-Bermejo E, Castrillo G, del Llano B, et al. 2014. Natural variation in arsenate tolerance identifies an arsenate reductase in Arabidopsis thaliana[J]. Nature Communications, 5: 4617.

Sasaki A, Yamaji N, Yokosho K, et al. 2012. Nramp5 is a major transporter responsible for manganese and cadmium uptake in rice[J]. The Plant Cell, 24(5): 2155-2167.

Satoh-Nagasawa N, Mori M, Nakazawa N, et al. 2012. Mutations in rice (*Oryza sativa*) heavy metal ATPase 2 (*OsHMA2*) restrict the translocation of zinc and cadmium[J]. Plant & Cell Physiology, 53(1): 213-224.

Shi S L, Wang T, Chen Z R, et al. 2016. OsHAC1;1 and OsHAC1;2 function as arsenate reductases and regulate arsenic accumulation[J]. Plant Physiology, 172(3): 1708-1719.

Song W Y, Yamaki T, Yamaji N, et al. 2014. A rice ABC transporter, OsABCC1, reduces arsenic accumulation in the grain[J]. Proceedings of the National Academy of Sciences of the United States of America, 111(44): 15699-15704.

Stroud J L, Norton G J, Islam M R, et al. 2011. The dynamics of arsenic in four paddy fields in the Bengal delta[J]. Environmental Pollution, 159(4): 947-953.

Su Y H, McGrath S P, Zhao F J. 2010. Rice is more efficient in arsenite uptake and translocation than wheat and barley[J]. Plant and Soil, 328(1): 27-34.

Sui F Q, Chang J D, Tang Z, et al. 2018. Nramp5 expression and functionality likely explain higher cadmium uptake in rice than in wheat and maize[J]. Plant and Soil, 433(1): 377-389.

Sui F Q, Zhao D K, Zhu H T, et al. 2019. Map-based cloning of a new total loss-of-function allele of *OsHMA3* causes high cadmium accumulation in rice grain[J]. Journal of Experimental Botany, 70(10): 2857-2871.

Sun S K, Chen Y, Che J, et al. 2018. Decreasing arsenic accumulation in rice by overexpressing *OsNIP1;1* and *OsNIP3;3* through disrupting arsenite radial transport in roots[J]. The New Phytologist, 219(2): 641-653.

Takahashi R, Ishimaru Y, Senoura T, et al. 2011. The OsNRAMP1 iron transporter is involved in Cd accumulation in rice[J]. Journal of Experimental Botany, 62(14): 4843-4850.

Takahashi R, Ishimaru Y, Shimo H, et al. 2012. The OsHMA2 transporter is involved in root-to-shoot translocation of Zn and Cd in rice[J]. Plant, Cell & Environment, 35(11): 1948-1957.

Tan L T, Zhu Y X, Fan T, et al. 2019. *OsZIP7* functions in xylem loading in roots and inter-vascular transfer in nodes to deliver Zn/Cd to grain in rice[J]. Biochemical and Biophysical Research Communications, 512(1): 112-118.

Tang Z, Chen Y, Chen F, et al. 2017. OsPTR7 (OsNPF8.1), a putative peptide transporter in rice, is involved in dimethylarsenate accumulation in rice grain[J]. Plant and Cell Physiology, 58(5): 904-913.

Tang Z, Chen Y, Miller A J, et al. 2019. The C-type ATP-binding cassette transporter OsABCC7 is involved in the root-to-shoot translocation of arsenic in rice[J]. Plant and Cell Physiology, 60(7): 1525-1535.

Ueno D, Yamaji N, Kono I, et al. 2010. Gene limiting cadmium accumulation in rice[J]. Proceedings of the National Academy of Sciences of the United States of America, 107(38): 16500-16505.

Uraguchi S, Kamiya T, Sakamoto T, et al. 2011. Low-affinity cation transporter (*OsLCT1*) regulates cadmium transport into rice grains[J]. Proceedings of the National Academy of Sciences of the United States of America, 108(52): 20959-20964.

Uraguchi S, Mori S, Kuramata M, et al. 2009.Root-to-shoot Cd translocation via the xylem is the major process determining shoot and grain cadmium accumulation in rice[J]. Journal of Experimental Botany, 60(9): 2677-2688.

Wang P T, Zhang W W, Mao C Z, et al. 2016.The role of OsPT8 in arsenate uptake and varietal difference in arsenate tolerance in rice[J]. Journal of Experimental Botany, 67(21): 6051-6059.

Wang P, Chen H P, Kopittke P M, et al. 2019. Cadmium contamination in agricultural soils of China and the impact on food safety[J]. Environmental Pollution, 249: 1038-1048.

Xu J M, Shi S L, Wang L, et al. 2017. OsHAC4 is critical for arsenate tolerance and regulates arsenic accumulation in rice[J]. The New Phytologist, 215(3): 1090-1101.

Xu X Y, McGrath S P, Zhao F J. 2007. Rapid reduction of arsenate in the medium mediated by plant roots[J]. The New Phytologist, 176(3): 590-599.

Yamaji N, Sakurai G, Mitani-Ueno N, et al. 2015. Orchestration of three transporters and distinct vascular structures in node for intervascular transfer of silicon in rice[J]. Proceedings of the National Academy of Sciences of the United States of America, 112(36): 11401-11406.

Yamaji N, Xia J X, Mitani-Ueno N, et al. 2013. Preferential delivery of zinc to developing tissues in rice is mediated by P-type heavy metal ATPase OsHMA2[J]. Plant Physiology, 162(2): 927-939.

Yan H L, Xu W X, Xie J Y, et al. 2019. Variation of a major facilitator superfamily gene contributes to differential cadmium accumulation between rice subspecies[J]. Nature Communications, 10: 2562.

Yan J L, Wang P T, Wang P, et al. 2016. A loss-of-function allele of *OsHMA3* associated with high cadmium accumulation in shoots and grain of Japonica rice cultivars[J]. Plant, Cell & Environment, 39(9): 1941-1954.

Yang M, Zhang Y Y, Zhang L J, et al. 2014. OsNRAMP5 contributes to manganese translocation and distribution in rice shoots[J]. Journal of Experimental Botany, 65(17): 4849-4861.

Ye Y, Li P, Xu T Q, et al. 2017. *OsPT4* contributes to arsenate uptake and transport in rice[J]. Frontiers in Plant Science, 8: 2197.

Zhang J, Zhao S C, Xu Y, et al. 2017. Nitrate stimulates anaerobic microbial arsenite oxidation in paddy soils[J]. Environmental Science & Technology, 51(8): 4377-4386.

Zhang J, Zhou W X, Liu B B, et al. 2015. Anaerobic arsenite oxidation by an autotrophic arsenite-oxidizing bacterium from an arsenic-contaminated paddy soil[J]. Environmental Science & Technology, 49(10): 5956-5964.

Zhao F J, Ago Y, Mitani N, et al. 2010. The role of the rice aquaporin Lsi1 in arsenite efflux from roots[J]. The New Phytologist, 186(2): 392-399.

Zhao F J, Wang P. 2020. Arsenic and cadmium accumulation in rice and mitigation strategies[J]. Plant and Soil, 446(1): 1-21.

Zhao F J, Zhu Y G, Meharg A A. 2013.Methylated arsenic species in rice: Geographical variation, origin, and uptake mechanisms[J]. Environmental Science & Technology, 47(9): 3957-3966.

第 5 章 重金属污染耕地的钝化调控原理与技术

钝化调控是重金属污染耕地安全利用中应用最广泛的技术之一，主要通过钝化材料来降低重金属迁移性及生物有效性，进而减少作物对重金属的吸收和积累。本章重点论述重金属污染耕地的钝化调控技术原理，介绍典型的重金属钝化材料及其应用技术，以及江苏省在重金属污染耕地钝化调控技术应用方面的实践案例与经验。

5.1 重金属污染耕地的钝化调控技术原理

钝化修复主要是通过向土壤中施加钝化材料，促使重金属经过沉淀、吸附与离子交换、有机络合、氧化还原等反应而改变其形态，降低其移动性和生物有效性，从而减少作物对重金属的吸收累积，降低农产品重金属含量，确保粮食安全。施用钝化剂钝化土壤重金属的主要机制在于沉淀、吸附与离子交换、有机络合、氧化还原。

5.1.1 沉淀

沉淀是指从过饱和溶液中生成难溶物质的反应，其过程遵守沉淀溶解平衡。一般情况下，重金属进入土壤后会与土壤中的物质发生反应，其中阳离子重金属如镉、铜、镍、铅等可与土壤溶液中氢氧根、磷酸根、碳酸根等形成难溶性盐，而阴离子重金属砷则可与土壤溶液中铁锰发生反应。上述沉淀溶解平衡体系受到土壤 pH、土壤中的竞争离子和有机酸的种类和浓度等影响。沉淀改良剂则是通过外源施加 pH 较高、含有易和重金属形成沉淀的基团的物质，改变土壤 pH、吸附钝化重金属，以降低土壤重金属的生物有效性，目前使用较多的沉淀改良剂主要包括石灰类（生石灰、熟石灰、石灰石等）、磷酸盐类（磷灰石、磷矿石、骨粉、磷酸盐等）和生物质炭类。

不同的沉淀改良剂对不同重金属的钝化原理不尽相同。在酸性土壤中，重金属易被解析成可交换态离子被植物吸收利用，此种情况下可以通过向土壤中添加石灰等碱性材料，提高土壤 pH，有利于土壤中的重金属离子形成氢氧化物或碳酸盐沉淀（Lombi et al., 2003; Hale et al., 2012）。该方法作为 Cd 污染农田修复技术的重要组成部分在湖南省得到广泛推广。对于磷酸盐类材料制成的无机钝化剂，其固定 Pb 的机制主要是通过溶解-沉淀机制。Ryan 等（2001）利用扩展 X 射线吸收精细结构（EXAFS）技术研究证实羟基磷灰石可将污染土壤中的 Pb 转化成磷氯铅矿沉淀。Cao 等（2004）研究表明磷灰石固定 Pb 的机理主要为形成氟磷铅矿沉淀，其在较大 pH 范围内能保持稳定。生物质炭可通过与 Cr^{3+} 形成 $Cr(OH)_3$ 沉淀来有效固定 Cr（Chen et al., 2015）。

　　然而，土壤 pH 的升高和施用磷酸盐类钝化剂对砷酸根的固定有不利影响，这主要是因为砷酸根是阴离子，当土壤 pH 升高后，土壤溶液体系中的 OH 浓度升高，与砷酸根发生竞争作用，反而不利于砷的吸附和固定。此外磷酸根和砷酸根一样都属于阴离子，同样也会发生竞争作用，也不利于砷的吸附和固定。对于砷的固定，一般会采用施加铁盐的方法，利用铁离子或铁化合物与砷发生吸附和共沉淀的方法来强化对砷的固定。在这一过程中，不仅发生了沉淀反应，也存在吸附、有机络合等其他钝化机制。

5.1.2　吸附与离子交换

　　吸附是发生在土壤固体（或钝化剂）和液体间界面的化学行为，可分为非专性吸附和专性吸附，非专性吸附是由静电引力引起的，而专性吸附是指离子可进入吸附材料的硅氧六面体或氧化物表面金属离子的配位壳中，如砷在土壤中主要通过阴离子交换机制而被专性吸附。离子交换是指重金属离子替代已被土壤颗粒吸附的离子的过程，如重金属阳离子 Pb^{2+} 因其离子半径大于 Ca^{2+}、Mg^{2+}，可与土壤颗粒或生物质炭等钝化剂表面的钙镁离子发生交换。土壤施用石灰等碱性材料后，会引起土壤 pH 升高，一方面，土壤表面负电荷增加，从而使土壤对重金属的亲和性增加；另一方面，也有利于金属氢氧化物的存在，从而提高 Cd 等重金属离子的吸附量。吸附和离子交换也是黏土矿物、磷矿石、活性炭、生物质炭、赤泥等钝化土壤重金属的重要机制（Uchimiya et al., 2011; Lombi et al., 2002）。

5.1.3　有机络合

　　表面络合作用是吸附的一种重要形式，在此处特指钝化材料表面的有机官能团与重金属发生的络合反应，而与前文所提到的吸附与离子交换有区别。土壤添加有机钝化剂后，由于其表面存在大量的官能团，包括 C═O、—COOH、—OH、—SH、—NH$_2$ 等，这些官能团可与重金属作用形成稳定的络合物。目前使用较多的有机络合类改良剂主要包括作物秸秆、畜禽粪肥、污泥、堆肥以及生物质炭等，这类改良剂的共同特点是含有大量的有机质，因而存在大量可与重金属形成络合物的官能团，从而具有固定重金属的能力。

　　镉等重金属在土壤中能与有机质中的含氧官能团和巯基发生络合反应，形成稳定的络合物。研究发现与 Cd 和 Ni 相比，天然有机质和生物质炭对 Cu 有更强的络合作用。生物质炭对可变电荷土壤中 Pb 的吸附机理主要是 Pb^{2+} 与生物质炭中的官能团进行表面络合,且在低 pH 条件下有所增强(Jiang et al., 2012)。腐殖酸可与多种重金属离子形成较稳定的腐殖酸-金属离子螯合物,而胡敏酸形成的重金属络合物稳定性要大于富里酸。此外部分非有机络合类改良剂也可以和重金属发生络合反应,如羟基磷灰石可在自身溶解后,与重金属发生表面络合反应,从而达到固定 Cd 和 Zn 的目的(Raicevic et al., 2005)。

需特别指出的是,有机物料的使用对重金属的固定存在两面性,一方面可通过有机络合作用来固定重金属,从而减少重金属的生物有效性和移动性;另一方面有机物料分解过程中产生的小分子有机酸可能会络合一部分重金属使其溶解于土壤溶液中,提高重金属的生物有效性和移动性。因此如何准确地调控有机物料对重金属的络合固定作用,仍需对有机络合的机理进行深入研究。

5.1.4　氧化还原

重金属的价态不同,其在土壤中的移动性和生物有效性也存在差异。对于铬、砷等变价重金属,利用具有氧化还原作用的钝化剂或改变环境的氧化还原电位来改变重金属的价态,可减少重金属的生物有效性和移动性,从而降低重金属的生态毒性。由于六价铬具有氧化性,且移动性和毒性均高于三价铬,因此可通过施用还原性的物质将六价铬还原成三价铬以降低其毒性;对于砷而言,三价砷的生物有效性、移动性和毒性均高于五价砷,因此可通过施用氧化性物质来将三价砷氧化成五价砷,以减轻其毒害。目前使用较多的基于氧化还原调控技术的修复材料主要包括有机物料、纳米零价铁、部分具有氧化还原能力的微生物菌剂等。

研究表明,活性炭表面的含氧官能团,如酮基、羧基、羟基等,能将 Cr(Ⅵ)还原为 Cr(Ⅲ)。纳米零价铁去除 Cr(Ⅵ)的机制主要是将六价铬还原为毒性较小的三价铬,然后在纳米零价铁表面形成三价铬沉淀(Franco et al., 2009)。也有部分研究表明,利用纳米零价铁可将铜离子还原成铜单质,从而降低铜的生物有效性和毒性。但当污染土壤存在多种重金属污染物时,一种修复措施可能会对不同重金属产生不一样的效果。例如,Choppala 等(2016)的研究表明,生物质炭的添加增加了土壤中 Cr(Ⅵ)和 As(Ⅴ)的还原,虽然减少了铬的移动性但却增加了砷的移动性,因此在复合污染土壤中需特别注意不同重金属的钝化原理,协调施用,以达到最好的效果。

5.1.5　钝化调控技术的局限性

钝化修复主要是通过向土壤中施加钝化材料来改变重金属的形态,从而降低其移动性和生物有效性,这种技术只改变了重金属在土壤中的赋存形态,但重金属仍保留在土壤中,环境条件的改变可能会引起重金属的再次释放,从而影响钝化修复效果。这些环境条件包括土壤 pH、Eh、有机质、植物根系分泌物、微生物等因素,也包括酸沉降、渗滤、风化、温度等因素。因此对钝化修复稳定性影响因素的探讨将有助于我们更好地评估钝化材料的使用种类、频率及钝化效果。

5.2 典型的重金属钝化材料及其应用技术

5.2.1 石灰的重金属钝化作用与应用技术

石灰类钝化剂主要指生石灰(氧化钙)、熟石灰(氢氧化钙)和石灰石(主要成分为碳酸钙),是使用较早的钝化剂。石灰对重金属的钝化机制主要包括(曹胜等,2018):①添加石灰可以提高土壤 pH,土壤 pH 的提高会增加土壤有机质、铁铝氧化物等可变电荷胶体的表面负电荷,进而提高对重金属离子专性吸附比例,降低活性重金属离子的浓度;②土壤 pH 的提高会使土壤颗粒表面负电荷增加,促进重金属离子形成难溶性氢氧化物、碳酸盐和磷酸盐等沉淀;③Al^{3+}是酸性土壤中限制作物生长的主要因素,石灰能与土壤中的交换性 Al^{3+} 及有机质中的酸性基团发生中和反应,降低土壤酸度;④石灰的施用会引入大量的钙离子,其与土壤中的 Cd^{2+}、Cu^{2+}、Pb^{2+} 和 Zn^{2+} 等重金属离子会发生拮抗作用,从而减少植物对重金属离子的吸收和利用。在三种石灰类钝化材料中,生石灰和熟石灰对重金属的钝化效果要强于石灰石,但其腐蚀性较高,对人体危害较大。

利用石灰钝化污染土壤中的重金属一般适用于 pH 较低的土壤,如红壤,特别是针对 Pb、Cd 等重金属污染。此方法优点在于材料易得,成本低廉。但石灰粉的撒施过程不太方便,容易飞飘;同时发现施用石灰提高土壤 pH 维持时间较短,一般仅数月至一两年时间,此后土壤 pH 又会迅速下降,这样需要反复施用石灰以便保持效果,而长期大量施用石灰又会导致土壤钙化、板结,影响农作物正常生长,导致作物减产。此外,在实际应用中发现施用石灰对酸性水稻田 Cd 污染稻米降镉效果并不十分理想,其中一个原因可能是由于 Ca^{2+} 与 Cd^{2+} 有相近的离子半径,所以导致已吸附在土壤颗粒上的 Cd^{2+} 可被 Ca^{2+} 重新置换到土壤溶液中而再次增加植物吸收。一般在应用实践中,石灰的施入量需要使土壤 pH 达到 6.5 以上才能对土壤镉有较好的钝化效果。此外,施用石灰会造成土壤 pH 跳跃增加,引起土壤钙镁营养元素失衡,阻碍作物对磷、钾的吸收,破坏土壤结构。淹水稻田中石灰用量过高还易诱发农作物缺锌症状,影响作物产量。

为了避免施用石灰造成的不利影响,需要采用科学的石灰施用技术:①选择合适的石灰种类。生石灰、熟石灰和石灰石的用量和施用方法均不相同,需根据土壤的 pH 情况计算具体用量(表 5-1),且每年的施用量应逐步递减。②在不同的土壤类型上施用石灰也应有所区别,砂土比黏土少施,红壤比黄壤少施,水田比旱地少施。③选择合适的施用时期和施用方式,尽量在土壤翻耕时施用石灰,确保石灰与土壤充分混合,尽量避免穴施和植物生长期间撒施,减少石灰的损失。

④根据土壤养分亏缺情况，适当配合有机肥施用，有助于提升土壤养分含量，缓解重金属毒害。

表 5-1　治理酸性土壤重金属污染石灰建议施用量

初始 pH	目标 pH	所需石灰石（CaCO₃）/（kg/亩）	所需石灰（CaO）/（kg/亩）
5.0	6.5	400	224
5.5	6.5	367	205
6.0	6.5	300	168

资料来源：《江苏省受污染耕地安全利用与治理修复技术指南（试行）》。

5.2.2　生物质炭的重金属钝化作用与应用技术

生物质炭是一种生物质材料在缺氧或无氧条件下经高温（温度一般大于250℃）裂解过程转化而成的固体材料，具有比表面大、孔隙度高、富含碳素和高度芳香物质、表面官能团丰富（如羰基、羧基等）等特点（Wu et al., 2019; Zama et al., 2018）。其具有独特的理化性质，可通过吸附、络合、离子交换、氧化还原等反应使土壤重金属形态向稳定态转变，从而降低土壤重金属的移动性和生物有效性。

生物质炭的主要元素组成为 C、H、O、N 等，C 的质量分数最高，可达 66%～88%，此外还有一些 K、Ca、Mg 等灰分元素。当限制供氧时，生物质炭中的碳元素含量会随着碳化温度的升高而升高，灰分元素含量也会相应增加，H 和 O 含量下降。生物质炭一般呈碱性，且裂解温度越高其 pH 越高，这主要和灰分元素含量的增高有关。生物质炭表面富含含氧官能团，随着裂解温度的升高，酸性基团减少，碱性基团增加。从生物质炭的制备温度来看，较高裂解温度（>600℃）制备的生物质炭会出现 CEC 下降，挥发性组分损失，比表面积增加以及表面含氧官能团数量和电荷密度下降等现象，从而影响对重金属的钝化和固定。因此，综合考虑生物质炭的结构特性、制备成本，在 300～450℃的裂解温度范围内制备的生物质炭具有相对丰富的含氧官能团、较高的可溶性无机盐含量，对土壤重金属具有较好的钝化效果。

目前可用于制备生物质炭的材料很多，主要包括作物秸秆、污泥、畜禽粪肥、林木枝叶等。生物质炭因制备原料、温度等的不同表现出不同的孔隙结构、比表面积、CEC 和 pH 缓冲能力，因而对重金属的钝化效果也存在差异。生物质炭的灰分元素及矿质元素含量随裂解温度的升高而增加，不同来源的生物质炭存在明显差异，如猪粪生物质炭的灰分元素明显高于鸡粪，畜禽粪肥制备的生物质炭灰分元素高于水稻秸秆等植物源制备的灰分元素（马孟园等，2018）。生物质炭对土壤重金属钝化能力除了与制备原料有关，还与制备温度、时间、重金属的类型等有关。Uchimiya 等（2010）的研究表明，农作物秸秆制备的生物质炭对 Cu 有较好的吸附性能，对 Cd 和 Ni 的吸附能力依次减弱，而鸡粪制备的生物质炭则对 Pb 有较好固持作用，对 Cd 较弱。类似的结果也表明，与使用含木质素高的硬木等为原料制备的生物质炭相比，使用作物秸秆、藻类、畜禽粪肥为原料制备的生物质炭对重金属有更好的钝化能力（吴霄霄等，2019），这主要是由于畜禽粪炭的灰分元素含量和阳离子交换量较高，可与土壤中的重金属形成共沉淀或通过离子交换抑制镉的运移。

对于阴离子 As 而言，使用普通生物质炭会增加 As 的活性（Choppala et al.，2016），需要使用 Fe、Mn 氧化物和 KOH 等进行改性。由于砷在高 pH 条件下的移动性高于低 pH 条件，因此为了吸附更多的砷，可以使用硅含量高的秸秆作为原料，在低温下制备灰分元素含量低、pH 较低的生物质炭，有利于羧基对阴离子砷的吸附（Zama et al.，2018）。

此外，生物质炭的施用量和施用深度也会影响生物质炭对土壤重金属的钝化效果。研究表明，在 660～2640 kg/亩的施用量范围内，生物质炭对土壤镉的钝化效果随施用量的增加而增加（Cui et al.，2011；Bian et al.，2014）。在实际应用中，生物质炭一般通过表层撒施和翻耕的方式，与耕层 0～15 cm 土壤混合，也有一些会到 20 cm 土层甚至更深的土层。相关研究表明，虽然增加施用深度可提高作物产量，但同时也增加了作物对镉的吸收和积累，同时深度翻耕也会使机械翻耕的费用增加，还可能破坏稻田土壤犁底层，因此一般采用表层撒施和 0～15 cm 土层翻耕的操作方式（隋凤凤等，2018）。

由于生物质炭作为钝化材料时的田间用量较大（660～2640 kg/亩），且成本较高（1500～3000 元/t），因此有研究者在制备生物质炭时对其进行改性，以提高其固定重金属的能力，减少生物质炭的用量。这已成为目前生物质炭研究的热点之一，将有利于降低生物质炭的用量和成本，同时也有助于生物质炭的推广和应用。此外农业行业推荐标准《耕地污染治理效果评价准则》（NY/T 3343—2018）中规定，"治理所使用的有机肥、土壤调理剂等耕地投入品中镉、汞、铅、铬、砷 5 种重金属含量，不能超过 GB 15618—2018 规定的筛选值，或者治理区域耕地土壤中对应元素的含量"。这是一项比较严格的规定，由于生物质炭均是由生物质高温裂解生产的，其中的重金属会在这一过程中发生浓缩和富集，有较大的可能会超过上述规定。根据有关文献（王霞等，2018），部分生物质炭中的 Cd 含量为 2.0～5.2 mg/kg，超过了上述标准（0.3～0.8 mg/kg），因此在利用生物质炭作为修复材料时需特别关注其中的重金属含量是否符合相关标准的要求。

5.2.3　黏土矿物的重金属钝化作用与应用技术

黏土矿物是一类具有层状、链状等构造的含水铝硅酸盐矿物，是构成黏土岩、土壤的主要矿物组分。最常见的层状构造黏土矿物有高岭石、多水高岭石、蒙脱石、水云母、海绿石、绿泥石等，非晶质黏土矿物有水铝英石，链状构造的有海泡石等。黏土矿物的化学成分以 SiO_2、Al_2O_3 为主，且不同黏土矿物的晶体结构、形状、物理性质上都有差别。

　　常用于土壤重金属钝化的黏土矿物主要有膨润土、凹凸棒石、沸石、海泡石等，它们在结构和功能上均存在一定的相似性。膨润土的主要矿物成分为蒙脱石，是由两个硅氧四面体夹一层铝氧八面体组成的 2：1 型晶体结构。由于蒙脱石晶胞形成的层状结构存在某些阳离子，如 Ca^{2+}、Mg^{2+}、Na^+ 和 K^+ 等，且这些阳离子与蒙脱石晶胞的作用很不稳定，易被其他阳离子置换，因此膨润土等矿物对重金属具有较强的吸附能力，可以通过离子交换作用来固定土壤中的重金属，从而降低重金属的移动性。凹凸棒石是一种晶质水合镁铝硅酸盐矿物，具有独特的链层状结构特征，在其结构中存在晶格置换，其中含有不定量的 Na^+、Ca^{2+}、Fe^{3+} 和 Al^{3+} 等，因而其与膨润土一样具有阳离子可交换性。经活化处理后，凹凸棒石可交换阳离子量明显提高；此外，凹凸棒石晶体的颗粒十分细小，表现出良好的胶体性能，对重金属也有良好的吸附作用。沸石是一种含有碱金属或碱土金属的含水铝硅酸盐矿物，由硅氧四面体和铝氧四面体组成，可分为架状、片状、纤维状等。由于在铝氧四面体中有一个氧原子的电价没有得到中和而产生电荷不平衡，从而使整个铝氧四面体带负电，通常由碱金属和碱土金属离子来补偿。由于沸石具有独特的分子结构，因此有很强的离子交换能力，可以通过离子交换作用来钝化土壤中的重金属。海泡石是一种纤维状的含水硅酸镁，在其结构单元中，硅氧四面体和镁氧八面体相互交错，具有层状和链状的过渡型特征。海泡石所特有的结构，决定它有很好的吸附性能、流变性能和催化性能，且具有非金属矿物中最大的比表面积（最高可达 900 m^2/g）和独特的孔道结构，是公认的吸附能力最强的黏土矿物之一。

　　黏土矿物对土壤重金属的钝化机制主要包括吸附作用、配合作用和共沉淀。吸附作用是黏土矿物的重要特性之一，包括物理吸附、化学吸附和离子交换吸附。物理吸附是由于黏土矿物具有较大的比表面积和表面能，吸附作用有利于系统表面自由能的减少；化学吸附是由于黏土矿物表面一般带负电，可通过静电引力将土壤中的阳离子吸附在黏土矿物表面；离子交换吸附通常发生在黏土矿物的表面、孔道内和层间域，主要是因为黏土矿物存在永久负电荷，根据电中性原理，黏土矿物会吸附等量的重金属离子从而达到电平衡。配合作用主要分为表面配合作用和晶间配合作用两种。由于黏土矿物表面存在大量的 SiO_4^{4-}、AlO_4^{5-} 基团，表面呈负电性，有利于与重金属离子发生配合作用；此外黏土矿物的羟基化表面也可通过静电作用与溶液中的离子发生表面配位反应，如 Pb^{2+} 能与高岭石表面进行配位反应。共沉淀作用是指黏土矿物通过自身溶解产生的阴离子与重金属元素发生共沉淀作用。例如磷灰石对重金属的固定作用主要通过磷灰石的溶解作用，而后与重金属发生沉淀反应，随着 pH、Cl^-、F^- 等的环境条件和离子不同，与 Pb 可形成 $Pb_5(PO_4)_3Cl$、$Pb_5(PO_4)_3OH$ 等，与 Zn 可形成磷锌矿 $[Zn_3(PO_4)_2]$。

黏土矿物对重金属的钝化受诸多因素影响（林云青和章钢娅，2009），主要包括：①黏土矿物的类型和粒径。不同的黏土矿物由于构型不同，对不同重金属离子的吸附能力也存在差异。研究表明凹凸棒石对 Cd、Pb、Cu 具有较好的吸附能力，而蒙脱石对 Cr、Cu 有很好的选择性。此外 1∶1 型的黏土矿物（如高岭石）对重金属离子的吸附能力要小于 2∶1 型黏土矿物（如蒙脱石）。黏土矿物粒径越小，则比表面积越大，对重金属的吸附和固定能力越强。②黏土矿物的吸附饱和度。不同的黏土矿物材料对不同重金属的吸附饱和度存在较大差异。③土壤 pH。不同的土壤类型具有不同的 pH，pH 较低时，较高的 H^+ 浓度会与重金属离子产生竞争吸附，当 pH 较高时则黏土矿物固定重金属的能力提高。④重金属污染程度。黏土矿物对重金属的固定能力会随着重金属污染程度的增加而减缓。研究表明，随着 Cd 浓度的增加，黏土矿物对 Cd 的吸附速率降低，且海泡石的降低程度要大于膨润土和凹凸棒石。

黏土矿物具有价格较低、来源广泛的优点，适合大规模使用，但在实际应用中用量普遍偏大（400～1000 kg/亩），同时黏土矿物一般仅对重金属阳离子有吸附固定作用，而对重金属阴离子（如砷酸根、铬酸根等）的固定能力很弱，因此有不少研究者开始对黏土矿物进行改性（巯基改性、铁盐改性等），以提高其对重金属阴离子的固定能力，同时减少黏土矿物的用量，这将有助于黏土矿物的大规模使用。

5.2.4　有机物料的重金属钝化作用与应用技术

有机物料包括：①农林废弃物，如秸秆、树叶、锯末、花生壳等植物纤维性生物质，及其再利用后的副产物如菌渣，这一类生物质主要由木质素、纤维素和半纤维素等多糖组成，具有羟基、羧基等活性基团；②有机粪肥，这一类生物质不仅有机质含量高，还有大量的微生物类群，对重金属离子具有较高的亲和性；③市政污泥，属于可用于改良土壤的有机物料。有机物料通常含有丰富的有机质、官能团，比表面积大，添加后不仅可以改良土壤理化性质，提高土壤肥力，还可以络合、吸附土壤中的重金属，改变重金属在土壤中的赋存形态，影响植物对重金属的吸收。

目前，重金属污染农田修复中应用较多的有机物料修复材料包括秸秆、牲畜粪便、泥炭等。有机物料对土壤重金属的钝化机制主要包括：①吸附作用。有机物料中的腐殖质是一种复杂的高分子芳香多聚物，带有苯羧基、酚羟基等很多活性基团，活性基团之间以氢键相互结合，使得分子表面有许多孔，比表面积大，对镉、锌离子的吸附能力远远超过矿质胶体，是良好的吸附载体。研究发现，土壤有机物质对重金属的吸附能力是黏土矿物的 30 倍，因此有机物质含量高的土壤通常对重金属的吸附量大，可有效减弱土壤中重金属的移动性。②络合作用。有机物料本身及其施入土壤后分解所产生的羧基（—COOH）、酚羟基（—OH）、羰基（—C＝O）和氨基（—NH$_2$）等络合官能团以及烯醇基（—O—）、偶氮基（—N=N—）、羧基（—COOH）、羰基（—C＝O）等螯合基团，能够与土壤中的重金属阳离子形成络合物或螯合物。③改变土壤 pH。不同有机物料对土壤 pH 的影响不同，部分有机物料能够提高土壤 pH，与酸性土壤相比，在碱性土壤中有机质更容易被土壤所吸附，从而增加土壤胶体对重金属的固持。此外，pH 的提高能够增加土壤颗粒表面的负电荷量，而重金属离子大部分带正电，因此可以促进重金属离子的吸附。且有机物料在矿质化过程中会产生 CO$_2$，在腐殖化过程中会产生有机酸，这些都会导致土壤 pH 的降低，从而提高土壤重金属的生物有效性。④改变土壤氧化还原性质。有机物料在分解过程中可能消耗大量氧气，使土壤处于还原状态，并形成 CdS、PbS 等沉淀，还可以作为电子供体，促进重金属的还原，从而降低重金属的活性。此外，施用有机物料还能够通过为微生物提供充足的碳源，间接地使重金属发生氧化还原反应。一般来讲，As、Cr、Hg、Se 这些金属或类金属比较容易受到微生物氧化还原作用的影响，而 Zn、Cd、Pb、Ni 等二价金属受影响较小。例如，施用畜禽粪便、堆肥和菌渣等能够促进 Cr（Ⅵ）向 Cr（Ⅲ）的转变，Cr（Ⅲ）在土壤中更稳定且毒性更小，从而达到缓解重金属毒害的目的。

有机物料对重金属的钝化受土壤质地和理化性质等诸多因素影响。一般来讲黏粒含量高的土壤，微生物活性也较高，土壤含水量变化小，有利于有机质的分解。土壤理化性质如 pH、含水量、氧化还原电位、有机质含量等也会对修复效果产生影响。部分有机物料（作物秸秆、农家肥、城市污泥等）在分解过程中会产生溶解有机质（DOM），包括分子量较小的有机酸、糖类和氨基酸等，以及分子量较大的酶、酚类和腐殖质等。低 pH 时，DOM 发生质子化，H$^+$会与重金属离子竞争吸附位点；而在高 pH 条件（pH>5）下，尤其是在 pH 5～6 时，pH 的波动会极大地影响土壤对 Cd^{2+}、Pb^{2+}等的吸附。这是因为，一方面，土壤胶体负电荷增加，阳离子交换量也增加，有利于 Cd^{2+}、Pb^{2+}等的吸附；另一方面，高 pH 条件下 Cd^{2+}、Pb^{2+}等也更倾向于形成氢氧化物沉淀。但 pH 并不是越高越好，研究表明，Zn 和 Cd 溶解度在土壤 pH 3～8 时随 pH 升高而降低，而 Pb 和 Cu 在 pH>6 时，可能形成羟基络合物，移动性增强。此外，随着 pH 的升高，胡敏酸的强酸性和弱酸性基团逐渐解离，羧基等游离官能团增加，胡敏酸表面的静电斥力也增加，分子间由团聚状态转变成网状结构，增加了重金属离子的结合位点，有助于对 Cu、Zn 等重金属离子的吸附。

5.2.5　磷酸盐类材料的重金属钝化作用与应用技术

磷酸盐类钝化材料指一类富含磷的化学钝化材料，主要包括磷灰石、骨粉和磷酸盐、钙镁磷肥、磷矿粉等。磷酸盐类钝化材料对土壤中 Cd、Pb 和 Zn 等重金属的固定机制主要包括：重金属在磷酸盐钝化剂表面的直接吸附或取代、磷酸根诱导的重金属吸附以及与重金属离子或氧化物形成的磷酸盐沉淀。磷酸盐类钝化材料与重金属形成的沉淀在较宽的 pH 范围内溶解度极低，是土壤中固定 Cd、Pb 和 Zn 等重金属的主要机制之一。磷酸盐岩（磷灰石和羟基磷灰石）处理金属污染土壤的实验表明，金属磷酸盐的形成导致重金属沉淀，已发现不溶性和地球化学稳定的沉淀有羟基磷铅石[$Pb_5(PO_4)_3OH$]和磷氯铅矿[$Pb_5(PO_4)_3Cl$]，这些物质的形成可控制磷灰石改良污染土壤中的 Pb 溶解度。通过增加磷化合物的溶解度可以增强磷诱导的重金属在土壤中的固定效率。另外，采用磷酸盐增溶细菌，可以缓慢地从不溶磷岩石中溶解出磷来固定土壤中的铅，也可以避免大量磷酸盐淋失造成的二次污染（Park et al.，2011）。

Hodson 等（2001）通过浸出柱试验对骨粉固定重金属的适宜性进行了评价，结果显示骨粉的添加减少了土壤中金属的释放，增加了土壤和渗滤液的 pH，降低了土壤的渗滤液毒性，而土壤中 P 的浸出量较小。这些数据与质子消耗骨粉（磷酸钙）溶解反应相一致，随后形成金属磷酸盐。Cao 等（2002）研究了磷酸、磷酸+$Ca(H_2PO_4)_2$ 以及磷酸+磷灰石对 Pb 的固定作用，结果表明磷酸盐改良剂均能有效地将土壤 Pb 从非残渣态（交换态、碳酸盐结合态、铁锰氧化物结合态和有机物结合态的总和）转化成残渣态，残渣态比例增加 19%～55%，主要是形成了磷氯铅矿[$Pb_5(PO_4)_3Cl$]，有效降低了 Pb 的移动性。此外这种钝化方式显示出了长期的稳定性，土壤的 pH 变化和 P 的浸出均较小。Chen 等（2003）的长期野外试验也表明，施用磷酸盐后，土壤中醋酸缓冲溶液法（TCLP）提取态的 Pb 浓度降低到 5 mg/L 以下；连续提取试验表明 P 可以将土壤 Pb 从非残渣态转化为残渣态，这种转化主要是通过形成类似于磷氯铅矿的矿物沉淀。Cui 等（2014）比较了磷灰石、石灰、木炭等对污染土壤中重金属固定效率的长期稳定性差异，结果表明这些钝化剂均显著增加了土壤 pH，降低了土壤交换性酸和交换性铝的含量，同时还明显降低了 $CaCl_2$ 提取态的 Cu 和 Cd 含量，并将 Cu 和 Cd 从活性部分转变为非活性部分。从对重金属钝化的长期有效性来说，磷灰石>石灰>木炭。

植物和微生物试验也表明磷酸盐类物质在钝化土壤重金属方面具有较好的修复效果。Eissa（2016）研究了过磷酸钙和堆肥对秋葵吸收重金属的影响，结果表明施用过磷酸钙或堆肥显著降低秋葵对 Cu、Pb、Cd 的利用率和吸收，过磷酸钙+堆肥的联合处理使秋葵可食部分 Zn、Pb、Cd 浓度降低率分别为 14%、35%和 38%，优于单独处理。Davies 等（2002）研究了骨粉对蚯蚓 Pb 生物利用度的影响，结果显示在无骨粉添加的对照土壤中蚯蚓的存活时间为 67 h，在骨粉改良土壤中的存活时间超过 168 h；而且添加骨粉提高了土壤 Pb 对蚯蚓毒性的半数效应浓度（EC_{50}）值，对照土壤中 EC_{50} 值为 4379 µg/g，而在骨粉改良土壤中为 5203 µg/g。

　　需注意的是，部分磷酸盐材料，如磷灰石等，可能含有较高的镉等重金属，在应用中需引起注意。此外土壤磷会发生迁移和损失，大规模使用磷酸盐物质时可能会污染地表水和地下水，引起水体富营养化，因此在使用前应进行科学评估。

5.2.6　工业副产品的重金属钝化作用与应用技术

1. 钢渣

　　钢渣是炼钢过程中的一种副产品，它由生铁中的硅、锰、磷、硫等杂质在熔炼过程中氧化而成的各种氧化物，以及这些氧化物与溶剂反应生成的盐类所组成。钢渣含有多种有用成分，其中金属铁占 2%～8%，氧化钙占 40%～60%，氧化镁占 3%～10%，氧化锰占 1%～8%，此外还含有较高浓度的磷和硅。钢渣的矿物组成以硅酸三钙为主，其次是硅酸二钙、铁酸二钙和游离氧化钙等。不同炼钢企业的钢渣其矿物组成不尽相同，主要差别在于钢渣的化学成分及碱度。钢渣作为碱性渣可以用于酸性土壤中，其中的 CaO、MgO 可改良土壤土质。含磷高的钢渣也可用于缺磷碱性土壤中，可增强农作物的抗病虫害能力。SiO_2 含量高于 15% 的钢渣可作硅肥。

　　钢渣是应用较早的一种重金属污染土壤修复材料。我国早在 20 世纪 80 年代就已经开展了利用钢渣来钝化和固定土壤重金属的有关研究。臧惠林等（1987）比较了钢渣和石灰石（碳酸钙）对镉污染土壤的修复效果，结果表明尽管石灰石提高土壤 pH 的程度要高于钢渣，但钢渣处理的小白菜生物量要高于石灰石处理，且小白菜体内的镉明显低于石灰石处理。此外水稻和小麦的种植试验也表明，钢渣处理在水稻和小麦的产量方面和其体内镉含量方面的效果均优于石灰石（臧惠林等，1989）。

2. 赤泥

　　赤泥亦称红泥，是从铝土矿中提炼氧化铝后排出的工业固体废物。一般含氧化铁量大，外观与赤色泥土相似，颗粒直径 0.088～0.25 mm。赤泥矿物成分复杂，主要矿物为文石和方解石，含量为 60%～65%，其次是蛋白石、三水铝石、针铁矿，含量最少的是钛矿石、菱铁矿、天然碱等。赤泥的 pH 很高，浸出液的 pH 一般可为 12～13，因此可作为酸性重金属污染土壤的修复材料。同时赤泥中有较高的氧化铁含量，不仅可以吸附重金属阳离子，还可以吸附固定重金属阴离子。

Lombi 等（2002，2003）证实赤泥可显著降低重金属的可交换态含量、移动性和生物毒性，机理研究表明，赤泥对金属的吸附作用机理可能与金属的化学吸附作用有关，也可能与金属在氧化物颗粒中的扩散作用有关。相关研究也指出赤泥中的铁铝氧化物会对重金属产生化学专性吸附，并可将其稳定地固定到氧化物晶格层间，特别对 As、Cr 等阴离子型污染物有较好的钝化效果（Gray et al.，2006）。

由于赤泥是一种工业固体废物，其不可避免存在一些有害物质，在农田修复中应注意使用。赤泥中的氟化物含量一般会高于其他钝化修复材料，浸出液中的氟化物浓度为 4.89～26.7 mg/L，因此需注意赤泥的施用量。另外，赤泥的碱性较强，高于石灰、生物质炭等钝化材料的 pH，因此在施用过程中应注意使用人员的安全防护。

3. 粉煤灰

粉煤灰是从煤燃烧后的烟气中收捕下来的细灰，是燃煤电厂排出的主要固体废物。粉煤灰颗粒呈多孔型蜂窝状组织，比表面积较大，具有较高的吸附活性，颗粒的粒径范围为 0.5～300μm。粉煤灰颗粒具有多孔结构，孔隙率高达 50%～80%，有很强的吸水性。从粉煤灰的元素组成（质量分数）来看，O、Si、Al、Fe 是粉煤灰的主要组成元素，占 66%以上。而粉煤灰的主要氧化物组成为 SiO_2、Al_2O_3、FeO、Fe_2O_3、CaO、TiO_2、MgO、K_2O、Na_2O、SO_3、MnO_2 等，此外还有 P_2O_5 等。由于粉煤灰中含有大量水溶性硅、钙、镁、磷等农作物所必需的营养元素，故可作农业肥料用；粉煤灰具有良好的物理化学性质，可用于改造重黏土、酸性土等，同时也可用于重金属污染土壤钝化修复。Dermatas 和 Meng（2003）的研究表明粉煤灰可有效降低 Pb、Cr 的可渗滤性；Lee 等（2019）在研究利用粉煤灰固定土壤中重金属时发现粉煤灰可明显降低水稻对 Cu 和 Zn 的吸收，但同时粉煤灰对重金属的吸附和沉淀作用也影响了水稻对 N 和 P 的吸收。

由于粉煤灰是煤炭燃烧的副产品，因此不可避免地会含有一定的有毒有害物质，如多环芳烃、多氯联苯和重金属等，通常这些物质的含量普遍不高（Shaheen et al.，2014）。但在重金属污染农田的修复中，需仔细分析和认真评估粉煤灰中各种污染物的含量及其对土壤环境和人体健康造成的影响。

4. 飞灰

由于部分文献将粉煤灰也称作飞灰，因此本书所提的飞灰特指垃圾焚烧处理厂飞灰。飞灰中的主要元素以 Ca、Si、Al、Fe、K、Na 等为主，主要氧化物包括 CaO、SiO_2、Al_2O_3、Fe_2O_3，还包括含量较低的氧化物 MgO、P_2O_5、K_2O 等。飞灰的矿物相分为三大类，第一类为高温燃烧过程中，矿物在高温下再结晶作用形成的矿物，如铝硅酸盐类；第二类为氯盐类，如 NaCl、KCl 等；第三类则是在烟道气中，经冷却或中和反应形成的矿物，如硫酸钙等。飞灰颗粒小，比表面积大，对重金属离子的吸附能力强。由于飞灰具有以上理化性质和吸附性能,也被用于重金属污染土壤的修复。

飞灰中含有较多的重金属和有机污染物,因此需慎重使用。例如,飞灰中重金属含量达到 $100\sim10000$ mg/kg,包括 Pb、Cd、Hg、Zn 等,还有较高的氯含量和二噁英含量。2016 年新颁布的《国家危险废物名录》将生活垃圾焚烧飞灰列为危险废物(废物代码 772–002–18),因此在使用时应符合国家相关法律法规的规定。

5. 碱渣

碱渣是指工业生产中制碱和碱处理过程中排放的碱性废渣。包含氨碱法制碱过程中排放的废渣和其他工业生产过程排放的碱性废渣。碱渣成分主要包括碳酸钙、硫酸钙、氯化钙等钙盐为主要组分的废渣,还含有少量的二氧化硫等成分。碱渣偏碱性,pH 在 10 左右,可用于改良酸性和微酸性土壤;碱渣粒度很细,使得碱渣比表面积很大,具有胶体性质,可用作吸附剂。此外,碱渣中氯化物含量很高,主要以 $CaCl_2$、NaCl 形式存在,其氯离子质量分数可达 15%。

碱渣中含有大量的农作物所需的 Ca、Mg、Si、K、P 等多种微量元素,用其作土壤改良剂,代替石灰改良酸性、微酸性土壤,可调整土壤的 pH,加强有益微生物活动,促进有机质的分解,补充微量元素,使农作物增产。研究表明,碱渣可以显著提高土壤 pH,降低重金属活性,提高钝化修复的效果,且不像施用石灰那样造成土壤 Mg、K 等缺乏。

5.2.7　新型材料的重金属钝化作用及应用技术

近年来,在重金属污染农田的钝化修复中,一些新型材料如介孔材料、功能膜材料、植物多酚物质及纳米材料也被应用到实践中。这些材料具有独特的表面结构和组成成分,可以在较低的施用水平下获得较好的修复效果。林大松等(2006)的研究表明,土壤施用介孔材料(MCM-41)后,Cd、Pb 和 Cu 的酸提取态含量均降低,有机结合态含量增加,小白菜体内的重金属含量明显下降。

磷酸铁纳米材料在土壤铜污染修复中可以显著降低土壤中水溶态、可交换态和碳酸盐结合态 Cu 含量,促使 Cu 向残渣态转化(Liu and Zhao,2007),纳米羟基磷灰石在修复 Cd 和 Cu 复合污染土壤时也有类似的效果(邢金峰等,2016),而纳米零价铁材料则对土壤中的六价 Cr 有很好的钝化效果(Xu and Zhao,2007)。He 等(2013)探讨了纳米羟基磷灰石固定 Pb 和 Cd 的作用机理,结果表明土壤中 Pb/Cd 固定的关键机制包括纳米羟基磷灰石表面的表面络合、修饰物的溶解和含 Pb/Cd 磷酸盐的析出;纳米羟基磷灰石的施用可显著降低水溶性 Pb 72%和 Cd 90%,相应的植物吸收性下降 65.3%和 64.6%。

此外,王林等(2011)研究了新型有机–无机多孔杂化材料对重金属污染土壤的修复效果，结果表明，该材料可显著降低土壤 TCLP 提取态 Pb、Cd 含量，减少油菜体内的重金属 Pb、Cd 累积量。

5.3　重金属污染耕地的钝化调控技术江苏实践

5.3.1　苏南某镉轻微污染农田钝化修复试验

自 2015 年起，在苏南某重金属轻微污染农田开展了不同钝化材料的修复效果研究。

研究区域处于太湖以东低洼平原，成土母质为河湖相沉积，质地砂黏适中，利于稻麦生长。经过自然和社会的长期作用，改变了土壤性质，土壤特点逐渐从脱潜型水稻土演变成潴育型水稻土。经采样调查，试验区土壤 pH 5.44～6.58，平均值 5.86，呈酸性；土壤 Cd 浓度 0.05～0.63 mg/kg，平均值 0.30 mg/kg，部分点位属于轻微污染；土壤 Hg 浓度 0.15～0.35 mg/kg，平均值 0.24 mg/kg，个别点位超标。2015 年 11 月和 2016 年 5 月对试验区水稻和小麦监测结果表明，水稻籽粒 Cd 0.02～0.31 mg/kg，平均 0.12 mg/kg，部分超标，小麦籽粒 Cd 0.03～0.08 mg/kg，平均 0.05 mg/kg，未超标。

从 2015 年 11 月起，在该试验区开展了稻麦（稻休）–钝化修复试验。2015 年 11 月设置了生物质炭（3 t/亩）、膨润土（3 t/亩）和熟石灰（0.3 t/亩）三个处理，2017 年 7 月增加了钙铝水滑石（170 kg/亩）和黏土矿物复合钝化剂（250 kg/亩）两个处理。持续监测土壤 pH、养分、重金属有效态、作物产量、重金属吸收等的变化。水稻品种主要为'南粳 46'或'苏香粳 100'，小麦为'扬麦 16'或'扬麦 23'，对其进行常规管理。

1. 生物质炭、膨润土和熟石灰处理效应

与修复前（2015 年 5 月）相比，生物质炭、膨润土和熟石灰处理两次后，均不同程度提高了土壤 pH，降低了土壤提取态 Cd 浓度。

生物质炭处理，在 2016 年和 2017 年土壤 pH 稳定维持在 6.7～7.2，比修复前提高了约 1 个 pH 单位，$CaCl_2$ 提取态 Cd 浓度由修复前 15.11 μg/kg 降低到 2017 年的 8.86 μg/kg，降低了 41.4%；2018 年和 2019 年土壤 pH 较前两年有所降低，分别为 6.2 和 6.6，但仍高于 2015 年修复前的 pH；2019 年 $CaCl_2$ 提取态 Cd 浓度为 7.74 μg/kg，较修复前降低 48.8%。

膨润土处理，在 2016 年土壤 pH 升高到 7.06，较修复前的 5.88 提高约 1.2 个单位，随后的 2017～2019 年土壤 pH 有所降低，2019 年为 6.34，但仍高于 2015 年修复前的 pH。膨润土处理的 $CaCl_2$ 提取态 Cd 浓度，除 2018 年有所反弹，2016 年、2017 年和 2019 年 3 年都较低，分别比修复前低 24.3%、54.2%、46.1%。

熟石灰对土壤 pH 和有效态镉的影响较生物质炭和膨润土大。实施熟石灰后 2016~2019 年，土壤 pH 在 6.2~7.6，平均值 7.0，较修复前平均提高了 1.1 个单位。熟石灰处理的 $CaCl_2$ 提取态 Cd 浓度，2016~2019 年 4 年分别比修复前低 62.5%、67.6%、−5.7%、89.3%，除 2018 年有所反弹，4 年平均比修复前低 53.4%。

2. 钙铝水滑石和黏土矿物复合钝化剂处理效应

钙铝水滑石和黏土矿物复合钝化剂处理土壤 pH 和有效态镉年季变化结果表明，两种材料都提高了土壤 pH、降低了有效态镉含量。

2017~2019 年 3 年钙铝水滑石处理土壤 pH 较修复前（2017 年 5 月）分别提高 0.67、0、0.42 个单位，黏土矿物复合钝化剂处理土壤 pH 较修复前分别提高 0.47、0.06、0.57 个单位。2017~2019 年 3 年钙铝水滑石处理土壤有效态镉含量较修复前分别下降−1.9%、43.4%、41.8%；2017~2019 年 3 年黏土矿物复合钝化剂处理土壤有效态镉含量较修复前分别下降 44.7%、74.9%、71.1%，平均下降 63.6%。

3. 钝化修复后农产品重金属与产量

2016 年 11 月，采集生物质炭、膨润土、熟石灰处理区水稻样品，分析结果表明，水稻糙米 Cd 浓度在 0.03~0.08 mg/kg，均低于 0.2 mg/kg 的限值，水稻秸秆 Cd 浓度为 0.02~0.22 mg/kg。2017 年 5 月，采集了小麦样品，分析结果表明，小麦籽粒 Cd 浓度 0.05~0.07 mg/kg，均低于 0.1 mg/kg 的限值。

2017~2019 年每年的 10 月、11 月，采集了生物质炭、膨润土、熟石灰处理区以及黏土矿物复合钝化剂、钙铝水滑石处理区水稻样品，测定结果表明，糙米 Cd 含量在 0.05~0.11 mg/kg，均达标；糙米 Hg 含量在 0.005~0.006 mg/kg，均达标。

2016~2019 年，每季的水稻或小麦产量都与当地持平，未出现减产情况。

5.3.2　苏南某镉轻中度污染农田钝化修复试验与示范

2017~2019 年在苏南某重金属轻中度污染农田开展了钝化修复示范工作(图 5-1)。

图 5-1　钝化剂施加过程（2018 年 6 月）

在修复开始前，对重点关注地块进行布点调查，采集土壤和水稻样品，分析结果表明，土壤 pH 平均 6.3，耕层土壤 Cd 浓度 0.39～1.16 mg/kg，平均 0.64 mg/kg（$n=16$）；参照《土壤环境质量　农用地土壤污染风险管控标准（试行）》（GB 15618—2018），土壤 Cd 超过风险筛选值的比例为 87.5%。水稻籽粒 Cd 浓度 0.01～0.67 mg/kg，平均 0.15 mg/kg（$n=16$），超标率 25%。

2017 年 11 月，对钝化修复区第 9～14 号地块施用钝化剂钙铝水滑石（每块面积 2～3 亩），其中第 9、10 号地块施加量为 600 kg/亩，第 11～14 号地块施加量为 300 kg/亩。施入钝化剂后翻耕并统一种植小麦。2018 年 6 月对小麦进行采样检测，结果表明，施加了钝化剂的 6 个地块小麦籽粒 Cd 浓度 0.072～0.099 mg/kg，全部达标，而未施加钝化剂的地块小麦 Cd 浓度 0.072～0.419 mg/kg，超标率高达 83.33%。

2018 年 6 月，扩大了修复面积。在钝化修复区第 15～26 号地块，共 12 块田，施加钙铝水滑石 200 kg/亩，全部种植'苏香粳 100'，常规管理。2018 年 11 月对钝化修复区水稻籽粒进行测试，结果表明，水稻籽粒 Cd 均达标（0.002～0.017 mg/kg）。

2018 年 11 月，继续种植小麦，常规管理；2019 年 5 月对小麦进行采样检测，结果表明，钝化修复区 18 个样品 Cd 浓度 0.01～0.11 mg/kg，平均 0.045 mg/kg，仅 1 个样品超标，达标率 94.4%。

从该污染农田钝化修复连续 2 年 4 个作物季结果看，施加钙铝水滑石后，小麦和水稻产量均与对照区持平，籽粒 Cd 可以稳定达标。

5.3.3　苏南某镉重度污染农田钝化修复试验与示范

2017 年 6 月～2018 年 5 月，在苏南某镉重度污染农田比较了不同钝化剂对土壤 pH、重金属生物有效性、水稻和小麦吸收重金属的影响，以筛选高效钝化剂，实现作物安全生产。土壤 Cd 平均 3.59 mg/kg，pH 平均 6.87，所选钝化剂包括：生物质炭、硅肥、钙镁磷肥、黏土矿物复合钝化剂、钙铝水滑石、锌肥、生石灰等。试验处理随机排列，每个小区面积 0.5 亩，小区之间筑 50 cm 高、100 cm 宽的田埂，设置好进水排水渠道，以方便水稻灌溉。钝化剂于 2017 年 6 月 2 日施加，翻耕混匀，一周后直播水稻，水稻品种为'南粳 46'，种植期间常规水肥管理，2017 年 11 月 8 日收获。水稻收获后轮作小麦，品种为'扬麦 16'，常规管理，于 2018 年 5 月底成熟后采集小麦样品。

分析结果表明，各种钝化剂处理对水稻和小麦产量的影响无明显差异。与施加前相比，施加钝化剂之后土壤 pH 整体呈现升高趋势，升高范围在 0.07～0.93，尤其是施加钙镁磷肥（100 kg/亩）pH 升高 0.93 个单位。土壤 $CaCl_2$ 提取态 Cd 浓度均有不同程度降低，其中，降低效果最好的是钙铝水滑石和钙镁磷肥，施加钙铝水滑石 600 kg/亩和钙镁磷肥 100 kg/亩可使 $CaCl_2$ 提取态 Cd 浓度分别降低 82.7%和 79.7%；施加黏土矿物复合钝化剂（600 kg/亩和 300 kg/亩），$CaCl_2$ 提取态 Cd 浓度降低 51.7%～72.3%。

对照处理糙米 Cd 浓度为 0.39 mg/kg，超过国家食品安全限值，施加黏土矿物复合钝化剂 300 kg/亩或 600 kg/亩、钙铝水滑石 300 kg/亩或 600 kg/亩、钙镁磷肥 200 kg/亩后，水稻籽粒中 Cd 浓度降到《食品安全国家标准 食品中污染物限量》（GB 2762—2022）0.2 mg/kg 以下。但在生物质炭处理、硅肥处理、生石灰和锌肥处理下，水稻籽粒 Cd 浓度仍高于 0.2 mg/kg。

对于轮作的小麦（表 5-2），未施加钝化剂的对照处理，小麦籽粒 Cd 浓度在 0.41～0.85 mg/kg，平均 Cd 浓度为 0.71 mg/kg，超出了 0.1 mg/kg 的限值，钙铝水滑石和黏土矿物复合钝化剂，两者中最高为 0.11，对应表 5-2。此外，施加黏土矿物复合钝化剂 300 kg/亩或 600 kg/亩、钙铝水滑石 600 kg/亩，小麦籽粒 Cd 浓度低于 0.1 mg/kg，而施加钝化剂钙铝水滑石 300 kg/亩、钙镁磷肥 100 kg/亩或 200 kg/亩情况下小麦籽粒 Cd 浓度高于 0.1 mg/kg。

表 5-2　农田钝化修复试验小麦籽粒镉浓度（2018 年 5 月）

处理	小麦籽粒 Cd 浓度/（mg/kg）
对照	0.71
黏土矿物复合钝化剂 300 kg/亩	0.09
黏土矿物复合钝化剂 600 kg/亩	0.06
钙铝水滑石 300 kg/亩	0.11
钙铝水滑石 600 kg/亩	0.05
钙镁磷肥 100 kg/亩	0.21
钙镁磷肥 200 kg/亩	0.18

在上述钝化剂种类筛选比较的基础上，2018 年 6 月，主体采用钙铝水滑石作为钝化剂，用量为 400 kg/亩，修复示范面积扩大到了 40 亩，水稻品种采用'苏香粳 100'，2018 年 11 月小麦品种选用当地主栽品种。

2018 年 10 月对修复区土壤和水稻进行采样检测，结果表明，施加钝化剂钙铝水滑石 400 kg/亩，土壤中有效态 Cd 浓度为 0.008～0.025 mg/kg，平均浓度为 0.015 mg/kg；水稻籽粒 Cd 浓度为 0.02～0.13 mg/kg，平均浓度为 0.08 mg/kg，均低于 0.2 mg/kg 的限值。

2019 年 5 月底检测结果表明，施加钙铝水滑石 400 kg/亩的第二季，土壤有效态 Cd 浓度为 0.007～0.015 mg/kg；小麦籽粒 Cd 浓度 0.05～0.12 mg/kg，平均值 0.088 mg/kg，低于 0.1 mg/kg 的限值。

综合示范区水稻和小麦两季，施加钝化剂钙铝水滑石 400 kg/亩的处理措施，能够相对有效地降低土壤中有效态 Cd 浓度，保障该污染土壤水稻和小麦籽粒 Cd 含量达标。

5.3.4　苏南某汞重度污染农田钝化修复试验

2021 年 6 月～2022 年 6 月，在苏南某汞污染农田开展钝化修复试验。试验区土壤 pH 7.2，土壤汞含量 2.2 mg/kg，镉含量 0.25 mg/kg。土壤调理剂材料选择 4 种商品土壤调理剂，代号分别为 LC、TX、NL、ISS，设置 3 个施加剂量：100 kg/亩、175 kg/亩、250 kg/亩。每个试验小区面积 1 亩以上，包括对照处理，一共 15 个小区。钝化剂于 2021 年 6 月水稻种植前，以底肥形式施用后翻耕，与土壤充分混匀，轮作 '南粳 46' 和 '镇麦 12'，常规水肥管理。实施前，每个田块采集 3 个土壤样品；水稻和小麦收获时，检测钝化处理对土壤 pH、重金属生物有效性及水稻和小麦籽粒吸收重金属的影响。

第一季水稻结果表明，试验区所有处理糙米 Hg 含量 22.7～38.0 μg/kg，均高于 20 μg/kg 的限值。对照处理 Hg 含量 35.3 μg/kg。不同处理中，ISS 土壤调理剂 175 kg/亩和 250 kg/亩处理糙米 Hg 含量最低，均为 22.7 μg/kg。LC 土壤调理剂处理糙米 Hg 含量在 32.7～38.0 μg/kg，相较对照降低不明显。NL 土壤调理剂和 TX 土壤调理剂处理糙米 Hg 含量在 25.0～29.3 μg/kg，较对照有所降低，但施用量之间无差异。总体上，以 ISS 调理剂 175 kg/亩处理降低水稻 Hg 的效果最好，但仍未达标。各处理水稻糙米 Cd 含量为 0.006～0.019 mg/kg，均低于标准限值。第二季小麦分析结果表明，所有处理小麦籽粒汞和镉均低于国家限量标准，不同调理剂处理对小麦重金属含量的影响不太明显。

5.3.5　苏中某镉中度污染农田钝化修复试验

试验区位于苏中某镇，地势较低，开阔平坦，以稻麦轮作为主，周围水系发达。成土母质为湖相沉积物，土质为重壤土。历史上受到原铅蓄电池厂影响，土壤和农作物中的镉超标。土壤基本理化性质为：pH 6.42，有机质含量 30.77 g/kg，碱解氮含量 201 mg/kg，速效磷含量 17.22 mg/kg，速效钾含量 226 mg/kg，总镉含量 2.0 mg/kg。

2019 年 6 月，共设置 6 个试验处理，分别为①对照处理（CK）；②施用 TX 土壤调理剂处理（TX），用量 300 kg/亩；③施用 NL 土壤调理剂处理（NL），用量 300 kg/亩；④施用生物质炭处理（BC），用量 1000 kg/亩；⑤施用石灰处理（Li），用量 100 kg/亩；⑥施用硅肥处理（Si），用量 50 kg/亩。每个处理设置 3 个重复，每个小区设置为 20 m×20 m，并设置田埂进行划分。不同钝化剂均匀施加于土壤表面，机械翻耕混合，一周后淹水，移栽水稻。在水稻成熟期，按网格布点法采集 0～20 cm 耕层土壤。

分析结果表明，与对照处理相比，5 种钝化剂均提高了土壤 pH，其中施用 TX、NL 分别显著提高了 0.60、0.43 个单位。施用不同钝化剂后土壤的有机质有不同程度的增加，其中有机质增加最大的是 TX 处理，显著增加了 14.8%，其次是生物质炭处理，显著增加了 11.9%；而 NL、石灰、硅肥处理并未显著增加土壤有机质。从生物有效性变化看，土壤 $CaCl_2$ 提取态 Cd 含量降低量由大到小的顺序依次为 TX>Si>NL>BC>Li；与对照相比，TX 处理土壤中 $CaCl_2$ 提取态 Cd 含量从 0.653 mg/kg 显著降至 0.265 mg/kg，降幅达 59.4%；Si、NL 处理分别显著降低 54.4%、29.9%。从 BCR 法不同形态分析结果看，TX、NL、BC、Li、Si 处理下酸溶态分别降低 11.9%、7.4%、5.3%、2.1%、6.6%，残渣态分别增加 15.4%、10.7%、5.8%、1.7%、9.2%。总体说明施用钝化剂后，土壤中 Cd 的形态由不稳定状态向稳定状态转换。

5.3.6 苏中某镉汞复合污染农田钝化修复试验

试验区位于苏中某地，土壤主要污染物为 Cd、Hg，土壤基本理化性质为：pH 6.02，有机质含量 29.62 g/kg，碱解氮含量 170.80 mg/kg，速效磷含量 39.25 mg/kg，总镉含量 0.66 mg/kg，总汞含量 1.49 mg/kg。

试验分麦季和稻季两季，其中麦季共 6 个处理，分别为①对照处理（CK）；②施用 TX 土壤调理剂（TX）处理，用量 200 kg/亩；③施用 NL 土壤调理剂（NL）处理，用量 200 kg/亩；④施用硅肥（Si）处理，用量 100 kg/亩；⑤施用石灰（SH）处理，用量 100 kg/亩；⑥施用生物质炭（BC）处理，用量 1000 kg/亩。每个处理设置 3 个重复，麦季每个处理均分别种植'扬辐麦 4 号''宁麦 13''扬麦 23''扬麦 16' 4 种小麦品种。稻季共 4 个处理，分别为①对照处理（CK）；②施用 TX 土壤调理剂（TX）处理，用量 300 kg/亩；③施用 NL 土壤调理剂（NL）处理，用量 300 kg/亩；④施用硅肥（Si）处理，用量 100 kg/亩。稻季每个处理分别种植'南粳 9108''苏香粳 100''扬粳 103''扬粳 805' 4 种水稻品种。

在水稻、小麦成熟期间用网格布点法采集 0～20 cm 耕层土壤和水稻、小麦样品，采集的土壤样品自然风干后磨碎，分别过 20 目和 100 目筛，备用。土壤 pH 测定：以 1∶5 的土液比，振荡、静置，测定上清液。土壤有机质测定采用重铬酸钾（$K_2Cr_2O_7$）外加热法。土壤中 Cd 有效态含量采用 $CaCl_2$ 溶液浸提。植株中 Cd 含量测定采用 HNO_3、$HClO_4$ 消解，溶液中 Cd 用电感耦合等离子体质谱仪测定。植株中 Hg 含量测定采用 HNO_3、H_2SO_4 消解，溶液中 Hg 用原子荧光光谱仪测定。

稻季试验结果表明，TX、NL 处理较对照土壤 pH 分别显著提高了 0.66、0.33 个单位，TX 处理较对照处理土壤有机质显著增加了 17.76%，其他处理差异不显著。施加钝化剂后土壤 Cd 有效态含量均降低，较对照处理，TX 处理土壤 Cd 有效态含量从 0.312 mg/kg 显著降至 0.191 mg/kg，降低 38.78%；Si 处理和 NL 处理分别显著降低 36.58%、17.43%。

不同的水稻品种对 Hg 的富集能力不同，由小到大顺序依次为：'扬粳 805'<'苏香粳 100'<'南粳 9108'<'扬粳 103'。TX 处理抑制水稻籽粒对 Hg 的吸收效果最优，较对照处理，'扬粳 805''苏香粳 100''南粳 9108''扬粳 103'籽粒 Hg 含量分别显著降低了 67.55%、54.95%、49.51%、56.43%，含量分别为 0.008 mg/kg、0.011 mg/kg、0.015 mg/kg、0.015 mg/kg；NL 处理，四种水稻籽粒 Hg 含量降低 47%~63%；施用 Si 处理，四种水稻籽粒 Hg 含量均降低 35%以上。

不同的水稻品种对 Cd 的富集能力不同，由小到大的顺序依次为：'扬粳 103'<'南粳 9108'<'扬粳 805'<'苏香粳 100'，对照处理中，只有'南粳 9108'和'扬粳 103'符合农产品安全质量标准。TX 处理抑制水稻籽粒对 Cd 的吸收效果最优，较对照处理，'南粳 9108''扬粳 103''扬粳 805''苏香粳 100'籽粒 Cd 含量分别显著降低了 76.80%、66.63%、66.83%、64.43%，含量分别为 0.038 mg/kg、0.056 mg/kg、0.070 mg/kg、0.077 mg/kg；Si 处理，四种水稻籽粒 Cd 含量降低 52%~62%；施用 NL 处理，四种水稻籽粒 Cd 含量均降低 45%以上。

麦季试验结果表明，与对照处理相比，施用 TX、NL，pH 分别显著提高了 0.65、0.54 个单位，而施用 BC、SH、Si 与对照处理差异不显著。BC 处理，土壤有机质显著增加了 13.65%，TX 处理，显著增加了 12.46%，而 NL、SH、Si 处理未显著增加土壤有机质。对照处理 $CaCl_2$ 提取的 Cd 有效态含量为 0.236 mg/kg，施入钝化剂后有效态含量均降低至 0.2 mg/kg 以下，其中降幅最大的是 TX，从 0.236 mg/kg 显著降至 0.078 mg/kg，降低 66.95%；Si、NL 处理分别显著降低 60.84%、50.52%。

不同的小麦品种对 Hg 的富集能力不同，由小到大的顺序依次为：'扬麦 23'<'扬麦 16'<'宁麦 13'<'扬辐麦 4 号'。TX 处理抑制小麦籽粒对 Hg 的吸收效果最优，较对照处理，'扬麦 23''扬麦 16''宁麦 13''扬辐麦 4 号'籽粒 Hg 含量分别显著降低了 87.10%、88.06%、80.68%、77.71%，含量分别为 0.0026 mg/kg、0.0027 mg/kg、0.0043 mg/kg、0.0054 mg/kg；NL、BC 处理较对照处理，四种小麦籽粒 Hg 含量均降低 50%以上；Si 处理，四种小麦籽粒 Hg 含量均降低 20%以上。

不同的小麦品种对 Cd 的富集能力不同，由小到大的顺序依次为：'扬辐麦 4 号'<'宁麦 13'<'扬麦 23'<'扬麦 16'。TX 处理抑制小麦籽粒对 Cd 的吸收效果最优，较对照处理，'扬辐麦 4 号''宁麦 13''扬麦 23''扬麦 16'籽粒 Cd 含量分别显著降低了 58.68%、60.32%、70.84%、75.48%，含量分别为 0.078 mg/kg、0.087 mg/kg、0.078 mg/kg、0.067 mg/kg；Si 处理较对照处理，四种小麦籽粒 Cd 含量降低 52%~68%；NL 处理较对照处理，四种小麦籽粒 Cd 含量均降低 40%以上。

参 考 文 献

曹胜, 欧阳梦云, 周卫军, 等. 2018. 石灰对土壤重金属污染修复的研究进展[J]. 中国农学通报, 34(26): 109-112.

林大松, 徐应明, 孙国红, 等. 2006. 应用介孔分子筛材料(MCM-41)对土壤重金属污染的改良[J]. 农业环境科学学报, 25(2): 331-335.

林云青, 章钢娅. 2009. 粘土矿物修复重金属污染土壤的研究进展[J]. 中国农学通报, 25(24): 422-427.

马孟园, 钱欢, 贾露露, 等. 2018. 生物质炭对重金属的修复及机理研究进展[J]. 广州化工, 46(16): 23-26.

隋凤凤, 王静波, 吴昊, 等. 2018. 生物质炭钝化农田土壤镉的若干研究进展[J]. 农业环境科学学报, 37(7): 1468-1474.

王林, 徐应明, 梁学峰, 等. 2011. 新型杂化材料钝化修复镉铅复合污染土壤的效应与机制研究[J]. 环境科学, 32(2): 581-588.

王霞, 仓龙, 杨杰, 等. 2018. 不同生物质炭和矿物钝化材料对镉污染稻田土壤的修复研究[J]. 广东农业科学, 45(4): 80-86.

吴霄霄, 曹榕彬, 米长虹, 等. 2019. 重金属污染农田原位钝化修复材料研究进展[J]. 农业资源与环境学报, 36(3): 253-263.

邢金峰, 仓龙, 葛礼强, 等. 2016. 纳米羟基磷灰石钝化修复重金属污染土壤的稳定性研究[J]. 农业环境科学学报, 35(7): 1271-1277.

臧惠林, 郑春荣, 陈怀满. 1987. 控制镉污染土壤上作物吸收镉的研究——Ⅰ. 对水稻和白菜的控制效果[J]. 农业环境科学学报, (3): 28-29, 27.

臧惠林, 郑春荣, 陈怀满. 1989. 控制镉污染土壤上作物吸收镉的研究——Ⅱ. 对小麦和后作水稻的控制效果[J]. 农业环境科学学报, (1): 33-34.

Bian R J, Joseph S, Cui L Q, et al. 2014. A three-year experiment confirms continuous immobilization of cadmium and lead in contaminated paddy field with biochar amendment[J]. Journal of Hazardous Materials, 272: 121-128.

Cao X D, Ma L Q, Chen M, et al. 2002. Impacts of phosphate amendments on lead biogeochemistry at a contaminated site[J]. Environmental Science & Technology, 36(24): 5296-5304.

Cao X D, Ma L Q, Rhue D R, et al. 2004. Mechanisms of lead, copper, and zinc retention by phosphate rock[J]. Environmental Pollution, 131(3): 435-444.

Chen M, Ma L Q, Singh S P, et al. 2003. Field demonstration of in situ immobilization of soil Pb using P amendments[J]. Advances in Environmental Research, 8(1): 93-102.

Chen T, Zhou Z Y, Xu S, et al. 2015. Adsorption behavior comparison of trivalent and hexavalent chromium on biochar derived from municipal sludge[J]. Bioresource Technology, 190: 388-394.

Choppala G, Bolan N, Kunhikrishnan A, et al. 2016. Differential effect of biochar upon reduction-induced mobility and bioavailability of arsenate and chromate[J]. Chemosphere, 144: 374-381.

Cui H B, Zhou J, Si Y B, et al. 2014. Immobilization of Cu and Cd in a contaminated soil: One-and four-year field effects[J]. Journal of Soils and Sediments, 14(8): 1397-1406.

Cui L Q, Li L Q, Zhang A F, et al. 2011. Biochar amendment greatly reduces rice Cd uptake in a contaminated paddy soil: A two-year field experiment[J]. BioResources, 6(3): 2605-2618.

Davies N A, Hodson M E, Black S. 2002. Changes in toxicity and bioavailability of lead in contaminated soils to the earthworm *Eisenia fetida* (Savigny 1826) after bone meal amendments to the soil[J]. Environmental Toxicology and Chemistry, 21(12): 2685-2691.

Dermatas D, Meng X G. 2003. Utilization of fly ash for stabilization/solidification of heavy metal contaminated soils[J]. Engineering Geology, 70(3/4): 377-394.

Eissa M A. 2016. Phosphate and organic amendments for safe production of okra from metal-contaminated soils[J]. Agronomy Journal, 108(2): 540-547.

Franco D V, Da Silva L M, Jardim W F. 2009. Reduction of hexavalent chromium in soil and ground water using zero-valent iron under batch and semi-batch conditions[J]. Water, Air, and Soil Pollution, 197(1): 49-60.

Gray C W, Dunham S J, Dennis P G, et al. 2006. Field evaluation of *in situ* remediation of a heavy metal contaminated soil using lime and red-mud[J]. Environmental Pollution, 142(3): 530-539.

Hale B, Evans L, Lambert R. 2012. Effects of cement or lime on Cd, Co, Cu, Ni, Pb, Sb and Zn mobility in field-contaminated and aged soils[J]. Journal of Hazardous Materials, 199/200: 119-127.

He M, Shi H, Zhao X Y, et al. 2013. Immobilization of Pb and Cd in contaminated soil using nano-crystallite hydroxyapatite[J]. Procedia Environmental Sciences, 18: 657-665.

Hodson M E, Valsami-Jones E, Cotter-Howells J D, et al. 2001. Effect of bone meal (calcium phosphate) amendments on metal release from contaminated soils: A leaching column study[J]. Environmental Pollution, 112(2): 233-243.

Jiang T Y, Jiang J, Xu R K, et al. 2012. Adsorption of Pb (Ⅱ) on variable charge soils amended with rice-straw derived biochar[J]. Chemosphere, 89(3): 249-256.

Lee D S, Lim S S, Park H J, et al. 2019. Fly ash and zeolite decrease metal uptake but do not improve rice growth in paddy soils contaminated with Cu and Zn[J]. Environment International, 129: 551-564.

Liu R Q, Zhao D Y. 2007. *In situ* immobilization of Cu (Ⅱ) in soils using a new class of iron phosphate nanoparticles[J]. Chemosphere, 68(10): 1867-1876.

Lombi E, Hamon R E, McGrath S P, et al. 2003. Lability of Cd, Cu, and Zn in polluted soils treated with lime, beringite, and red mud and identification of a non-labile colloidal fraction of metals using isotopic techniques[J]. Environmental Science & Technology, 37(5): 979-984.

Lombi E, Zhao F J, Zhan G Y, et al. 2002. *In situ* fixation of metals in soils using bauxite residue: Chemical assessment[J]. Environmental Pollution, 118(3): 435-443.

Park J H, Bolan N, Megharaj M, et al. 2011. Comparative value of phosphate sources on the immobilization of lead, and leaching of lead and phosphorus in lead contaminated soils[J]. The

Science of the Total Environment, 409(4): 853-860.

Raicevic S, Kaludjerovic-Radoicic T, Zouboulis A I. 2005. *In situ* stabilization of toxic metals in polluted soils using phosphates: Theoretical prediction and experimental verification[J]. Journal of Hazardous Materials, 117(1): 41-53.

Ryan J A, Zhang P, Hesterberg D, et al. 2001. Formation of chloropyromorphite in a lead-contaminated soil amended with hydroxyapatite[J]. Environmental Science & Technology, 35(18): 3798-3803.

Shaheen S M, Hooda P S, Tsadilas C D. 2014. Opportunities and challenges in the use of coal fly ash for soil improvements: A review[J]. Journal of Environmental Management, 145: 249-267.

Uchimiya M, Klasson K T, Wartelle L H, et al. 2011. Influence of soil properties on heavy metal sequestration by biochar amendment: 1. Copper sorption isotherms and the release of cations[J]. Chemosphere, 82(10): 1431-1437.

Uchimiya M, Lima I M, Thomas Klasson K, et al. 2010. Immobilization of heavy metal ions (Cu II , Cd II , Ni II , and Pb II) by broiler litter-derived biochars in water and soil[J]. Journal of Agricultural and Food Chemistry, 58(9): 5538-5544.

Wu P, Ata-Ul-Karim S T, Singh B P, et al. 2019. A scientometric review of biochar research in the past 20 years (1998~2018)[J]. Biochar, 1(1): 23-43.

Xu Y H, Zhao D Y. 2007. Reductive immobilization of chromate in water and soil using stabilized iron nanoparticles[J]. Water Research, 41(10): 2101-2108.

Zama E F, Reid B J, Arp H P H, et al. 2018. Advances in research on the use of biochar in soil for remediation: A review[J]. Journal of Soils and Sediments, 18(7): 2433-2450.

第6章　重金属污染耕地的水分调控原理与技术

水是植物生长的基本条件之一，水分管理是指为了达到植物生物量最大化和节约水资源的目标，根据不同植物不同生长阶段的需水规律，有目的地科学调配田间水分的措施。科学的水分管理可以更好地满足作物对水分的要求从而获得作物稳产高产，还可以调节土壤温度、湿度、土壤空气和养分，改变土壤化学性质、微生物活性等，进而影响土壤重金属活性和植物吸收。本章详细阐释水分管理对土壤性质及植物生长的影响，分析稻田土壤干湿交替下镉砷生物地球化学过程与机制，并论述盆栽和田间条件下不同水分管理措施对土壤重金属形态及水稻重金属吸收与积累的影响。

6.1　水分管理对土壤性质及植物生长的影响

6.1.1　水分管理对土壤 pH、Eh 的影响

水分管理可以改变土壤的氧化还原电位（Eh）和酸碱度（pH），从而影响到镉、砷、铬、汞、铅、铜等重金属元素的价态和溶解度，进而影响这些元素在作物中的积累。

土壤氧化还原电位与土壤水分含量的关系密切，淹水条件下土壤的 Eh 较低，约$-400 \sim 200$ mV，而通气良好土壤则达到 $300 \sim 800$ mV。淹水后，进入土壤的 O_2 大幅下降，土壤中微生物的代谢活动一方面加速了 O_2 含量的消耗，另一方面一些微生物如厌氧细菌等分解有机质产生大量的还原性物质，导致土壤 Eh 下降。

淹水也改变酸性和碱性土壤的 pH，使 pH 最终都趋于中性。在碱性土壤中，淹水初期好氧微生物的呼吸作用会产生二氧化碳，碳酸盐等物质的不断溶解也会产生二氧化碳，因此土壤中的二氧化碳增多，酸性增强，致使土壤 pH 下降至中性。而在酸性土壤中，淹水后期由于有机质分解产生的还原物质在土壤中发生还原反应，消耗大量的质子，导致土壤的 pH 上升至中性。

由于水分状况不同造成的土壤 pH 和 Eh 变化，可以通过氧化还原、吸附解吸、溶解沉淀等过程，对重金属的存在形态与活性产生影响。

6.1.2　水分管理对土壤微生物的影响

土壤微生物是土壤系统中最活跃的成分，对土壤结构的形成与改变、物质和

能量的转化、土壤肥力和植物养分的利用等具有不可替代的作用。不同类型土壤中的微生物呈现特征性的群落结构差异，而且能够迅速响应环境变化并发挥相应生态功能。水分状况对土壤微生物群落结构、梳理、活性及功能等具有重要影响。

淹水会促使土壤中团聚体破裂，释放出有机碳源，而微生物就会以这些碳源为呼吸底物，提高自身的代谢能力。淹水后的低氧胁迫，会抑制需氧细菌、放线菌、真菌的生长，而促进如硫酸盐还原菌、异化铁还原菌等厌氧微生物的生长。硫酸盐还原菌可将土壤中的 SO_4^{2-} 还原成 S^{2-}，S^{2-} 会与土壤中移动性强、活性高的 Cd^{2+}、Pb^{2+}、Cu^{2+} 等结合生成硫化物沉淀，从而导致土壤中有效重金属含量减少。异化铁还原菌则可以将有机物作为电子供体，还原铁氧化物，被铁氧化物吸附的 As 等重金属则释放到溶液中，增加了活性。

6.1.3　水分管理对植物生长的影响

除水稻和湿地植物外，淹水会对绝大多数旱地植物造成损害，主要是因为淹水后气体在水中扩散缓慢，氧气难以进入土壤，土壤微生物对氧气的快速消耗，导致被水淹没的组织由于需氧得不到满足而发生细胞死亡。

水稻整个生长周期耗水较多，且各生育期对水分的需求存在差异（张燕等，2021）。为培育壮苗，水稻苗期田间土壤应保持湿润（水分在 80% 以上），以促进根、芽的生长，而生长过程中适当降低土壤水分可以促进水稻根系生长。分蘖期水稻因生长迅速，对水、肥需求较大，根系需保障供氧以保证根系的发育和对水、肥的吸收，此时田间应实行浅水勤灌。分蘖后期为控制无效分蘖，应当适量减少水分供应并适时排水晒田。孕穗期、抽穗扬花期皆是水稻生长过程的需水高峰期，该时期水稻进行花粉母细胞减数分裂、形成花粉以及授粉等生命活动，对水分要求十分敏感，田间水层应维持在 3～5 cm，水分供给过少或过多都会导致水稻减产。灌浆结实期水稻同样对水分较为敏感，此时既要满足水稻对水分的需求，又要保障水稻根系供氧以维持水稻根系生理机能和促进光合产物向籽粒运输以提高产量，因此，该时期应该实行干湿交替、以湿为主的水分管理。进入蜡熟期的水稻对水分的需求量减少，此时只需保持土壤湿润，以促进水稻茎叶营养物质随水分向籽粒中运输，从而提高水稻产量和品质。

6.1.4　水稻的不同灌溉模式及其影响

水分管理对保障水稻稳产高产至关重要。传统的水稻漫灌方式由于水资源耗费量大、水源利用率低等缺点，正逐渐被间歇灌溉、湿润灌溉及控制灌溉等方式所取代（宋喜津，2022）。

间歇灌溉是现阶段水稻生产中应用最广泛的技术之一，其通过灵活调整土壤的干湿状态为水田建立良好的土壤环境。间歇灌溉有效改善了传统漫灌的缺点，使稻田的水资源利用呈现多样化特点。间歇灌溉的实施流程为：返青期田间保持 15～30 cm 的浅水层，分蘖期采用 15～30 cm 的浅水层与 85%含水率微干燥土壤的间歇灌溉模式，并在分蘖期之后与幼穗分化期之间进行适当晒田，幼穗分化、抽穗扬花期、灌浆结实期采用 15～30 cm 的浅水层与 85%含水率微干燥土壤的间歇灌溉模式，使土壤灌溉后自然落干，实行灌水与落干的交替模式。与传统的漫灌相对比，间歇灌溉可减少灌溉用水量 20%～35%，提高水资源利用率 20%～50%，使水稻生产周期田间积温增加 80～150℃，10 cm 土层大于 10℃的积温增加 40℃以上，有效提升水稻的根系活力。采用间歇灌溉模式能有效改善水稻各个时期的生长状态，促进各个生长时期的适时转换，使水稻生长初期根系健壮发育、苗强苗壮，生长中期控制无效分蘖，丰产长势明显、抗病抗虫害能力增强，生长后期土壤干湿交替实现以气养根，促进水稻成熟，提升水稻产量。间歇灌溉模式由于在传统灌溉期内有 50%左右的时间田间无水层，可有效减少因灌溉造成的水土流失问题，有利于保持土壤养分。间歇灌溉要根据土壤质地、品种特性、土壤落干程度、水稻生长季节等因素进行综合考虑，其实施形式和技术方案应因地制宜，确保间歇灌溉模式的适用性。

湿润灌溉是水稻生产过程中采用的一种新型节水灌溉技术，其主要特点是采用浅水灌溉，灌溉周期大体为前次灌溉耕地落干后再进行后次灌溉。这种灌溉模式实施流程为：插秧时，考虑到插秧后秧苗根系可能受到损伤，并需要一定时期适应新的环境，应保持插秧的水层在 20 mm 以下，并在插秧完成后 3 d 完成轻度落干露田，落干期出现露出泥浆状态时进行施肥，施肥后灌水至 15～20 mm，保持水层 5 d。到孕穗期前需实施浅层灌溉—自然落干露田—浅层灌溉的循环模式，保证水稻秧苗既能获得充足的成长水分，又能满足根系良好生长的养分需求；水稻生长中期的植株生长速度快，对水分和养分的需求量明显提升，孕穗期至抽穗扬花期阶段的湿润灌溉应减少露田的时间，确保土壤水分饱和度始终达到 100%状态，若此阶段气温土壤变化，可适当增加水层深度以实现更好的保温。抽穗前 3～5 d，应轻晒田 1～2 d，避免根系早衰；水稻生长后期应保证根系土壤的水分和空气含量比例适当，适当增加土壤透气性有利于促进水稻成熟，乳熟期和黄熟期应在湿润灌溉模式下适当延长露田时间，乳熟期可在表土开裂 1～2 mm 时再进行浅层灌溉，黄熟期可在表土开裂 3～4 mm 时再进行浅层灌溉，收割前 5～10 d 进行断水，以提高产量和水稻品质。采用湿润灌溉可有效改善土壤的透气性，有利于土壤中微生物活性的提升，有效改善土壤的理化性状。实践证明湿润灌溉可节约灌溉用水 20%～45%，可提升水资源利用率 35%以上。

控制灌溉是一种利用现代化设备开展的自动灌溉技术，其灌溉过程集成了传感器技术、自动控制技术、通信技术、计算机技术等众多技术，能够根据水稻不同生长阶段的水分需求实施适量、合理的水量灌溉，属于非充分灌溉技术之一。

利用控制灌溉模式能够使水田在除水稻返青期以外的各个时期不再储蓄水层，使水稻在 80%左右湿度下生长，水田的用水量不大于土壤的饱和量。实践证明，利用控制灌溉模式可节省灌溉用水量 45%～60%，提高水资源利用率 60%～70%。

6.2 稻田土壤干湿交替对镉砷生物地球化学过程的影响

稻田有着特殊的水分管理规律，如在水稻营养生长阶段，稻田通常处在淹水状态，可以促进水稻幼苗发育；在分蘖后期和水稻灌浆后期，稻田会排水晒田，前者可以控制植株无效分蘖，后者有利于根系发育，使茎秆粗壮，促进籽粒饱满。稻田水分变化会伴随着土壤氧化还原电位（Eh）、土壤 pH、土壤微生物过程变化，对土壤镉和砷的生物地球化学过程有着很大的影响（Borch et al., 2010; Kirk, 2004）。当土壤处在淹水阶段，土壤 Eh 逐渐下降，土壤 pH 趋于中性，NO_3^-、Fe/Mn 氧化物、硫酸盐以及 CO_2 等会被作为电子受体在生物/非生物过程介导下相继发生还原。在稻田排水烤田阶段，O_2 又重新进入土壤，会导致土壤 Eh 升高，对于酸性土壤，土壤 pH 会降低到土壤初始 pH，同时土壤孔隙水中 Fe（Ⅱ）/Mn（Ⅱ）会发生氧化，硫化物会发生氧化溶解。

6.2.1 稻田淹水排水对土壤镉的影响

土壤淹水和排水氧化过程对土壤镉的生物有效性有着重要的影响。当土壤处在淹水阶段，硫酸根被微生物还原产生的 HS^- 和 S^{2-}，会与 Cd^{2+} 形成 CdS 沉淀或与其他硫化物形成共沉淀，导致土壤中镉的生物有效性较低，土壤孔隙水中溶解态镉含量降低（Cornu et al., 2007; de Livera et al., 2011; Fulda et al., 2013; Huang et al., 2013）。镉在碱性土壤上会以 $CdCO_3$ 或与 $CaCO_3$ 共沉淀的形式存在（Khaokaew et al., 2011）。此外，在酸性土壤环境中，淹水后土壤 pH 升高，土壤矿物或次生 Fe 氧化物的专性吸附镉的作用增强，土壤 Fe/Mn 结合态的镉增加，这个过程也可能是淹水条件下溶解态镉含量非常低的重要原因（Smolders and Mertens, 2013; Wang et al., 2019）。不同土壤中硫酸盐还原菌的还原能力、硫酸根与亲硫金属的相对含量等的差异也会对硫化物的组成产生很大影响。研究发现，当土壤还原性硫酸盐含量不足时，土壤中过量的 Cu^{2+} 会与 Cd^{2+} 竞争结合 HS^- 或 S^{2-}，导致在这类土壤中，即使在淹水阶段，土壤镉的生物有效性也相对较高（Fulda, 2013; Fulda et al., 2013）。在土壤氧化阶段，淹水阶段生成的硫化物会发生氧化溶解，释放 Cd^{2+}（Fulda et al., 2013; Furuya et al., 2016），其他金属硫化物存在的条件下，会对硫化镉的释放产生抑制或促进作用。对于酸性土壤，在氧化阶段，土壤 pH 会从中性逐渐下降，土壤固相吸附 Cd^{2+} 的位点减少，土壤溶液中镉的溶解度大大增加（Smolders and Mertens, 2013; Wang et al., 2019）。硫化镉的氧化溶解和土壤 pH 下降是导致酸性土壤在排水氧化阶段土壤孔隙水中镉含量高的两个重要因素，而硫化镉氧化溶解是碱性土壤排水氧化阶段土壤孔隙水中镉增加的主要原因之一。

6.2.2　稻田淹水排水对土壤砷的影响

土壤淹水和氧化过程对土壤砷生物有效性的影响与对土壤镉生物有效性的影响截然相反。土壤淹水会导致 Fe/Mn 氧化物发生还原溶解，固相上结合的砷酸根会释放进入土壤溶液，同时微生物会把 As（V）还原成 As（Ⅲ）（Burton et al., 2008; Johnston et al., 2010; Roberts et al., 2011; Takahashi et al., 2004; Yamaguchi et al., 2011）。相比于 As（V），As（Ⅲ）不易被土壤固相吸附，因此淹水会导致土壤溶液中砷的含量大幅增加。在部分稻田土壤中，长期淹水会出现溶解态砷含量下降的现象，主要原因是土壤还原产生大量的 Fe（Ⅱ），能生成 FeS 或其他次生矿物，通过吸附或共沉淀作用导致溶解态砷的下降（Burton et al., 2014; Yu et al., 2016）。当土壤处在氧化阶段，溶解态砷含量下降，主要是由于 Fe（Ⅱ）/Mn（Ⅱ）氧化导致固相上固定的砷增加。

土壤砷的生物地球化学过程要比镉复杂，而且涉及价态的变化、甲基化、巯基化等过程。土壤中存在的大量细菌、古菌、真菌、藻类等能把无机砷甲基化成不同甲基砷，如一甲基砷（MMA）、二甲基砷（DMA）、三甲基砷（TMA）（Cullen and Reimer, 1989; Qin et al., 2009; Qin et al., 2006; Tseng, 2009; Zhu et al., 2014）。土壤淹水和添加有机质能促砷的甲基化过程，甲基化产物主要以 DMA 为主（Mestrot et al., 2011, 2009）。土壤中 DMA 产生是一个动态过程，在土壤淹水的起始阶段，土壤孔隙水中 DMA 含量逐渐增加，在 1~2 周会达到高峰，然后又逐渐消失（Chen et al., 2019）。Chen 等（2019）利用代谢抑制剂、^{13}C 稳定同位素标记、微生物富集培养试验揭示了砷的甲基化和脱甲基的微生物菌群，砷的甲基化主要受硫酸盐还原菌的驱动，脱甲基主要受产甲烷古菌介导。近期的研究还发现，淹水稻田土壤中除了有甲基砷外，还有一些甲基巯基砷的存在，如二甲基一巯基砷（DMMTA）、二甲基二巯基砷（DMDTA）和一甲基一巯基砷（MMMTA）等（Planer-Friedrich et al., 2017; Wang et al., 2020）。这些甲基巯基砷主要是 DMA 和 MMA 与硫酸盐还原产生的 HS$^-$ 发生化学反应形成的（Kim et al., 2016）。水稻不具备砷的甲基化能力，植株和籽粒中甲基砷主要是从土壤直接吸收的，主要以 DMA 形态为主（Lomax et al., 2012）。DMA 虽然对人体和动物毒性较小，但对植物毒性较强，主要原因是植物体内缺乏 DMA 的解毒机制（Tang et al., 2016）。DMA 在水稻生殖器官中过量积累会导致水稻直穗病，即水稻抽穗后不能灌浆结实，颖壳畸形，穗子直立，造成水稻大幅减产，严重时颗粒无收（Limmer et al., 2018; Meharg and Zhao, 2012; Tang et al., 2020; Zheng et al., 2013）。虽然 DMA 对人体细胞毒性较弱，但是 DMMTA 对于人体和动物细胞有很强的毒性，人体细胞试验结果表明 DMMTA 毒性与 DMA（Ⅲ）毒性相当，属于砷最有毒性的形态之一（Moe et al., 2016; Naranmandura et al., 2011）。甲基巯基砷能被水稻根系直接吸收（Kerl et al., 2019），巯基砷是否在籽粒中积累以及对人体健康风险的认识还很少。

6.3 盆栽条件不同水分管理措施对水稻吸收转运镉的影响

本节采用盆栽试验（李鹏，2011），基于 Cd 污染水稻土研究不同水分管理方式对水稻苗期吸收转运 Cd 的影响，并分析不同水分管理方式下，土壤有效态 Cd、有效态 Fe、有效态 S，水稻根表铁胶膜中 Cd、Fe、S 等之间的相关关系及其对水稻吸收转运 Cd 的影响，以探讨不同水分管理对水稻吸收转运 Cd 的影响及其机理，为寻求有效控制稻田 Cd 污染的农艺措施提供科学依据。

所用土壤 pH（H_2O）5.30，有机质含量 26.8 g/kg，全氮含量 1.46 g/kg，全磷含量 0.68 g/kg，全钾含量 10.2 g/kg，水碱氮含量 95.2 mg/kg，速效磷含量 26.6 mg/kg，速效钾含量 66.0 mg/kg，CEC 含量 13.5 cmol（+）/kg，总 Cd 含量 0.48 mg/kg。试验设三个水分处理：淹水（W）（始终保持 3～4 cm 水层）；间歇灌溉（Ⅰ）（淹水—落干至含水量降到 50%田间持水量—再淹水，如此循环直至收获）；旱作（D）（整个生育期保持 60%～80%田间持水量），选用水稻品种为'中香 1 号'。

6.3.1 不同水分处理对土壤镉生物有效性的影响

试验选用 0.1 mol/L 盐酸作为提取剂以获得土壤中各元素的有效态含量数据（表 6-1）。土壤有效态 Fe 以 Fe^{2+} 为主，土壤有效态 S 包括吸附态 S、水溶性 S 和部分有机态 S，主要以 SO_4^{2-} 的形态为主。W 处理的土壤有效态 Cd 含量分别比Ⅰ、D 处理降低了 24.6%、24.9%，均达极显著水平，而Ⅰ和 D 之间无显著差异，可能因为采样时Ⅰ处理正处于落干的阶段；W 处理的土壤有效态 Fe 含量则分别比Ⅰ、D 处理增加了 510%（$p<0.01$）、730%（$p<0.01$），同样，Ⅰ和 D 之间差异不显著。三种水分处理下，土壤有效态 S 含量从大到小排列为：D>I>W，与Ⅰ、D 处理相比，W 处理下土壤有效态 S 含量分别降低 33.4%（$p>0.05$）、51.7%（$p<0.01$）。另外，W 和 D 处理下有效态 P 含量较Ⅰ高，而各处理对有效态 Si 无显著影响。

表 6-1　土壤有效态 Cd、Fe、S、P 和 Si 含量

水分处理	Cd/（μg/kg）	Fe/（mg/kg）	S/（mg/kg）	P/（mg/kg）	Si/（mg/kg）
W	0.205±0.026[Bb]	2283±409[Aa]	47.1±10.9[Bb]	69.2±13.6[Aa]	141±23[a]
Ⅰ	0.272±0.009[Aa]	374±73[Bb]	70.7±16.9[ABb]	43.1±1.7[Bb]	124±23[a]
D	0.273±0.011[Aa]	275±21[Bb]	97.5±10.8[Aa]	61.1±10.3[ABa]	134±10[a]

注：D 为旱作，Ⅰ为间歇灌溉，W 为淹水；同列不同大写字母和小写字母分别表示处理间差异极显著（$p<0.01$）或显著（$p<0.05$）。

土壤有效态 Cd 含量（y）与有效态 Fe 含量（x_1）的回归方程为：$y=-4.728\times 10^{-5}x_1+0.289$（$R^2=0.825$，$p<0.001$），土壤有效态 Cd 含量（$y$）与有效态 S 含量（$x_2$）的回归方程为：$y=0.001x_2+0.156$（$R^2=0.419$，$p=0.046$）。可见，不同水分管理方式下，土壤有效态 Cd 含量与有效态 Fe 含量呈极显著的线性负相关关系，而与有效态 S 则呈显著线性正相关关系。

已有研究表明，在淹水还原条件下，高价态的 Fe^{3+} 被还原为亚铁离子，土壤中有效态 Fe 含量可在一定程度上表征土壤的氧化还原状况。土壤有效态 Cd 含量与有效态 Fe 含量呈极显著的线性负相关，主要是表征土壤有效态 Cd 与土壤氧化还原条件的关系。研究表明，酸性土壤淹水条件下 Eh 降低、pH 逐渐升高，还原条件下大量 Cd 可能转化为 CdS 沉淀；土壤 pH 升高使土壤胶体负电荷数量增加，专性吸附点位的去质子化能力加强，因而土壤胶体对 Cd 的吸附能力加强，土壤中 Cd 由有效态向无效态转化，土壤有效态 Cd 含量与有效态 Fe 含量的关系则是以上情况的综合反应。土壤有效态硫以 SO_4^{2-} 为主，淹水还原条件下，SO_4^{2-} 被还原成 S^{2-}，而 S^{2-} 易与其他金属离子发生沉淀反应，包括与 Cd^{2+} 生成难溶性的 CdS 沉淀，从而导致有效态镉和有效态硫含量下降。不同水分管理方式下，土壤氧化还原程度不同，导致土壤中 S^{2-} 不同，进而导致土壤有效态镉随有效态硫含量的变化而变化。从有效态镉与有效态铁及有效态硫的线性关系方程可以看出，有效态 Fe 对有效态镉的影响程度要高于有效态 S。

6.3.2　不同水分处理对根表铁胶膜中镉等元素含量的影响

水稻根表形成的铁锰氧化物胶膜（简称铁胶膜）与土壤中的铁锰氧化物及其胶膜具有极其相似的性质，能富集大量的阳离子，从而影响水稻对这些元素的吸收，影响方向和影响程度与根表铁胶膜的厚度有关。不同的水分管理方式下，土壤氧化还原状况不同，水稻根表形成的铁胶膜含量不同，这可能是不同水分管理方式导致水稻 Cd 吸收累积差异的一个机理。

为确定不同水分管理方式下，根表铁胶膜是否影响水稻对 Cd 的吸收累积及其影响程度，试验采用无硫污染的 ACA 提取法，提取了三个水分管理方式下水稻根表铁胶膜，并测定了其中 Cd、Fe、S、P、Si 含量。发现不同水分管理方式显著地影响了水稻根表铁胶膜的形成，极显著地影响了根表铁胶膜对土壤中 Cd 的吸附与富集程度（表 6-2）。

随着土壤淹水程度的增加，水稻根表铁胶膜中铁含量也显著增加。与 I、D 处理相比，W 处理下，根膜 Fe 含量分别增加 6.1 倍（$p<0.01$）、11.4 倍（$p<0.01$）；根表铁胶膜 Cd 含量则随着土壤淹水程度的增加而极显著地降低，与 I、D 处理相比，W 处理下根表铁胶膜 Cd 含量分别降低 83.1%（$p<0.01$）、89.6%（$p<0.01$）。相关性分析也表明，土壤有效态 Cd、有效态 Fe、有效态 S 含量及根表铁胶膜 Fe

表 6-2　水稻根表铁胶膜中 Cd、Fe、S、P 和 Si 含量

水分处理	Cd/（µg/kg）	Fe/（g/kg）	S/（g/kg）	P/（mg/kg）	Si/（mg/kg）
W	2.62±0.50[C]	76.8±9.3[Aa]	3096±405[a]	5174±945[Aa]	4595±692[ABb]
I	15.5±5.0[B]	10.8±1.3[Bb]	3253±936[a]	1664±1109[Bb]	5829±278[Aa]
D	25.2±3.3[A]	6.18±0.46[Bb]	2457±376[a]	972±209[Bb]	3674±351[Bc]

注：D 为旱作，I 为间歇灌溉，W 为淹水；同列不同大写字母和小写字母分别表示处理间差异极显著（$p<0.01$）或显著（$p<0.05$）。

含量、根表铁胶膜 P 含量均显著或极显著地影响了根表铁胶膜对土壤 Cd 的吸附和富集作用。根表铁胶膜 Cd 含量与土壤有效态 Cd 含量呈显著线性正相关关系，与土壤有效态 S 呈极显著线性正相关关系，而与土壤有效态 Fe 含量及根表铁胶膜 Fe 含量、根表铁胶膜 P 含量则呈极显著线性负相关关系。

这些结果表明，不同的水分管理方式影响了土壤氧化还原状况及土壤 pH，进而改变了土壤中 Fe^{2+} 的含量及土壤有效态 Cd 含量，随着土壤淹水程度的增加，土壤 Cd^{2+} 含量降低，而土壤 Fe^{2+} 含量却增加，Fe^{2+} 可与 Cd^{2+} 竞争水稻根表铁胶膜上的吸附位点。因此，淹水条件下，有效态 Cd 含量降低和 Fe^{2+} 的竞争吸附可能是造成水稻根表铁胶膜 Cd 含量降低的两个重要因素。

6.3.3　不同水分处理对水稻吸收和累积镉的影响

不同的水分管理方式不仅显著地影响了水稻秸秆、根系 Cd 含量及其对 Cd 的累积量，还明显地影响了 Cd 从根系向地上部的转移系数（表 6-3）。各水分处理间，水稻秸秆 Cd 含量、根系 Cd 含量、Cd 总累积量、秸秆 Cd 累积量及根系 Cd 累积量均为 D>I>W，且均表现为 W 处理极显著地降低了以上各指标，而 I 与 D 处理之间差异不显著。

表 6-3　水稻各部分 Cd 含量及积累量

处理	秸秆 Cd 含量/（mg/kg）	根系 Cd 含量/（mg/kg）	秸秆 Cd 累积量/（µg/pot）	根系 Cd 累积量/（µg/pot）	Cd 总累积量/（µg/pot）	转移系数
W	0.201±0.020[Bb]	0.72±0.161[Bb]	7.49±0.60[Bb]	4.23±0.56[Bb]	11.9±0.6[Bb]	0.279
I	2.72±0.28[Aa]	8.73±1.18[Aa]	88.2±3.2[Aa]	36.4±4.4[Aa]	114±22[Aa]	0.312
D	2.74±0.31[Aa]	12.7±4.5[Aa]	95.1±4.5[Aa]	42.9±19.8[Aa]	138±23[Aa]	0.216

注：D 为旱作，I 为间歇灌溉，W 为淹水；同列不同大写字母和小写字母分别表示处理间差异极显著（$p<0.01$）或显著（$p<0.05$）；转移系数=秸秆 Cd 含量/根系 Cd 含量。

与 I、D 处理相比，W 处理下，水稻根系 Cd 含量分别降低 91.8%、94.3%，秸秆 Cd 含量分别降低 92.6%、92.7%，水稻根系 Cd 累积量分别降低 88.4%、90.1%，水稻秸秆 Cd 累积量分别降低 91.5%、92.1%，水稻 Cd 总累积量分别降低 89.6%、91.4%。

　　转移系数是秸秆 Cd 含量与根系 Cd 含量的比值，其大小表明了 Cd 从根系向秸秆转运的强弱，试验条件下，I 处理 Cd 的转移系数略升，而 D 处理则使 Cd 的转移系数略有下降，但三个水分管理方式间水稻 Cd 的转移系数没有显著差异，表明水稻 Cd 由根向地上部的转运主要受水稻品种自身特质控制，水分管理方式变化未对其产生质的影响。

　　相关性分析表明，水稻根系 Cd 含量、秸秆 Cd 含量与土壤有效态 Cd、有效态 S 及根表铁胶膜 Cd 含量呈极显著的线性正相关，而与土壤有效态 Fe 含量及根表铁胶膜 Fe 含量呈极显著的线性负相关。土壤有效态 S 含量极显著地影响着水稻根系 Cd 含量、秸秆 Cd 含量。而土壤有效态 S 与土壤有效态 Cd 显著正相关，因此土壤有效态 S 对水稻吸收累积 Cd 的影响可能主要取决于还原条件下土壤有效态 S 转化为 S^{2-}，而 S^{2-} 与 Cd^{2+} 生成 CdS 沉淀，即有效态 S 通过影响土壤有效态 Cd 含量而影响水稻对 Cd 的吸收与累积。

　　淹水条件下，土壤有效态 Fe 含量、根表铁胶膜 Fe 含量极显著地增加，而水稻根系 Cd 含量、秸秆 Cd 含量却极显著地降低。已有研究表明，植物根系对 Cd 的吸收借助于 Fe 的运输蛋白。淹水条件下土壤中 Fe^{2+} 含量极显著地增加，大量的 Fe^{2+} 与 Cd^{2+} 竞争水稻根表铁胶膜上的吸附点位，并与 Fe 的运输蛋白优先结合，这极大地降低 Cd 在根表铁胶膜上的富集及其与 Fe 的运输蛋白的结合概率，从而减少了水稻对 Cd 的吸收累积。因此，水分管理方式对水稻吸收累积 Cd 的影响主要在于改变了土壤 Cd 生物有效性及土壤中 Fe^{2+} 的竞争吸附吸收，而有效态 Cd 含量的改变在相当大的程度上与 CdS 的形成有关。

6.3.4　不同水分处理对水稻抗氧化系统的影响

　　Cd 进入植物体内后，会干扰植物正常的生理生化反应，进而影响植物的生长发育，而当植物面临逆境胁迫时也会发生一系列生理生化方面的变化，形成特定的抗性机制，以适应变化了的小环境。不同的水分管理方式下，土壤水分条件不同，土壤有效态 Cd 含量发生改变，因而改变了水稻所处的环境，即不同水分管理方式下，水稻面临着不同程度的逆境胁迫，因此在不同的水分管理方式下，水稻所做的生理生化方面的反应有所差别。

　　非蛋白巯基（NPT）是植物重金属解毒机制中的主要物质之一，主要由富含巯基的物质组成，主要包括谷胱甘肽（GSH）、半胱氨酸和植物螯合肽（phytochelatin，PC）等，巯基能结合 Cd 离子，并将其转移至液泡钝化，从而限制了 Cd 的移动性，可降低 Cd 对植物的毒害作用，而当植物吸收 Cd 后，其体内的 NPT 含量也会产生相应的变化以对 Cd 毒害做出反应。三种水分管理方式下（表 6-4），水稻根 NPT 含量由高到低的顺序为 D>W>I，但各处理间差异不显著。

根 NPT 含量高，有助于提高水稻根系对 Cd 的滞留容量，减少 Cd 向水稻地上部的转运。D 处理下，Cd 的转移系数较低可能与其根 NPT 含量较大有关。同样，水稻叶片 NPT 含量高，有利于水稻对 Cd 的络合解毒，降低 Cd 对水稻茎叶的毒害作用。

表 6-4　水稻各部分 MDA 与 NPT 含量及 POD 活性

处理	叶片 NPT 含量 / （μg/g FW）	根 NPT 含量 / （μg/g FW）	叶片 MDA 含量 / （nmol/g FW）	根 MDA 含量 / （nmol/g FW）	叶片 POD 活性 / （u/h/g FW）
W	37.0±5.8[a]	93.1±14.1[a]	27.2±0.6[b]	3.44±0.29[Bb]	149±12[a]
I	42.1±9.6[a]	81.6±44.0[a]	27.3±1.3[b]	8.40±0.54[Aa]	147±3[a]
D	28.3±4.5[a]	97.2±14.0[a]	30.8±2.8[a]	7.11±1.30[Aa]	159±7[a]

注：D 为旱作，I 为间歇灌溉，W 为淹水；FW 为鲜重；同列不同大写字母和小写字母分别表示处理间差异极显著（$p<0.01$）或显著（$p<0.05$）。

过氧化物酶（POD）是植物抗氧化系统中的一种重要的酶，POD 可以有效地清除植物体内的活性氧，保护植物膜脂不被氧化。本试验条件下，各处理水稻叶片 POD 活性表现为 D>W>I，但各处理间没有显著差异。

丙二醛（MDA）是逆境条件下或自然衰老过程中膜脂过氧化的主要产物，是衡量植物氧化损伤的重要指标。三种水分处理下，水稻根 MDA 含量关系为 I>D>W，叶片 MDA 含量关系为 D>I>W。与其他处理相比，W 处理下根系 Cd 含量、秸秆 Cd 含量均最低，因此 W 处理下 Cd 对水稻的毒害最小，由 Cd 引起的过氧化伤害最小。I 与 D 处理下，水稻根、秸秆中 Cd 含量均为 D>I，但差异不显著。D 处理下，水稻叶片 MDA 含量显著大于其他处理，也与秸秆 Cd 含量较高有关；另外，D 处理下水稻叶片 NPT 含量较低，对 Cd 的络合解毒作用较小。

6.4　田间不同水分管理措施对水稻镉砷积累的影响

本节通过田间试验，研究了不同水分管理方式如何影响土壤 Cd 和 As 形态、不同水稻品种 Cd 和 As 的积累。其主要目的是探索水分管理和水稻品种的优化策略，在获得高产的同时，缓解 Cd 和 As 在籽粒中的积累（Hu et al., 2013a, 2013b, 2015）。

试验区土壤 pH（H_2O）为 5.30，土壤有机碳含量为 16.9 g/kg，阳离子交换量（CEC）为 13.5 cmol（+）/kg，土壤 N、P 和 K 含量分别为 1.46 g/kg、0.68 g/kg 和 10.2 g/kg，土壤速效 N 含量为 95.2 mg/kg，速效 P 含量为 26.6 mg/kg，速效 K 含量为 66.0 mg/kg；土壤 Cd 和 As 含量分别为 0.48 mg/kg 和 6.49 mg/kg。田间研究采用四种水分调控措施：①有氧灌溉（D），将水排出后，在地块周围的窄沟中留下约 5 cm 深的水层（比稻田低约 10 cm），以保持地块内的有氧条件；②间歇灌溉（I），用约 3 cm 的水层淹没地块，然后通过蒸发和淋溶使水层逐渐减少，当田间土壤干燥并且类似于"有氧"处理时，再次淹水；每个周期的持续时间在生长初期约为 7 d，从完全分蘖至收获期约为 5 d；③对照（CK），按照当地传统灌溉方式对地块进行灌溉，即保持淹水直至完全分蘖，然后进行间歇灌溉；④淹水（W），在整个作物生长季节，地块被淹没。试验选用 7 个水稻主栽品种，包括 2 个常规籼稻品种（'中香 1 号'和'印度尼西亚稻'，简称'ZX1'和'IR'），3 个杂交籼型品种（'两优培九''中浙优 1 号''国稻 6 号'，简称'LYPJ''ZZY1''GD6'），1 个常规粳稻品种（'秀水 09'，简称'XS09'）和 1 个杂交粳稻品种（'甬优 9 号'，简称'YY9'）。在有氧灌溉、间歇灌溉、传统灌溉和淹水灌溉中，灌溉用水量分别为 300 m^3/hm^2、3702 m^3/hm^2、6203 m^3/hm^2 和 8704 m^3/hm^2。其间总降水量为 4743 m^3/hm^2。因此，在作物整个生育期内，有氧灌溉、间歇灌溉、传统灌溉和淹水灌溉的灌水量和降水量之和分别为 5043 m^3/hm^2、8445 m^3/hm^2、10946 m^3/hm^2 和 13447 m^3/hm^2。

6.4.1　水分管理措施对不同品种水稻产量的影响

在所研究的 7 个水稻品种中，间歇灌溉和传统灌溉（对照）的籽粒产量高于有氧灌溉和淹水灌溉（表 6-5）。杂交粒型品种'GD6'的产量最高（11.4～13.1 t/hm^2），'ZX1'产量较低（7.74～10.0 t/hm^2）。当地传统灌溉的方法或间歇灌溉是最适合水稻生长的水分管理方式。

表 6-5　不同品种水稻产量　　　　　　　　　（单位：t/hm^2）

水分管理	'ZX1'	'IR'	'LYPJ'	'ZZY1'	'GD6'	'XS09'	'YY9'
D	7.74±0.35 [b]	6.44±0.45 [b]	11.5±0.6 [ab]	8.41±0.60 [c]	12.4±0.5 [a]	7.84±0.61 [b]	10.0±0.8 [a]
I	9.95±0.44 [a]	9.42±0.69 [a]	12.8±0.7 [a]	11.0±0.7 [a]	13.0±0.6 [a]	10.5±0.7 [a]	11.0±0.8 [a]
CK	10.0±0.47 [a]	9.25±0.47 [a]	12.9±0.7 [a]	10.8±0.5 [a]	13.1±0.5 [a]	10.2±0.7 [a]	10.9±0.7 [a]
W	7.89±0.4 [b]	7.25±0.44 [b]	11.1±0.6 [b]	9.32±0.67 [b]	11.4±0.5 [b]	8.00±0.58 [b]	9.79±0.88 [a]

注：同列不同小写字母表示不同处理间差异显著（$p<0.05$）。

6.4.2　水分管理措施对土壤镉砷生物有效性动态变化的影响

在生长期内，除有氧灌溉和间歇灌溉处理外，土壤 HCl 提取态 Cd 随时间增加并在成熟时达到最大浓度（图 6-1）。在水稻整个生长阶段，有氧灌溉和间歇灌溉这两种方式导致土壤中的 HCl 提取态 Cd 高于淹水和对照处理。与 Cd 相比，对照和淹水处理中的土壤 HCl 提取态 As 浓度显著高于有氧灌溉和间歇灌溉处理。有氧灌溉和间歇灌溉处理下，整个生育期内土壤 HCl 提取态 As 含量呈下降趋势。然而，在对照和淹水处理的穗分化期，土壤 HCl 提取态 As 含量最高。

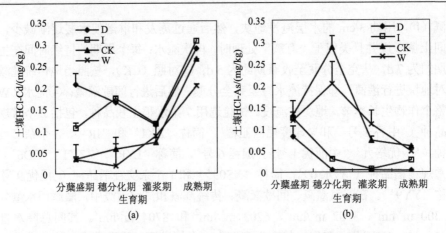

图 6-1　不同水分管理方式水稻各生育期土壤中可提取镉和砷的浓度

在成熟期（图 6-2），各品种水稻土壤 HCl 提取态 Cd、As 表现为相似的规律，有氧灌溉和间歇灌溉处理下土壤 HCl 提取态 Cd 普遍高于对照和淹水处理，而 HCl 提取态 As 则正好相反。

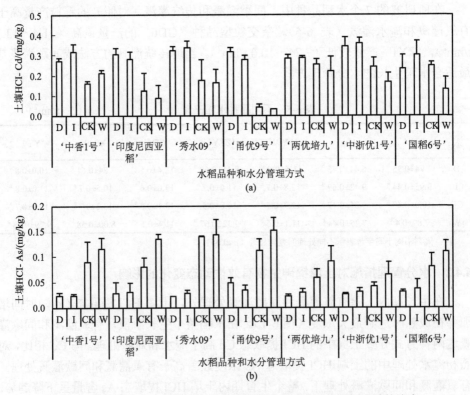

图 6-2　成熟期不同水分管理方式土壤中各水稻品种可提取镉和砷的浓度

6.4.3　水分管理措施对不同品种水稻镉砷含量与形态的影响

不同水分管理对植物 Cd 含量的影响很大（图 6-3）。在四种水分管理方案中，水稻各部位 Cd 浓度的顺序是 D＞I＞CK＞W。与有氧灌溉和间歇灌溉相比，连续的淹水灌溉和传统灌溉显著降低了秸秆、谷壳和糙米中 Cd 的含量。例如，'IR'品种，淹水灌溉的糙米 Cd 比有氧灌溉低 97.5%。在淹水灌溉和传统灌溉条件下，

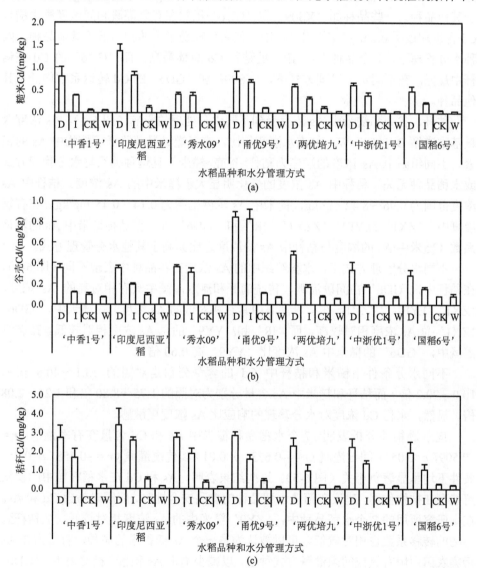

图 6-3　不同水分管理方式对不同水稻品种糙米（a）、谷壳（b）和秸秆（c）中镉浓度的影响

7 个品种糙米中 Cd 含量在 0.03~0.12 mg/kg，低于我国 0.2 mg/kg 的限量标准。虽然间歇灌溉较有氧灌溉降低了植株 Cd 积累，但 7 个品种糙米中 Cd 含量仍高于限量标准。

除了水分管理外，植物品种也会影响植物的 Cd 浓度（图 6-3）。淹水灌溉中糙米的 Cd 含量极低（0.03~0.05 mg/kg），而品种间差异不显著。有氧灌溉和间歇灌溉处理，'IR' 品种糙米的 Cd 含量分别达到 1.37 mg/kg 和 0.82 mg/kg，显著高于其他品种。一些品种如 'XS09' 和 'GD6' 虽然在有氧灌溉和间歇灌溉中糙米 Cd 含量超过了 0.2 mg/kg 的限量标准，但它们在糙米中的积累低于其他品种。四种水分管理下，7 个品种中，'IR' 的秸秆 Cd 总体最高，而 'GD6' 的 Cd 在秸秆中最低。在不同水分管理方式下，'XS09' 和 'GD6' 的 Cd 转运系数均低于其他品种。

秸秆、谷壳和糙米中 As 浓度受到不同水分处理的影响（图 6-4），As 浓度含量基本遵循 D<I<CK<W。与淹水灌溉相比，有氧灌溉显著降低了植物中 As 的积累。不同组织中 As 浓度的顺序为秸秆>谷壳>糙米，且这种关系与水分管理方式或水稻品种无关。秸秆中 As 浓度的变化明显大于糙米中的 As 浓度。秸秆中 As 浓度范围为 0.96~8.42 mg/kg，糙米中 As 浓度范围为 0.14~0.45 mg/kg。在有氧灌溉中，'ZX1' 'LYPJ' 'ZZY1' 'IR' 和 'GD6' 等水稻品种糙米中 As 的转移系数（糙米中 As 的浓度与秸秆中 As 的浓度之比）高于其他水分管理方式。

不同水分管理方式下，水稻组织中的 As 浓度在各品种中表现不同（图 6-4）。在秸秆中，'GD6' 在间歇灌溉、传统灌溉和淹水灌溉中具有相对高的 As 浓度，'ZX1' 'LYPJ' 'ZZY1' 在有氧灌溉中具有相对低的 As 浓度。在糙米中，'GD6' 'ZX1' 总 As 浓度相对较高，而 'IR' 和 'YY9' 的总 As 浓度相对较低。在有氧灌溉中，'GD6' 的糙米中 As 浓度比 'YY9' 高 0.60 倍。

不同水分条件下糙米和秸秆中 Cd 的含量分别是对照的 13.1~40.8 倍和 10.0~20.2 倍，而秸秆和糙米中 As 含量分别为对照的 1.75~8.80 倍和 1.21~2.08 倍。显然，水稻 Cd 浓度对水分管理的响应比 As 浓度更敏感。

皮尔逊相关分析表明，7 个水稻品种糙米中 As 和 Cd 含量在有氧灌溉（$r = -0.509$, $p < 0.05$）、间歇灌溉（$r = -0.673$, $p < 0.01$）和传统灌溉（$r = -0.458$, $p < 0.05$）条件下均呈显著负相关（图 6-5）。这些结果表明，As 和 Cd 在水稻籽粒中的积累可能存在拮抗作用。建议在筛选水稻品种的食品安全性时，应同时考虑 Cd 和 As。在本研究所用的 7 个水稻品种中，'YY9' 糙米中的 As 浓度相对较低，从秸秆到谷物的转移系数也相对较低，可以被认为是一个 As 低积累的品种，有潜力在 As 污染农田中用有氧或间隙灌溉方式种植，以减少糙米 As 积累。相比之下，'GD6' 糙米中的 Cd 浓度较低，Cd 转移系数也较低，可能是一个 Cd 低积累的品种，适用于相对无氧条件下的镉污染田。'XS09' 具有较低的 As 和 Cd 转移系数，且

糙米中未积累高的 Cd 和 As，因此可以用传统灌溉方法将其种植于 Cd 和 As 复合污染的土壤上。

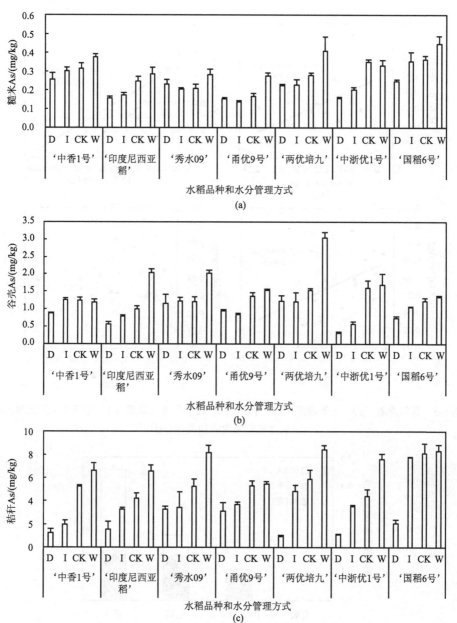

图 6-4　不同水分管理方式对不同水稻品种糙米（a）、谷壳（b）和秸秆（c）中砷浓度的影响

　　另外一组研究结果表明，水分处理大大影响了糙米中的 As 形态和总 As 浓度（Hu et al., 2015）。不同水分处理糙米中 As（Ⅲ）、As（Ⅴ）和 DMA 浓度的总和

按顺序增加：间歇-有氧<间歇<淹水（图 6-6）。在间歇-有氧处理中，As（Ⅲ）、As（Ⅴ）和 DMA 分别占糙米中总 As 的 72.6%、16.1%和 11.3%。在间歇处理中，

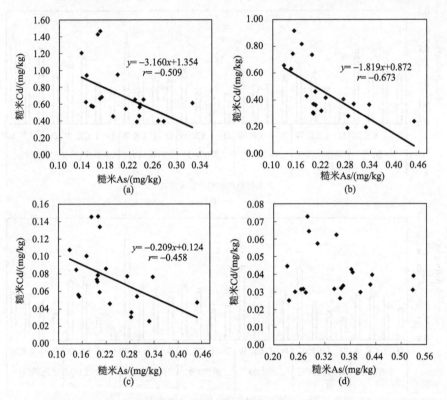

图 6-5 有氧灌溉（a）、间歇灌溉（b）、传统灌溉（c）和淹水灌溉（d）处理下不同水稻品种糙米砷和镉浓度的相关性分析

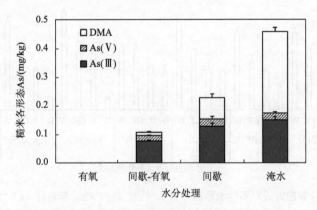

图 6-6 盆栽试验中不同水分处理下糙米中砷的形态分析

有氧处理的植物没有到达抽穗期

As（Ⅲ）、As（Ⅴ）和 DMA 分别占 56.8%，10.9%和 32.3%。但是，在淹水处理中，As（Ⅲ）、As（Ⅴ）和 DMA 分别占 33.2%、5.1%和 61.7%。与间歇-有氧处理相比，DMA 的积累对间歇和淹水处理中糙米中总砷的增加贡献较大。

6.4.4　水分管理影响水稻镉砷吸收小结

（1）在田间试验中，我们研究了不同水分管理方式对 7 个水稻品种 As 和 Cd 的积累及对作物产量的影响。结果表明，水分管理和水稻品种对水稻籽粒中 As 和 Cd 的含量有显著影响，但影响相反。有氧灌溉和淹水灌溉分别对控制水稻 As 和 Cd 积累量具有较好效果，但会影响作物产量。因此，根据土壤重金属污染程度，可以选择适宜的水分管理措施和水稻品种，既有利于粮食安全，又有利于高产。研究表明，在 Cd 污染稻田中的最佳策略是选择 Cd 低积累品种（如 'GD6'），采用当地传统灌溉方式进行种植；在 As 污染稻田中的最佳策略是选择 As 低积累品种（如 'YY9'）以有氧或间歇灌溉方式进行种植，在 Cd 和 As 复合污染稻田中的最佳策略是选择 Cd / As 低积累的品种（如 'XS09'）以传统灌溉方式进行种植。

（2）生殖生长期在控制 Cd 和 As 在秸秆和根系中的积累方面起着比早期生长期更重要的作用。通过对四种水分管理方式的比较，认为传统灌溉方式（淹水至分蘖后间歇灌溉）在保证较高的粮食产量的同时使得糙米中 Cd 和 As 浓度相对较低，是最佳的田间水分管理方法。在四种水分管理方式下，水稻吸收 Cd 和 As 的趋势相反，Cd 低积累品种糙米中 As 含量较高，但这还有待进一步的研究，以充分阐明所涉及的机制。

（3）在田间条件下的传统灌溉方式（如淹水-间歇）和盆栽实验中的间歇和间歇-有氧处理是巴西旱稻品种实现高产的合适灌溉方法，但连续淹水和有氧条件是不合适的。水分管理方式影响了土壤中 As 和 Cd 的浓度和形态，并且影响它们在稻穗上的相反方向的积累。与 As（Ⅴ）相比，随着水分管理方式的变化，土壤溶液中 As（Ⅲ）浓度发生了更剧烈的变化，因此 As（Ⅲ）浓度主导了土壤中 As 的形态和生物有效性。与土壤中的砷和镉生物有效性一致（少数例外），随着灌溉水量从有氧到淹水的增加，水稻籽粒中的 As 浓度增加而 Cd 浓度减少。与间歇-有氧处理相比，DMA 的积累对间歇和淹水处理中糙米中总砷的增加贡献更大。当采用灌溉制度方法来减轻在砷镉复合污染土壤中生长的水稻籽粒中的重金属积累时，需要特别注意。

参 考 文 献

李鹏. 2011. 水分管理对不同积累特性水稻镉吸收转运的影响研究[D]. 南京: 南京农业大学.

宋喜津. 2022. 不同灌溉模式下对水稻产量及品质的影响关系[J]. 农机使用与维修,(11):

128-130.

张燕, 江建锋, 黄奇娜, 等. 2021. 水分管理调控水稻镉污染的研究与应用进展[J]. 中国稻米, 27(3): 10-16.

Borch T, Kretzschmar R, Kappler A, et al. 2010. Biogeochemical redox processes and their impact on contaminant dynamics[J]. Environmental Science & Technology, 44(1): 15-23.

Burton E D, Bush R T, Sullivan L A, et al. 2008. Mobility of arsenic and selected metals during re-flooding of iron- and organic-rich acid-sulfate soil[J]. Chemical Geology, 253(1/2): 64-73.

Burton E D, Johnston S G, Kocar B D. 2014. Arsenic mobility during flooding of contaminated soil: The effect of microbial sulfate reduction[J]. Environmental Science & Technology, 48(23): 13660-13667.

Chen C, Li L Y, Huang K, et al. 2019. Sulfate-reducing bacteria and methanogens are involved in arsenic methylation and demethylation in paddy soils[J]. The ISME Journal, 13(10): 2523-2535.

Cornu J Y, Denaix L, Schneider A, et al. 2007. Temporal evolution of redox processes and free Cd dynamics in a metal-contaminated soil after rewetting[J]. Chemosphere, 70(2): 306-314.

Cullen W R, Reimer K J. 1989. Arsenic speciation in the environment[J]. Chemical Reviews, 89(4): 713-764.

de Livera J, McLaughlin M J, Hettiarachchi G M, et al. 2011. Cadmium solubility in paddy soils: Effects of soil oxidation, metal sulfides and competitive ions[J]. The Science of the Total Environment, 409(8): 1489-1497.

Fulda B, Voegelin A, Kretzschmar R. 2013. Redox-controlled changes in cadmium solubility and solid-phase speciation in a paddy soil as affected by reducible sulfate and copper[J]. Environmental Science & Technology, 47(22): 12775-12783.

Fulda B. 2013. Changes in copper and cadmium solubility and speciation induced by soil redox dynamics - Competitive metal sulfide formation and interactions with natural organic matter[D]. Zurich: ETH Zurich.

Furuya M, Hashimoto Y, Yamaguchi N. 2016. Time-course changes in speciation and solubility of cadmium in reduced and oxidized paddy soils[J]. Soil Science Society of America Journal, 80(4): 870-877.

Hu P J, Huang J X, Ouyang Y N, et al. 2013a. Water management affects arsenic and cadmium accumulation in different rice cultivars[J]. Environmental Geochemistry and Health, 35(6): 767-778.

Hu P J, Li Z, Yuan C, et al. 2013b. Effect of water management on cadmium and arsenic accumulation by rice (*Oryza sativa* L.) with different metal accumulation capacities[J]. Journal of Soils and Sediments, 13(5): 916-924.

Hu P J, Ouyang Y N, Wu L H, et al. 2015. Effects of water management on arsenic and cadmium speciation and accumulation in an upland rice cultivar[J]. Journal of Environmental Sciences, 27: 225-231.

Huang J H, Wang S L, Lin J H, et al. 2013. Dynamics of cadmium concentration in contaminated rice paddy soils with submerging time[J]. Paddy and Water Environment, 11(1): 483-491.

Johnston S G, Keene A F, Burton E D, et al. 2010. Arsenic mobilization in a seawater inundated acid sulfate soil[J]. Environmental Science & Technology, 44(6): 1968-1973.

Kerl C F, Schindele R A, Brüggenwirth L, et al. 2019. Methylated thioarsenates and monothioarsenate differ in uptake, transformation, and contribution to total arsenic translocation in rice plants[J]. Environmental Science & Technology, 53(10): 5787-5796.

Khaokaew S, Chaney R L, Landrot G, et al. 2011. Speciation and release kinetics of cadmium in an alkaline paddy soil under various flooding periods and draining conditions[J]. Environmental Science & Technology, 45(10): 4249-4255.

Kim Y T, Lee H, Yoon H O, et al. 2016. Kinetics of dimethylated thioarsenicals and the formation of highly toxic dimethylmonothioarsinic acid in environment[J]. Environmental Science & Technology, 50(21): 11637-11645.

Kirk G. 2004. Reduction and Oxidation[M]//The Biogeochemistry of Submerged Soils. Chichester: John Wiley & Sons, Inc.

Limmer M A, Wise P, Dykes G E, et al. 2018. Silicon decreases dimethylarsinic acid concentration in rice grain and mitigates straighthead disorder[J]. Environmental Science & Technology, 52(8): 4809-4816.

Lomax C, Liu W J, Wu L Y, et al. 2012. Methylated arsenic species in plants originate from soil microorganisms[J]. The New Phytologist, 193(3): 665-672.

Meharg A A, Zhao F J. 2012. Arsenic and Rice[M]. Dordrecht: Springer.

Mestrot A, Feldmann J, Krupp E M, et al. 2011. Field fluxes and speciation of arsines emanating from soils[J]. Environmental Science & Technology, 45(5): 1798-1804.

Mestrot A, Uroic M K, Plantevin T, et al. 2009. Quantitative and qualitative trapping of arsines deployed to assess loss of volatile arsenic from paddy soil[J]. Environmental Science & Technology, 43(21): 8270-8275.

Moe B, Peng H Y, Lu X F, et al. 2016. Comparative cytotoxicity of fourteen trivalent and pentavalent arsenic species determined using real-time cell sensing[J]. Journal of Environmental Sciences (China), 49: 113-124.

Naranmandura H, Carew M W, Xu S, et al. 2011. Comparative toxicity of arsenic metabolites in human bladder cancer EJ-1 cells[J]. Chemical Research in Toxicology, 24(9): 1586-1596.

Planer-Friedrich B, Halder D, Kerl C, et al. 2017. Thioarsenates: So far unrecognized arsenic species in paddy soils[J]. Paris: Abstracts of the Goldschmidt Conference.

Qin J, Lehr C R, Yuan C G, et al. 2009. Biotransformation of arsenic by a Yellowstone thermoacidophilic eukaryotic alga[J]. Proceedings of the National Academy of Sciences of the United States of America, 106(13): 5213-5217.

Qin J, Rosen B P, Zhang Y, et al. 2006. Arsenic detoxification and evolution of trimethylarsine gas by a microbial arsenite S-adenosylmethionine methyltransferase[J]. Proceedings of the National Academy of Sciences of the United States of America, 103(7): 2075-2080.

Roberts L C, Hug S J, Voegelin A, et al. 2011. Arsenic dynamics in porewater of an intermittently irrigated paddy field in Bangladesh[J]. Environmental Science & Technology, 45(3): 971-976.

Smolders E, Mertens J. 2013. Cadmium[M]//Alloway B J. Heavy Metals in Soils: Trace Metals and Metalloids in Soils and their Bioavailability. Dordrecht: Springer: 283-311.

Takahashi Y, Minamikawa R, Hattori K H, et al. 2004. Arsenic behavior in paddy fields during the cycle of flooded and non-flooded periods[J]. Environmental Science & Technology, 38(4): 1038-1044.

Tang Z, Kang Y Y, Wang P T, et al. 2016. Phytotoxicity and detoxification mechanism differ among inorganic and methylated arsenic species in Arabidopsis thaliana[J]. Plant and Soil, 401(1): 243-257.

Tang Z, Wang Y J, Gao A X, et al. 2020. Dimethylarsinic acid is the causal agent inducing rice straighthead disease[J]. Journal of Experimental Botany, 71(18): 5631-5644.

Tseng C H. 2009. A review on environmental factors regulating arsenic methylation in humans[J]. Toxicology and Applied Pharmacology, 235(3): 338-350.

Wang J J, Kerl C F, Hu P J, et al. 2020. Thiolated arsenic species observed in rice paddy pore waters[J]. Nature Geoscience, 13: 282-287.

Wang J, Wang P M, Gu Y, et al. 2019. Iron-manganese(oxyhydro)oxides, rather than oxidation of sulfides, determine mobilization of Cd during soil drainage in paddy soil systems[J]. Environmental Science & Technology, 53(5): 2500-2508.

Yamaguchi N, Nakamura T, Dong D, et al. 2011. Arsenic release from flooded paddy soils is influenced by speciation, Eh, pH, and iron dissolution[J]. Chemosphere, 83(7): 925-932.

Yu H Y, Li F B, Liu C S, et al. 2016. Iron redox cycling coupled to transformation and immobilization of heavy metals: implications for paddy rice safety in the red soil of South China[M]//Sparks D L. Advances in Agronomy. Amsterdam: Elsevier: 279-317.

Zheng M Z, Li G, Sun G X, et al. 2013.Differential toxicity and accumulation of inorganic and methylated arsenic in rice[J]. Plant and Soil, 365(1): 227-238.

Zhu Y G, Yoshinaga M, Zhao F J, et al. 2014. Earth abides arsenic biotransformations[J]. Annual Review of Earth and Planetary Sciences, 42: 443-467.

第7章 重金属污染耕地的养分调控原理与技术

养分管理作为农业生产中一项最普遍也是最重要的增产措施，除了配合钝化剂施用，部分肥料还兼具改良剂功能，将农业增产与重金属污染治理结合，特别是针对大面积中、轻度污染农田，成为一种符合国情的重金属污染耕地土壤安全利用新举措，对我国粮食安全生产和农业可持续发展具有重要的现实意义。本章主要介绍在避免新输入污染物前提下，通过合理/优化施用化肥实现重金属污染耕地安全利用的养分调控原理与技术。

7.1 养分影响重金属活性与植物吸收的机制

施肥是满足作物所需养分的重要途径。施肥除了促进作物生长、提高生物量导致的重金属稀释作用外，还可以通过改变土壤 pH、竞争离子浓度，甚至直接作为沉淀剂、络合剂或吸附剂等，改变土壤重金属形态，影响重金属生物有效性；施肥也可以通过养分元素与重金属元素之间的协同或拮抗作用，影响植物对重金属的吸收和转运。因此，探明养分影响重金属活性与植物吸收的机制，对于合理施肥、减少作物重金属积累等都具有重要意义（徐明岗等，2014；宋想斌等，2015；安志装等，2018）。

7.1.1 降低土壤重金属生物有效性

N、P 是植物必需的大量营养元素，在植物体内蛋白质、核酸等重要物质的合成和代谢过程中都必不可少；重金属的胁迫作用有时会成为植物 N、P 等大量营养元素缺乏或生物有效性降低的主要原因；同时，N、P 等矿质营养的供应也有缓解植物受重金属胁迫和吸收重金属的作用。

不同种类的化肥常引起土壤 pH 的不同变化，进而对重金属的生物有效性产生不同影响。例如，施用尿素可使土壤 pH 升高，植物吸收 NO_3^- 时分泌 OH^-，造成 pH 升高使根际环境碱化，促使重金属阳离子沉淀或者被土壤胶体表面的负电荷吸附；但吸收 NH_4^+ 时根系分泌 H^+，造成根际 pH 下降而酸化。此外，大量铵态氮肥施入土壤后，NH_4^+ 发生硝化作用释放 H^+，短期内也可使土壤 pH 明显降低。因此，具体施用氮肥时应特别注意其种类（N 形态）和用量，避免其活化某些重金属的副作用。

磷肥，包括难溶性磷灰石、磷矿粉等含磷材料，具有吸附固定重金属离子的作用。磷酸盐稳定重金属的反应机理主要为 3 类：磷酸盐诱导重金属吸附（磷酸根在可变电荷土壤表面的专性吸附引起土壤表面负电荷增加）；磷酸盐与重金属生成沉淀或矿物；难溶性磷酸盐表面直接吸附重金属。磷肥对土壤 Pb 污染治理效果比较显著，但同时应注意磷肥活化土壤中阴离子型重金属 As 的副作用，以及水溶性磷肥过量施用造成面源污染的风险。

7.1.2 减少作物根对土壤中有效态重金属的吸收

1. 拮抗离子竞争吸收

通过土壤溶液-根界面离子间的拮抗作用来降低植物对某种污染物的吸收也是经济有效的方法之一。化学性质相似的元素之间，可能会因为竞争植物根部同一吸收点位而产生离子拮抗作用，因此在治理被重金属污染的土壤时，可以考虑施入对环境安全甚至有益的拮抗元素，且它们正是一些化肥的主要成分，如 Ca、Fe、Mn 对于 Cu，Zn 对于 Cd，Se、Zn 对于 Hg，Si、Se 对于 As。

（1）中量营养元素：Ca、Mg 都是植物所必需的中量营养元素。Ca、Mg 矿质营养的充足供应也有利于降低作物对重金属的吸收及缓解重金属的胁迫毒害作用，可能是由于 Ca^{2+} 等盐离子与重金属离子竞争吸收运输位点所致；另外 Ca^{2+}、Mg^{2+} 的存在也有利于根系细胞维持正常的渗透系统，保证矿质营养较少受到重金属的胁迫作用。具体应用时也需注意避免这些拮抗离子同时对土壤固相表面重金属离子的解吸作用而强化其生物有效性问题：相同电性的离子在土壤中可发生交换作用，肥料中的离子因与土壤胶体上吸附的重金属离子发生交换作用，而导致重金属离子解吸或降低其吸附强度，从而提高重金属的移动性和生物有效性；另外，肥料中的离子又与性质相近的重金属离子竞争根系吸收点位而降低根系对重金属的吸收。这正/反两方面的相对强弱就决定了肥料中的离子对植物吸收重金属的影响，因此仅在溶液培养或砂培中试验的结果不能简单地推广到土壤系统中。

（2）微量元素肥料：锌（Zn）、铁（Fe）、硅（Si）、硒（Se）等都是植物生长发育所必需或有益的微量营养元素，都可分别与性质相近的重金属离子在作物根表发生拮抗作用竞争吸收。例如，Zn 与 Cd 同族，具有几乎相等的离子半径和相同的电荷（+2 价阳离子），化学上具有相似性，Cd^{2+}、Zn^{2+} 在根表有类似的吸收点位，且土壤环境中 Zn 浓度比 Cd 高出几个数量级（100～1000 倍），它们之间易发生拮抗作用，存在竞争吸收。因此，在 Cd 污染土壤上（尤其是缺 Zn 的）增施 Zn 肥可能抑制作物对 Cd 的吸收和积累，但也要注意避免施 Zn 降低土壤 Cd 吸附而增加 Cd 溶解性的风险。充足的 Fe 营养也可降低作物对 Cd 等重金属的吸收和积累，原因之一是缺 Fe 胁迫下禾本科单子叶植物根系会分泌植物 Fe 载体麦根酸，可螯合 Cd^{2+} 从而促进对 Cd 的吸收。Se 通常以硒酸盐、亚硒酸盐或有机硒形式被植物吸收，与 As 的存在形式类似（AsO_3^{3-}、AsO_4^{3-}），也是以阴离子的形式存在（SeO_3^{2-}、SeO_4^{2-}），它们具有相似的结构，因而可能竞争相似的吸收通道；Si 作为阴离子也有类似机制。叶面喷施微量元素肥料的形式也是调控农作物可食部分重金属富集的重要方式。但不管何种施用形式，与有机肥一样，向土壤环境中添加 Se、Zn 等微量元素肥料也应注意合适用量，避免产生新的污染风险。

2. 根表铁胶膜阻控吸收

在植物、土壤、水、大气、微生物的综合作用下，根际环境具有独特的物理、化学和生物学特性，控制着重金属等污染物从土壤向植物的迁移。水稻等湿地植物长期生长在浸水/淹水条件下，为了适应环境，植物地上部和根系的形态结构均发生了特殊变化，主要表现为存在通气组织，能将氧气从茎叶输送到根际，使淹水土壤中大量存在的还原性物质如低价离子 Fe^{2+}、Mn^{2+} 被氧化，形成的铁氧化物可在植物的根表及质外体沉积，呈红（棕）色胶膜状态包裹在根表，即所谓的根表铁胶膜。X 射线衍射（XRD）和能量分散 X 射线分析（EDX）等表明，铁胶膜主要组成为铁锰的水合氧化物，如纤铁矿（γ-FeOOH）、针铁矿（α-FeOOH），以及磷酸铁和其他金属。根表铁胶膜具有特殊的电化学性质，属于两性胶体，对土壤中的阴、阳离子均具有一定的吸附作用，可以通过吸附-解吸、络合-解络、沉淀-溶解、氧化-还原等作用方式改变根际环境中重金属的存在形态，并影响其生物有效性（Liu et al., 2006; Luo et al., 2015）。研究已发现，一些肥料如 S、Si、Se 肥等的施用能促进根表铁胶膜的生成，从而降低水稻中 Cd、As、Cu 等重金属的含量（Cao et al., 2018；Carrasco-Gil et al., 2018）。

7.1.3　降低重金属在土壤-作物系统的转运系数

Fe、Si、Se 等肥料也可以通过化学或生化方式影响重金属由根到地上部或可食部分的转运作用和积累，包括作物体内元素间的拮抗作用。例如，缺 Fe 胁迫下可诱导双子叶植物的根尖膨大、增粗，并产生大量根毛，根尖的膨大、增粗导致根吸收表面积的增加，从而促进 Cd 吸收；此外 Cd 离子可通过 Fe 的转运蛋白 *IRT1* 和 *IRT2* 进入植物体内，而且缺 Fe 可使与二价金属离子（如 Fe、Cu、Cd 等）运输有关的 *NRAMP1* 转运基因大量表达，从而增加对 Cd 的吸收和转运。施 Si 可减少 Cd 向水稻地上部的转运，进而使糙米中的 Cd 含量相对降低，这可能是因为水稻根细胞质外体中氧化硅与 Cd 共沉淀从而增加了 Cd 在根部的累积；此外，Si 能缓解作物体内重金属的毒害，这与 Si 的代谢机制、对抗氧化酶系统的调控作用以及能提高作物抗性有关。适量的 Se 则可通过缓解植物的氧化胁迫损伤、增强植物抗逆能力、促进植物生长和发育来提高作物产量和品质，并能减轻 Cd、Hg、Cu、Pb、As 等重金属对植物的毒害和降低植物对重金属的吸收、转运、积累。这主要是植物体内由 Se 转化而来的相关产物的生理生化作用产生的综合效果，可能的相关机制包括：①抑制植物的过氧化作用并调节抗氧化酶的活性；②恢复细胞膜的结构和功能；③修复重建叶绿体；④改变植物体内重金属的存在形态（复合物、螯合等体内钝化）和位置，特别是减少其向地上部的转运等（袁思莉等，2014；Cao et al.，2018）。

7.2　重金属污染耕地的生理碱性肥料

7.2.1　钙镁磷肥

1. 钙镁磷肥对重金属的调控作用

磷是组成细胞核和原生质的重要元素，是核酸及核苷酸的重要组成部分。磷参与构成生物膜及碳水化合物，含氮物质和脂肪的合成、分解和运转等代谢过程，是作物生长发育不可缺少的养分。长期以来，施用磷肥一直是农业生产中的一个重要增产措施。目前，我国农业生产中使用的磷肥主要分为低浓度磷肥和高浓度磷肥两类。低浓度磷肥有过磷酸钙、钙镁磷肥、沉淀磷肥、脱氟磷肥、钢渣磷肥、磷矿粉和骨粉等；高浓度磷肥有重过磷酸钙、磷铵、磷酸一铵、磷酸二铵、硝酸磷肥、氮磷钾复混肥或氮磷钾复合肥。在类别多样的磷肥当中，过磷酸钙和钙镁磷肥的使用最为普遍。钙镁磷肥又称熔融含镁磷肥，是一种含有磷酸根（PO_4^{3-}）的硅铝酸盐玻璃体。钙镁磷肥不仅提供 12%～18% 的低浓度磷，还能提供大量的硅、钙、镁。钙镁磷肥占中国磷肥总产量 17% 左右。

随着重金属污染土壤改良修复技术研究的不断推进，越来越多的研究人员发现钙镁磷肥在钝化土壤重金属活性方面有很显著的效果，其调控机制主要包括：

（1）提高土壤 pH。钙镁磷肥中含有部分的氧化钙、氧化镁，水溶液呈碱性，钙镁磷肥的施用可以提高土壤的 pH。钙镁磷肥施入土壤后，$H_2PO_4^-$ 交换解吸了吸附在土壤胶体上的 OH^- 而引起 pH 增加。

（2）影响土壤重金属的形态分布。施用钙镁磷肥后土壤有效态重金属含量降低与土壤 pH 的升高有关，土壤氢离子浓度降低，H^+ 的竞争作用减弱，作为土壤吸附重金属的主要载体，如碳酸盐、磷酸盐、有机质和铁锰氧化物等与重金属结合得更加牢固，从而降低了重金属的生物有效性。

（3）影响土壤重金属的吸附-解吸过程。钙镁磷肥的施加可使土壤 pH 升高，从而增加土壤胶体表面负电荷数、增加重金属离子的电性吸附，同时使得土壤有机质和锰氧化物等与重金属的结合更牢固，土壤对重金属的吸附量也会增加；此外，pH 的增加加速了重金属离子形态由 M^{2+} 水解为 MOH^+，降低其与氧化物表面靠近时所克服的能障，有利于其在胶体表面吸附。钙镁磷肥除了可通过提高土壤 pH 来影响土壤重金属的吸附–解吸过程，还可通过磷酸盐吸附或是磷酸根阴离子诱导的间接吸附作用提高土壤重金属的吸附固定。磷肥施入后，磷酸根被土壤所吸附，一方面增加了土壤表面负电荷，增强了土壤对重金属离子的吸附力，使之不易解吸；另一方面则增加了土壤对重金属离子的专性吸附，使其解吸率下降。

（4）沉淀土壤重金属。施用钙镁磷肥后土壤 pH 显著升高，在碱性条件下，钙镁磷肥可以通过促进重金属形成各种沉淀物的形式被土壤固定。例如，Cd^{2+} 会形成诸如 $CdCO_3$ 和 $Cd(OH)_2$ 的沉淀，同时磷肥本身与 Cd 也可形成磷酸镉沉淀，如 $Cd_3(PO_4)_2$。

（5）抑制植物吸收土壤重金属。施加钙镁磷肥可导致植物的根表细胞中重金属与磷酸盐形成沉淀，从而抑制植物对重金属的吸收及其植物体内的长距离运输，降低重金属的生物毒性。此外，植物吸收 Cd 后与钙镁磷肥释放的无机阴离子磷酸根进行络合，生成 $CdHPO_4$ 或 $CdH_2PO_4^+$ 等络合物，增大了植株体内 Cd 的移动性，避免了 Cd 在某一组织的大量淀积，从而减少了 Cd 对植物的危害。

综上所述，施用钙镁磷肥能够提高土壤 pH，降低土壤水溶态和交换态等植物可利用态重金属含量，促进土壤对重金属的吸附和沉淀，降低重金属的生物有效性，从而有利于作物生长，提高作物产量且使重金属吸收量降低，达到改良修复重金属污染土壤的目的。但是，实际修复过程中需要考虑钙镁磷肥的大量施用导致磷在土壤内的累积、迁移和淋洗，要防止地表水和地下水富营养化的环境风险。

2. 钙镁磷肥在重金属污染土壤修复中的应用

实际农业生产中，钙镁磷肥常被用作基肥施用以保证农作物正常生长。由于它的 pH 较高，有时也被用于改良酸性土壤。钙镁磷肥对重金属污染土壤的改良修复效果主要体现在对作物生长和重金属活性的影响方面。

（1）钙镁磷肥对作物生长和生物量的影响。

土壤重金属污染对农作物正常生长的不利影响主要体现在两个方面：一方面，土壤重金属污染影响土壤养分有效性，如过量重金属会降低土壤氮素的矿化势，抑制土壤无机氮的释放；重金属可以增加土壤对磷的吸持固定，从而降低了磷的生物有效性，影响土壤对作物生长的养分供应。另一方面，重金属污染直接影响作物根系的生长，植物吸收过量重金属会对地上部的生理生化过程带来负面效应。例如，过量 Cd 抑制水稻叶绿素合成和植株生长，并抑制植物对氮、磷、钾等元素的吸收；过量铜（Cu）抑制植物的光合作用；过量铅（Pb）使叶片黄化失绿、茎叶萎蔫；过量汞（Hg）会降低植物叶片叶绿素含量和呼吸速率。因此，作物生长状况及生物量的变化可以直观体现重金属毒性的强弱，进而也能体现改良剂的修复效果。

　　曾维爱等（2012）的田间试验结果发现：与不施改良剂的对照处理相比，施用 400 g/m² 的钙镁磷肥提高了上、中、下部烟叶的单叶鲜重和有效叶数，说明钙镁磷肥能够改善土壤 Cd 对烟草的毒害，促进烟草生长。梁芳等（2018）在湖南省中度 Cd 污染土壤上施用钙镁磷肥后水稻盆栽试验结果表明：土壤添加 0.5 g/kg 的钙镁磷肥后，抽穗期和成熟期水稻叶片中叶绿素 a、叶绿素 b、类胡萝卜素、丙二醛（MDA）和过氧化物酶（POD）含量均显著高于未施用改良剂的对照处理。说明施用钙镁磷肥有利于叶绿素 a、叶绿素 b 和类胡萝卜素的合成，促进水稻光合作用，减轻了叶片中 Cd 的胁迫，进而促进水稻生长。成熟期施用钙镁磷肥处理，水稻茎叶、稻壳和糙米干重分别比对照处理增加了 16.4%、10.6% 和 26.7%。Wu 等（2017）在某 Cd、Cu、Zn、Pb 复合污染土壤上分别施用钙镁磷肥、商品有机肥和海泡石等改良剂后，玉米长势有明显变化，施用钙镁磷肥显著改善玉米的生长状况，株高和根、茎生物量均显著高于未施用改良剂的对照处理。主要原因是钙镁磷肥的施用显著提高了土壤脲酶和过氧化氢酶的活性，丰富了土壤微生物群落结构，提高了对植物生长有益微生物的丰度，说明钙镁磷肥能够促进作物生长，提高作物抵抗重金属毒害的能力。三种改良剂中，钙镁磷肥的修复效果远强于商品有机肥和海泡石。

　　相比单施钙镁磷肥，钙镁磷肥配施其他改良剂对促进重金属污染土壤上作物生长的效果往往更为明显。王小蒙等（2016）针对某轻度 Cd 污染土壤采取根施钙镁磷肥和叶喷 Si/Se 的联合修复措施，结果发现土壤施用 1800 kg/hm² 的钙镁磷肥配合叶面喷施 2 mmol/L 的 Si 肥（Na₂SiO₃）溶液的修复措施比单施等量钙镁磷肥的修复措施对水稻的增产效果要更好。梁芳等（2018）研究了石灰和钙镁磷肥施用对中度 Cd 污染土壤上水稻生长的影响，结果发现与单施钙镁磷肥处理相比，钙镁磷肥配施石灰处理的成熟期水稻茎叶、稻壳和糙米干重均有不同程度的增加，说明钙镁磷肥配施石灰对 Cd 污染土壤的修复效果要好于单施钙镁磷肥。

　　（2）钙镁磷肥对作物吸收重金属的影响。

　　施用钙镁磷肥不仅能够缓解重金属的毒性，促进植物的生长，还能抑制植物对土壤重金属的吸收，降低植物体内重金属含量。曹仁林等（1993）在某中度 Cd 污染水稻土壤施用不同量钙镁磷肥的田间试验结果表明，水稻根、茎叶和糙米中 Cd 的含量随钙镁磷肥用量的增加而显著降低，最高用量处理（9 kg/小区）的根、茎叶和糙米中 Cd 的含量分别比不施肥的对照处理下降 66.9%、83.7% 和 85.5%。对于复合污染土壤而言，钙镁磷肥对植物吸收土壤重金属的抑制作用也很明显。在某 Cd、Cu、Zn、Pb 复合污染土壤上施用钙镁磷肥后显著降低了玉米根中四种重金属的含量，除 Zn 含量显著下降外，施用钙镁磷肥处理的玉米茎中 Cd、Cu、Pb 含量与对照处理没有显著差异（Wu et al., 2017）。

因此，无论是单一重金属污染还是复合重金属污染，适量施用钙镁磷肥在促进作物生长，提高作物产量的同时还能降低作物对重金属的吸收。说明钙镁磷肥具有较好的修复效果，且钙镁磷肥配合施用其他无机或有机改良剂的改良修复效果更佳。在利用钙镁磷肥修复土壤重金属污染时，要依据污染物种类、污染程度、种植作物类别等选择合适的施用方法，以最大限度地发挥钙镁磷肥的修复效能。

7.2.2　氮肥

1. 氮肥形态对重金属的调控作用

氮是植物必需的营养元素，是植物体内许多重要的有机化合物的主要组分之一。氮主要以有机氮的形态存在于土壤中，而作物吸收利用的主要是铵态氮和硝态氮等无机氮。因此，实际农业生产中需要施用氮肥以弥补土壤无机氮含量的不足。适量供氮不仅能够促进作物生长，保证地上部光合面积，促进储存器官的形成，确保作物高产；还能促进作物的根系发育，增加根系长度、密度和重量，使根系的吸水能力增强、吸水深度增加，从而提高对土壤水分的利用效率。氮肥进入土壤后，不仅能促进作物生长，不同形态无机氮间的转化过程所导致的一系列物理和化学变化（离子交换、专性和非专性吸附）还将影响重金属在土壤中的吸附和解吸、形态转化、积累和迁移等，从而影响植物对重金属的吸收。氮肥形态调控土壤重金属主要包括以下机理。

1）氮肥影响土壤 pH

氮肥施入土壤后对土壤理化性质的首要影响就是改变土壤的 pH。对植物施用不同形态氮肥时，植物根际环境将发生不同的变化。铵态氮肥都是酸性肥料，植物在吸收铵态氮时，根系会分泌 H^+ 至土壤中，使根际土壤 pH 下降；而吸收硝态氮时土壤中的 H^+ 伴随着硝酸根离子的吸收而进入植物体，根系分泌出 OH^-，造成根际土壤 pH 上升。通常情况下，不同氮肥形态使土壤变酸的强度顺序为：硫酸铵＞硝酸铵＞硝酸钙。对于某些缓冲性能较差的土壤而言，氮肥施用引起的土壤 pH 变化更大。

孙磊等（2014）的盆栽试验结果显示，与不施氮肥的对照处理相比，施用尿素和硫酸铵均显著降低根际土壤 pH，而且硫酸铵处理根际土壤的 pH 显著低于尿素处理；施用硝酸钙则使根际土壤 pH 略有增加，尤其在中等施氮量下的根际土壤 pH 显著高于对照处理。潘维等（2017）在研究不同形态氮对 Cd 胁迫下小白菜生长及 Cd 含量的影响时也发现，施用硝酸钠和硝酸铵处理的根际土壤 pH 显著高于施用硫酸铵和尿素的处理。低 pH 下土壤重金属的活性往往要高于高 pH 条件，从而会增加植物对土壤重金属的吸收。

2）氮肥改变土壤重金属的存在形态

大量研究表明，氮肥施用能够显著改变重金属在土壤中的存在形态，进而影响重金属的生物有效性。不同形态氮肥对土壤重金属形态的影响各有不同，盆栽试验结果显示（孙磊等，2014），施用尿素显著增加了根际土壤的水溶态和盐提取态 Cu 含量，施用硫酸铵显著增加根际土壤水溶态和盐提取态的 Cu 和 Cd 含量，且增加幅度大于尿素。硝酸钙处理中根际土壤盐提取态 Cu 含量与对照处理相比显著降低。施用不同形态氮肥显著影响土壤 Pb 的存在形态（徐明岗等，2014），如表 7-1 所示，所有处理中交换态 Pb 含量较施肥前均减少，可能是植物吸收所致，因交换态 Pb 是植物吸收的主要形态，碳酸盐结合态 Pb 及无定形氧化锰结合态 Pb

表 7-1　氮肥不同施用水平下土壤中 Pb 的形态分布　　（单位：mg/kg）

氮肥类型	施氮量 （风干土）	Ex-Pb	Carb-Pb	MnOx-Pb	AFe-Pb	CFe-Pb	OM-Pb	RES-Pb
施肥前		1.472	31.19	0.569	26.44	53.11	36.28	240.26
NH₄NO₃	0 mg/kg	0.251[c]	31.49[ab]	0.742[a]	30.51[a]	50.95[a]	33.17[a]	241.78[a]
	100 mg/kg	0.948[b]	32.23[a]	0.984[b]	34.25[a]	49.14[a]	30.62[a]	240.15[a]
	200 mg/kg	1.087[a]	27.98[b]	1.051[ab]	31.19[a]	54.37[a]	32.60[a]	243.54[a]
	300 mg/kg	0.256[c]	28.31[b]	1.079[a]	31.51[a]	51.9[a]	32.14[a]	242.75[a]
NH₄Cl	0 mg/kg	0.251[b]	31.49[a]	0.742[c]	30.51[b]	50.95[a]	33.17[a]	241.78[a]
	100 mg/kg	0.884[a]	25.61[b]	0.970[a]	32.68[ab]	50.39[a]	35.18[a]	241.02[a]
	200 mg/kg	0.107[c]	27.04[b]	0.866[b]	32.76[ab]	46.04[a]	31.82[a]	246.55[a]
	300 mg/kg	0.097[c]	25.10[b]	0.870[b]	35.76[a]	44.66[a]	33.38[a]	243.93[a]
(NH₄)₂SO₄	0 mg/kg	0.251[a]	31.49[a]	0.742[a]	30.51[b]	50.95[a]	33.17[ab]	241.78[a]
	100 mg/kg	0.220[ab]	27.99[a]	0.803[a]	28.47[b]	50.61[a]	34.69[a]	243.61[a]
	200 mg/kg	0.121[c]	27.14[a]	0.935[a]	31.64[b]	50.39[a]	29.86[bc]	242.21[a]
	300 mg/kg	0.190[b]	29.98[a]	0.636[c]	36.17[a]	47.33[a]	27.45[c]	239.41[a]
Ca(NO₃)₂	0 mg/kg	0.251[b]	31.49[ab]	0.742[a]	30.51[b]	50.95[a]	33.17[ab]	241.78[a]
	100 mg/kg	0.032[c]	32.60[a]	0.611[c]	30.60[b]	45.35[a]	34.62[a]	240.75[a]
	200 mg/kg	0.287[b]	28.29[b]	0.713[ab]	32.00[ab]	49.92[a]	36.90[a]	239.84[a]
	300 mg/kg	0.977[a]	30.66[ab]	0.656[bc]	35.22[a]	50.52[a]	30.35[b]	241.56[a]
CO(NH₂)₂	0 mg/kg	0.251[b]	31.49[ab]	0.742[a]	30.51[a]	50.95[a]	33.17[ab]	241.78[a]
	100 mg/kg	1.277[ab]	30.48[a]	0.858[a]	29.65[a]	53.54[a]	33.38[a]	242.2[a]
	200 mg/kg	1.353[a]	28.88[a]	0.471[c]	25.67[b]	55.74[a]	29.86[b]	239.73[a]
	300 mg/kg	1.224[a]	29.83[a]	0.483[c]	28.52[ab]	50.95[a]	32.56[ab]	243.94[a]

注：水溶态含量极低（未列），Ex 为交换态，Carb 为碳酸盐结合态，MnOx 为无定形氧化锰结合态，AFe 为无定形氧化铁结合态，CFe 为晶体形氧化铁结合态，OM 为有机结合态，RES 为残渣态。多重比较为同种氮肥同一列数据比较。同列不同字母表示差异显著，$p < 0.05$。

资料来源：徐明岗等，2014。

在一定条件下可被植物吸收。各施肥处理对土壤中水溶态、晶体形氧化铁结合态 Pb 及残渣态 Pb 含量没有显著变化，但对碳酸盐结合态、无定形氧化锰结合态、无定形氧化铁结合态及有机结合态 Pb 含量影响较大，但无明显规律性。

重金属在土壤中的存在形态及含量将直接影响植物对重金属的吸收和积累，水溶态和交换态等可利用态重金属易被植物吸收利用，土壤中这两种形态重金属的含量对植物体内重金属含量的贡献最大。氮肥的施用在改变土壤理化性质的同时改变了土壤中各形态重金属的含量，从而影响植物对重金属的吸收。因此，实际修复过程中选择适当的氮肥品种和用量以调节土壤有效态重金属含量，对于降低重金属在植物体内的积累具有一定的积极作用。

3）氮肥影响土壤重金属的吸附-解吸过程

重金属在土壤中的吸附-解吸过程影响着土壤重金属的生物有效性，这一过程受土壤理化性质的影响，而 pH 是影响土壤重金属吸附-解吸的主要因素之一。土壤施用铵态氮肥会降低土壤 pH，土壤 pH 的下降会增加重金属在土壤中的溶解度，因为当土壤发生专性吸附时，总是重金属离子进入吸附位点，释放出 H^+。硫酸铵对土壤强烈的致酸作用，使得土壤中的黏土矿物、有机质等对重金属离子的吸附减弱，土壤溶中 Cd 的浓度相应增加。此外，大量铵离子进入土壤，可能与 Cd 产生交换性吸附，或是 Cd 与铵形成了络合物，从而减少土壤对 Cd 的吸附。土壤施用硝酸钙后，由于 Ca^{2+} 与 Cd^{2+} 的竞争关系使得土壤吸附的 Cd^{2+} 大幅减少，Cd 生物有效性显著增加。另外，硝态氮肥的施用可能增加土壤 pH，从而增加土壤胶体表面负电荷数量，进而增加重金属离子的电性吸附。

4）氮肥影响植物生长的生理过程

氮肥的施用可能影响根系和地上部的代谢过程或重金属在体内的运转，进而间接影响植物对重金属元素的吸收。Jalloh 等（2009）的盆栽试验结果发现，在抽穗期和灌浆期施用尿素和硫酸铵的处理，水稻叶片中超氧化物歧化酶（SOD）和过氧化物酶（POD）含量显著高于硝酸钙处理，POD 参与木质素的生物合成，叶片中 POD 含量的增加能够构建一个物理壁垒来抵抗重金属的毒性，进而抑制水稻叶片对重金属的吸收。此外，施用氮肥往往会显著增加植物地上部和地下部的生物量，从而对植物体内重金属含量起到一个稀释的作用，达到修复重金属污染土壤的目的。

综上所述，多数情况下，肥料对重金属的作用主要是通过影响植物的生长和影响植物对重金属的吸收来实现的。施肥措施在一定程度上可以对植物根际环境产生影响，从而可能通过调节根际微环境而使重金属在土壤-植物系统中的运输和在食物链中的传输受到影响。实际农业生产过程中，一要根据土壤性质选择合适的氮肥品种；二要把握适度原则，防止过量施用带来土壤酸化、盐化和养分不平衡等问题，甚至产生水体富营养化等二次污染问题。此外，可探索与磷钾肥的配合施用方式，充分提高肥料的利用率，使生态效益和环境效益最大化，达到经济高效地修复重金属污染土壤的目的。

2. 氮肥在重金属污染土壤修复中的应用

1）不同氮肥形态对重金属污染土壤的改良修复效果

目前，我国农业生产中使用的氮肥主要分为铵态氮肥、硝态氮肥和酰胺态氮肥三大类。铵态氮肥包括碳酸氢铵、硫酸铵和氯化铵等；硝态氮肥包括硝酸钠、硝酸钙和硝酸铵等；酰胺态氮肥主要指的是尿素。不同形态氮肥施入土壤后对土壤理化性质的影响不同，对重金属的生物有效性的影响也不同，由此带来不同的修复效果。

孙磊等（2014）在某中度 Cu、Cd 污染土壤上分别施用尿素、硫酸铵和硝酸钙三种氮肥，发现与对照处理相比，三种氮肥均显著增加了玉米根部和地上部的生物量，施用硝酸钙处理显著降低玉米根部和地上部 Cu 含量，但显著增加了玉米根部和地上部 Cd 含量；而施用硫酸铵和尿素处理则显著增加了玉米根部和地上部 Cu、Cd 含量。潘维等（2017）开展了人工模拟 Cd 污染的蔬菜盆栽试验，不同 Cd 污染水平（1 mg/kg、3 mg/kg、5 mg/kg）土壤分别设置硫酸铵、硝酸钠、硝酸铵和尿素 4 个氮肥处理。结果表明，不同 Cd 污染水平下施用硝酸钠和硝酸铵处理的蔬菜叶片和茎中的 Cd 含量显著低于硫酸铵和尿素处理，说明硝态氮肥对镉污染土壤的修复效果要好于铵态氮肥。

因此，施用生理酸性的硫酸铵和尿素往往促进了植物对土壤重金属的吸收，而生理碱性的硝酸铵和硝酸钠等硝态氮肥则能抑制植物吸收重金属。但 Maier 等（2002）采用硝酸钙、硝酸铵、尿素、硫酸铵研究氮肥对马铃薯吸收 Cd 的影响时发现，硝酸钙明显比硫酸铵更能促进 Cd 在马铃薯块茎中的积累。不同研究人员的研究结果不一致，可能与所研究的作物、土壤性质等其他条件不同有关。

2）不同施氮水平对重金属污染土壤的改良修复效果

氮肥对植物吸收土壤重金属的影响也与氮肥的施用量有关。刘潮等（2018）研究了不同施氮水平对重金属胁迫下紫茎泽兰生长及其吸收 Cu、Zn、Pb 和 Cd 的影响。结果表明：施氮促进了紫茎泽兰根对 Pb 的吸收，随施氮水平的增加，紫茎泽兰根部 Pb 的含量呈先增后降的趋势；高施氮水平处理中，紫茎泽兰茎和叶器官中 Pb 含量显著低于对照组和其他施氮水平处理；随施氮水平的增加，紫茎泽兰根部 Zn 的含量呈下降的趋势，茎和叶器官中 Zn 的含量呈先增后降又增的趋势；随施氮水平增加，紫茎泽兰茎和叶中 Cu 含量呈先增后降的趋势，根中 Cd 含量则随施氮量的增加而降低。孙磊等（2014）的研究也发现，随硝酸钙施用量的增加，玉米地上部 Cu、Cd 含量显著增加；而尿素处理的玉米地上部和根部 Cu、Cd 含量则呈现随施用量增加先增加后降低的变化趋势。

3）氮肥配合农艺措施对重金属污染土壤的改良修复效果

在实际开展重金属污染土壤改良修复工作时，除了考虑氮肥形态和施用量，也要考虑其他农艺措施对氮肥修复效果的影响。林肖（2017）研究了不同水分管理方式下及氮肥形态对 Cd 生物有效性的影响，结果发现，同一水分管理方式下，三种氮形态肥料处理的水稻稻米中 Cd 含量的大小顺序为：硫酸铵＞尿素＞硝酸钙；而在施用相同氮形态肥料条件下，与淹水灌溉相比，湿润灌溉和干湿交替灌溉能提高土壤有效态 Cd 含量和酸溶态 Cd 含量，降低可还原态和可氧化态 Cd 含量，进而提高水稻根系、地上部和稻米中 Cd 的含量。杨滨娟等（2018）的研究表明，施氮和冬种绿肥共同作用能够缓解长期施用化肥造成的重金属污染，改善土壤环境，但需要选择合适的配施比例。梁佩筠等（2013）研究了淹水条件下控释氮肥对污染红壤中重金属生物有效性的影响，结果表明与普通尿素相比，硫包膜尿素、树脂包膜尿素和硫加树脂双层包膜尿素显著降低了污染红壤中 Cd、Pb、Cu、Zn 的生物有效性。

7.3　重金属污染耕地的养分拮抗作用与技术

7.3.1　硅肥

1. 硅肥的重金属拮抗作用原理

硅（Si）的丰度在地壳/土壤中居第 2 位，仅次于氧，是植物生长的有益元素，可促进水稻等作物生产；Si 肥能缓解土壤重金属毒性和抑制作物对其吸收，因此在耕地重金属污染治理方面有很好的应用，具体机理主要涉及 Si 与重金属的螯合作用、土壤理化性质的改变等方面。

1）提高土壤的 pH

Si 肥通过提高土壤的 pH 来改变重金属的生物有效性，从而减少作物对重金属的吸收。据研究，硅灰石施入土壤后使 pH 增加 0.72 个单位，降低了土壤中有效 Cd 含量并使水稻糙米、谷壳、茎叶和根中的 Cd 含量分别降低 71%、58%、76%、55%（Mao et al.，2019）。土壤中施入硅钙钾肥微孔矿物肥也增加了土壤 pH，并使稻谷中的 Cd 含量降低 23%～38.6%（罗思颖等，2017）。王学礼等（2015）的研究也表明，施用硅钙钾肥显著提高土壤的 pH，降低抽穗期和开花期玉米茎叶中 Cd 的累积。这些研究结果均表明，Si 肥可提高土壤的 pH，降低土壤中可溶性的重金属含量，进而阻止作物对重金属的吸收。

2）与土壤中/作物体内重金属反应改变其形态

Si 肥通过改变土壤中重金属的形态降低 Cd 的活性和生物有效性，从而降低作物对重金属的吸收。例如，Si 肥的施用可降低土壤中 DTPA 提取态（彭华等，

2017）等植物易于吸收利用形态 Cd 的含量，从而减少了水稻各部位的 Cd 含量；加硅酸钠处理显著降低土壤中交换态和铁锰结合态 Cd 的量，从而减少了玉米对 Cd 的吸收（杨超光等，2005）。

此外，Si 也可能在植株体内发挥作用从而阻碍重金属向地上部特别是可食部分的迁移。例如，Si 肥能抑制糙米 Cd 积累与 Si 阻碍 Cd 在水稻各部位的转运有关：施 Si 能促进水稻根表铁胶膜的形成，加强铁胶膜对 Cd 的吸附作用，显著降低 Cd 从根表铁胶膜向根部和根部向茎秆的转运，随着 Si 肥施加量的增加，茎秆对 Cd 的截留效果更显著；施 Si 可减少 Cd 向水稻地上部的转移进而使糙米中的 Cd 含量降低，这可能是因为水稻根细胞质外体中氧化硅与 Cd 共沉淀从而增加了 Cd 在根部的累积。

3）改变根际的氧化还原能力

水稻体内的通气组织具有向水稻根际输氧的能力，从而氧化根际环境，导致根际土壤化学性质的改变而影响重金属生物有效性。水稻泌氧作用能使根际中的 Fe^{3+} 以铁膜的形式沉积在根表，根表铁胶膜的厚度与水稻泌氧能力有关，还能调节水稻对重金属的吸收，如水稻地上部 As 的积累与泌氧能力呈显著负相关（Wu et al.，2011）。而 Si 肥的施用增强了水稻体内通气组织的体积及刚性，增加了水稻根系内氧的输送能力，进而抑制了水稻对 As 的吸收（Wu et al.，2016）。Si 肥施用可增加水稻根表铁胶膜量，使更多的锑（Sb）固持在根表铁胶膜中，从而减少了水稻根、茎叶、谷壳和籽粒中的 Sb 含量（Zhang et al.，2017）。

4）与重金属阴离子竞争吸收

土壤中的 Si 可通过竞争吸收作用抑制水稻对 As 的吸收。*Lsi1* 和 *Lsi2* 是水稻 Si 吸收的两个转运蛋白，调节水稻对 Si 的吸收，土壤溶液中的 H_4SiO_4 是植物吸收的主要 Si 形态，H_3AsO_3 与其具有相似的结构并共享这两个转运蛋白，因此施入 Si 肥后会与 As 竞争植物体内的吸附点位从而降低水稻对 As 的吸收。Tripathi 等（2013）发现不同浓度的 Si 都显著降低了水稻对 As 的吸收；Si 肥施用可显著降低水稻各部位的 As 含量（Li et al.，2009）；Wu 等（2016）发现 Si 肥使水稻根、茎叶和谷壳中的 As 含量分别降低 28%～35%、15%～35%、32%～57%。

2. 硅肥的重金属拮抗技术

1）硅肥施用类型

Si 肥施用类型影响作物对重金属的吸收。Huang 等（2019）分析了有机 Si 改性肥料和无机 Si 肥对小麦吸收 Cd 和 Pb 的影响，发现不同种类的 Si 肥都缓解了 Cd、Pb 的毒害（有机 Si 改性肥料解毒效果优于无机 Si 肥），且都降低了小麦茎叶、麸皮和面粉中的 Cd、Pb 含量，尤其是面粉中的 Cd、Pb 含量分别降低了 10%～31% 和 48%～74%。Mao 等（2019）研究了添加或不添加磷的硅灰石对水稻 Cd 积累的影响,发现磷和硅灰石配施比单独施用硅灰石降低 Cd 生物有效性的效果更好,但当磷和硅灰石配施时对水稻吸收 Cd 的抑制作用比单独施用硅灰石低。

2）硅肥施用量

Si 肥对作物吸收重金属的影响与 Si 肥施用量有关。Li 等（2019）研究了不同 Si 肥施用量对水稻吸收 As 的影响,发现 50 mg/kg 的 Si 肥施用量使'南粳 44 号'地上部和根中的 As 含量显著降低 32.8%和 31.1%,而 100 mg/kg 的施用量使 As 含量显著增加了 58.6%和 73.3%；Wu 等（2016）发现随着施 Si 肥施用量的增加,水稻根中的 As 含量降低,在 40 mg/kg 的 Si 肥施用量时达到最低含量；Zhang 等（2017）也得出类似结果,即随着施 Si 肥施用量的增加,水稻根中锑的含量降低,在 50 mg/kg 的 Si 肥施用量时达到最低；彭鸥等（2019）则发现施硅酸钠能有效抑制水稻各部位对 Cd 的吸收,且施用 Si 浓度越高效果越好。

3）硅肥施用时期

水稻对 As 的吸收能力与水稻生育期有关,拔节期和孕穗期是水稻 As 积累的关键生育时期,这时施用 Si 肥具有较好的降 As 效果（Li et al.,2015）。彭华等（2017）发现在水稻移栽前、分蘖期和孕穗期施用 Si 肥均降低了水稻茎秆、叶片、稻壳和稻米中的 Cd 含量,其中基施 Si 肥的降 Cd 效果最好,使水稻茎秆、叶片、稻壳和稻米中的 Cd 含量分别降低 31.9%、65.8%、46.1%和 25.3%。张世杰等（2018）发现拔节期叶面施 Si 两次对冬小麦 Cd、Pb、As 累积的阻控效应较好。

7.3.2　硒肥

1. 硒肥调控重金属的作用原理

硒（Se）是生物体多种酶和蛋白质的主要成分,参与多种生物代谢过程,是植物生长的有益元素,然而我国和世界多个国家部分人群 Se 摄入量不足,亟待提高农产品 Se 的含量。适量的 Se 在提高植物抗逆性、促进植物生长和发育、提高作物产量和品质、缓解重金属胁迫损伤以及降低重金属吸收和积累方面有着重要作用,相关物理化学-生理生化综合拮抗作用机制可能有：①在根-土界面通过钝化（如形成难溶性 Cd-Se 复合物）或竞争（针对阴离子如 As）直接抑制重金属的吸收；②Se 通过重塑根际土壤微生物生态结构、调控根系分泌物的组分、优化根系形态、改变根尖细胞壁成分和细胞膜重金属转运蛋白特性等途径,实现对重金属毒害的缓解（Cai et al.,2019）；③在植物体内减轻氧化应激,恢复细胞膜的结构和功能,重建叶绿体并且增加叶绿素的含量,缓解重金属毒害作用,如 Se 参与调控植物的光合作用和呼吸作用,是谷胱甘肽过氧化物酶（GSH-Px）的必需组分,GSH-Px 利用谷胱甘肽（GSH）将有毒的过氧化物还原成无毒的物质,从而清除由重金属诱导产生的自由基；④改变植物体内重金属的存在形态和位置,特别是减少其向地上部的转运，如 Se 可以激活植物螯合肽（PC）合成酶及增加 PC 的合成前体 GSH，使植物产生更多的 PC 而增加重金属-PC 螯合物的形成，此外，Se还可与重金属形成大分子复合物，降低细胞内可移动重金属离子的浓度（袁思莉等，2014）。Se 对植物根系吸收和向地上部转运重金属的影响机制，以及哪个过程占主要作用还在继续研究中。

有关离子竞争拮抗：Se 有−2、0、+2、+4 和+6 这五种稳定价态，在自然环境中主要以硒酸盐和亚硒酸盐的阴离子形式存在（SeO_4^{2-}、SeO_3^{2-}），在不同的环境pH 和 Eh 条件下可以相互转化；SeO_4^{2-} 主要通过高亲和力的硫酸盐转运蛋白被植物吸收，SeO_3^{2-} 则通过正磷酸盐转运蛋白跨过质膜；而 As 通常也以阴离子的形式存在（AsO_3^{3-}、AsO_4^{3-}），它们具有相似的结构，因此可能竞争相似的吸收通道；电性相反的 SeO_3^{2-}/SeO_4^{2-} 和 Cd^{2+} 理论上在根系吸收时不存在离子通道间的竞争作用，但也发现一些阴离子可以显著改变细胞转运蛋白对金属离子的运输，这可能是影响金属的吸收动力学和时间动态变化的原因（余垚等，2020；万亚男，2018）。

在一定浓度范围内 Se 对植物有益或可以缓解重金属的胁迫，但超出这个范围则对植物有害或会加强重金属对植物的毒害，且这个范围因植物而异。例如，土壤施加低浓度 Se 处理（<5 mg/kg）可促进水稻光合作用、提高水稻的抗氧化能力、增加水稻产量，有机形态的 SeCys 和 SeMet 是水稻中 Se 存在的主要形态，其含量随着 Se 处理水平增加而降低；而在 10～20 mg/kg 高 Se 处理条件下，糙米中出现了无机 Se，主要为 Se（Ⅳ）和 Se（Ⅵ），可能对人体健康产生危害；因此土壤添加 0.5～5 mg/kg 的 Se 可参考为富 Se 水稻生产的安全剂量（Dai et al.，2019）。土壤中基施 Se 肥可以降低水稻各部位的 Cd 累积，且在一定范围内对 Cd 的降低效果随着 Se 添加量的增加而增强；对蔬菜水果等进行基施 Se 肥或喷施也可以降低可食部分的 Cd 含量，且在不同 Cd 土壤条件下，降低效果最佳时的施 Se 量也存在差异。由于 Se 对植物重金属吸收的双重作用，在利用 Se 缓解植物 Cd 积累时要选择合适的 Se 添加量和添加形态。正因为效果尚不稳定和对其内在机理认识还不充分，合理利用 Se 肥对促进中、轻度 Cd 污染农田安全生产具有重要意义。

2. 硒肥对水稻等作物 Cd 的调控

在适宜浓度时，Se 可以降低植物对 Cd、As、Pb、Cr 和 Hg 等重金属的累积，尤其是可以降低 Cd 在水稻、小麦和蔬菜等作物中的累积（余垚等，2020）。水稻对 Cd、Se 的吸收是两个独立过程，因为 Se、Cd 分别竞争阴、阳离子通道，在根表不存在离子间的竞争作用。对水稻进行 Se 预处理可降低 Cd 的吸收、转运，叶面喷施也可降低水稻籽粒对 Cd 的累积和 Cd 由颖壳向籽粒的转移系数。Se 降低水稻 Cd 积累主要是通过减少 Cd 由根系向地上部的转运实现，包括通过植物螯合肽 PC 与 Cd 的螯合作用将 Cd 储存在液泡中，降低 Cd 木质部的运输。Se 还通过提高 SOD、过氧化氢酶（CAT）等酶的活性，降低水稻组织中的活性氧（ROS，如 O_2^-、H_2O_2）水平，显著缓解 Cd 对水稻造成的氧化毒性；该解毒作用同时影响根系形态和氧气的传输，促进水稻根系泌氧进而强化根表铁胶膜形成，进而对 Cd 的吸收起到阻挡作用，减弱水稻根系对 Cd 的吸收（Huang et al.，2020）。

　　具体调控效果与土壤 Cd 含量、Se 添加量、Se 形态以及处理时间等有关，且 Se-Cd 作用受外界环境（土壤理化性质、管理方式）的影响较大。例如，亚硒酸盐对 Cd 吸收、转运的降低程度大于硒酸盐，可能是因为，一方面，水稻根表铁胶膜两性胶体存在时，亚硒酸盐吸附于铁胶膜时形成稳定的内层络合物不易解吸，而硒酸盐为不稳定的外层络合物较易解吸，因此 SeO_3^{2-} 与 Cd^{2+} 可以竞争铁胶膜中的结合点位从而减少了铁胶膜对 Cd 的吸附，此外水稻根际的 SeO_3^{2-} 可以发生还原反应转化为 Se^{2-}，从而与 Cd 形成难溶的 Cd-Se 复合物降低其生物有效性；另一方面，亚硒酸盐在植物体内可能更容易转化成有机态硒（硒代蛋氨酸、硒代半胱氨酸），降低了 Cd 的毒性和积累。淹水对酸性土壤中水稻 Cd 积累的降低高于碱性土壤，但基施 Se 肥（0.5 mg/kg 和 1 mg/kg）的降 Cd 效果在碱性土壤比酸性土壤中更好，可能是由于 pH 升高时土壤对 Se 的吸附作用减弱而植物对 Se 的吸收增多。在分蘖期和孕穗期进行叶面喷施 Se 肥（15 g/hm²，以 Na_2SeO_3 形式添加）具有提高水稻籽粒 Se 累积和降低 Cd 累积（7.9%～18.9%）的趋势（万亚男，2018）。此外，水培试验发现 Si、Se 协同能有效缓解水稻植株受 Cd 毒害，表现为同时使用 Si 和 Se 促进稻株生长，降低 Cd 的转运系数，从而导致茎叶中 Cd 含量显著降低 73.2%；Si、Se 协同作用还显著降低根和地上部的丙二醛（MDA）含量，增加谷胱甘肽（GSH）和植物螯合肽（PC）的含量，增加 Cd 在根细胞壁和细胞器中的分布；基因表达分析还表明，Si、Se 协同作用促进 *OsHMA2* 基因的表达下调，而 *OsNRAMP1* 和 *OsHMA3* 的表达上调（Huang et al.，2021）。

　　作物品种方面，Chen 等（2020）采用正向遗传学方法，筛选出以南方主栽籼稻品种中'嘉早 17'为背景的耐 Cd 突变体 *cadt1*，该突变体不但耐 Cd，而且对硫的吸收显著增加；通过基因定位和回补验证克隆到突变基因 *OsCADT1*，该基因为植物硫吸收代谢的负调控因子，其突变使得水稻根系缺硫响应基因和硫酸盐的转运蛋白基因表达显著上调，对硫酸盐吸收增加，植物体内合成更多的巯基化合物，特别是能螯合重金属的植物螯合肽的含量升高，从而显著增强水稻对 Cd 的耐性；另外硒酸盐与硫酸盐的理化性质相近，植物通过一套相同的通路对硒酸盐和硫酸盐进行吸收和同化，在 *cadt1* 突变体中，不仅硫酸盐吸收增加，硒酸盐的吸收也相应提高；因此，水稻 *OsCADT1* 突变体具有富 Se 耐 Cd 双重作用，为稻米生产提供了一种新的解决方案和遗传材料。

3. 硒肥对水稻等作物 Hg、As 的调控

稻田系统 Se-Hg 相互作用，如 Hg 矿区土壤 Se 的增加可以显著抑制水稻根部以上的茎、叶、籽粒等部位对土壤中无机 Hg 和甲基 Hg 的吸收和转运能力，这与植物根周围环境产生的 Hg-Se 难溶复合物有关；此外，暴露于高 Hg 浓度大气中的水稻植株 Se 的生物富集特征与低 Hg 浓度大气中的植株有一定差异，主要体现在水稻叶片对 Se 的富集；Hg 和 Se 之间的相互作用可能在叶片中发生，即从大气吸收的 Hg（Hg^0）和从土壤吸收的无机 Se（Se^{+6}、Se^{+4}）分别被氧化和还原，叶片中的可利用 Se（Se^{+6}、Se^{+4}）被消耗从而促进 Se 由地下向叶片的转运（Chang et al.，2020）。此外，不同生育期亚硒酸钠和硒酸钠对水稻吸收汞的影响不同，在拔节期施用亚硒酸钠处理，根部对汞的固定增强；在孕穗期和成熟期，施 Se（亚硒酸钠优于硒酸钠）能降低穗和籽粒中的汞含量（张璐，2016）。

生物体内 Se 与 As 之间也存在拮抗作用，盆栽试验中喷施 Se 能有效缓解 As 对水稻的毒害作用，促进水稻的光合作用，增加地上部干重及产量，As 污染稻田中水稻齐穗期喷施一次 Se 即可达到降 As 增 Se 的效果；而且叶面喷施 Se 和喷施 Se+Si 均能显著促进水稻的光合作用速率，增加水稻茎秆和叶片的干重、提高其产量，并能抑制 As 向水稻叶片和籽粒中转移，且 Se、Si 的效果表现为协同作用；此外，根施 Se 也能提高 As 胁迫条件下水稻幼苗抗氧化胁迫的能力，显著降低了水稻幼苗 SOD、POD 的活性及 MDA 的含量，当施 Se 浓度 ≥5 mg/kg 时，Se 显著抑制了水稻植株中 As 向籽粒的转移与积累（含量下降 20.6%～24.9%）（陈成，2016）。

7.3.3 铁肥

1. 铁肥的重金属拮抗作用原理

铁（Fe）是植物维持正常生命活动的必需微量元素之一，参与众多生物代谢过程，如生物体内光合作用、呼吸作用、氮素同化和固定及激素合成等。作物生产中铁肥的施用可以改变土壤 Cd 不同形态间的平衡，使土壤 Cd 活性和生物有效性发生变化，影响作物对 Cd 的吸收和转运，降低 Cd 在作物体内的累积。研究表明，水稻田淹水后的厌氧铁氧化过程生成无定形氢氧化铁，其对 Cd^{2+} 专性吸附及与 Cd^{2+} 共沉淀可降低土壤有效态 Cd 浓度（李义纯等，2018）。外源添加 Fe^{2+} 可以缓解 Cd 对水稻生长发育的毒害作用，且缓解程度存在明显的品种差异（李姣等，2018）。水稻植株对铁和 Cd 的吸收存在一定的交互作用，同时会影响植物对其他元素的吸收，Cd^{2+} 可通过铁转运蛋白被植物吸收、转运（陈爱葵等，2013；Nakanishi et al.，2010; Pence et al.，2000; Vert et al.，2010）。Fe 与 Cd 在根系细胞质

膜上的转运存在竞争关系，Cd 离子可以通过细胞质膜上的 Fe 和 Mn 转运载体进入根细胞（Uraguchi et al., 2012; Safarzadeh et al., 2013），而水稻对 Fe、Mn 和 Cd 的吸收及运输共同受 *NRAMP5* 基因控制（Sasaki et al., 2012）。刘侯俊等（2013）研究发现，水稻吸收 Fe 和 Cd 表现出明显的拮抗作用，Cd 通过竞争作用可抑制植物对 Fe 的吸收并诱发植株出现缺 Fe 症状。也有研究指出，Cd 离子可通过 Fe 的转运蛋白 IRT1 和 IRT2 进入植物体内。Fe 缺乏时可诱导 *IRT1* 的表达，促进 Fe^{2+} 的吸收和转运，同时也有利于 Cd 离子的吸收转运（万亚男等，2015）。而在 Fe 营养充足时，*IRT1* 基因关闭，Cd 的主动吸收下降。随着 Fe 含量的增加，植株叶片 Cd 积累量显著降低。此外，缺 Fe 可使与二价金属离子（如 Fe、Mn、Cu、Zn、Cd 等）运输有关的 *NRAMP1* 转运基因大量表达，从而增加对 Cd 的吸收和转运。Fe 对植物 Cd 吸收的影响还与 Fe 形态有关。

2. 铁肥的重金属拮抗技术

1）不同铁肥类型对重金属土壤的改良修复

常见的铁肥类型主要包括有机铁肥（螯合铁肥、络合铁肥和复合铁肥）、无机铁肥（可溶解性铁盐和不可溶解性铁化合物等）、生物铁肥（主要指植物根系、微生物分泌物，可提高土壤中铁的溶解度，进而提高作物铁的吸收）。上官宇先等（2019）在轻度 Cd 污染稻田上通过裂区试验比较了不同铁肥种类及施用方法对水稻籽粒 Cd 吸收的影响，结果表明，$FeSO_4 \cdot 7H_2O$ 和乙二胺邻二羟基乙酸铁（EDDHA-Fe）底肥土施及追肥喷施两种方法均不同程度提高了水稻产量；而铁肥对稻米 Cd 吸收的影响与水稻品种有关，施用铁肥对籼型常规稻'Y 两优 1 号'降 Cd 作用最为明显，对籼型杂交稻的作用其次，对粳稻作用不明显。邓思涵（2019）发现在轻度 Cd 污染盆栽条件下，喷施 $FeSO_4 \cdot 7H_2O$、$Fe(NO_3)_3 \cdot 9H_2O$、EDTA 二钠亚铁、EDDHA-Fe 四种类型 Fe 肥，都显著提高水稻叶、谷壳和糙米中的 Fe 含量，但只有在中、高浓度时才能有效降低糙米和谷壳中的 Cd 含量，最高降低率可达到 29%。王辉等（2018）发现喷施不同配比的混配铁肥对小白菜地上部干重及地上部 Cd、Pb、Fe、Zn 和 Cu 含量有明显不同的影响。喷施不同配比硫酸亚铁、柠檬酸、乙二胺四乙酸二钠（EDTA-2Na）和尿素混配铁肥可在一定程度上降低小白菜地上部 Cd、Pb、Cu 和 Zn 含量，提高小白菜地上部 Fe 含量。喷施 2 mmol/L $FeSO_4$+1.8 mmol/L 柠檬酸+0.2 mmol/L EDTA-2Na+0.2%尿素后，小白菜地上部 Cd 和 Pb 含量降低幅度分别在 50%和 40%以上，Fe 含量提高 16.35%，是小白菜降镉铅效果最优的混配铁肥组合。

2）铁肥不同施用方式对重金属污染土壤的改良修复效果

铁肥施用方法包括土壤施用以及叶面喷施等。有研究表明，在水稻上施用铁肥，喷施的效果要好于土施。这主要是因为土壤前期处于淹水状态，土壤的 Fe

供应量较为充足，因此土施效果不明显，而后期土壤 Fe 生物有效性降低，土壤铁供应能力下降，因而叶面喷施的效果更为理想（上官宇先等，2019）。许超等（2014）发现，与未喷施铁肥的清水（CK）处理相比，喷施硫酸亚铁（$FeSO_4$）、柠檬酸铁（$FeC_6H_5O_7$）和 EDTA 二钠亚铁（$EDTA \cdot Na_2Fe$）使菜心 Cd、Pb 和 Cu 浓度分别降低 4.30%～35.5%、6.17%～50.3% 和 8.34%～33.4%，Zn 浓度变化为 −27.1%～19.6%，Fe 浓度提高 42.6%～90.2%。叶面喷施铁肥可降低菜心 Cd、Pb 和 Cu 积累，并可提高 Fe 含量，其中以 EDTA 二钠亚铁处理效果最佳。聂艳秋等（2012）研究发现，底施 $EDTA \cdot Na_2Fe$ 等络合态亚铁肥，可用于改善食用印度芥菜的品质；追施 $Fe_2(SO_4)_3$ 时，可强化印度芥菜对镉污染土壤的修复。

7.3.4　锌肥

1. 锌肥的重金属拮抗作用原理

锌（Zn）作为植物必需的微量营养元素之一，可参与蛋白质、生长素等的合成，并可作为酶的金属活化剂，在植物的生长发育过程中发挥了十分重要的作用。镉和锌属于同一族元素，其离子结构和化学性质相似，理论上说，在植物体内，同时存在镉、锌会相互争夺吸附点位，表现出拮抗作用。因此，锌可以部分缓解镉引起的氧化胁迫，减轻镉对植物的毒害。镉、锌之间的关系受到土壤成土母质，基本理化性质，农作物品种，镉、锌浓度及其比例的影响。有研究表明，当土壤缺锌时，土施锌肥含量低于 10 mg/kg 即可抑制小麦对镉的累积；而对于富锌土壤，土施锌肥含量高于 1000 mg/kg 时才可使得小麦镉含量显著降低。张良运等（2009）发现，叶面喷施 0.2% $ZnSO_4$，有降低水稻籽粒中 Cd 含量的趋势。索炎炎等（2012）的研究也同样发现，喷施 0.2% $ZnSO_4$ 对水稻累积 Cd 有极显著的影响，使大部分品种籽粒 Cd 含量显著降低。Hart 等（2002）以小麦为研究对象，发现施用 Zn 肥减弱了小麦根系对 Cd 的吸收能力，进而小麦麦粒中的 Cd 含量显著下降，Cd、Zn 表现为拮抗关系，同时发现这种拮抗关系与 Zn 施用时间密切关联，于初始发育期施用 Zn 肥降 Cd 效果最佳。

研究发现，Zn 在一定程度上可缓解 Cd 的毒害作用，Zn 缺乏会促进植物对 Cd 的吸收。Zn 与 Cd 属同一族元素，化学性质相似，可以互相竞争进入植物细胞上的结合点位，在土壤中尤其是缺 Zn 的土壤中施加 Zn，会明显地降低植物对 Cd 的吸收和积累。但 Zn 施入土壤后，也可与 Cd 竞争土壤的阳离子交换吸附点位，降低土壤中胶体、黏土矿物、有机质等对 Cd 的吸附，增加 Cd 在土壤中的溶解性从而增加了植物对 Cd 的吸收。因此，Zn 与 Cd 在植物中的作用可能与作物种类、土壤类型、土壤中的 Zn / Cd 含量以及它们与土壤的结合有关。

锌镉互作对植物的生理生化也会产生一定的影响。付宝荣等（2000）研究表明,施用锌肥可提高镉污染土壤中小麦的光合作用与 POD 活性,增强细胞质膜的稳定性,降低小麦体内脯氨酸的含量,从而提高小麦对镉污染胁迫的抵御能力。赵中秋等(2005)研究发现,Cd 胁迫严重抑制了小麦的生长和叶绿素的合成,显著增加了活性氧过氧化氢和膜脂过氧化产物丙二醛(MDA)在小麦体内的积累,加 Zn 可促进小麦的生长和叶绿素的合成,降低了 Cd 诱导的过氧化氢和 MDA 的积累,提高了被 Cd 抑制的小麦抗氧化物酶活性。细胞层面上,植物对重金属的抵抗机制包括通过分泌螯合素降低污染物的生物有效性,根部细胞壁、液泡固定重金属从而减少重金属向地上部输送,将金属排出体外,滞留在细胞壁,螯合在液泡中等。

有研究发现,Cd、Zn 共存对信号分子调节水稻根系生长有影响。目前尚未发现明确的 Cd 专用转运载体或通道,Cd 在植物体内的转运主要是共用了 Zn、Fe、Mn 等的转运载体。Hart 等(2005)的同位素示踪研究结果显示 Cd 与 Zn 在植物体内的吸收和运输过程中可能共用转运子,两者竞争转运子的结合点位,Zn 在高水平条件下在竞争中占优势,抑制了 Cd 向韧皮部的转运。还有研究显示水稻锌铁转运蛋白(ZIP)中的 OsIRT1~2 对 Cd 离子有较高亲和性,过量表达时会促进 Cd 离子的转运。

2. 锌肥的重金属拮抗技术

常见的锌肥施用方法包括土壤施用、叶面喷施以及拌种等。锌肥土施操作简单,即是将锌肥直接作用于土壤再搅拌均匀,施用锌肥能够提高农作物对 Cd 的耐受性,促进农作物生长发育。在缺锌或者锌含量较低的土壤上,土施锌肥能够显著提高农作物的产量,但农作物可食部分 Zn 含量未见显著提高。同时,土施锌肥的利用率整体偏低,长期施用也容易引起土壤锌污染,存在一定环境风险。因此,在土壤中施用锌肥时必须考虑锌肥施用量和施用浓度。叶面喷施锌肥相较其他方式具有用量低、见效快、效果显著等优点。锌主要通过离子交换、离子扩散等过程进入农作物叶片组织中,少部分通过木质部向上运输,其余大部分由韧皮部向下或者横向运输。叶面喷施虽可大幅提高可食部分锌含量,但对作物的增产作用并不显著。锌肥浓度、形态、叶面喷施锌肥的时间、复配组分均会影响锌肥效果。例如,董如茵等(2015)研究发现,土施和叶面喷施 Zn 肥都可显著降低油菜的地上部 Cd 含量,最大降幅为 41.4%;在 Zn 肥用量相差 8~10 倍的情况下,二者降低油菜地上部 Cd 含量的效果无显著差异。陈贵青等(2010)研究表明,叶面喷施 50~600 μmol/L 的 $ZnSO_4$ 可有效降低辣椒和番茄果实的 Cd 含量,最大降幅分别为 21.8%和 36.7%;而 Hart 等(2005)的研究发现,施用 Zn 肥可通过抑制小麦根部的 Cd 吸收,显著降低其籽粒 Cd 含量。锌肥拌种也是促进作物生长、提高作物产量与品种的常用方法,但锌肥拌种对作物重金属吸收的影响还很少有研究。

参 考 文 献

安志装, 索琳娜, 赵同科, 等. 2018. 农田重金属污染危害与修复技术[M]. 北京: 中国农业出版社.

曹仁林, 霍文瑞, 何宗兰, 等. 1993. 钙镁磷肥对土壤中镉形态转化与水稻吸镉的影响[J]. 重庆环境科学, (6): 6-9.

陈爱葵, 王茂意, 刘晓海, 等. 2013. 水稻对重金属镉的吸收及耐性机理研究进展[J]. 生态科学, 32(4): 514-522.

陈成. 2016. 硒对砷胁迫水稻生长及砷、硒积累的影响[D]. 武汉: 华中农业大学.

陈贵青, 曾红军, 熊治庭, 等. 2010. 不同 Zn 水平下辣椒体内 Cd 的积累、化学形态及生理特性[J]. 环境科学, 31(7): 1657-1662.

邓思涵. 2019. 不同类型叶面铁肥阻控水稻富集镉的研究[D]. 长沙: 湖南农业大学.

董如茵, 徐应明, 王林, 等. 2015. 土施和喷施锌肥对镉低积累油菜吸收镉的影响[J]. 环境科学学报, 35(8): 2589-2596.

付宝荣, 李法云, 臧树良, 等. 2000. 锌营养条件下镉污染对小麦生理特性的影响[J]. 辽宁大学学报(自然科学版), 27(4): 366-370.

李姣, 刘璐, 杨斌, 等. 2018. 镉及镉与铁、锌互作对水稻生长的影响[J]. 华北农学报, 33(1): 217-223.

李义纯, 李永涛, 李林峰, 等. 2018. 水稻土中铁-氮循环耦合体系影响镉活性机理研究[J]. 环境科学学报, 38(1): 328-335.

梁芳, 涂卫佳, 薛清华, 等. 2018. 石灰和钙镁磷肥施用对水稻生长与镉累积的影响[J]. 湖南有色金属, 34(2): 56-60.

梁佩筠, 许超, 吴启堂, 等. 2013. 淹水条件下控释氮肥对污染红壤中重金属有效性的影响[J]. 生态学报, 33(9): 2919-2929.

林肖. 2013. 不同水分管理下硝态氮对镉生物有效性的影响[D]. 贵阳: 贵州大学.

刘潮, 宋培兵, 张亚萍, 等. 2018. 不同氮素水平对重金属胁迫下紫茎泽兰生长及重金属吸收的影响[J]. 热带作物学报, 39(2): 217-223.

刘侯俊, 李雪平, 韩晓日, 等. 2013. 铁镉互作对水稻脂质过氧化及抗氧化酶活性的影响[J]. 应用生态学报, 24(8): 2179-2185.

罗思颖, 周卫军, 潘诚良, 等. 2017. 钾硅钙微孔矿物肥对水稻重金属镉的降阻效果研究[J]. 中国农学通报, 33(29): 90-94.

聂艳秋, 李玉秀, 刘安辉, 等. 2012. 铁肥形态及施用方式对印度芥菜镉积累的影响[J]. 环境科学与技术, 35(12): 51-55.

潘维, 徐茜茹, 卢琪, 等. 2017. 不同氮形态对镉胁迫下小白菜生长及镉含量的影响[J]. 植物营养与肥料学报, 23(4): 973-982.

彭华, 田发祥, 魏维, 等. 2017. 不同生育期施用硅肥对水稻吸收积累镉硅的影响[J]. 农业环境科学学报, 36(6): 1027-1033.

彭鸥, 刘玉玲, 铁柏清, 等. 2019. 施硅对镉胁迫下水稻镉吸收和转运的调控效应[J]. 生态学杂志, 38(4): 1049-1056.

上官宇先, 陈珉, 喻华, 等. 2019. 不同铁肥及其施用方法对水稻籽粒镉吸收的影响[J]. 农业环境科学学报, 38(7): 1440-1449.

宋想斌, 李贵祥, 方向京, 等. 2015. 重金属胁迫下施肥影响作物富集重金属的研究进展[J]. 作物杂志, (2): 12-17.

孙磊, 郝秀珍, 周东美, 等. 2014. 不同氮肥对污染土壤玉米生长和重金属 Cu、Cd 吸收的影响[J]. 玉米科学, 22(3): 137-141, 147.

索炎炎, 吴士文, 朱骏杰, 等. 2012. 叶面喷施锌肥对不同镉水平下水稻产量及元素含量的影响[J]. 浙江大学学报(农业与生命科学版), 38(4): 449-458.

万亚男. 2018. 硒对水稻吸收、转运及累积镉的影响机制[D]. 北京: 中国农业大学.

万亚男, 张燕, 余垚, 等. 2015. 铁营养状况对黄瓜幼苗吸收转运镉和锌的影响[J]. 农业环境科学学报, 34(3): 409-414.

王辉, 许超, 黄雪婷, 等. 2018. 混配铁肥喷施对小白菜镉铅含量的影响[J]. 湖南农业科学, (1): 30-33, 36.

王小蒙, 丁永祯, 郑向群, 等. 2016. 根施钙镁磷肥与叶喷硅/硒联合调控水稻镉吸收[J]. 环境工程学报, 10(11): 6383-6391.

王学礼, 吕丽兰, 黄小青, 等. 2015. 硅钙钾肥对复合污染农田土壤上玉米吸收镉、砷的影响[J]. 农业研究与应用, (3): 8-14.

徐明岗, 曾希柏, 周世伟, 等. 2014. 施肥与土壤重金属污染修复[M]. 北京: 科学出版社.

许超, 欧阳东盛, 朱乙生, 等. 2014. 叶面喷施铁肥对菜心重金属累积的影响[J]. 环境科学与技术, 37(11): 20-25.

杨滨娟, 黄国勤, 吴龙华, 等. 2018. 施氮和冬种绿肥对稻田土壤重金属含量、微生物数量及酶活性的影响[J]. 生态科学, 37(3): 1-10.

杨超光, 豆虎, 梁永超, 等. 2005. 硅对土壤外源镉活性和玉米吸收镉的影响[J]. 中国农业科学, 38(1): 116-121.

余垚, 罗丽韵, 刘哲, 等. 2020. 青菜中镉的吸收和累积对硒的响应规律 [J]. 环境科学, 41(2): 962-969.

袁思莉, 余垚, 万亚男, 等. 2014. 硒缓解植物重金属胁迫和累积的机制[J]. 农业资源与环境学报, 31(6): 545-550.

曾维爱, 曾敏, 李宏光, 等. 2012.海泡石及钙镁磷肥对烟草主要农艺性状及吸收镉的影响[J]. 湖南农业大学学报(自然科学版), 38(4): 435-437.

张良运, 李恋卿, 潘根兴, 等. 2009. 磷、锌肥处理对降低污染稻田水稻籽粒 Cd 含量的影响[J]. 生态环境学报, 18(3): 909-913.

张璐. 2016. 土壤—水稻系统硒汞交互作用机制研究[D]. 重庆: 西南大学.

张世杰, 孙洪欣, 薛培英, 等. 2018. 叶面施硅时期对冬小麦镉铅砷累积的阻控效应研究[J]. 河北农业大学学报, 41(3): 1-6, 36.

赵中秋, 蔡运龙, 朱永官. 2005. 不同土壤性质和 P 水平下土壤-植物系统中的 Zn-Cd 交互作用研究[J]. 农业环境科学学报, 24(6): 1041-1047.

Cai M M, Hu C X, Wang X, et al. 2019. Selenium induces changes of rhizosphere bacterial characteristics and enzyme activities affecting chromium/selenium uptake by pak choi (*Brassica campestris* L. ssp. Chinensis Makino) in chromium contaminated soil[J]. Environmental Pollution, 249: 716-727.

Cao Z Z, Qin M L, Lin X Y, et al. 2018. Sulfur supply reduces cadmium uptake and translocation in rice grains (*Oryza sativa* L.) by enhancing iron plaque formation, cadmium chelation and vacuolar sequestration[J]. Environmental Pollution, 238: 76-84.

Carrasco-Gil S, Rodríguez-Menéndez S, Fernández B, et al. 2018. Silicon induced Fe deficiency affects Fe, Mn, Cu and Zn distribution in rice (*Oryza sativa* L.) growth in calcareous conditions[J]. Plant Physiology and Biochemistry, 125: 153-163.

Chang C Y, Chen C Y, Yin R S, et al. 2020. Bioaccumulation of Hg in rice leaf facilitates selenium bioaccumulation in rice (*Oryza sativa* L.) leaf in the Wanshan mercury mine[J]. Environmental Science & Technology, 54(6): 3228-3236.

Chen J, Huang X Y, Salt D E, et al. 2020. Mutation in *OsCADT1* enhances cadmium tolerance and enriches selenium in rice grain[J]. The New Phytologist, 226(3): 838-850.

Dai Z H, Imtiaz M, Rizwan M, et al. 2019. Dynamics of Selenium uptake, speciation, and antioxidant response in rice at different panicle initiation stages[J]. The Science of the Total Environment, 691: 827-834.

Hart J J, Welch R M, Norvell W A, et al. 2002. Transport interactions between cadmium and zinc in roots of bread and durum wheat seedlings[J]. Physiologia Plantarum, 116(1): 73-78.

Hart J J, Welch R M, Norvell W A, et al. 2005. Zinc effects on cadmium accumulation and partitioning in near-isogenic lines of durum wheat that differ in grain cadmium concentration[J]. The New Phytologist, 167(2): 391-401.

Huang G X, Ding C F, Li Y S, et al. 2020. Selenium enhances iron plaque formation by elevating the radial oxygen loss of roots to reduce cadmium accumulation in rice (*Oryza sativa* L.)[J]. Journal of Hazardous Materials, 398: 122860.

Huang H L, Li M, Rizwan M, et al. 2021. Synergistic effect of silicon and selenium on the alleviation of cadmium toxicity in rice plants[J]. Journal of Hazardous Materials, 401: 123393.

Huang H L, Rizwan M, Li M, et al. 2019. Comparative efficacy of organic and inorganic silicon fertilizers on antioxidant response, Cd/Pb accumulation and health risk assessment in wheat (*Triticum aestivum* L.)[J]. Environmental Pollution, 255(Pt 1): 113146.

Jalloh M A, Chen J H, Zhen F R, et al. 2009. Effect of different N fertilizer forms on antioxidant capacity and grain yield of rice growing under Cd stress[J]. Journal of Hazardous Materials, 162(2/3): 1081-1085.

Li R Y, Stroud J L, Ma J F, et al. 2009. Mitigation of arsenic accumulation in rice with water management and silicon fertilization[J]. Environmental Science & Technology, 43(10): 3778-3783.

Li R Y, Zhou Z G, Xu X H, et al. 2019. Effects of silicon application on uptake of arsenic and phosphorus and formation of iron plaque in rice seedlings grown in an arsenic-contaminated soil[J]. Bulletin of Environmental Contamination and Toxicology, 103(1): 133-139.

Li R Y, Zhou Z G, Zhang Y H, et al. 2015. Uptake and accumulation characteristics of arsenic and iron plaque in rice at different growth stages[J]. Communications in Soil Science and Plant Analysis, 46(19): 2509-2522.

Liu W J, Zhu Y G, Hu Y, et al. 2006. Arsenic sequestration in iron plaque, its accumulation and speciation in mature rice plants (Oryza sativa L.)[J]. Environmental Science & Technology, 40(18): 5730-5736.

Luo X S, Jing Y S, Li P, et al. 2015. Effects of major cations on copper uptake by rice seedlings[J]. Advances in Food Sciences, 37(3): 126-131.

Maier N A, McLaughlin M J, Heap M, et al. 2002. Effect of nitrogen source and calcitic lime on soil pH and potato yield, leaf chemical composition, and tuber cadmium concentrations[J]. Journal of Plant Nutrition, 25(3): 523-544.

Mao P, Zhuang P, Li F, et al. 2019. Phosphate addition diminishes the efficacy of wollastonite in decreasing Cd uptake by rice (Oryza sativa L.) in paddy soil[J]. The Science of the Total Environment, 687: 441-450.

Nakanishi H, Ogawa I, Ishimaru Y, et al. 2010. Iron deficiency enhances cadmium uptake and translocation mediated by the Fe^{2+} transporters OsIRT1 and OsIRT2 in rice[J]. Soil Science and Plant Nutrition, 52(4): 464-469.

Pence N S, Larsen P B, Ebbs S D, et al. 2000. The molecular physiology of heavy metal transport in the Zn/Cd hyperaccumulator Thlaspi caerulescens[J]. Proceedings of the National Academy of Sciences of the United States of America, 97(9): 4956-4960.

Safarzadeh S, Ronaghi A, Karimian N. 2013. Effect of cadmium toxicity on micronutrient concentration, uptake and partitioning in seven rice cultivars[J]. Archives of Agronomy and Soil Science, 59(2): 231-245.

Sasaki A, Yamaji N, Yokosho K, et al. 2012. Nramp5 is a major transporter responsible for manganese and cadmium uptake in rice[J]. The Plant Cell, 24(5): 2155-2167.

Tripathi P, Tripathi R D, Singh R P, et al. 2013. Silicon mediates arsenic tolerance in rice (Oryza sativa L.) through lowering of arsenic uptake and improved antioxidant defence system[J]. Ecological Engineering, 52: 96-103.

Uraguchi S, Fujiwara T. 2012. Cadmium transport and tolerance in rice: Perspectives for reducing grain cadmium accumulation[J]. Rice, 5(1): 5.

Vert G, Briat J F, Curie C. 2001. Arabidopsis IRT2 gene encodes a root-periphery iron transporter[J]. The Plant Journal: For Cell and Molecular Biology, 26(2): 181-189.

Wu C, Ye Z H, Shu W S, et al. 2011. Arsenic accumulation and speciation in rice are affected by root aeration and variation of genotypes[J]. Journal of Experimental Botany, 62(8): 2889-2898.

Wu C, Zou Q, Xue S G, et al. 2016. The effect of silicon on iron plaque formation and arsenic accumulation in rice genotypes with different radial oxygen loss(ROL)[J]. Environmental

Pollution, 212: 27-33.

Wu W C, Wu J H, Liu X W, et al. 2017. Inorganic phosphorus fertilizer ameliorates maize growth by reducing metal uptake, improving soil enzyme activity and microbial community structure[J]. Ecotoxicology and Environmental Safety, 143: 322-329.

Zhang L P, Yang Q Q, Wang S L, et al. 2017. Influence of silicon treatment on antimony uptake and translocation in rice genotypes with different radial oxygen loss[J]. Ecotoxicology and Environmental Safety, 144: 572-577.

第8章 重金属污染耕地植物修复原理与技术

植物修复技术，尤其是利用超积累植物或大生物量高积累植物进行的植物吸取修复技术，由于能将土壤重金属污染物移除，实现污染土壤的彻底修复，而且修复过程绿色、生态，得到了广泛重视。本章概述植物修复技术原理与分类，阐释植物超积累重金属及其耐性与解毒机制，再以研究和应用较多的超积累植物和大生物量积累植物为例详细论述重金属污染耕地植物修复技术，并介绍江苏省在重金属污染耕地植物修复技术应用方面的实践案例与经验。

8.1 重金属污染耕地的植物修复技术原理

8.1.1 植物修复技术原理与分类

植物修复技术是以植物忍耐和超积累某种或某些化学元素的理论为基础，利用植物及其共存微生物体系清除环境中污染物的一项环境污染治理技术。广义的植物修复包括提取、转移、吸收、分解、转化或固定污染介质中有机或无机污染物。与其他修复技术相比，植物修复是一种经济、高效、环境友好、生态友好的土壤修复方法，可以作为一种修复污染土壤的绿色替代方案。

重金属污染的植物修复技术原理主要包括：植物吸取、植物稳定、植物挥发、根系过滤等。

植物吸取，也叫植物提取、植物萃取，即狭义的植物修复，是通过植物根部吸收土壤中的重金属，转移并储存在地上部，通过收割地上部，从而实现土壤中重金属的去除与修复。而利用超积累植物修复环境重金属污染物，是植物吸取技术最重要的类型之一。目前，世界上共发现 500 多种重金属超积累植物，如 Cd 和 Zn 的超积累植物亮毛堇菜、东南景天、伴矿景天，As 的超积累植物蜈蚣草、大叶井口边草，Ni 的超积累植物菥蓂属、庭荠属等。此外，一些高生物量的植物，如柳树、杨树、麻类、柳枝稷等，因有较高的重金属提取量也备受关注。

植物稳定是利用耐性植物根系及其根际微生物的吸附作用或通过根系分泌物等改变土壤中重金属的物理、化学性质，降低以可溶性形态存在的重金属在土壤中的移动性，将其稳定在污染土壤中，防止其迁移和扩散，从而降低重金属的生物毒性的技术。

植物挥发是利用植物根系的吸收、组织器官的运输和积累作用，再结合叶片的蒸腾作用将土壤中的污染物转化为挥发形式，并释放到大气中。该技术主要用于土壤中汞和硒等易挥发金属的去除。例如，烟草能使毒性较大的二价汞转化为气态汞，并从土壤中挥发，达到修复的目的，大麻槿可使土壤中三价态的硒转化为甲基硒而挥发去除。

根系过滤是利用超积累或耐性植物从污染水体中吸收、沉淀和富集重金属的技术。

8.1.2　植物超积累重金属及其耐性与解毒机制

1. 植物超积累重金属及其耐性

自超积累植物被发现以来，因其成本低、不破坏土壤生态环境、可以边修复边生产、不造成二次环境污染等优点已受到广泛关注。目前，已发现的超积累植物有 500 多种，其中多数是 Ni 的超积累植物。我国直到 20 世纪 90 年代末期才开始对超积累植物进行调查研究，此后相继发现了一批 As、Zn、Cd、Cu、Cr、Mn 等重金属的超积累植物种类，这些植物主要分布在重金属浓度极高的矿区，具有很高的重金属耐性且不表现出毒害效应。海州香薷可以积累超过 1000 mg/kg 的 Cu；商陆对 Mn 的最大累积浓度可达到 19300 mg/kg；东南景天地上部 Zn、Cd 浓度分别为 29000 mg/kg 和 5000 mg/kg；其同科的伴矿景天也表现出对 Zn、Cd 的超积累能力。

野外调查结果表明（Hu et al., 2015），伴矿景天在尾矿堆 Zn 和 Cd 含量分别为 6592 mg/kg 和 243 mg/kg 的土壤上正常生长，未表现出任何的受害症状，表现出对 Zn、Cd 的高耐受性。其地上部 Zn、Cd 浓度分别达 8233 mg/kg 和 241 mg/kg，接近或达到 Zn、Cd 超积累植物的地上部重金属浓度指标，对 Zn 的生物富集系数为 1.25，对 Cd 的生物富集系数也达到了 0.99，可见伴矿景天在具有高度 Zn、Cd 耐性的同时也具有极高的吸收性。在全国不同省份采集的 108 个污染农田土壤上开展的盆栽试验结果表明（表 8-1），伴矿景天在不同类型和污染程度的土壤上均

表 8-1　温室盆栽条件下不同类型土壤上伴矿景天地上部重金属浓度和生物富集系数

项目	土壤浓度/（mg/kg）		植物浓度 /（mg/kg）		生物富集系数	
	Cd	Zn	Cd	Zn	Cd	Zn
最小值	0.06	26.6	0.66	87.6	2.00	0.55
最大值	95.4	8801	1188	14779	213	37.1
平均值	4.65	531	118	2422	41.2	8.31
标准差	11.3	1105	231	332	36.1	0.74
变异系数/%	243	208	196	142	87.6	92.4

具有较高的 Cd、Zn 吸收能力（Wu et al., 2018; Zhou et al., 2019）。在重金属超标农田土壤的实际修复中，伴矿景天生长良好，地上部 Zn、Cd 浓度超过普通植物 50 倍以上，生物富集系数超过 50，甚至达到 200 以上，种植三个月后收获的伴矿景天生物量接近 2 t/hm²，对于大面积 Cd 污染农田的修复是可行的。

2. 重金属超积累植物解毒机制

根系吸收是土壤中的重金属离子进入植物体内的第一步，根系对重金属的吸收可以分为离子的被动吸收和主动运输。离子的被动吸收包括扩散、离子交换、唐南平衡和蒸腾作用等，无须耗费代谢能。然而，大部分金属离子从外环境进入植物细胞内必须依靠相关的转运蛋白，并在消耗能量的情况下完成。转运蛋白主要位于细胞质膜上，主要作用是将细胞质以外的重金属运输到细胞质，主要有锌铁调控蛋白（zinc-iron regulatory proteins，ZIP 家族蛋白）、天然抗性相关巨噬细胞蛋白（natural resistance-associated macrophage protein，NRAMP 家族蛋白）、黄色条纹样蛋白（yellow stripe-like，YSL 家族蛋白）等。ZIP 家族蛋白主要用于重金属从细胞外到细胞内的运输。从超积累植物天蓝遏蓝菜（*Thlaspi caerulescens*）中分离并克隆的 3 个 Zn 转运蛋白基因，其表达量要明显高于非超积累植物荠菜，且表达量与 *Thlaspi caerulescens* 富集 Zn 的能力呈正相关。ZIP 家族蛋白对 Cd^{2+}、Cu^{2+}、Mn^{2+} 也具备较好的转运效果，如位于大麦根部细胞膜上的 HvIRT1 蛋白有利于 Mn^{2+} 的吸收和转运，OsIRT1 和 OsIRT12 蛋白不仅能转运 Zn^{2+} 还能转运 Cd^{2+}。NRAMP 家族是另一类与金属离子吸收相关的蛋白质，在二价金属离子的运输中起重要作用。研究表明，AtNRAMP3 和 AtNRAMP4 能够帮助有运输缺陷的酵母吸收 Fe^{2+} 和 Mn^{2+}，并增加了对 Cd 的积累和敏感性。YSL 家族蛋白不仅调控植物体内多种重金属在不同组织的转运，同时还参与了重金属在植物体内不同组织的分配过程，有利于植物对重金属的吸收与转运，可以有效提高植物对重金属的积累。

超积累植物对重金属的区隔化作用是其重要的解毒机制之一，超积累植物吸收重金属后，将重金属通过运输、转移，存储在地上部活动性较低的器官中，从而达到解毒的目的。与重金属存储和区隔化相关的蛋白是重金属排出蛋白，此类蛋白主要定位于细胞器膜上，其主要作用是将重金属运出细胞质或运送至特殊细胞器（如液泡），在植物对重金属的积累与解毒中起着重要作用。目前研究较多的主要包括 ABC 家族（即 ATP 结合盒式蛋白，ATP-binding cassette transporter，ABC）、阳离子扩散促进子家族（cation diffusion facilitator family，CDF）和 P1B 型 ATPases 家族等。ABC 转运蛋白是一类种类繁多、分布广泛、转运物质类型多样的跨膜转运器，可以将重金属转移到液泡中储存起来。例如，在 Cd 胁迫下，根部表皮细胞质膜中 *AtABCG36* 或 *AtPDR8* 基因会过量表达，可将 Cd^{2+} 或 Cd 的络合物排出细胞质膜，并在其他细胞器中（主要是液泡）储存起来，降低细胞质中重金属的含量，增加对重金属的耐性。CDF 是一类与植物重金属耐性密切相关的蛋白，同样能将重金属从细胞质中外排到细胞质外或运输至细胞器储存起来，增加植物对重金属的耐性，其作用原理是通过结合组氨酸、天冬氨酸和谷氨酸上面的残基调节重金属的存储。P1B 型 ATPase 蛋白利用 ATP 水解产生的能量，作为离子跨膜运输的离子泵，其家族成员由多个重金属 ATPases（HMA）组成。P1B 型 ATPase 家族基因广泛分布在不同组织中，可以将重金属转运至液泡，起到区隔化的功能。

　　在细胞水平上，植物倾向于将重金属存储于叶片的表皮细胞，从而避免重金属对植物其他组织细胞的直接损伤。例如，天蓝遏蓝菜叶表皮细胞积累的 Zn 占总积累量的 60%～70%。在亚细胞水平上，细胞壁和液泡是重金属隔离解毒的主要部位。细胞壁是重金属进入细胞的第一道屏障。重金属与细胞壁中的多糖、细胞壁蛋白质和木质素等，通过离子交换、吸附、螯合等作用结合形成螯合物，从而限制了重金属向细胞质内迁移，达到解毒的目的。研究表明，在 Cd 胁迫下，柳树细胞壁合成基因表达显著上调，细胞壁明显增厚，细胞壁上多糖物质增多，并且证实 Cd 在细胞壁中沉积。通过形态分析，发现 67%～73% 的 Ni 结合在天蓝遏蓝菜叶细胞壁上。重金属与细胞壁上的配体残基结合达到饱和后，其余的重金属会进入细胞内部，大部分被转运到液泡内部，与液泡内的各种植物螯合肽、金属硫蛋白、糖类、有机酸和有机碱等结合并钝化，储存在液泡内，实现重金属离子在植物细胞内的区隔化。液泡是代谢活性低的细胞器，重金属螯合在液泡中是细胞质去除过量重金属离子的一种方法。通过液泡膜运输蛋白将吸收进植物的重金属区隔到植物体液泡内，最大限度地减小重金属对其他细胞器的作用。在超积累植物东南景天中，Cd 在茎部和叶部主要与苹果酸络合，络合物被送到液泡中。

　　在分子水平上，重金属进入植物体内后，与植物体内的金属硫蛋白（MT）、植物螯合肽（PC）、有机酸等相结合，从而降低其移动性和毒性，提高植物耐受能力。MT 是一类低分子量的富含半胱氨酸的多肽，可通过半胱氨酸残基上的 S 基与重金属结合形成无毒或低毒络合物，清除重金属毒害作用从而促进有毒重金属在植物体内的积累。已有研究表明，多种 MT 基因在烟草和拟南芥中表达，增加了植物对重金属的耐性。此外，MT 还可以清除由重金属胁迫产生的活性氧自由基，进而促进植物对重金属的耐受性与积累。PC 是植物体内一类非核糖体合成的多肽，当植物组织和细胞受到重金属胁迫时，会快速诱导 PC 的合成，并与毒性重金属络合形成配体复合物从而保护植株免受毒害。PC 可以和多种金属离子形成络合物，如 PC 可以与 Cd 形成络合物，低分子量的 PC-Cd 络合物是以从细胞质向液泡中转运的形式，在液泡中结合 S^{2-} 形成高分子量的 PC-Cd 络合物，钝化重金属的毒性。另外，PC 调节并维持植物体内金属离子的平衡，一方面，PC 络合 Cu^{2+}、Zn^{2+} 等离子，将过量的金属离子储存在液泡中；另一方面，将金属离子转运至新的合成酶。超积累植物天蓝遏蓝菜茎叶中可溶性 Zn 浓度与苹果酸和草酸浓度显著正相关；荞麦根系和叶片中的 Al 均以最为稳定的 Al-草酸复合物的形式存在，证明了有机酸在植物耐受重金属毒性中的作用。

8.2　重金属污染耕地的超积累植物吸取修复技术

本节以应用较为广泛的镉超积累植物伴矿景天为例，介绍重金属污染耕地的超积累植物吸取修复技术（吴龙华，2021）。

8.2.1　伴矿景天栽培与管理技术

1. 栽培时间

根据全国农业种植制度区划和伴矿景天的栽培特点，一年二至三熟制的华南、华中和华东地区，一般在中、晚稻收获后的 10 月和 11 月开展伴矿景天移栽，次年早、中稻种植前的 5 月和 6 月收获伴矿景天，也就是利用农田冬闲期进行植物修复。一年一熟制的东北、西北高纬度地区以及西南高海拔地区，一般在 4 月和 5 月开展伴矿景天的移栽，8 月和 9 月收获。两年三熟制的华北地区，由于夏季温度高、冬季温度低，一般可在夏玉米收获后的 9 月和 10 月开展伴矿景天移栽，次年的 5 月和 6 月收获，但需要注意伴矿景天冬季越冬的冻害问题。

2. 基础建设

灌排系统：伴矿景天是一种旱作植物，种植前需要对修复区域的农田灌排系统进行综合评估，以满足农田旱时灌溉和雨季排涝的基本需求。山区丘陵地区农田落差大，具有易于修渠引水和排水的良好条件。南方平原地区的地下水位经常维持在较高水平，加上雨季汛期的洪水侵袭，洪、涝、渍灾害应是着重考虑的问题。田间排水常用的是水平排水系统，包括在田面开挖一定深度和适当间距沟道的明沟排水，以及在田面以下埋设管道或修建暗沟的暗管排水。农田灌排系统的修建需要根据修复区域的实际情况开展。

道路系统：如果修复区域面积广且田间道路系统不完善，种植前需要在田间预留出机耕路或便道，便于农机具的使用与农资用品的转运。

3. 土地耕作与平整

土地耕作前，需要对农田中上一季农作物残留的秸秆、根茬、杂草等进行粉碎、翻耕、还田或移除，地膜、农药包装等也要从农田移除。耕作前，需根据农田土壤水分状况选择宜耕期，宜耕期土壤含水量约为最大田间持水量的 40%～60%，过湿或过干均不利于旱作农田的耕作。宜耕期 5～10 cm 深处的土壤具有松散并无可塑性、能手握成团但不出水、不成大土块且落地即散的性状。如果无法精准掌握土壤水分，应本着"宁干勿湿"的原则进行耕作。土地耕作包括人、畜、机械等方式，采用农机具的机械耕作是当前主要方式。耕层深度一般为 15～25 cm，但各地区并不一致，山坡地的耕层通常较浅。此外，我国南方稻田水稻收获后的土壤通常较潮湿黏重，耕作后的土块较大、分散性差，会导致土壤墒情下降。

土地耕作时间和种植制度有关，南方双季稻或长江流域稻麦轮作区，每年 10 月和 11 月水稻收获后进行秋翻；一年一熟制的北方或西南高原区，可在每年 3 月和 4 月春种前进行耕作。土地耕作的任务是精细整地，地块平整且不能出现高包、洼坑、脊沟。一般可通过耙地、耢地、镇压等措施整平地面。如果农田弃耕时间久且土壤板结严重，需翻耕后再进行旋耕。旋耕后的土壤具有松散、无大土块、表土层上虚下实的性状，土壤团块大小在 1～5 mm 最佳，为伴矿景天的种苗移栽创造适宜的土壤环境。

4. 施用基肥

伴矿景天施肥通常以低氮、低磷、高钾为宜。根据待修复区域的农田土壤养分状况和复合肥中有效养分含量，每亩可施用 20～60 kg 的复合肥做基肥（N：P_2O_5：K_2O = 10：10：10 或其他）。基肥通常采用撒施和条施两种方式，撒施是把肥料在耕作前均匀撒于农田表面，然后结合耕作措施把肥料翻入土中并混匀；条施是将肥料成条状施于地表，并结合犁地作垄，把肥料用土覆盖。

5. 畦作和垄作栽培

目前，伴矿景天通常采用畦作或垄作的栽培方式。垄作栽培是在耕作层筑起垄台和垄沟，伴矿景天种植在垄台上；畦作是用土埂或畦沟把田块分成整齐的畦，伴矿景天在畦面上种植。垄作栽培的垄台宽度较窄（0.8～1.0 m），垄沟宽 0.3～0.4 m，垄深 0.2～0.3 m，每个垄台面种植 2～3 行伴矿景天。畦作栽培的畦面较宽（1.5～2.5 m），可以种植多行伴矿景天。冬春低温季节或日积温较低的高纬度和高海拔地区，垄作栽培较畦作栽培可提高地温，防止水分蒸发，利于植物的生长发育。一般在灌排系统较为完善的农田，伴矿景天的栽培畦可采用平畦，畦埂宽度 0.2～0.3 m，高约 0.1 m；如果在地下水位浅、雨水多且集中、低洼的农田，伴矿景天的栽培可采用高畦或垄作的栽培方式，主要目的是排水，增强土壤通透性。高畦栽培方式中，畦沟宽度 0.2～0.3 m，畦沟深 0.2～0.3 m。一般视地势和排水情况，每 2～5 个高畦可开一条 0.5 m 以上的深沟，丘陵地区地下水来水一侧的田埂边可开 0.5 m 以上的深沟。坡耕地采用垄作栽培方式还可减少水土流失，但需要注意畦沟或垄沟方向与等高线的夹角，如果沿等高线方向，那么将有利于排水，但同时也会增加水土流失的风险。

6. 地膜覆盖

地膜覆盖可防治杂草，减少除草剂使用量和人工除草工作量。北方或高海拔地区的温差较大，地膜覆盖可提高土壤温度。在降水较少的旱季，地膜覆盖还可起到土壤保水保湿的作用。伴矿景天种植一般选用市场常见的黑色地膜或银黑双色地膜，地膜幅宽需要根据畦作或垄作的宽度进行选择。常见的地膜幅宽为 0.8～1.5 m，一般也可以根据实际种植的畦宽或垄宽，与厂家定制特定幅宽的地膜，但成本会增大。地膜覆盖前，需要做浇足底水、保证覆盖面平整、喷施杀虫剂等工作。

7. 移栽种植

首先选苗分苗。种子育苗和组培育苗获得的伴矿景天种苗一般为单株，只需选择健壮的种苗移栽即可，通常不需要分苗操作。而田间扦插育苗获得的伴矿景天枝条有若干侧枝和分枝，可用手将枝条直径 3 mm 以上、长度 8 cm 以上的侧枝和分枝掰下来作为一株苗。如果健壮种苗量不足，可将 2～3 个枝条直径小于 3 mm 的侧枝或分枝合并为一株使用。扦插苗应选择伴矿景天的营养枝条，而非繁殖枝条。因为繁殖枝条开花结籽后就死亡，不会生长成新的植株。繁殖枝条上的叶片通常狭小，枝条顶端分叉并伴花蕾，生长高度也高于营养枝条；而营养枝条叶面宽大，顶端无分叉。

移栽。可用小锄头或其他工具在地膜上挖出一个孔穴，然后每穴移栽一株健壮的伴矿景天种苗，地膜上的孔穴直径 5 cm 左右。伴矿景天的枝条扦插深度 6 cm 左右为宜，然后稍稍拢紧孔穴四周土壤让枝条可充分与土壤接触（避免过度挤压土壤），最后从畦沟或垄沟中挖取破碎的土壤，用细土覆盖严实孔穴的四周并压实，防止跑墒，促进种苗生根和生长。注意扦插的枝条最好与地膜保持 2～3 cm 的距离，避免伴矿景天与地膜接触产生高温灼伤。移栽过程中的各种农事操作要尽量不损坏地膜，发现地膜破损或四周不严时，应及时覆土压紧，保证地膜的覆盖效果。

控制种植密度。适度增大种植密度可显著提高其地上部生物量，但过分密植对其地上部增产无显著贡献。一般的田间种植密度以行距、株距 15～20 cm 为宜，在不考虑畦沟和垄沟使用面积的条件下，每亩的种苗用量为 1.7 万～3.0 万株。假设按畦面宽为 2 m、畦沟或畦埂宽为 0.25 m 的畦作栽培技术，土地利用率最高为0.89；按垄台宽 0.9 m、垄沟宽 0.35 m 的垄作栽培技术，土地利用率最高为 0.72。因此伴矿景天畦作和垄作栽培技术下，每亩种苗的最高用量为 1.5 万～2.7 万株和 1.2 万～2.2 万株。如果污染农田允许的植物修复周期较短，则可适当提高种植密度来提高生物量。

8. 田间管理

伴矿景天生长期间,主要开展田间的水肥管理、除草杀虫等工作。

伴矿景天为旱作植物,土壤含水量总体保持湿润偏干为宜,即 60%～70%的最大田间持水量。伴矿景天移栽后,应定期观察地膜下的土壤含水量变化。田间生长条件下,伴矿景天扦插苗一般约 1 周后生根,2～3 周后开始生出新芽并进入营养生长阶段,因此本阶段的水肥需求量较小,一般不用浇水补肥。若旱情严重,需及时浇"定根水"等以保证伴矿景天的成活率和正常生长。相反,若降水量大且集中,田间出现渍水、积水等不利于植物生长的状况,需重视田间排水工作。长期淹水条件下土壤通气条件变差,伴矿景天易发生根系腐烂而导致死亡。

伴矿景天进入快速生长期,植株新叶和侧枝的大量生长会导致土壤养分亏缺,此时应及时追肥以充分满足植物后期生长发育的需求。根据土壤肥力和植物生长状况,建议每亩追施 5～20 kg 的尿素。伴矿景天于年前 10 月和 11 月移栽,可在次年的春季返青期(3 月)和生长旺盛期(4 月和 5 月)分批次追肥。伴矿景天于4 月和 5 月移栽,可在移栽 40～60 d 后进行追肥。伴矿景天目前主要采用穴施追肥技术,即离伴矿景天根部约 5 cm 处抠开地膜,然后把肥料放入膜下的穴内。追肥应选择土壤湿润的雨季,以让尿素快速溶解到土壤中提高肥料利用率,避免在土壤含水量较低的旱季追肥。此外,一些速溶性叶面肥也可用于伴矿景天。

伴矿景天生长期间,在土壤水分含量适宜条件下,垄沟、畦沟以及地膜覆土处会生长大量杂草,此时应及时开展田间除草工作。在伴矿景天枝叶未完全覆盖到垄沟或畦沟的生长阶段,可针对垄沟或畦沟中的杂草喷施除草剂,切记不要把除草剂喷施到伴矿景天的叶面。针对种植伴矿景天的垄台或畦面上生长的杂草,主要通过人工拔除的方式进行清除。生长中后期,待伴矿景天枝叶完全覆盖住垄台和畦面时,田间杂草的生长也将受到抑制。除草次数主要依田间杂草的长势而定,一个生长期通常 2～5 次。

伴矿景天整个生育期对病虫害的抗性较强,一般不需要特殊管理。但出现下列情况时应注意观察并及时采取措施:①移栽后不久,蝼蛄等害虫可能会咬断幼苗根、茎部,使幼苗枯死,受害植株的根部呈乱麻状。应注意观察,及时补苗。病虫害严重时,及时打杀虫剂。②夏季高温高湿,伴矿景天根部和茎下部可能会出现腐烂发黑,严重时导致整株植物枯死。出现上述情况应及时排干田间积水以降低土壤湿度,必要时可拔除一些枝条以降低郁闭度,增加通风。另外,也可适当喷施吡唑醚菌酯杀菌剂和枯草芽孢杆菌等杀菌剂用于病情控制。按配方比例称取原料,吡唑醚菌酯杀菌剂用量为 30～40 g/亩,枯草芽孢杆菌杀菌剂用量为 20～30 g/亩,两者组成混合杀菌剂,稀释后对伴矿景天植株进行喷施。其中,吡唑醚菌酯杀菌剂中吡唑醚菌酯的有效成分含量为 25%,枯草芽孢杆菌杀菌剂中的枯草芽孢菌有效成分含量为 1000 亿芽孢/g。每季的伴矿景天植株使用混合杀菌剂进行喷施的次数不多于两次且中间安全间隔期为 15 d。

9. 收获与处置

田间种植的伴矿景天通常在每年 5 月和 6 月或 9 月和 10 月,生物量达到最大后即可收获。可用镰刀贴着地面收割地上部,也可从土中拔除整株苗,但需要抖掉根部附着的泥土。收获后的伴矿景天植株可通过机械或人工搬运的方式,全部从农田移除,运输过程中避免重压、踩踏枝条。

从农田运输出的伴矿景天可通过以下两种方式进行晾晒干燥。

直接晾晒。伴矿景天直接晾晒时建议选择水泥硬化地面,晾晒厚度不宜太大,经常翻动。遇到雨天要及时收集堆放,可用薄膜覆盖,但要注意通风。如遇连续阴雨天,应视情况经常翻动通风,避免腐烂。

脱水后晾晒。伴矿景天鲜样可先通过专用设备脱除一部分水分后再晾晒。设备包括切草机、榨汁机等。伴矿景天枝条经过切草机切成小于 3 cm 的小段,再进入榨汁机脱除水分,脱水率在 50%~80%。脱水后的伴矿景天残渣收集后晾晒。

脱出的汁液通过物理沉淀、碱性沉淀、络合絮凝沉淀等过程去除重金属和有机物,底泥脱水晾干后可以与晒干的伴矿景天一起做后续处理,达到《污水综合排放标准》(GB 8978—1996)后的水进入污水处理厂进一步处理。脱出的汁液也可直接回灌到专门的土地处理系统,有机质自然降解,镉等重金属可通过种植的伴矿景天被再次吸收。

干燥后的伴矿景天应通过专门的安全焚烧设备进行处置。焚烧设备通常由焚烧系统、烟气净化系统、电气系统、仪表与自动化控制系统、给水排水系统等组成。其中焚烧系统一般包括进料装置、焚烧装置、驱动装置、出渣装置、燃烧空气装置、辅助燃烧装置及其他辅助装置等,伴矿景天在焚烧炉内应得到充分燃烧,燃烧后的炉渣热灼减率应控制在 5% 以内。烟气净化工艺流程的选择,应充分考虑锌镉修复植物特性和焚烧污染物产生量的变化及其物理、化学性质的影响,并应注意组合工艺间的相互匹配,烟气排放指标应符合相关技术要求。焚烧后的飞灰和底渣,根据污染物含量的不同,按照危险废物或一般固体废物进行处理。

10. 伴矿景天的越夏和越冬

在长江以南地区,秋冬季种植的伴矿景天生长至次年 5 月和 6 月的开花季将被收获,但通常会预留部分的伴矿景天苗床用作下一季种苗。伴矿景天开花结籽后,繁殖枝条会枯死脱落,但剩余的营养枝条会重新长出新根并形成新的植株。为了让这部分伴矿景天植株能正常生长并安全越过南方盛夏的高温高湿季节,通常需要保持苗床土壤湿润但不渍水，并可在苗床上方搭建 1～1.5 m 高的遮阳网以降低光照强度和地表温度。也可以在盛夏来临之前，提前在伴矿景天的苗床中以间套作方式种植玉米、高粱等高秆作物，利用间作植物来达到类似的遮阴效果。

　　我国长江以北地区以及西南高海拔地区，冬季气温较低并存在霜冻问题，将对越冬种植的伴矿景天产生冻害。低温初期，叶片顶部轻微变红；长期低温，植株整体变红，甚至冻死。一般连续出现一周以上 -10℃ 的霜冻天气，开春后的伴矿景天成活率将大大下降。虽然过冬的伴矿景天苗地上部枝条会被冻死，但如果根部未被冻伤，开春后可从根部重新发出新芽。一般可采用简易拱棚覆膜的方式增加土温，或者通过覆盖作物秸秆的方式隔离直接冻害。条件允许的情况下，还可搭建专用的伴矿景天越冬大棚，配置增温设备辅助增温。

11. 间套作技术

　　为实现中轻度污染农田"边生产、边修复"的目标，可采用伴矿景天和重金属低积累农作物品种间套作的生产技术。重金属低积累农作物包括玉米、高粱、瓜果等高秆、藤本类的旱作植物。采用农作物间套作技术，不仅可获得一定的粮食产量，还可利用高秆植物为伴矿景天遮阴，但需注意间作作物的种植方向要与光照形成一定的夹角。畦作栽培方式中，一行或两行以上的伴矿景天可以和一行作物间作。垄作栽植方式中，可以在两行伴矿景天的垄沟中间作作物，但需要注意淹水和补肥事宜；也可采用一垄种植伴矿景天、相邻垄种植间作作物的技术，该模式可有效避免间作作物淹水问题，但却会降低重金属的去除效率。

12. 收割留茬技术

　　伴矿景天是多年生草本植物，收割地上部后残茬的根部会萌发新芽。在适宜的气候和土壤环境中，结合部分农艺调控措施，留茬后重新长大的伴矿景天可二次收割，实现一茬多次收割的目标，可提高修复效率。一般地，留茬的伴矿景天需及时追肥以满足植物生长需求。

　　长江以南地区 10 月和 11 月种植的伴矿景天，可于翌年的开花期前（4 月和 6 月）进行第一次收割，留茬约 5 cm 后让其继续生长。留茬长大的伴矿景天于 8 月～10 月进行第二次全部收割，不再留茬、重新移栽。一年一熟制地区由于平均积温低，伴矿景天的生长期较短，难以实现留茬后伴矿景天的二次生长。但如果是在温棚等可控条件下进行种苗繁育，同样可采用伴矿景天收割留茬技术，降低育苗成本。

8.2.2　伴矿景天农艺调控措施

1. 氮磷钾肥调控

施肥是提高土壤肥力和增加农作物产量的重要农艺措施之一，适量的施肥有利于植物的生长。供试土壤采自浙江某冶炼厂粉尘导致的重金属轻度污染农田表层，试验采用四因素三水平正交试验设计，共设 9 个处理。施用 N 肥是伴矿景天地上部生物量增加的主要因素，但不利于地上部重金属浓度的提高。施用低量 P 肥不仅能促进伴矿景天的生长，且对其地上部 Zn 积累有明显的促进作用。施 K 肥虽不利于伴矿景天地上部生物量的增大，但施用高量 K 肥可使地上部 Zn 和 Cd 浓度及积累量均达最大值。综合分析，低量 N 肥配施 P 肥不仅可提高伴矿景天地上部生物量，而且对 Zn 和 Cd 的积累量有明显的协同作用。增施 K 肥能提高伴矿景天体内 Zn 和 Cd 浓度。因此，$N_1P_1K_2$（200 mg/kg N，60 mg/kg P，160 mg/kg K）处理为试验中的最佳施肥用量与配比（沈丽波等，2011）。

2. 氮肥形态调控

水培条件下溶液添加 1 mmol/L NO_3^- 或 NH_4^+，同时添加 30 μmol/L Cd，分别于培养 6 d 和 21 d 后收获植物。结果发现，NO_3^- 处理显著促进了植物生长和 Cd 吸收，21 d 时 NO_3^- 处理的地上部干重是 NH_4^+ 处理的 1.51 倍，其地上部 Cd 浓度是 NH_4^+ 处理的 2.63 倍，而地上部 Cd 累积量是 NH_4^+ 处理的 4.23 倍，达到 1.86 mg/盆（表 8-2）。与 NH_4^+ 相比，供应 NO_3^- 更有利于提高伴矿景天对 Cd 的吸收（骆永明等，2015）。

表8-2　不同氮肥形态水培处理 6 d 和 21 d 后伴矿景天干重及 Cd 浓度和累积量

部位	N 形态	干重/（mg/盆）		Cd 浓度/（mg/kg）		Cd 累积量/（mg/盆）	
		6 d	21 d	6 d	21 d	6 d	21 d
地上部	NO_3^-	237 ± 32	504 ± 78	1799 ± 626	3262 ± 852	0.41 ± 0.11	1.86 ± 0.43
	NH_4^+	208 ± 33	333 ± 58	959 ± 187	1241 ± 281	0.20 ± 0.02	0.44 ± 0.08
根	NO_3^-	29 ± 2	64 ± 17	2469 ± 94	3511 ± 517	0.07 ± 0.01	0.22 ± 0.05
	NH_4^+	19 ± 3	34 ± 6	2524 ± 299	2941 ± 537	0.05 ± 0.01	0.10 ± 0.01

进一步通过盆栽试验研究土培条件下不同氮肥形态对伴矿景天生长和镉吸收的影响。供试土壤采自浙江省某污染农田，土壤 pH 为 6.47，有机质含量为 35.6 g/kg，Zn 和 Cd 浓度为 223 mg/kg 和 0.80 mg/kg。试验共设 3 个处理，分别为：$N_0P_1K_2$（记为 CK，只施磷钾肥，不施氮肥），$N_1P_1K_2$-NH4（记为 NH_4^+-N，施铵

态氮肥），$N_1P_1K_2-NO_3$（记为 NO_3^--N，施硝态氮肥）。以上处理 N 的施加量为 200 mg/kg，铵态氮肥用(NH_4)$_2SO_4$，硝态氮肥用 $Ca(NO_3)_2$。研究结果表明，在盆栽条件下施用铵态氮肥有利于促进伴矿景天的生长和生物量的快速增加。铵态氮肥处理下，伴矿景天生物量增长率显著大于其地上部 Zn 和 Cd 浓度的下降幅度，因而总体表现为 Zn 和 Cd 吸收量高于硝态氮肥处理，即施用铵态氮肥更能提高伴矿景天对 Zn 和 Cd 污染土壤的修复效率（汪洁等，2014）。

3. 磷肥调控

选择钙镁磷肥和磷矿粉开展盆栽试验，包括低污染（Cd 浓度为 0.85 mg/kg）和高污染（Cd 浓度为 2.27 mg/kg）两种土壤，施用 4 g/kg 钙镁磷肥或 50 g/kg 磷矿粉。试验结果表明，低污染土壤上施用不同磷修复剂能显著增加伴矿景天地上部生物量，施 50 g/kg 磷矿粉的处理地上部干重达 20.5 g，是对照的 1.37 倍，效果好于 4 g/kg 钙镁磷肥处理（表 8-3）。与对照比较，施钙镁磷肥和磷矿粉使伴矿景天地上部 Zn 和 Cd 浓度略增，但差异不显著。添加磷矿粉的处理伴矿景天对 Zn 和 Cd 的吸收量分别为每盆 11.5 mg 和 0.79 mg，比对照增加了 38.6%和 58.0%；添加钙镁磷肥的处理分别比对照增加了 30.1%和 36.0%。在重污染土壤上，施用钙镁磷肥后伴矿景天生物量和 Zn、Cd 吸收量也有增加趋势，但差异并不显著。说明在低污染土壤上施用磷矿粉可显著增加伴矿景天地上部生物量，其对伴矿景天的生长及提高污染土壤的修复效率好于钙镁磷肥（沈丽波等，2010）。

表 8-3　伴矿景天生物量及镉锌浓度与吸收量

土壤	处理	干重/（g/盆）	浓度/（mg/kg）		吸收量/（mg/盆）	
			Cd	Zn	Cd	Zn
低污染	对照	15.0 ± 0.3	33.4 ± 1.1	553 ± 21	0.50 ± 0.04	8.3 ± 0.4
	钙镁磷肥	18.6 ± 1.3	36.5 ± 3.5	581 ± 101	0.68 ± 0.10	10.8 ± 1.6
	磷矿粉	20.5 ± 1.5	38.6 ± 8.9	562 ± 67	0.79 ± 0.15	11.5 ± 0.5
重污染	对照	20.4 ± 3.4	46.6 ± 5.6	1454 ± 488	0.95 ± 0.11	31.8 ± 13.7
	钙镁磷肥	24.8 ± 3.8	41.0 ± 4.1	1465 ± 252	1.01 ± 0.13	36.3 ± 10.3

4. 硫肥调控

施硫可降低中性镉污染土壤 pH、增加 Cd 的生物有效性，进而提高伴矿景天的修复效率。田间小区试验选择江苏省南部某 Cd 污染农田，pH 为 6.85，Cd 浓度为 1.33 mg/kg。共设置 0 g/m^2、180 g/m^2、360 g/m^2 和 720 g/m^2 四个硫肥处理，然后移栽伴矿景天。本试验最佳施硫量为 360 g/m^2，伴矿景天地上部 Cd 浓度为

70.9 mg/kg，耕层土壤 Cd 去除率为 19.4%，是对照（10.5%）的 1.85 倍（表 8-4）。硫黄处理土壤为微生物提供了强酸性和底物充足的生长环境，硫黄氧化后期（150 d）与硫代谢相关的功能细菌硫单胞菌属（*Thiomonas* sp.）和罗丹诺杆菌属（*Rhodanobacter* sp.）功能菌含量显著高于自然和对照处理土壤，表明适量添加硫黄是提高中性污染土壤植物吸取 Cd 和修复效率的有效措施（吴广美等，2020）。

表 8-4　不同硫处理对伴矿景天生长和镉吸收以及土壤镉去除的影响

处理/（g/m²）	地上部干重/（g/m²）	地上部 Cd/（mg/kg）	土壤 Cd 去除率/%
0	662 ± 83 [a]	38.3 ± 4.5 [c]	10.5 ± 0.5 [c]
180	727 ± 155 [a]	49.7 ± 9.3 [bc]	14.7 ± 1.0 [b]
360	653 ± 74 [a]	70.9 ± 6.8 [a]	19.4 ± 3.8 [a]
720	530 ± 58 [a]	51.4 ± 2.6 [b]	11.4 ± 1.8 [bc]

注：同列不同字母表示差异显著，$p < 0.05$。

5. 有机物料调控

选择从广东省（GD）和浙江省（ZJ）长期重金属污染稻田采集的土壤开展盆栽试验，土壤 pH 为 5.52 和 5.55，Cd 浓度为 3.93 mg/kg 和 4.91 mg/kg。盆栽试验设置 4 个处理，分别为对照处理（CK）：原土，未加任何处理；水稻秸秆添加处理（RS，1%）；种植伴矿景天处理（P）；秸秆添加+种植伴矿景天处理（RS+P）。连续种植 4 季。如表 8-5 所示，与单种伴矿景天处理（P）比较，配合秸秆添加处理（RS+P）的 GD 土壤上连续 4 季的伴矿景天地上部生物量总和显著增加了 10.4%，

表 8-5　连续 4 季伴矿景天地上部生物量干重及 Cd 浓度和吸收量的变化

土壤	生长季	生物量干重/（g/盆）		Cd 浓度/（mg/kg）		Cd 吸收量 /（mg/盆）	
		P	RS + P	P	RS + P	P	RS + P
GD	1	8.2 ± 0.6	11.0 ± 0.6	257 ± 17	308 ± 26	2.09 ± 0.19	3.39 ± 0.15
	2	10.1 ± 1.1	12.0 ± 0.2	178 ± 30	175 ± 33	1.78 ± 0.12	2.09 ± 0.36
	3	11.8 ± 1.7	13.0 ± 0.9	124 ± 15	98.7 ± 10.9	1.45 ± 0.20	1.29 ± 0.22
	4	11.4 ± 1.9	9.8 ± 1.4	50.1 ± 9.8	36.3 ± 7.1	0.58 ± 0.20	0.35 ± 0.05
	总和	41.5 ± 2.7	45.8 ± 0.9	—	—	5.90 ± 0.25	7.12 ± 0.45
ZJ	1	9.3 ± 1.2	10.8 ± 1.1	394 ± 19	469 ± 19	3.67 ± 0.50	5.07 ± 0.40
	2	7.4 ± 0.6	8.8 ± 1.7	257 ± 10	212 ± 47	1.91 ± 0.20	1.83 ± 0.27
	3	12.4 ± 2.2	13.2 ± 0.6	160 ± 32	136 ± 15	1.94 ± 0.08	1.80 ± 0.22
	4	12.0 ± 2.6	13.2 ± 2.0	56.7 ± 20.7	50.4 ± 10.9	0.67 ± 0.26	0.67 ± 0.19
	总和	41.1 ± 3.0	46.0 ± 3.1	—	—	8.19 ± 0.54	9.37 ± 0.64

但生物量增加的效应主要发生在前 3 季。由于同一个处理下 4 个重复间的标准差较大，ZJ 土壤上 P 和 RS+P 间连续 4 个生长季的伴矿景天地上部生物量无显著性差异。第 1 季内，与 P 比较，RS+P 下的 GD 和 ZJ 土壤上伴矿景天地上部 Cd 浓度分别显著增加了 19.8%和 19.0%，伴矿景天地上部 Cd 吸收量则分别显著增加了 62.2%和 38.1%。在第 2 季、第 3 季和第 4 季中，伴矿景天地上部 Cd 浓度和吸收量在 P 和 RS+P 处理间均无显著性差异。连续 4 个生长季结束后，GD 和 ZJ 土壤在 RS+P 下的伴矿景天地上部 Cd 的累积吸收量较 P 分别显著增加了 20.7%和 14.4%（Zhou et al., 2018）。

6. 伴矿景天-水稻轮作体系的综合调控

超积累植物与农作物轮作或间套作是实现重金属污染土壤"边生产、边修复"的重要方式。如何提高 Cd 污染农田植物吸取修复效率，同时在修复完成前保障农产品安全生产，是当前土壤修复领域面临的一个技术难题。

1）稻季磷锌处理对水稻和伴矿景天镉锌吸取的影响

选择湖南省某地伴矿景天连续吸取修复 3 季后的农田土壤开展盆栽试验，土壤 Cd 和 Zn 的浓度已从 0.64 mg/kg 和 95 mg/kg 下降至 0.28 mg/kg 和 73 mg/kg，土壤 pH 为 4.63。盆栽试验包括对照（CK）、低磷（P200：200 mg/kg）、高磷（P400：400 mg/kg）、低锌（Zn10：10 mg/kg）和高锌（Zn20：20 mg/kg）5 个处理，然后开展水稻和伴矿景天的轮作，探讨稻季增施 P 和 Zn 对水稻生长和其吸收重金属以及对后茬伴矿景天吸收重金属的影响。结果表明，镉污染酸性红壤上，稻季增施 P（200 mg/kg 和 400 mg/kg）和 Zn（10 mg/kg 和 20 mg/kg）显著提高了稻季土壤 P 和 Zn 的生物有效性，增加了水稻秸秆和籽粒对 P 和 Zn 元素的吸收和积累，同时对稻季土壤有效态 Cd 也产生一定影响，对水稻秸秆 Cd 浓度没有产生显著影响，但显著降低了 Cd 从水稻秸秆向籽粒的转运，进而降低了稻米 Cd 浓度，有利于稻米的安全生产（表 8-6）。稻季 P 和 Zn 处理对后茬土壤 Cd 生物有效性影响不

表 8-6　磷锌处理对水稻生长和元素吸收的影响

处理	生物量/（g/盆）		秸秆/（mg/kg）			籽粒/（mg/kg）		
	秸秆	籽粒	Cd	Zn	P	Cd	Zn	P
CK	12.2±1.1[a]	12.9±2.9[a]	1.18±0.34[a]	153±29[c]	0.06±0.02[d]	0.21±0.01[a]	26.1±3.8[b]	1.22±0.17[ab]
P200	13.0±0.5[a]	13.4±0.7[a]	1.23±0.36[a]	159±22[c]	0.14±0.02[c]	0.21±0.02[a]	25.7±1.3[b]	1.27±0.23[ab]
P400	13.0±1.5[a]	14.8±1.3[a]	1.21±0.14[a]	133±14[c]	0.32±0.02[a]	0.18±0.01[ab]	25.6±0.3[b]	1.51±0.10[a]
Zn10	12.7±0.5[a]	13.5±1.0[a]	1.29±0.07[a]	195±8[b]	0.18±0.01[bc]	0.16±0.04[b]	27.4±0.4[ab]	1.17±0.14[b]
Zn20	12.3±0.9[a]	13.7±1.4[a]	1.23±0.12[a]	235±22[a]	0.20±0.04[b]	0.15±0.03[b]	30.0±0.9[a]	0.84±0.14[c]

注：同列不同字母表示差异显著，$p<0.05$。

显著，对伴矿景天生长和 Cd 吸收没有产生显著影响（表 8-7）。因此，稻季适当增施磷肥和锌肥，可作为镉污染土壤水稻与伴矿景天轮作"边生产、边修复"的调控手段（曹艳艳等，2018）。

表 8-7　稻季磷锌处理对后茬土壤及伴矿景天生物量和元素吸收的影响

处理	土壤/（mg/kg）			伴矿景天地上部		
	速效 P	CaCl$_2$-Cd	CaCl$_2$-Zn	干重/（g/盆）	Cd/（mg/kg）	Zn/（mg/kg）
CK	0.689±0.004^b	0.12±0.03^a	3.22±0.34^c	8.16±0.18^a	44.07±7.00^a	3029±376^c
P200	0.701±0.005^{ab}	0.13±0.03^a	3.19±0.43^c	8.15±0.09^a	51.16±10.09^a	3276±522^{bc}
P400	0.715±0.007^a	0.10±0.01^a	2.24^b±0.23^d	8.06±0.04^a	53.50±8.16^a	2621±326^c
Zn10	0.686±0.003^b	0.11±0.02^a	6.12±0.50^b	8.18±0.17^a	54.97±16.17^a	3779±202^b
Zn20	0.696±0.011^b	0.14±0.01^a	10.39±0.84^a	8.17±0.08^a	43.91±12.56^a	5717±612^a

注：同列不同字母表示差异显著，$p<0.05$。

2）施硫结合水分管理对水稻和伴矿景天镉吸收的影响

选取碱性紫色土和中性水稻土两种 Cd 污染土壤，土壤 pH 分别为 8.0 和 6.5，Cd 浓度分别为 4.44 mg/kg 和 1.33 mg/kg。两种土壤均设置添加 0 g/kg、0.5 g/kg、1 g/kg、2 g/kg、4 g/kg 硫肥处理，然后进行伴矿景天旱作和水稻淹水盆栽试验，监测土壤 pH、Eh、SO_4^{2-}、Cd、Fe、Mn 等元素动态变化，以及植物生长和元素吸收。研究结果表明：伴矿景天季旱作硫处理显著降低土壤 pH、增加水溶性 SO_4^{2-}、Cd、Fe、Mn 浓度；稻季淹水土壤 Eh 迅速降低，pH 总体趋于中性，硫处理水溶性 SO_4^{2-} 和 Cd 浓度快速降低并在水稻生长中后期与对照接近。硫处理碱性土壤使伴矿景天地上部 Cd 浓度提高 0.5～4.5 倍，有效提升土壤 Cd 去除率，同时适量硫处理使碱性土壤稻米 Cd 浓度最高降低了 61%（表 8-8），使中性土壤稻米 Cd 浓度最高降低了 72%；但过量硫处理可能使土壤过度酸化抑制伴矿景天生长，也增加

表 8-8　硫和水分处理对紫色土上伴矿景天和后茬水稻生长与镉吸收的影响

硫添加量/（g/kg）	伴矿景天（旱作）			水稻（淹水）	
	干重/（g/盆）	Cd/（mg/kg）	Cd 去除率/%	籽粒干重/（g/盆）	Cd/（mg/kg）
0.0	10.3^a	25.5^d	4.03^c	11.2^b	40.9^a
0.5	8.79^{ab}	44.3^c	6.44^b	12.2^a	19.8^b
1.0	8.49^{ab}	54.7^c	7.15^b	12.0^a	16.1^b
2.0	8.95^{ab}	106^b	14.6^a	13.6^a	20.1^b
4.0	7.43^b	139^a	15.8^a	14.6^a	28.8^{ab}

注：同列不同字母表示差异显著，$p<0.05$。

后茬稻米 Cd 风险。因此,中碱性 Cd 污染土壤伴矿景天水稻轮作体系,适当硫处理配合水分管理,可以提高土壤 Cd 去除率,同时降低稻米对 Cd 的吸收(Wu et al., 2019)。

综合上述研究,可形成 Cd 污染土壤"伴矿景天-低积累水稻轮作+调控"综合技术模式,即冬季休耕时种植超积累植物伴矿景天,夏季种植低积累水稻品种,水稻季增施磷锌肥,同时延长淹水时间,以减少稻米 Cd 的积累;伴矿景天季对于中性或微酸性土壤则增施硫肥并旱作,提高土壤 Cd 的生物有效性,进而提高伴矿景天对 Cd 的去除率。

8.2.3　伴矿景天与作物间套作技术

将超积累植物与低积累作物进行间套作,通过适当的农艺调控措施,可以在修复污染土壤的同时收获符合食品安全标准农产品,是一种不需要间断农业生产、较经济合理的技术。伴矿景天可以与水稻轮作,也可以与小麦、玉米、高粱、芹菜、茄子等各类作物进行间套作。

1. 伴矿景天与水稻轮作

湖南省某地伴矿景天与水稻轮作修复示范基地共计 15 亩(Hu et al., 2019),伴矿景天地上部干重在 $1.8\sim5.9$ t/hm², 平均 3.5 t/hm²;地上部 Cd 浓度在 $53.1\sim94.9$ mg/kg, 平均 72.9 mg/kg;地上部 Cd 的吸收量为 $169\sim353$ g/hm², 平均 244 g/hm²。伴矿景天修复前,各地块耕层土壤 Cd 浓度在 $0.49\sim0.71$ mg/kg, 平均 0.60 mg/kg;伴矿景天修复 1 季后,耕层土壤 Cd 浓度降低到 $0.32\sim0.56$ mg/kg, 平均 0.47 mg/kg;土壤 Cd 的年去除率在 $11.5\%\sim34.7\%$, 平均 21.7%。以田块 1 为例,修复 1 季后,土壤 Cd 浓度由 0.64 mg/kg 降低到 0.52 mg/kg, 年去除率为 18.8%,继续修复 2 季后,土壤 Cd 浓度降低到了 0.29 mg/kg, 累计去除率达到了 54.7%。

为进一步验证伴矿景天吸取修复土壤的安全性,选择修复后土壤 Cd 浓度由 0.64 mg/kg 降至 0.29 mg/kg 的田块 1,种植当地主栽水稻品种'三香优 516'和筛选出的 5 个不同 Cd 积累性水稻品种'MY12084''MY12085''MY12086''KC100''IRA7190',并结合钝化剂的施用,评估水稻 Cd 生产的安全性。结果表明(表 8-9),当地主栽水稻品种'三香优 516'的糙米 Cd 浓度为 0.66 mg/kg, 仍然有风险,施加钝化剂后可以安全生产。除'IRA7190'外,低积累水稻品种'MY12085'和'MY12086'的糙米中 Cd 浓度均低于 0.2 mg/kg。对于低积累水稻品种,施加钝化剂后的糙米中 Cd 浓度并没有显著变化。两个高积累水稻品种'KC100'和'MY12084'糙米 Cd 浓度达到 0.72 mg/kg 和 0.96 mg/kg, 施加钝化剂也未能有效降低糙米 Cd 浓度。因此,在经过伴矿景天修复之后达标($\leqslant0.3$ mg/kg)的土壤上种植低积累水稻品种即可安全生产,在种植当地主栽水稻品种时施加少量钝化剂也可保证安全生产。

表 8-9　伴矿景天吸取修复后土壤上种植不同品种水稻的糙米镉浓度 （单位：mg/kg）

类型	品种名	未施钝化剂	施钝化剂
主栽杂交稻	'三香优 516'	0.66 ± 0.07	0.17 ± 0.08
低积累品种	'MY12085'	0.17 ± 0.01	0.17 ± 0.00
低积累品种	'MY12086'	0.13 ± 0.01	0.19 ± 0.00
低积累品种	'IRA7190'	0.24 ± 0.00	0.30 ± 0.00
高积累品种	'KC100'	0.72 ± 0.04	0.58 ± 0.09
高积累品种	'MY12084'	0.96 ± 0.11	1.17 ± 0.08

2. 伴矿景天与小麦间作

以黑龙江省海伦市黑土、河南省封丘县潮土和浙江省嘉兴市水稻土等我国粮食主产区典型土壤作为试验用土，供试小麦品种为'镇麦 5 号'（赵冰等，2011）。三种土壤 Cd 浓度分别为 1.47 mg/kg、1.28 mg/kg 和 1.16 mg/kg，Zn 浓度分别为 79.8 mg/kg、56.7 mg/kg 和 89.9 mg/kg，pH 分别为 6.22、8.32 和 6.76。如表 8-10 所示，三种类型土壤上伴矿景天-小麦间作处理的小麦籽粒中 Zn 和 Cd 浓度均高于小麦单作处理，水稻土、潮土和黑土上间作处理的小麦籽粒 Zn 浓度分别为单作处理的 1.2 倍、1.4 倍和 1.4 倍，Cd 浓度分别为单作处理的 1.7 倍、1.5 倍和 1.9 倍。小麦秸秆中 Zn 和 Cd 浓度也有相同的变化趋势，其中水稻土上籽粒 Zn 浓度和黑土上籽粒 Cd 浓度差异显著。间作种植的伴矿景天地上部 Zn 和 Cd 浓度均以黑土生长的为最高，与水稻土、潮土上伴矿景天的锌、镉浓度差异达到极显著水平。

表 8-10　小麦与伴矿景天地上部锌、镉浓度 （单位：mg/kg）

土壤种类	处理	小麦				伴矿景天	
		秸秆		籽粒			
		Zn	Cd	Zn	Cd	Zn	Cd
水稻土	单作	48.5±7.1	0.83±0.14	35.7±4.2	0.53±0.09	—	—
	间作	62.1±7.5	0.99±0.15	42.4±5.2	0.89±0.16	272±53	61.2±16.1
潮土	单作	33.5±6.1	0.36±0.17	20.3±0.6	0.29±0.10	—	—
	间作	35.2±6.4	0.52±0.18	27.7±1.7	0.44±0.12	184±60	52.8±22.5
黑土	单作	41.9±6.1	0.81±0.06	25.6±3.6	0.64±0.16	—	—
	间作	50.0±7.8	1.41±0.23	36.2±2.9	1.24±0.14	561±62	161±34
F 值	土壤类型	5.24	3.35	3.2	1.96	45.5**	22.4**

注：**表示极显著，$p < 0.01$。

3. 伴矿景天与玉米间作

在滇西矿区周边农田开展伴矿景天与低积累玉米品种间作示范研究（表 8-11）。间作修复示范区玉米间作籽粒生物量为（6.48 ± 2.56）t/hm²，略低于玉米单作。间作 [（0.021 ± 0.006）mg/kg] 和单作 [（0.020 ± 0.003）mg/kg] 的低积累品种玉米籽粒 Cd 浓度无显著性差异，且均低于 0.1 mg/kg。与伴矿景天单作比较，间作条件下的伴矿景天生物量、Cd 和 Zn 浓度略有提高。

表 8-11　玉米与伴矿景天间作的地上部生物量与镉、锌浓度变化

植物	处理	生物量/（t/hm²）	Zn 浓度/（mg/kg）	Cd 浓度/（mg/kg）
伴矿景天	间作	2.09 ± 0.74	4603 ± 1766	183 ± 58
	单作	1.77 ± 0.96	3711 ± 1302	163 ± 45
玉米籽粒	间作	6.48 ± 2.56	—	0.021 ± 0.006
	单作	8.94 ± 0.71	—	0.020 ± 0.003

4. 伴矿景天与高粱间作

伴矿景天与高粱间作的田间小区试验于浙江省某地，与单作相比，间作时的伴矿景天生物量显著下降，仅为单作时的 60.0%，而高粱籽实生物量有所增加，达 6088 kg/hm²，但差异不显著。由表 8-12 可知，单作和间作处理的伴矿景天地上部 Zn 浓度无显著差异，但伴矿景天单作的 Cd 浓度（76.5 mg/kg）显著高于间作（40.4 mg/kg）。高粱与伴矿景天间作种植时，高粱籽实 Cd 浓度显著下降，仅为单作时的 50%，Cd 浓度均低于食品安全国家标准。

表 8-12　间作条件下伴矿景天和高粱生物量以及镉、锌浓度变化

植物	处理	生物量/（kg/hm²）	Zn 浓度/（mg/kg）	Cd 浓度/（mg/kg）
伴矿景天	单作	1384 ± 328	6080 ± 778	76.5 ± 13.5
	间作	830 ± 192	5564 ± 871	40.4 ± 5.1
高粱	单作	4795 ± 587	58.3 ± 16.5	0.14 ± 0.03
	间作	6088 ± 277	43.0 ± 6.9	0.07 ± 0.00

5. 伴矿景天与芹菜间作

供试土壤采自浙江省某长期施用污泥的菜地，采集 0～15 cm 表层土壤，风干并过 2 mm 尼龙筛。土壤基本性质为 pH 6.7，总 Cd 浓度为 0.57 mg/kg，总 Zn 浓度为 606 mg/kg，盆栽用芹菜品种为'黄苗实芹'。试验处理包括：伴矿景天单作

（Sed）、芹菜单作（Cel）和伴矿景天与芹菜间作（Sed+Cel）。伴矿景天连续收获 5 季（第 1 季留茬），第 1 季收获时无芹菜，从第 2 至第 5 季芹菜共收获 4 次（骆永明等，2015）。连续 5 季，间作处理的伴矿景天和芹菜地上部总生物量是单作处理的 1.57 倍和 1.38 倍。与芹菜间作，伴矿景天地上部 Zn 浓度较单作增加，但差异不显著（图 8-1）。间作处理的伴矿景天地上部 Cd 浓度并不稳定，第 1 季和第 5 季收获的伴矿景天 Cd 浓度高于单作处理，而第 2、3、4 季收获则低于单作处理。

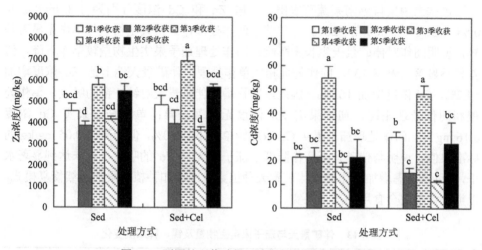

图 8-1　不同处理伴矿景天地上部 Zn 和 Cd 浓度

芹菜地上部 Zn 浓度随着收获次数的增加而显著增加，第五季收获时单作与间作处理分别比第 2 季收获高出 2.36 倍和 2.05 倍（图 8-2）。单作处理芹菜地上

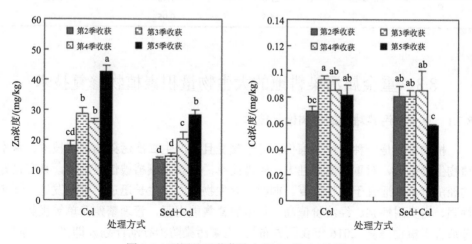

图 8-2　不同处理芹菜地上部 Zn 和 Cd 浓度

部 Zn 浓度显著高于间作处理，表明与伴矿景天间作可以显著降低芹菜对 Zn 的吸收。而第 2 至 4 季芹菜地上部 Cd 浓度在单作和间作之间差异不显著，第 5 季收获的间作处理芹菜地上部 Cd 浓度显著低于单作处理。因此，与伴矿景天间作，并未增加芹菜对 Cd 的吸收，同时明显抑制了芹菜对 Zn 的吸收。

6. 伴矿景天与茄子间作

供试土壤采自苏南某蔬菜农田，土壤 Zn 和 Cd 浓度分别为 111 mg/kg 和 0.53 mg/kg（骆永明等，2015）。与茄子间作处理伴矿景天生物量与单作无显著差异，说明间作对伴矿景天生长无影响；间作处理茄子果实生物量较单作下降，但差异不显著（表 8-13）。间作处理相比单作处理，伴矿景天地上部 Zn 浓度增加 54.7%，Cd 浓度增加 16.9%。因此，间作增加伴矿景天对锌、镉的吸收。单作处理和间作处理相比，茄子果实 Zn 浓度无显著差异；单作茄子果实 Cd 浓度 0.16 mg/kg，间作处理茄子果实 Cd 浓度较单作下降 50%，但仍高出 0.05 mg/kg 的标准限值。说明与伴矿景天间作降低了茄子果实对 Cd 的吸收，虽未达到显著水平，但可以考虑增加间作处理伴矿景天种植数量或增加种植年限的连续修复模式，以期获得能安全食用的茄子果实。

表 8-13　伴矿景天与茄子果实生物量及镉、锌浓度变化

植物	处理	生物量/（g/株）	Zn 浓度/（mg/kg）	Cd 浓度/（mg/kg）
伴矿景天	单作	0.86	2056	124
	间作	0.82	3181	145
茄子	单作	21.8	1.06	0.16
	间作	15.5	0.95	0.08

8.3　重金属污染耕地的大生物量积累植物修复技术

8.3.1　重金属污染耕地的柳树修复技术

植物修复是一种原位、廉价、易于接受且不产生二次污染的修复技术。木本植物生物量大，对重金属耐性大，管理简单，兼具土壤植被恢复功能，具有良好的经济价值，适宜于植物修复。柳树具有生物量大、生长迅速、根系发达、适应性强、污染耐性强、经济价值高、重金属富集能力强、管理繁殖简单等优势，十分适宜于植物修复。2016 年我国颁布的《土壤污染防治行动计划》，即"土十条"，提出"要结合当地主要作物品种和种植习惯，制定实施受污染耕地安全利用方案，采取农艺调控、替代种植等措施，降低农产品超标风险"。通过种植柳树代替粮食作物，不仅可以修复重金属污染土壤，还可作为绿化和能源植物，产生经济效益，解决传统植物修复技术后续处理难题，符合"土十条"对于污染土壤安全利用的要求。

1. 富集型柳树筛选

柳树对 Cd 等具有较高的富集能力，并能转移至地上部，通过收割地上部达到修复重金属污染土壤的目的。柳树繁殖、种植、管理极其简便，通过扦插就可大规模种植，而且收割地上部后，可重新发芽，生物量甚至更大。因此，柳树是一种良好的植物修复树种。但不同品种，甚至不同基因型的柳树富集重金属的能力、生长速度、抗胁迫耐性等都明显不同。筛选高生物量、高重金属富集的修复型柳树对提高植物修复效率具有重要意义。

在江苏省某重金属 Cd 污染农田（pH 8.25；Cd 浓度 0.91 mg/kg）上开展的柳树高积累品种筛选试验表明，159 种不同基因型柳树在重金属污染土壤中生长速率差异明显，茎的生物量最低仅为 6.08 g/株，而基因型 1011 茎生物量可达 50.05 g/株。叶生物量最低 3.33 g/株，最高 23.31 g/株。相同的时间内，基因型 1011 生物量更高，生长速度更快。同时不同基因型柳树茎中 Cd 浓度也具有明显的差别，茎中 Cd 浓度范围为 1.56～5.91 mg/kg，叶中 Cd 浓度范围为 2.80～8.43 mg/kg。所有基因型柳树地上部（茎、叶）生物富集系数均大于 1，茎生物富集系数最高为 6.51，叶生物富集系数最高为 9.27，柳树对重金属 Cd 具有良好的富集作用，证明柳树以生物富集吸收土壤中的镉，有效地降低土壤中镉浓度。柳树组织中重金属 Cd 含量基本遵循叶>茎>根，污染土壤中重金属 Cd 被根部吸收并转移至地上部。因此在重金属污染的土壤中种植柳树，并通过轮伐收割地上部，可以降低土壤中 Cd 的含量，达到修复的目的。

植物提取效率与地上部生物量和重金属富集浓度直接相关。虽然重金属 Cd 生物富集系数不是最高，但基因型 1011、172 的生物量远高于其他基因型，重金属提取量也远高于其他基因型。另外基因型 2345 富集 Cd 浓度较高，总提取量也比较高。综上，在相同的生长时间内，基因型 1011、172、2345 地上部富集的重金属 Cd 明显高于其他基因型。通过扦插种植选育的三种修复型柳树，可有效提高植物修复效率，尤其是基因型 1011（金丝垂柳），具有良好的经济价值，修复后的柳树可作为苗木出售，实现重金属污染土壤的安全利用。

2. 基因型 1011 柳树对 Cd 耐受性研究

在实验室研究筛选的柳树基因型对重金属的耐受性，对柳树在重度污染土壤的推广应用具有重要的指导意义。选择长约 20 cm，直径 2 cm，粗细均匀的一年生插条，插入含不同浓度 Cd（0 mg/L、5 mg/L、10 mg/L、20 mg/L、25 mg/L）的营养液中，温室内培养 15 d，分析植物各组织内的重金属含量。由表 8-14 可见，除 5 mg/L Cd 处理下的叶外，茎、根在各浓度镉处理下相对干重都有显著的下降。即使在高浓度的 Cd（25 mg/kg）处理下，叶、茎和根的相对干重分别减少了 25.5%、22.7% 和 31.6%。为了进一步阐明 Cd 浓度增加与基因型 1011 柳树生长之间的联系，相对损伤比计算结果表明，随着 Cd 浓度从 5 mg/L 增加到 25 mg/L，相对损伤比也明显增加。试验所设的镉浓度下，基因型 1011 柳树的生长受到一定的抑制，但在整个试验期间，即使在最高的镉浓度（25 mg/L）下，基因型 1011 柳树也能够很好地生存下来。镉的胁迫对基因型 1011 柳树生长的相对损伤比也都低于 0.032，说明基因型 1011 柳树对镉有较好的耐性。而在实际的污染土壤中，Cd 浓度很少超过 10 mg/kg，并且土壤中的重金属有多种形态，生物有效性相应较低，因此基因型 1011 柳树具有较强的重金属污染耐性，可广泛用于中轻度、重度污染土壤的修复。

表 8-14　镉暴露下金丝垂柳叶、茎和根的相对干重和相对损伤比的变化

处理 /（mg/L）	叶		茎		根	
	相对干重	相对损伤比	相对干重	相对损伤比	相对干重	相对损伤比
0	1	0	1	0	1	0
5	1.015	−0.015	0.973	0.027	0.962	0.038
10	0.962	0.038	0.945	0.055	0.924	0.076
20	0.879	0.121	0.821	0.179	0.798	0.202
25	0.745	0.255	0.773	0.227	0.684	0.316

注：相对干重=处理样品重/对照样品重；试验中，每株植物叶、茎、根的平均干重分别为（2.54±0.17）g、（1.52±0.12）g 和（3.15±0.22）g；相对损伤比=（对照样品重−处理样品重）/对照样品重。

3. 根际微生物与柳树修复

在江苏省南部某轻度污染（pH 8.25、Cd 浓度 0.97 mg/kg）和河南省西北某重度污染（pH 8.31、Cd 浓度 4.19 mg/kg）耕地种植三种基因型柳树，生长六个月后采集每个基因型的根际土壤和非根际土壤，利用高通量测序技术测定根际细菌和真菌的微生物群落，鉴定有益微生物（根际促生菌、菌根真菌等），并研究其与柳树提取重金属特性的关系。结果表明，不同基因型柳树根际微生物群落显著不同，且这种差异与重金属的积累密切相关。基因型 1011 柳树招募更多利于植物生长的微生物（如丛植菌根、吲哚乙酸产生菌等）在根际定植，来增加自身生物量，而促进重金属吸收的微生物在基因型 2345 柳树的根际丰度更高。

4. 尿素强化柳树修复土壤重金属镉污染

柳树地上部的生物量在施加 0.4 g/kg 尿素后显著增加。与生物量增加一致的是，施加尿素后柳树的净光合速率、叶绿素 a、叶绿素 b 也显著增加。尿素的施用对 DTPA 提取态镉的浓度没有产生显著影响，但显著增加了镉胁迫下根、叶、韧皮和木质部的 Cd 积累。

8.3.2　重金属污染耕地的巨菌草修复技术

1. 巨菌草对重金属的富集能力

巨菌草是一种草本能源植物，具有根系发达、生物量巨大（鲜重 200~400 t/hm²，按 75%含水量计算干重可达 50~100 t/hm²）、生长迅速、对重金属的绝对富集量较大等优点，具有较强的生态适应性和较高的生态价值，将其应用于重度重金属污染土壤的修复，可在逐步降低土壤重金属含量的同时改善土壤环境，并获得一定的经济效益。

将巨菌草作为修复植物，与对铜具有较强的耐受富集能力的海州香薷、具有极强生态适应性的香根草以及当地土著植物金色狗尾草进行对比试验，以某冶炼厂周边农田污染土壤为供试对象，投加 0.21%的石灰（以 0~20 cm 表层土壤质量计），从土壤-植物系统来评价石灰处理对污染土壤 Cu 和 Cd 的钝化效果，并对比不同植物的修复效果（徐磊等，2014）。结果表明，4 种植物与石灰联合后，土壤 pH 均较对照处理有了显著提高，并且随着时间的推移，土壤 pH 均有一定程度的降低，但降低幅度并不明显。石灰联合修复均降低了土壤有效态 Cu、Cd 的含量。4 种植物与石灰联合后均有一定的生产潜力，在鲜重方面，以巨菌草最大，并与其他 3 种植物形成显著性差异，海州香薷和金色狗尾草次之，香根草最小。但由于金色狗尾草含水率较高，使得干重表现为巨菌草＞海州香薷＞香根草＞金色狗尾草，分别达到 25.25 t/hm²、10.53 t/hm²、3.86 t/hm² 和 1.67 t/hm²。4 种植物对 Cu、Cd 均有一定的吸收和富集能力，对 Cu 的生物富集系数，香根草（LV）最大，海州香薷（LE）次之，而对 Cd 的生物富集系数则表现为海州香薷最强，香根草次之，巨菌草和金色狗尾草对 Cu 和 Cd 也有一定的吸收能力，但都处于较低水平。在评价植物对重金属污染土壤的修复潜力中，主要考虑其绝对富集量，4 种植物对同一种重金属的绝对富集量差异显著，以巨菌草对 Cu、Cd 的绝对富集量最大，达到 3781 g/hm² 和 28.8 g/hm²，海州香薷和香根草对 Cu、Cd 的绝对富集量也相当可观，分别达到 2706 g/hm²、27.3 g/hm² 和 1261 g/hm²、5.1 g/hm²，金色狗尾草在对 Cu、Cd 的绝对富集量上都是最低的，只有 247 g/hm² 和 1.72 g/hm²。

2. 巨菌草强化修复

通过盆栽试验（土壤为 8.5 kg/盆），研究了不同剂量的磷灰石（0.6%和 1.2%）和石灰（0.2%和 0.4%）对 Cu 和 Cd 污染土壤（pH4.46，Cu 浓度 823 mg/kg，Cd 浓度 0.85 mg/kg）的改良作用，并评估了巨菌草在不同处理下对土壤重金属的富集效果（崔红标等，2013）。研究结果表明，磷灰石和石灰处理均显著提高了土壤溶液和土壤的 pH，其表现为 0.4%石灰>0.2%石灰>1.2%磷灰石>0.6%磷灰石>对照，且土壤溶液中和土壤有效态 Cu 和 Cd 含量均随磷灰石和石灰的添加量增加而降低。改良剂的添加显著增加了巨菌草的生物量，其中 0.4%石灰处理中巨菌草生物量最高，地上部和根生物量分别为 61.5 g 和 10.3 g；改良剂降低了巨菌草对重金属的吸收，巨菌草地上部中 Cu 和 Cd 的浓度范围分别为 28.0～963 mg/kg 和 0.87～5.54 mg/kg。综合计算累积量，0.4%石灰处理最高，为 6.14 mg Cu 和 0.07 mg Cd，其次是 0.2%石灰处理。与石灰相比，尽管磷灰石在维持较低活性 Cu 和 Cd 的能力方面具有更好的稳定性，但是高剂量的石灰更能有效帮助巨菌草富集更多的重金属。

8.3.3　重金属污染耕地的牧草修复技术

1. 牧草对重金属的耐性

牧草因其适应性强、固土力强，且具有抗旱性、抗寒性、耐热性、耐盐性、耐重金属等抗逆性，是恶劣环境中良好的植被修复物种。多数牧草是优良的饲草，也可作为景观草坪草，有些还用作生物质能源植物。牧草应用于植物修复中最大的优点是其生长速率快、生物量大、能同时吸收多种重金属元素。目前，国内外有 10 余种牧草可应用于重金属污染土壤植物修复中，主要代表种类有多年生黑麦草、高羊茅、苜蓿、香根草、高丹草、杂交狼尾草等（朱阳春等，2018）。

为探究杂交狼尾草（*Pennisetum glaucum × purpureum*）对镉胁迫的响应机制，采用盆栽试验，研究了不同浓度 Cd 胁迫下其对必需微量金属元素铁（Fe）、锌（Zn）、锰（Mn）、铜（Cu）的吸收、转运（吴娟子等，2023）。结果表明：杂交狼尾草在 26～70 mg/kg Cd 处理下，株高、分蘖数和生物产量均显著降低（$p<0.05$）；60 mg/kg Cd 处理下根中 Fe、Zn 含量显著增加；Mn 含量略有增加；70 mg/kg Cd 处理下根中 Fe、Zn、Mn 含量均显著增加，增幅分别高达 97.69%、45.14%和 13.00%。Cd 处理显著降低杂交狼尾草地上部 Mn 含量，对地上部 Fe、Zn、Cu 含量无显著影响。Cd 胁迫增大了杂交狼尾草根部 Fe 和 Zn 吸收系数、减小了地上部 Zn 和 Mn 吸收系数，降低了 Fe、Zn、Mn 向上运输的能力。60～70 mg/kg Cd 胁迫下杂交狼尾草根中 Cu 含量略有增加、地上部 Cu 含量略有下降（$p>0.05$），Cu 向上转运能力被显著抑制（$p<0.05$）。Cd 处理下叶片硝酸还原酶活性显著下降（$p<0.05$），谷胱甘肽过氧化物酶活性显著升高（$p<0.05$）。这些结果说明，杂交狼尾草对 Cd 具有一定的耐受性，地上部 Fe、Zn、Cu 水平无显著变化、Mn 水平被抑制，Mn 相关酶活性变化大。这为开发缓解 Cd 毒害的生理阻控材料提供了科学依据。

2. 杂交狼尾草修复重金属污染土壤

通过盆栽试验，研究了杂交狼尾草及其与微生物菌剂联合，对土壤镉的去除效果。结果表明（表 8-15），杂交狼尾草处理能够降低土壤镉含量，单独杂交狼尾草土壤镉提取量为 9.29 g；促生菌能够增加杂交狼尾草对镉的吸收，杂交狼尾草+促生菌处理土壤镉的提取量为 10.9 g，比单独狼尾草处理增加 1.61 g。

表 8-15　杂交狼尾草植物移除试验土壤镉含量与植物提取量

编号	处理	移除前/（mg/kg）	移除后/（mg/kg）	植物提取量/g
H1	杂交狼尾草	0.647	0.592	9.29
H2	杂交狼尾草+巨大芽孢杆菌	0.647	0.592	9.22
H3	杂交狼尾草+促生菌	0.647	0.582	10.9

8.4　重金属污染耕地的植物修复江苏实践

8.4.1　伴矿景天修复应用

2016 年 11 月，在苏南某重金属镉污染农田 A1 区种植伴矿景天，面积 2 亩。2017 年 7 月对 A1 区伴矿景天的检测表明，伴矿景天地上部 Cd 浓度 66.1～125.7 mg/kg，平均 98.1 mg/kg，平均产量为 150 kg/亩，通过植物地上部带走的 Cd 平均为 14.71 g/亩，折算土壤 Cd 浓度平均降低 0.118 mg/kg；修复前耕层土壤 Cd 浓度平均为 1.16 mg/kg，修复一季后土壤 Cd 平均去除率为 10.2%。

2017 年 11 月扩大伴矿景天种植面积到 5 亩，即 A1 和 A2 地块。2018 年 6 月采样分析结果表明，A1 伴矿景天地上部 Cd 浓度 77.1～107.1 mg/kg，平均 96.5 mg/kg；地上部 Zn 浓度 830～2606 mg/kg，平均 1959 mg/kg。A2 伴矿景天地上部 Cd 浓度 72.7～98.7 mg/kg，平均 83.6 mg/kg；地上部 Zn 浓度 2295～2936 mg/kg，平均 2565 mg/kg。A1 和 A2 伴矿景天地上部生物量（干重）为 120～203 kg/亩，平均 172 kg/亩。伴矿景天地上部 Cd 吸收量 A1 为 16.60 g/亩、A2 为 14.38 g/亩，折算土壤 Cd 浓度 A1 和 A2 平均降低 0.133 mg/kg、0.115 mg/kg。A1 地块土壤起始 Cd 浓度平均为 1.16 mg/kg，2017 年 11 月～2018 年 6 月，折算土壤 Cd 的去除率为 11.5%；A2 地块土壤起始 Cd 浓度平均为 0.93 mg/kg，2017 年 11 月～2018 年 6

月，折算土壤 Cd 的去除率为 12.4%。

2018 年 10 月，优化了伴矿景天的种植管理与调控，A1 和 A2 地块分别增施了硫肥 50 kg/亩、100 kg/亩，敷设地膜，进一步加强了对水分、养分、杂草等的控制。2019 年 5 月采样，分析结果如下：A1 硫肥 50 kg/亩和 A2 硫肥 100 kg/亩处理伴矿景天地上部产量分别为 229 kg/亩和 258 kg/亩，比上一年度显著提高；A1 硫肥 50 kg/亩处理地上部 Cd 浓度 100～149 mg/kg，平均 121 mg/kg，比上一年度提高了 25.4%；A2 硫肥 100 kg/亩处理地上部 Cd 浓度 97～216 mg/kg，平均 139 mg/kg，比上一年度提高了 66.3%；A1 和 A2 地上部 Cd 吸收量平均达到 27.71 g/亩和 35.86 g/亩，折算土壤镉浓度降低 0.222 mg/kg 和 0.287 mg/kg，土壤镉去除率为 19.1%和 30.9%。

2019 年 10 月，继续在 A1 和 A2 地块种植伴矿景天，敷设地膜，进一步加强了对水分、养分、杂草、害虫等的控制。2020 年 5 月采样分析，结果表明：硫肥 50 kg/亩和 100 kg/亩处理第二年，A1、A2 地块伴矿景天地上部平均产量分别为 308 kg/亩和 277 kg/亩，地上部平均 Cd 浓度分别为 80.2 mg/kg 和 72.1 mg/kg，折算土壤镉浓度降低 0.198 mg/kg 和 0.160 mg/kg，土壤镉去除率为 17.1%和 17.2%。土壤监测的结果表明，硫肥对土壤 pH 和有效态镉产生显著影响。硫肥施加前 A1 和 A2 地块的土壤 pH 分别为 6.68 和 6.12，2018 年 10 月分别施加硫肥 50 kg/亩和 100 kg/亩后，2019 年 5 月土壤 pH 分别降低到 6.07 和 5.30，而 2020 年 5 月继续降低到 5.01 和 4.13。施加硫肥后，2019 年 5 月土壤 $CaCl_2$ 提取态 Cd 浓度较施加前有所升高，而 2020 年 5 月，则进一步升高到了 0.075 mg/kg 和 0.090 mg/kg。这主要是元素硫在氧化过程中产酸，降低了土壤 pH，提高了镉生物有效性，也相应促进了伴矿景天对 Cd 的吸收和对土壤 Cd 的去除。

对 2016～2020 年修复效率进行综合评估。从土壤 Cd 去除效率看（表 8-16，表 8-17），A1 地块修复前土壤 Cd 浓度 1.16 mg/kg，从 2016～2020 年累计种植伴矿景天 4 季，植物累计带走 Cd 为 0.671 mg/kg，修复后土壤 Cd 浓度理论值（修复前减植物带走量）为 0.498 mg/kg，基于植物的修复效率为 57.8%，修复后土壤 Cd 浓度实测值为 0.52 mg/kg，基于土壤的实测修复效率为 55.2%。A2 地块修复前土壤 Cd 浓度 0.93 mg/kg，从 2017～2020 年累计种植伴矿景天 3 季，植物累计带走 Cd 为 0.562 mg/kg，修复后土壤 Cd 浓度理论值（修复前减植物带走量）为 0.368 mg/kg，基于植物的修复效率为 60.4%，修复后土壤 Cd 浓度实测值为 0.34 mg/kg，基于土壤的实测修复效率为 63.4%。基于植物和基于土壤的修复效率基本吻合。

综合计算，A1 和 A2 两块地通过每年 10 月～11 月到次年 5～6 月种植伴矿景天 3～4 季，土壤 Cd 浓度从 1.16 mg/kg 下降到 0.52 mg/kg，从 0.93 mg/kg 下降到了 0.34 mg/kg，累计降低 55.2%～63.4%，平均为 59.3%。修复后土壤 Cd 浓度已经接近或低于 GB 15618—2018 的风险筛选值，污染风险大大降低。

表 8-16　苏南某地 2016～2020 年伴矿景天对镉的吸取修复效率

修复周期	地块	处理	地上部 Cd 浓度/（mg/kg）	地上部 产量/（kg/亩）	地上部 Cd 吸收量/（g/亩）	折算土壤 Cd 浓度降低/（mg/kg）	土壤 Cd 浓度降低率/%
2016 年 11 月～2017 年 7 月	A1	—	98.1	150	14.71	0.118	10.2
2017 年 11 月～2018 年 6 月	A1	覆膜	96.5	172	16.60	0.133	11.5
	A2	覆膜	83.6	172	14.38	0.115	12.4
2018 年 10 月～2019 年 5 月	A1	硫肥 50 kg/亩	121	229	27.71	0.222	19.1
	A2	硫肥 100 kg/亩	139	258	35.86	0.287	30.8
2019 年 10 月～2020 年 5 月	A1	延续	80.2	308	24.70	0.198	17.0
	A2	延续	72.1	277	19.97	0.160	17.2
累计	A1（4 季）		—	—	83.72	0.671	57.8
	A2（3 季）				70.21	0.562	60.4

注：耕层深度按 15 cm；土壤容重按 1.25 g/cm³；A1 土壤初始 Cd 浓度 1.16 mg/kg，A2 土壤初始 Cd 浓度 0.93 mg/kg。

表 8-17　苏南某地 2016～2020 年伴矿景天修复过程土壤 Cd 浓度变化

地块	修复前土壤起始浓度/（mg/kg）	植物累计带走/（mg/kg）	修复前-植物带走/（mg/kg）	基于植物的修复效率/%	土壤实测值/（mg/kg）	实测修复效率/%	基于土壤的平均修复效率/%
A1（4 季）	1.16	0.671	0.489	57.8	0.52	55.2	59.3
A2（3 季）	0.93	0.562	0.368	60.4	0.34	63.4	

8.4.2　柳树修复应用

在苏南某重金属 Cd 污染土壤开展了柳树修复示范。此污染土壤中 pH 为 5.5～6.5，Cd 的浓度普遍大于 8.0 mg/kg，最高可达 22 mg/kg，远远超过现行的农用地土壤污染风险筛选值和管制值，生长在此土壤中的水稻和小麦籽粒中 Cd 含量严重超标，属 Cd 重度污染土壤。本研究以金丝垂柳（基因型 1011）作为替代种植品种，进行污染土壤修复。

柳树扦插种植后，在不同时期采集植物及土壤样品，分析重金属 Cd 的含量，研究其富集规律。无性系 1011 在重度重金属污染耕地中种植 1 年后，生物量 328.8 g/株（干重），生长 2 年后，生物量达 1.55 kg/株，根据种植密度，可计算出每亩生物量为 3.10 t。这说明选育的金丝垂柳（基因型 1011），生长迅速，生物量极大，为重金属的富集奠定了良好的基础。

不同时期金丝垂柳（基因型 1011）各组织可以高度富集 Cd，不同时期柳树组织中 Cd 的含量基本无差异。因土壤中重金属污染严重，且生物有效性高，粗枝中 Cd 浓度在 20 mg/kg 以上，细枝在 50 mg/kg 以上，叶中 Cd 浓度可达到 100 mg/kg。柳树各组织 Cd 的含量：叶>细枝>根>粗枝。植物的叶片是植物代谢最活跃的器官，是生命代谢功能性化合物（如游离氨基酸、多肽、核酸）含量最集中的部位，这些物质可以与重金属形成络合物，因此柳树叶中 Cd 含量大于其他组织。柳树茎秆和枝叶中重金属转移系数均大于 1，说明柳树可以富集 Cd 并转移至地上部，从而达到重金属污染耕地的修复。

根据柳树地上部各组织生物量与重金属 Cd 浓度，计算金丝垂柳（基因型 1011）地上部 Cd 提取量，第一年金丝垂柳（基因型 1011）地上部 Cd 提取量 15.69 mg/株，种植两年 Cd 提取量 56.78 mg/株。按照种植密度以及表层土壤（按 20 cm 计）中平均重金属 Cd 浓度，金丝垂柳（基因型 1011）对此重度污染土壤的修复效率为：种植一年 1.33%，种植两年 4.80%。

金丝垂柳（基因型 1011）生长两年后，胸径可达 3～4 cm，可以作为绿化苗木出售，进而产生经济效益。胸径 3 cm 的金丝垂柳的市场价格约为 3 元/株，每亩可产生毛利 2200 株×3 元/株=6600 元，减去修复支出 4000 元（插穗、田间管理等），两年可产生经济效益 2600 元，平均每年净收入 1300 元，经济效益大于种植粮食作物。

以金丝垂柳代替种植的植物修复技术克服了传统植物修复技术生物量低、管理烦琐、需后续处理等缺点，边生产、边修复，可实现重度重金属污染土壤安全利用。以金丝垂柳为核心的植物修复技术还具有良好的景观、生态效益，为我国污染土壤的安全利用提供一条切实可行的技术方案。该技术在江苏省常州市、常熟市、宜兴市，河南省济源市等推广应用，推广面积超过 50 亩，均取得了良好的效果。

参 考 文 献

曹艳艳, 胡鹏杰, 程晨, 等. 2018. 稻季磷锌处理对水稻和伴矿景天吸收镉的影响[J]. 生态与农村环境学报, 34(3): 247-252.

崔红标, 梁家妮, 周静, 等. 2013. 磷灰石和石灰联合巨菌草对重金属污染土壤的改良修复[J]. 农业环境科学学报, 32(7): 1334-1340.

骆永明, 吴龙华, 胡鹏杰, 等. 2015. 镉锌污染土壤的超积累植物修复研究[M]. 北京: 科学出版社.

沈丽波, 吴龙华, 韩晓日, 等. 2011. 养分调控对超积累植物伴矿景天生长及锌镉吸收性的影响[J]. 土壤, 43(2): 221-225.

沈丽波, 吴龙华, 谭维娜, 等. 2010. 伴矿景天-水稻轮作及磷修复剂对水稻锌镉吸收的影响[J]. 应用生态学报, 21(11): 2952-2958.

汪洁, 沈丽波, 李柱, 等. 2014. 氮肥形态对伴矿景天生长和锌镉吸收性的影响研究[J]. 农业环境科学学报, 33(11): 2118-2124.

吴广美, 王青玲, 胡鹏杰, 等. 2020. 镉污染中性土壤伴矿景天修复的硫强化及其微生物效应[J]. 土壤, 52(5): 920-926.

吴娟子, 钱晨, 刘智微, 等. 2023. 镉胁迫下杂交狼尾草微量元素 Fe、Zn、Mn、Cu 的吸收和转运[J]. 草业科学, 40(1): 133-143.

吴龙华. 2021. 伴矿景天的栽培和修复原理与应用[M]. 北京: 科学出版社.

徐磊, 周静, 梁家妮, 等. 2014. 巨菌草对 Cu、Cd 污染土壤的修复潜力[J]. 生态学报, 34(18): 5342-5348.

赵冰, 沈丽波, 程苗苗, 等. 2011. 麦季间作伴矿景天对不同土壤小麦—水稻生长及锌镉吸收性的影响[J]. 应用生态学报, 22(10): 2725-2731.

朱阳春, 张振华, 钟小仙, 等. 2018. 牧草修复重金属污染土壤的研究进展[J]. 江苏农业科学, 46(4): 1-6.

Hu P J, Wang Y D, Przybyłowicz W J, et al. 2015. Elemental distribution by cryo-micro-PIXE in the zinc and cadmium hyperaccumulator *Sedum plumbizincicola* grown naturally[J]. Plant and Soil, 388(1): 267-282.

Hu P J, Zhang Y, Dong B, et al. 2019. Assessment of phytoextraction using *Sedum plumbizincicola* and rice production in Cd-polluted acid paddy soils of South China: A field study[J]. Agriculture, Ecosystems & Environment, 286: 106651.

Wu G M, Hu P J, Zhou J W, et al. 2019. Sulfur application combined with water management enhances phytoextraction rate and decreases rice cadmium uptake in a *Sedum plumbizincicola - Oryza sativa rotation*[J]. Plant and Soil, 440(1): 539-549.

Wu L H, Zhou J W, Zhou T, et al. 2018. Estimating cadmium availability to the hyperaccumulator *Sedum plumbizincicola* in a wide range of soil types using a piecewise function[J]. Science of the Total Environment, 637/638: 1342-1350.

Zhou J W, Wu L H, Zhou T, et al. 2019. Comparing chemical extraction and a piecewise function with diffusive gradients in thin films for accurate estimation of soil zinc bioavailability to *Sedum plumbizincicola*[J]. European Journal of Soil Science, 70(6): 1141-1152.

Zhou T, Wu L H, Christie P, et al. 2018. The efficiency of Cd phytoextraction by *S. plumbizincicola* increased with the addition of rice straw to polluted soils: The role of particulate organic matter[J]. Plant and Soil, 429(1): 321-333.

第9章 重金属污染耕地的种植结构调整技术

对于重金属重度污染耕地，通过常规的钝化、低积累品种、农艺调控等手段都很难保障食用农产品达标生产，这类耕地需要进行种植结构调整，通过非食用作物替代种植或休耕制度来实现受污染耕地的安全利用。本章围绕重金属重度污染耕地种植结构调整，阐释重金属污染耕地的休耕与轮作修复技术，介绍能源植物、纤维植物、绿化苗木等非食用经济作物替代种植技术。

9.1 重金属污染耕地的休耕与轮作修复技术

9.1.1 重金属污染耕地休耕轮作制度

我国耕地长期过度利用，需要休养生息。由于长期对耕地进行掠夺性开发利用，导致许多耕地面临严峻的可持续利用问题。例如，据《中国地质环境报告（2014年度）》，粮食主产区的华北平原地下水漏斗区面积达 $7.6×10^4$ km²；据 2014 年《全国土壤污染状况调查公报》，全国耕地污染物点位超标率为 19.4%，主要为镉、镍、铜、砷、汞、铅等重金属离子和滴滴涕、多环芳烃等有机污染物；据 2012 年《中国石漠化状况公报》，石漠化涉及西南地区和中南地区 8 个省（区、市）455 个县，与 2005 年相比，发生在耕地上的石漠化土地面积增加了 $4.34×10^4$ hm²，年均增加 $0.72×10^4$ hm²，部分坡耕地质量进一步下降。因此，转变耕地利用方式，由短期过渡性利用向长久保护型利用转变，首先要在地下水漏斗区、重金属污染区和生态严重退化区实行休耕试点，让受损的耕地恢复健康（陈展图和杨庆媛，2017）。

2016 年我国开始探索实行耕地休耕轮作制度，提出在地下水漏斗区、重金属污染区和生态严重退化地区开展休耕试点。这是我国农村耕地制度的一次战略性改革，既有利于耕地休养生息和农业可持续发展，又有利于平衡粮食供求矛盾、稳定农民收入、减轻财政压力。休耕轮作制度是解决农业生态环境恶化、水资源相对短缺、粮食生产结构性失衡等问题的国际通行做法，美国、日本和欧盟等地已经实行多年轮作休耕政策和计划，探索出适合本土的模式，如美国的市场竞标机制，我国台湾省"小地主大佃农"政策等，在"藏粮于地"和保护耕地资源方面取得较好成效（寻舸等，2017）。

但我国区域类型多样，在区域层面，应基于各自的问题导向、资源本底和耕地利用特点，针对性地设计差异化的休耕模式。第一，地下水漏斗区——节水保水型休耕模式。该区域土地利用的主要问题是地下水过度抽取，水位下降。休耕模式的设计要以减少耗水量大的作物种植面积，以补充地下水为导向，通过实施休耕，减少对地下水的开采。因此，该区域要探索节水保水型休耕模式，重点考虑地下水资源开采的承载能力，在休耕地推广既能肥地而需水量又少的作物，以及休耕对地下水回补的影响，重塑水土平衡。政府应通过实行最严格的地下水管理制度、探索"水票"制度、发展节水型农业等，形成在地下水漏斗区实行休耕的优化模式。第二，重金属污染区——清洁去污型休耕模式。该区域土地利用的主要问题是土壤污染严重，休耕的目的是通过生物、化学等措施将重金属污染物从耕地中提取出来，防止重金属污染物危害食品安全。重金属污染区要探索清洁生产模式，通过实施休耕减少或切断土壤污染来源，使土壤逐渐恢复健康。对该区域休耕模式的设计需要重点研究土壤污染类型及污染物迁移规律，研究将重金属从土壤中剥离的技术手段。政府应加强对土壤污染的监测，通过客土、种植非食源性经济作物、抑制重金属吸收等措施，形成重金属污染区的休耕模式。第三，生态严重退化区——生态修复型休耕模式。该区域水土流失、石漠化、荒漠化等生态问题突出，休耕的主要目的是缓解生态压力，降低人类活动对生态系统的干扰程度，使生态系统得到恢复完善。对该区域休耕模式的设计重点考虑生态环境承载力，建立土地生态安全评价模型，对当地土地生态状况进行科学把握，确定土地生态安全阈值，划定土地生态安全红线。要严密监测生态严重退化区休耕产生的生态效应（石漠化地区休耕的正面效应是明显的，但是也有可能出现负面效应，如玉米秸秆在很多农村是燃料来源，休耕后农民缺乏燃料，可能会砍伐薪材，从而引起新的生态退化），保持政策的灵活性。与地下水漏斗区、重金属污染区的局部性相比，土地生态问题是全域问题，尤其是生态严重退化区往往与经济发展水平低等社会问题叠加，是该类型区域休耕模式设计必须考虑的因素。休耕年限、补助标准、补助方式等都应因地制宜进行差异化设计。

目前，我国在重金属污染区进行的休耕轮作模式主要有改种作物和品种、改良土壤、科学灌溉、控制吸收和"VIP+n"创新污染治理模式（黄国勤和赵其国，2018）。重金属污染区耕地休耕试点区域主要在湖南长株潭重金属超标的重度污染区。根据《湖南重金属污染耕地治理式休耕试点 2016 年实施方案》，长株潭地区在 2016 年开展了 10 万亩重金属污染耕地连年休耕制度试点，全年休耕试点每年每亩补助 1300 元（含治理费用）。截至 2018 年，全国轮作休耕面积较 2016 年翻了两番，已达 2400 万亩，湖南省的试点区域更是扩展到 30 万亩（谢雪，2018）。

张子叶等（2017）以镉污染稻田为对象，研究休耕期间采用水分管理和施用石灰组合措施对土壤理化性状，及复耕后水稻产量和稻米 Cd 含量的影响。结果表明：与干旱处理相比，休耕淹水处理的土壤 pH 下降，土壤有机质和阳离子交换量分布提高，并降低了土壤有效态镉和稻米镉含量；干旱或淹水休耕，水稻产量均增加；施用石灰显著降低了稻米镉含量，其作用效果随石灰用量的增加呈线性增加趋势，每施用石灰 1000 kg/hm²，土壤 pH 提高 0.24 个单位、土壤有效态 Cd 含量降低 0.0075 mg/kg；干旱休耕时，晚稻降低稻米 Cd 含量效果最佳的石灰施用量为 5120 kg/hm²，稻米 Cd 含量为 0.12 mg/kg；淹水休耕时，晚稻降低稻米 Cd 含量效果最佳的石灰施用量为 4636 kg/hm²，稻米 Cd 含量为 0.10 mg/kg。总体结果表明，镉污染稻田采取淹水+石灰的休耕模式更有利于降低复耕后稻米 Cd 含量。

然而，由于重金属污染区耕地休耕试点还处于起步阶段，诸多问题还处于探索阶段。为做好重金属污染区耕地休耕工作，首先要探明重金属污染区农户的决策行为及其影响因素。农户作为微观主体，是政策的执行者，其休耕的受偿意愿以及行为对政策能否成功实行至关重要。生态补偿机制的成功不仅需要先进的技术手段，也需要当地农户自始至终的支持。因此，结合农户的休耕受偿意愿和其决策行为才能保障重金属污染区耕地休耕补偿措施的有效实施。

俞振宁等（2018）研究发现多元化的补偿政策对推进重金属污染耕地治理式休耕具有重要意义。利用湖南省茶陵县 247 户农户选择实验和特征数据，比较了重金属污染耕地治理式休耕试点村和非试点村农户对补偿方案的偏好，并分析了影响农户选择不同补偿方案的影响因素。研究结果表明，试点村和非试点村农户对补偿方案的偏好存在差异；收入补贴较高、治理投入较低、设置有优先参与权和复耕保险、休耕年限较长的补偿方案，更容易被农户选中；补偿方案属性和农户特征对试点村和非试点村农户选择不同补偿方案的影响也存在差异。重金属污染耕地治理式休耕补偿政策需要以稳定农户收益为基本原则，增加优先参与权、复耕保险等新的补偿措施，并重视对农户进行休耕宣传和培训等，从而提升农户休耕参与度。

谭永忠等（2018）分析了重金属污染耕地治理式休耕中农户满意度及其影响因素，研究发现：①超过 75%农户对参与休耕总体评价为满意，但农户对政府形象和政策功能的认识水平还需要进一步提高；②农户参与休耕满意度主要受到政府形象、农户期望、政策认知和感知价值的影响，除农户期望对农户满意度存在显著负向影响外，其余潜变量均对农户满意度具有显著正向影响；③农户期望与感知价值对农户满意度的影响较大，具体分析表明直接的经济利益以及农户对休耕后耕地直接经济价值和非市场价值提升的感知是影响农户参与休耕满意度的最主要因素。结果表明，政府需要完善休耕实施过程，树立良好政府形象；加大休耕宣传力度，提升农户政策认知；建立长期休耕试点规划，稳定农户休耕预期；确保农户收入不降低，权益不受损。

休耕轮作制度在我国是一项全新的制度安排，在确保国家粮食安全的基本原则下，科学推进耕地休耕轮作制度，是探索"藏粮于地、藏粮于技"的具体实施途径。然而，我国耕地资源紧张，粮食供给和粮食安全问题压力巨大，不宜对污染农田进行大面积的休耕。同时，治理性休耕制度需要完善相应的法律法规政策，需在技术支撑、资金保障、管理措施、效果评价等方面予以明确，这样才能确保休耕轮作制度有效运转和规范实施。

9.1.2　重金属污染耕地轮作修复联合技术

1. 不同种植制度对土壤重金属修复的影响

种植制度会长期影响土壤理化性质，不同种植制度和作物还田等措施对土壤重金属生物有效性和水稻重金属积累会产生不同的影响。

为了评估成都平原常规粮油种植模式下的重金属镉污染风险和经济效益，寻求稳定、高产且利于推广的安全种植模式，刘海涛等（2019）选取成都平原最常见的 6 种粮油作物，设置了小麦—玉米轮作、油菜—玉米轮作、小麦—红苕轮作、油菜—红苕轮作、小麦—大豆轮作、油菜—大豆轮作、小麦—水稻轮作、油菜—水稻轮作 8 种种植模式，在轻中度污染农田开展了两年田间试验，对各个种植模式的产量、经济产出，以及收获物、秸秆和土壤的重金属镉含量进行测定。结果表明，试验区最广泛使用的小麦—水稻轮作种植模式下的小麦和水稻籽粒镉含量均超标，存在极大的生产风险。而玉米—油菜轮作种植模式的籽粒镉含量最低，均未超标，能够实现安全生产，但经济产出较小麦—水稻轮作模式显著降低。油菜—水稻轮作模式的农田产出效益最大，而且相比种植小麦，种植油菜后，后茬水稻对应的重金属镉含量降低 70.2%。因此，综合生产和环境效益，将小麦—水稻轮作种植模式更换为油菜—水稻轮作模式是目前既能保证农民收益又能有效降低重金属镉污染风险的最佳措施。

同样，为比较不同种植制度对水稻籽粒铅、镉含量及变化的影响，罗芬等（2020）在衡阳市和岳阳市实施为期 3 年的大田定位试验，探究稻—稻—紫云英、稻—稻—冬闲和稻—稻—油菜 3 种不同种植制度下，水稻籽粒中铅和镉含量的高低及其变化趋势。结果表明，各种植制度的水稻籽粒铅、镉含量变化呈现出先升高后降低的趋势。实施种植制度 3 年后，相比于稻—稻—冬闲，稻—稻—油菜种植制度显著降低了早稻和晚稻籽粒镉含量，平均降低幅度分别为 23.9% 和 47.3%，稻—稻—紫云英和稻—稻—冬闲之间没有显著差异；相比于其他种植制度，稻—稻—紫云英种植制度会显著提高早稻和晚稻籽粒中镉含量，平均提高幅度分别为 50.4% 和 80.5%，稻—稻—冬闲和稻—稻—油菜之间没有显著差异。研究发现，与种植第一年相比，3 年后稻—稻—油菜种植制度能够显著提高衡阳市和岳阳市的土壤 pH，并显著降低土壤有效态铅含量（衡阳市除外）和有效态镉含量，稻—稻—紫云英种植制度会增加土壤的有效态铅含量（增幅分别为 17.51% 和 13.32%）。从季别来看，湖南省水稻品种'中早 339'在晚稻季收获的籽粒镉含量要显著高于早稻季 118.93%~429.11%，而在早稻季收获的籽粒铅含量要显著高于晚稻季 10.7%~59.2%。综合考虑，在南方重金属污染的多熟制地区，应选择稻—稻—油菜种植制度作为主流的种植制度。

为探讨不同植物 Cd 的积累特征及对 Cd 污染土壤的修复潜力，筛选便于推广的中轻度 Cd 污染农田土壤的植物修复模式，曹雪莹等（2022）通过田间试验，利用不同 Cd 吸收特性的水稻、油菜、油葵和伴矿景天等植物进行组合轮作，对土壤 Cd 生物有效性、植物不同部位 Cd 含量、生物富集系数、Cd 积累量及移除量进行研究。结果表明：不同轮作模式 Cd 移除量表现为伴矿景天与 Cd 高积累品种晚稻轮作>伴矿景天与 Cd 高积累油葵轮作>当地主栽品种早稻与 Cd 高积累品种晚稻轮作>当地主栽品种早稻与当地主栽品种晚稻轮作>Cd 高积累品种油菜与 Cd 高积累品种晚稻轮作，其中最大移除量达 150 g/hm²。因此伴矿景天与 Cd 高积累品种晚稻轮作对中轻度 Cd 污染农田修复潜力较大，可作为 Cd 污染农田修复治理的种植模式。除伴矿景天外的其他三种轮作模式，两茬植物地上部 Cd 积累量分别为 13.81~81.34 g/hm² 和 21.54~74.12 g/hm²，对土壤 Cd 也有一定的修复作用。

2. 水稻-油菜轮作修复

水稻-油菜轮作是我国南方稻区最常见的轮作模式之一，在重金属污染耕地轮作修复中占有重要地位。

我国是世界油菜生产大国，油菜也是我国最重要的油料作物和叶菜类蔬菜作物，2000 年以来，种植面积已经突破 733 万 hm²，总产量达到 1100 万 t 以上。油菜属于十字花科芸薹属植物，是吸收累积镉能力较强的一类作物。重金属通过根系被油菜吸收后，由于植物的自我解毒防御功能，土壤重金属在向上转运的过程中，经过根、茎和角果的 3 层过滤作用，使得重金属主要集中在油菜的根和叶中，进入籽粒的重金属大幅下降。此外，油菜主要作为油料作物种植，一般不对其直接食用。油菜籽粒中的重金属在榨油的过程中，部分进入菜籽油中，部分进入菜籽饼粕中，重金属镉从油菜籽到菜籽油的转移率与油菜籽中的蛋白质含量呈负相关，菜籽饼粕中含有的镉是菜籽油中含量的 2 倍，镉从油菜籽到菜籽油的转移率为 2%~10%。重金属在油菜中的转运特性以及人们对油菜的食用特性，有利于保证中度污染地区食品的安全性，使得油菜用于修复重金属污染土壤成为可能。

不同品种油菜对重金属的耐受和积累能力不同。苏德纯和黄焕忠（2002）研究发现土壤中 Cd 浓度达 20 mg/kg 时，油菜朱苍花籽和芥菜的地上部干重出现明显下降，但油菜溪口花籽的地上部干重不但不下降反而增加，此时油菜溪口花籽的地上部干重显著高于油菜朱苍花籽和芥菜，表明油菜溪口花籽比芥菜有更高的地上部生物量和耐 Cd 能力。王激清等（2005）研究筛选镉高积累的油菜品种，通过水培试验对 22 个油菜品种植株地上部相对生物量、地上部镉含量和植株吸镉量进行比较，筛选出镉高吸收累积油菜品种'川油Ⅱ-10'、白芥和绵阳蛮油菜。杨涛等（2019）从 15 个油菜品种中筛选出茎叶 Cd 总吸收量较大且籽粒 Cd 含量较低的品种：'赣油杂 6 号''华皖油 4 号''绵丰油 18''赣油杂 9 号''丰油 58'等。

　　甘蓝型油菜是我国的主要农作物之一，在我国南北地区广泛种植，常年种植面积约达 700 万 hm²。研究表明甘蓝型油菜对 Zn、Cd、Cu 具有良好的吸收积累效果，可以作为 Cd 等重金属污染土壤的修复替代种植作物，或者与水稻轮作，是一种绿色经济高效的重金属污染土壤修复方法。

9.2　非食用经济作物替代种植

9.2.1　重金属重污染耕地的能源植物种植与利用——菊芋

1. 菊芋生物学性状

　　菊芋（*Helianthus tuberosus* L.），又称洋姜、鬼子姜、洋生姜、地姜，菊科向日葵属宿根性草本植物，原产于北美洲，17 世纪传入欧洲，后传入中国。菊芋根系发达，入土较深；地上茎直立、粗壮，高 1~3 m，多分枝，被白色短糙毛或刚毛；根茎处着生匍匐茎，其上生长块茎，形状为不规则瘤形，有内陷环；皮有红色、黄色和白色；质地细致、脆嫩；基部叶对生，上部叶互生，有叶柄，叶柄上部有狭翅；叶片卵形至卵状椭圆形，长 10~16 cm，宽 3~6 cm，先端尖，基部宽楔形，边缘有锯齿，上面粗糙，下面被柔毛，具 3 脉。花为头状花序单生枝端，有 1~2 个线状披针形苞片，直立，径 2~5 cm；总苞片多层，披针形，长 1.4~1.7 cm，背面被伏毛；舌状花 12~20，舌片黄色，长椭圆形，长 1.7~3 cm；管状花花冠黄色，长 6 mm。果实为黑棕色，瘦果小，楔形，冠毛上端常有 2~4 个具毛的锥状扁芒，花期 8 月~10 月。

　　鲜菊芋地下块茎富含淀粉、菊糖等果糖多聚物，蛋白质、脂肪、碳水化合物及 Ca、Na、Mg、Al、Ca、Fe 等多种矿质，可以食用，煮食或熬粥、腌制咸菜、晒制菊芋干或作制取淀粉和酒精的原料。随着对菊芋研究的深入，其利用价值不断增加，已成为用途广泛的经济作物品种，主要被种植用以生产酒精、利用茎秆生产纸浆和薪柴，还利用植物体各部位生产沼气、利用块茎或是整个植物生产丙醇/丁醇/乙醇、利用块茎生产作为化学工业中基本分子的羟甲基。

　　菊芋适应性很强、抗病能力强，耐贫瘠、耐寒、耐旱，植株高大，生长势强，种植简易，产量很高，适合在贫瘠、干旱、盐碱的非耕边际土地上种植，是顺应沿海大开发、因地制宜开展盐土农业而选用并成功推广的耐盐植物品种之一，其不妨碍滩涂的土壤自然脱盐过程，可以在沿海滩涂上大规模种植，并取得较高经济效益。

2. 菊芋对重金属耐性和富集

菊芋对重金属具有一定耐性，能够在较高重金属含量的土地上生长，成为重金属污染土壤修复和替代种植的一种优异材料。对淮南煤矿复垦区土壤和野生草本植物重金属的调查表明（张前进等，2013），菊芋根区土壤 Cd 含量 1.58 mg/kg，植株 Cd 生物富集系数 1.06，Cd 转运系数 4.19；同时其对 Cu、Zn 等重金属也有一定的富集能力，是适宜在煤矿复垦区生长和修复污染土壤的草本植物之一。

研究表明，不同品种菊芋对重金属的耐性和富集能力存在差异。陈良等（2011b）选择 '南芋 5 号'（'NY5'）和 '南芋 2 号'（'NY2'）两个菊芋品种，探讨其修复重金属镉污染的可能性。结果表明，'NY5' 和 'NY2' 在 Cd 胁迫下生物量明显降低，但 'NY5' 生物量的降低幅度明显小于 'NY2'；'NY5' 和 'NY2' 的叶绿素 a 和叶绿素 b 含量均分别在 100 mg/L 和 25 mg/L Cd 胁迫下达到最低值，'NY5' 的类胡萝卜素含量在 Cd 胁迫下较对照均增大，'NY2' 则相反，总体上随 Cd 浓度的增加呈下降趋势；在 Cd 胁迫下，2 种菊芋幼苗净光合速率（Pn）、气孔导度（Gs）、蒸腾速率（Tr）均明显下降，胞间 CO_2 浓度（Ci）比较稳定，'NY5' 的水分利用效率（WUE）和气孔限制值（Ls）变化趋势极其相似，在 50 mg/L 时达到最低值，而 'NY2' 的 WUE 和 Ls 变化不大；2 种菊芋对 Cd 的富集效果较好，'NY5' 较 'NY2' 耐镉性和富集性强。周蜜等（2019）通过土培试验比较了两种菊芋（徐州菊芋和潍坊菊芋）在 Cd^{2+} 胁迫下的生理变化和镉富集。结果表明：经过不同镉浓度胁迫 21 d 后，两个菊芋品种的根长、株高、叶长、叶宽均受到相应程度的抑制，抗氧化酶活性随镉浓度的增加而减弱；但丙二醛（MDA）含量变化有所不同，潍坊菊芋的 MDA 含量伴着镉胁迫加深而增加，徐州菊芋只在高镉浓度（1.0 mmol/L）下才出现明显的上升变化，并在第 21 d 时达到峰值，为对照组的 3.52 倍。随着施加镉浓度的变大，菊芋对土壤碱解氮的吸收受到抑制，且潍坊菊芋受抑制程度大于徐州菊芋。两个菊芋品种对镉的富集效果也不同，徐州菊芋各器官镉富集量均高于潍坊菊芋。

菊芋对锌、铜也有较强的耐性。在水培条件下，低浓度的 Zn（0～5 mg/L）、Cu（0～5 mg/L）对菊芋幼苗的生长都具有促进作用，随着 Zn 浓度的不断增加，菊芋幼叶中诱导型 POD 活性增强，增加了 2 种同工酶的表达；叶片中叶绿素含量呈下降趋势，细胞膜透性持续上升（贾若凌，2012a）；而随着 Cu 质量浓度的继续增加，其对菊芋幼苗的株高、叶绿素合成、细胞膜透性都有不同程度的抑制作用，从而对植株产生不同程度的伤害（贾若凌，2012b）。

增强菊芋重金属的耐性和富集能力的措施。陈良等（2011a）研究了不同浓度 Cd 及水杨酸处理下 2 种菊芋（'南芋 5 号'和'南芋 2 号'）的生物量变化情况，测定了叶片色素（叶绿素和类胡萝卜素）含量及光合作用参数，并探索了 2 种菊芋对 Cd 的吸收转运差异性。结果表明：外源水杨酸处理不同程度地缓解了 Cd 对菊芋幼苗生长的毒害效应，提高了色素含量，改善了光合作用参数，增大了 Cd 的生物富集系数（BCF）和转运系数（TF），与此同时减少了植株不同器官对 Cd 的累积量，但最佳水杨酸浓度因品种及器官不同而有所区别，总体上说明适当浓度的水杨酸处理可以有效增强 2 种菊芋对 Cd 的耐性。张云等（2021）研究表明，施加外源茉莉酸提高了镉胁迫下菊芋的叶绿素含量，保护叶绿体结构免遭破坏，提升了净光合速率及光合碳同化效率，增加了干物质的积累，增强植株抗镉性，但外源茉莉酸信号减少了镉的吸收和转移。刘鹏等（2020）采用土培法探究施加石灰或 NPK 肥对土壤理化性质、菊芋幼苗生长特性和其 Cd 富集能力的影响，结果表明：2 种改良剂都有效改变了土壤理化性质，提高菊芋的植株根系活力、光合能力以及抗氧化酶活性，增强了植株对重金属毒害的耐受性；同时施用石灰和 NPK 肥后，菊芋的根、茎、叶对 Cd 生物富集系数都有所增加，提高了菊芋对重金属的富集。

3. 含重金属菊芋秸秆的安全利用

菊芋秸秆可用作厌氧发酵生产沼气或乙醇，而发酵过程中重金属的迁移转化与归趋受到了研究人员的关注。田茂苑等（2019）以重金属污染土壤种植的菊芋秸秆为对象开展厌氧消化研究，对其产气性能、重金属形态变化、可迁移能力及生物有效性进行评估，结果表明：主要重金属 Cu、Zn、Pb、Cr、Cd 在茎中的含量分别为 5.69 mg/kg、19.19 mg/kg、0.23 mg/kg、0.33 mg/kg、0.50 mg/kg，在叶中的含量分别为 9.11 mg/kg、23.83 mg/kg、0.57 mg/kg、0.43 mg/kg、0.48 mg/kg；菊芋秸秆厌氧发酵产气潜力良好，厌氧发酵后，Cu、Pb 和 Cr 的重金属可迁徙因子值低，相对比较稳定，迁移能力较弱；Cr 和 Cd 的生物有效性减小，其中 Cr 大幅度减小了 41.54%，Cd 减小了 12.30%，说明厌氧发酵能有效降低 Cr 和 Cd 的生物有效性，减小对环境的危害；但 Pb 的生物有效性大幅上升，应在沼渣管控环节对其密切关注。樊战辉等（2023）以重金属污染土壤种植的菊芋块茎为原料经过磷酸水解后发酵产生乙醇，对水解条件、转化性能及重金属在乙醇生产各环节的归趋进行研究，结果显示：当水解磷酸浓度 4%、温度 90℃、时间 180 min，固液比 1∶6 时，还原糖产率高达 92.4%；水解糖液发酵 48 h 后乙醇产量达 53.0 g/L，转化率高达理论转化率的 94.0%；乙醇生产中，40%~90% 的重金属物质进入废渣废液系统，进入乙醇的部分小于 2%，说明重金属污染土壤种植菊芋对后续乙醇转化无影响，在实际生产中应加强废渣的重金属管控。

9.2.2　重金属重污染耕地的能源植物种植与利用——甜高粱

1. 甜高粱对重金属胁迫的生长和生理适应性

甜高粱（*Sorghum bicolor* 'Dochna'），也叫"二代甘蔗"，禾本科一年生植物，

是普通粒用高粱的一个变种。须根较粗，常于秆的基部具支撑根。秆粗壮，高 2～
4 m，多汁液，味甜。叶长约 1 m，宽约 8 cm；叶舌硬膜质；叶鞘无毛或有白粉。
花序紧密或稍紧密；花序梗直立；花药长 3～4 mm。颖果成熟时顶端或两侧裸露，
稀完全为颖所包，椭圆形至椭圆状长圆形；种胚明显，椭圆形。有柄小穗披针形，
长 4～6 mm，雄性或中性，宿存，无芒。花果期 6 月～9 月。甜高粱原产印度和
缅甸，现世界各大洲都有栽培。甜高粱同普通高粱一样，可产籽实（2250～
7500 kg/hm²），但它的显著特点在于富含糖分的茎秆（60000～75000 kg/hm²）。甜
高粱是一种光合产物积累效率高的 C4 植物，也是禾本科高粱属一年生饲草料作
物，具有耐干旱、高生物量、高光合作用效率和低生产成本等特点，其茎秆加工
利用价值高，分为饲用型和糖用型（醇用型）。

甜高粱对重金属具有一定的耐性，低浓度重金属可以刺激种子的萌发而且促
进幼苗的生长，高浓度重金属则抑制种子的萌发和幼苗的生长。崔永行等（2008）
比较了镉胁迫下上海甜高粱、意大利甜高粱和兴佳甜高粱 3 个品种种子萌发的影
响，结果表明，在镉胁迫条件下，3 个品种的发芽指标大都随着镉浓度的增加先
升高后降低，4 mg/L 的镉可以促进甜高粱种子的萌发；在 3 个参试品种中，上海
甜高粱的耐镉性最好。黄娟等（2021）以'辽甜 1 号'为研究对象，研究不同浓
度镉胁迫下的甜高粱种子萌发和幼苗生长特性。结果表明，甜高粱种子的发芽势、
发芽率、发芽指数、活力指数均随镉胁迫浓度增加表现出先增加后减少的趋势，
都在 20 μmol/L Cd 处理时表现为最大；随着镉胁迫浓度增加，抑制作用显著增强，
且对根长的抑制作用明显大于芽长；甜高粱种子根、芽的耐性指数均随镉胁迫浓
度增加而显著降低，且根耐性指数均低于芽耐性指数。郝佳丽等（2021）采用盆
栽毒理和室内发芽试验相结合的方法，研究不同浓度土壤 As 胁迫下 5 个甜高粱
品种种子的萌发和对幼苗抗性生理指标的影响，结果表明，不同甜高粱种子的根
长、芽长、发芽势、发芽率、发芽指数、活力指数和根芽耐性指数都随着 As 浓
度的增加而显著降低，高浓度 As 对根的抑制作用大于芽，且芽的耐性指数都显
著高于根的耐性指数；'晋甜杂 3 号'和'辽甜 3 号'的种子发芽指数都显著高于
其他品种；高浓度 As 胁迫下，'大力士'和'绿巨人'两个品种的根长为 0，发
芽率和发芽势都显著降低，而'晋甜 1401'的根长显著高于其他品种，根芽耐性
指数最高；采用隶属函数法综合评价 5 种甜高粱耐 As 性大小为'晋甜 1401'＞
'晋甜杂 3 号'＞'辽甜 3 号'＞'大力士'＞'绿巨人'。

植物在遭受重金属胁迫时会产生活性氧，如 O_2^-、H_2O_2 和 OH^- 等，抗氧化酶
主要负责清除植物体内过多的自由基，发挥清道夫的功能。郝佳丽等（2021）的
研究表明，甜高粱幼苗过氧化物酶（POD）、超氧化物歧化酶（SOD）的活性随着
As 浓度的增加呈先升高后降低的趋势，丙二醛（MDA）和脯氨酸（Pro）含量呈
升高趋势，而且都显著高于对照。As 浓度为 60 mg/kg 时，'晋甜 1401''晋甜杂

3 号' '辽甜 3 号' 的 POD、SOD 活性受到抑制,且 MDA 含量随着 As 浓度的增加增幅较小,而 Pro 含量的增幅较大。郝正刚等(2021)的研究表明,伴随胁迫浓度的增加,甜高粱 SOD 活性先升高后降低,POD 活性显著升高,过氧化氢酶(CAT)活性显著降低,抗坏血酸过氧化物酶(APX)先降低后升高再降低。胁迫早期 SOD、POD 酶谱多条带伴随胁迫浓度的增加而加深,出现了新的条带;而 CAT、APX 酶谱无新的条带出现。Liu 等(2010)的研究表明,轻度镉胁迫主要是由 SOD 和 POD 发挥抗氧化功能,中度镉胁迫主要依靠 CAT 进行抗氧化应答,而高浓度镉胁迫由谷胱甘肽(GSH)来进行抗氧化应答。

重金属胁迫下会抑制植物的光合作用。郝正刚等(2021)的研究表明,镉胁迫下甜高粱叶片叶绿素含量、净光合速率、气孔导度、蒸腾速率、原初光能转化效率、光合电子传递效率、光化学淬灭系数、最大净光合速率、表观量子效率、暗呼吸速率、光饱和点显著降低,而胞间 CO_2 浓度、非光化学淬灭系数、光补偿点则升高。重金属镉胁迫影响甜高粱对微量元素的吸收。0.5 mmol/L Cd 处理可以显著增加甜高粱根对铁和铜的吸收,而根对锌和锰的吸收没有显著变化,茎中的锌和锰含量降低;在茎和根中钙的含量均增加,但对镁吸收会降低(Liu et al., 2010)。

2. 甜高粱对重金属的吸收和富集能力

甜高粱对不同重金属吸收能力存在较大差异。研究表明,甜高粱对 Hg、Cd、Mn、Zn 的富集作用较强,但对 Co、Cr、Pb、Cu 的富集作用较弱(籍贵苏等,2014)。甜高粱对 Hg、Cd、Zn、Mn 的吸收随着土壤中重金属的含量高低而变化,土壤中这几种重金属含量较高,有利于甜高粱对重金属的吸收和重金属在植株中的积累,可能与这几种重金属在甜高粱根内较易向地上部转移有关,可将其富集在叶片和茎秆中;甜高粱对土壤中 Co、Cr、Pb 和 Cu 的吸收与土壤中的重金属含量关系较小,大部分被集中在植物的根部,吸收和积累达到一定量后就不再增加,向地上部的转移受到限制。因此,甜高粱对重金属的耐性机理主要是排斥机制,靠根的渗透压及维管束的输送功能进入植株内(Jia et al., 2016)。

祁剑英等(2017)等研究表明,在一定浓度范围 Cd 处理下,随 Cd 胁迫浓度增加,甜高粱不同器官 Cd 含量增加;在高浓度 Cd 胁迫下,不同器官 Cd 含量均降低,说明高浓度 Cd 胁迫抑制了甜高粱对 Cd 的吸收和转运。随 Cd 浓度增加,甜高粱茎和叶对 Cd 的生物富集系数降低,表明甜高粱在低浓度 Cd 胁迫下富集效果较好。甜高粱对 Cd 的生物富集系数大于玉米,表明甜高粱更适合修复土壤 Cd 污染。聂俊华等(2004)比较了不同植物对 Pb 的富集能力,在 400 mg/L 醋酸铅处理下,甜高粱和玉米植株 Pb 含量略小于香根草,但甜高粱和玉米生物量大,经济效益更高。同样,代全林等(2005)研究也认为,甜高粱和玉米冠部 Pb 的生物富集系数为 0.03～0.07，与黑麦草的生物富集系数相近，与黑麦草相比，甜高粱和玉米由于生物量大，更适合修复低浓度 Pb 污染土壤。

不同高粱（甜高粱）品系吸收重金属的能力有很大差异（籍贵苏等，2014；Angelova et al., 2011），饲用型高粱表现为叶部对 Cr 和 Zn 的储存量较高，而糖用型高粱 '晋中 0823' 则显示了茎对多种重金属的储存能力较强。甜高粱西蒙根对 Co、Cr、Cu、Mn、Pb 和 Zn 具有高生物富集系数，糖用型高粱 '晋中 0823' 茎对 Hg、Cd、Mn、Pb 和 Zn 生物富集系数较高。

Soudek 等（2014）研究表明：镉和锌的积累主要是在甜高粱的根中。外源施加谷胱甘肽可以增加镉在根中的积累，同时也可以提高茎中的镉浓度。经根际促生菌处理后，甜高粱幼苗生长和光合特性指标都较对照有显著提高，在调控甜高粱的生长方面具有潜力（张帅，2013）。

3. 甜高粱对重金属污染土壤的修复效果

甜高粱对重金属污染土壤有一定修复能力，能吸收污染土壤中的重金属，是在重度重金属污染土壤替代种植的作物之一，通过在污染土壤上种植甜高粱，可修复土壤，其体内吸收的重金属元素在生物发酵后集中在酒糟中，酒糟燃烧成灰烬使重金属高度富集，灰烬继续处理后可用于工业生产。通过甜高粱将土壤修复与生物能源生产有机结合，可有效避免能源和粮食作物间的矛盾冲突，使重金属从粮食链转入能源链，同时兼顾了生态和经济效益，具有广阔的应用前景（李十中，2014）。

研究表明甜高粱是一种能有效吸收重金属的作物，而且与其他作物和能源植物相比，甜高粱在吸收重金属方面具有很大的优势。余海波等（2011）在典型复合污染农田开展了能源植物甜高粱、甘蔗、香根草和盐麸木种植示范研究，发现在经石灰和磷矿粉改良后的重金属污染农田中，甜高粱、甘蔗、香根草的生物量有所降低，但甜高粱和甘蔗汁液总糖和还原糖含量并没有明显变化，并且整个示范区甜高粱平均单产为 63.5 t/hm^2，而甘蔗的平均单产为 45 t/hm^2。经估算，单位面积甜高粱生物乙醇产量为甘蔗的 2 倍，说明在重金属污染的土地上种植甜高粱具有更大的经济效益。

9.2.3　重金属重污染耕地的纤维植物种植与利用——麻类

纤维类作物主要包括棉花和麻类作物，其中麻类作物是我国最古老的一类作物，主要包括大麻、苎麻、黄麻、亚麻、红麻、剑麻、青麻等。麻类作物生物质产量高，抗逆性强，种植技术简便，对土壤中的重金属耐受性强，其主要产品纤维不用于食品，可作为重金属重度污染耕地替代种植植物。麻类作物种类繁多，对重金属污染的土壤有修复作用且经济价值高的有苎麻、亚麻、黄麻、红麻、工业大麻等。

1. 重金属对麻类作物生长和生理的影响

研究表明，麻类作物对土壤中的重金属耐受性很强，在重金属污染耕地上种植麻类作物都可以正常生长。种植在重金属污染耕地中的大麻，其生长发育几乎不受影响。当土壤中的 Cd、Cr 和 Ni 的浓度分别为 82 mg/kg、139 mg/kg、115 mg/kg 时，大麻生长状况良好（Citterio et al., 2003）；当重金属浓度增加时，大麻吸收重金属的量也增加，但对其产量和品质无明显影响（Angelova et al., 2004）。

苎麻对土壤重金属的耐性也非常强。当土壤中 Cd 的含量为 50~200 mg/kg 时，苎麻植株生长良好，并对其生长有一定的促进作用；当土壤中 Cd 的含量为 300 mg/kg 时，苎麻植株则出现受害现象，表现为近根部变褐、腐烂、空心等症状；当土壤中 Cd 含量提高到 1200 mg/kg 以上时，苎麻植株死亡（曹德菊等，2004）。另一项研究表明，在土壤 Cd 浓度 153 mg/kg 处理下，苎麻出现叶片变黄、黑斑等不良症状，生长发育也会受到明显抑制，但是仍能完成其正常的生长周期，表明苎麻对 Cd 胁迫具有良好的耐性（林欣等，2015）。

红麻、黄麻、亚麻、剑麻对土壤重金属的耐受性也比较高。低浓度的重金属甚至对红麻生长具有刺激作用。研究发现，当 Pb 浓度为 100 mg/kg 时能显著提高红麻的产量（Salim et al., 1996）。龚紫薇等（2018）通过盆栽试验，将 30 个红麻和黄麻品种种植于 Pb、Zn 的含量分别为 6268 mg/kg、2877 mg/kg 的尾矿库矿渣中，结果表明，除了有 3 个品种全部死亡，2 个品种存活率低于 50%外，其余 25 个品种（7 个黄麻、18 个红麻品种）可以 100%存活。可见不同的品种对重金属的耐性存在一定差异。Marie 等（2011）利用 6 个纤用和 4 个油用类型的亚麻品种进行试验，发现在含 Cd10~1000 mg/kg 的土壤中，亚麻植株均能正常生长。剑麻可以耐受 1300 mg/kg 的 Pb 浓度处理（陈柳燕等，2007）。

麻类作物对重金属的耐受性可能与其体内的特定蛋白质以及各种酶有关。亚麻品种 Jitka 在 Cd 胁迫下，铁蛋白、谷氨酰胺合成酶两种蛋白质上调，推测 Cd 与铁蛋白及小分子含巯基的肽的结合，是亚麻耐 Cd 毒害的重要机制（Hradilová et al., 2010）。此外重金属引起细胞壁超微结构的变化以及细胞壁外层果胶的重新分配，形成了适应重金属胁迫的应答机制，这可能也是亚麻耐 Cd 的机制之一（Douchiche et al., 2007）。

抗氧化酶系统的响应也是麻类作物耐受重金属的重要机制。在 Cd 胁迫下，红麻叶中的过氧化氢酶（CAT）、超氧化物歧化酶（SOD）、过氧化物酶（POD）、丙二醛、脯氨酸等的活性与对照相比有波动（Li et al., 2013）；苎麻随着 Cd 胁迫时间的延长，根系中的可溶性蛋白含量增加，POD、CAT 活性降低，但根系活跃吸收面积几乎不受影响；叶片中的可溶性蛋白含量增加，POD、CAT 活性则先升高后降低，叶绿素含量增加（李玉兰等，2017）。红麻、苎麻对重金属的耐受性可能与这些酶有关。

2. 麻类作物对重金属的吸收和富集能力

麻类作物对不同种类的重金属都具有很好的吸收能力，可以作为重金属污染耕地的修复作物进行利用。Carlson 等（1982）在每公顷含有 112～224 t 下水道污泥的土壤中种植红麻，发现红麻茎中积累了大量的 Fe、Zn、Mn、Cu、Pb、Cr、Cd、Hg 等重金属元素，表明红麻可以用于重金属污染的治理。栗原宏幸等（2005）连续 3 年将红麻种植在日本西南地区的 Cd 污染农田中，结果发现土壤中的 Cd 含量以每年 347 g/hm^2 的速度降低，说明红麻对 Cd 污染土壤具有明显的修复作用。Babatunde 等（2010）进行 Pb 胁迫试验，结果显示红麻对去除土壤中的 Pb 污染非常有效。

与玉米、向日葵相比，同样 Cd 浓度下亚麻茎秆中的 Cd 含量要高出 3～5 倍，这主要是因为亚麻生长较慢，且根对 Cd 的吸收能力和转移能力较强（Christos and Norbert, 2013）。在含 Cd 11.24 mg/kg 的沙质基质中种植亚麻，生长 4 个月后，根和基部茎的 Cd 含量最高，分别为 750 mg/kg、360 mg/kg，茎的 Cd 生物富集系数达到了 13.3（Douchiche et al., 2012）。

苎麻对 Hg 污染稻田具有修复效果。水稻田改种苎麻后，土壤的自净恢复年限比种植水稻大大缩短（龙育堂等，1994）。Cd 胁迫下，黄麻地上部和地下部生物富集系数均大于 1，转运系数为 0.85～1.65，表明黄麻对 Cd 有较强的富集和转运能力。Cd 浓度为 5～10 mg/kg 时，Cd 提取率超过 1.9%（董袁媛等，2017）。

不同的重金属元素在麻类植株体内的分布情况不同，不同的麻类作物品种植株体内，不同的重金属分布也不尽相同。栗原宏幸等（2005）的研究认为红麻叶中重金属 Cd 的含量最高，达 52.3 mg/kg，其次是红麻的茎、根、果实，红麻植株平均 Cd 含量为 9.6～14.4 mg/kg。陈军等（2012）研究了不同红麻、黄麻品种植株中重金属的积累和分布，结果显示，红麻、黄麻不同器官中 Zn 的分布较均匀，Cd 和 As 的分布情况为根>叶（籽粒）>茎，Pb 的分布情况为根>茎>叶（籽粒），在土壤重金属胁迫下耐受性较好的黄麻、红麻品种各有 3 个。Ho 等（2008）的研究显示，Pb 在红麻的根、茎、果实等器官中均有分布，但是叶里没有；有机肥料可以促进红麻对 Pb 的吸收，85% 的 Pb 分布在红麻的根中，且以植物细胞的细胞壁中为主。

林匡飞等（1996）通过盆栽和微区试验发现，苎麻植株各部位 Cd 含量表现为根>茎叶>籽实，而茎叶中 Cd 含量大小顺序为麻壳>麻骨>原麻，其中原麻和精干麻中 Cd 含量极低。根据大麻不同器官的生物量分布计算，总体看重金属在大麻体内的分布是：根>茎>叶>种子，其中，Zn 为根>叶>茎，Cu 为叶>根>茎，Ni

为根>叶>茎。Marie 等（2011）认为，亚麻植株对重金属的富集能力为：根>茎>叶>籽。

麻类作物对重金属的吸收在体内的分布由下到上呈逐渐递减的趋势，因此，重金属污染土壤上生产的麻类植株体以及种子可以分段分类利用。从原麻和精干麻中 Cd 含量来看，重金属污染耕地上种植的麻类作物是可以利用的。在利用麻类作物进行重金属污染耕地修复时，在收获有经济价值的地上部的同时，最好将作物的根部移除，以提高修复效果（郝冬梅等，2019）。

3. 麻类作物在重金属污染耕地修复中的应用前景

麻类作物在我国种植具有悠久的历史。在重金属污染耕地修复方面，麻类作物与其他超积累植物相比具有明显优势。第一，麻类作物都具有较好的经济价值，较一些超积累植物更容易推广种植。第二，麻类作物经过长期驯化以及品种选育，使其比超积累植物具有更好的适应性。第三，麻类作物耐重金属能力较强，在一般的重金属污染环境下能正常生长，并具有较高的生物产量，如红麻每年的生物质产量可达 20 t/hm^2 以上，生物质产量和 CO_2 吸收率是针叶木材的 3～4 倍和 4 倍（陶爱芬等，2007）。第四，麻类产区的农民都有丰富的种麻经验，为实现重金属污染耕地"边利用、边修复"的战略打下了良好的技术基础。第五，麻类作物种类较多，可以针对不同的生态、土壤条件选择不同的麻类作物，如盐碱比较重的土壤可以选择亚麻、红麻，比较干旱的土壤可以选择大麻，山坡地可以选择苎麻，热带亚热带地区可以选择剑麻，南方轻度污染的土地冬季与水稻轮作可以选择亚麻，比较容易积水的地块可以选择耐渍性比较好的红麻等。实现重金属轻度污染水稻田的边修复、边利用。

同时，麻类作物是优良的纺织原料。1990 年以来，麻类纤维全球年需求量高达 600 万 t，年产量不足 470 万 t，缺口 100 多万 t。目前我国麻类纤维消耗量为 60 万 t，自行生产不足 20 万 t，缺口高达 60%以上。随着麻纤维复合材料、麻类药用、造纸、建筑材料、食用、饲用、土壤修复、水土保持、工业原料、生物能源、生物材料、可降解麻地膜、麻塑产品、麻育秧膜等麻类多功能用途的不断开发和 21 世纪以来人类对麻类服饰健康、环保特性的关注，全球对麻类纤维织物的需求量将迅速增加，所以麻类作物的种植具有很好的前景。

9.2.4　重金属重污染耕地的纤维植物种植与利用——棉花

棉花是纤维类作物中另一类重要的经济作物，承载着衣被天下的重任。我国人口众多，人均土地占有面积非常少，粮棉争地矛盾十分突出，植棉面积很受限制，棉花产量不足，每年都要大量进口。另外，棉花在修复土壤重金属污染中也有着独特的优势，其对重金属的耐性和富集能力强，而且不进入食物链，是重金属重度污染耕地替代种植的重要作物之一。

1. 棉花在重金属胁迫下的生长和生理适应性

棉花对重金属具有一定的耐性，但高浓度重金属会影响棉花的种子萌发、生长、光合作用等，而且与铅相比，镉对棉花的毒性更大。郑世英等（2007b）研究认为，低浓度的铅离子或镉离子对棉花种子的发芽率有一定的刺激效应，使发芽率、活力指数和发芽势略有升高；但随着处理浓度的提高，上述指标呈现逐渐降低的趋势。该研究还表明，镉离子处理对棉花种子萌发的影响要大于铅离子的处理。王霞等（2012）研究结果也表明，当铅浓度小于 200 mg/L 时，对棉花幼苗生长几乎没有影响，但随着铅浓度增大，其对棉花幼苗生长的抑制作用逐渐凸显，说明棉花耐低浓度铅胁迫的能力较强；镉含量在 20 mg/L 时，对棉花的胁迫作用已较为明显，说明棉花对镉胁迫敏感，较低浓度的镉胁迫即可对棉花幼苗的生长产生明显抑制作用，当镉浓度增大到 80 mg/L 时，棉花幼苗生长受到严重抑制，不能正常生长。秦普丰等（2000）研究表明，当培养液中铅浓度≥1000 mg/L、镉浓度≥20 mg/L 时，严重影响棉花、水稻的种子萌发，其芽长均受到抑制。Lawali 和 Maman（2002）水培试验结果表明，在 0.1 μmol/L 的镉处理下，供试的 3 个棉花品种中有 2 个品种的皮棉产量比对照增加了 69.69% 和 61.75%，而在 1.0 μmol/L 的镉处理下，3 个棉花品种的皮棉产量分别比对照降低了 9.7%、35.41% 和 38.43%。镉能抑制叶绿素的合成、降低叶绿素总量和叶绿素 a/b 的比值，因此镉对光合作用器官是有毒害作用的。Daud 等（2008）研究表明，用低浓度的镉离子（如 10 μmol/L 和 100 μmol/L）处理供试的转基因棉花品种，能大大提高种子的发芽率，但用 1000 μmol/L 浓度的镉离子处理种子，则发芽率显著降低，且供试的非转基因棉花品种在这 3 种处理中，种子的发芽率均呈下降趋势。此外，在种子发芽 6 d 后，所有处理的胚根和下胚轴长度都比无镉离子处理的对照要短，苗的鲜重与干重均呈下降趋势，各处理间差异均达到显著水平。这表明镉处理对棉株生产量的影响是显著的。电子显微镜观察还表明，与对照相比，各处理根尖的超显微结构也发生了较大的变化。

土培试验的结果也证明，棉花可以耐受一定浓度的重金属，而高浓度重金属则严重影响棉花的正常生长。秦普丰等（2000）盆栽试验研究结果显示，当土壤中铅浓度≥1000 mg/kg，或镉浓度≥20 mg/kg 时，严重抑制棉花、水稻的幼苗生长发育，植株矮小且呈现严重受害症状。潘如圭（1991）以铜冶炼厂的烟道粉尘为重金属来源，研究了铜、铅、砷这 3 种元素对棉花、蓖麻和苎麻生长发育的影响，试验结果表明，当掺入高浓度的粉尘，使土壤中铜、铅、砷的浓度依次为 506.5 mg/kg、365.9 mg/kg、112.8 mg/kg 时，3 种植物的株高、叶片数、全株和果实的重量均有降低；而当掺入低浓度的粉尘，使土壤中的铜、铅、砷的浓度分别为 92.2 mg/kg、66.5 mg/kg、19.2 mg/kg 时，则与对照差异不大。Lawali 和 Maman（2002）盆栽试验结果表明，棉花植株的叶片数、株高、根长、果枝数、叶绿素含量和干物质量随镉浓度的增加而降低，且不同棉花品种受镉的毒害作用存在显著差异。镉的添加还影响到棉株对锌、铜、铁等元素的吸收。任秀娟等（2013）研究指出，当土壤受到镉、铅、锌的复合污染，在镉浓度为 5 mg/kg、铅和锌的浓度为 400 mg/kg 及以下时，棉花能够结铃吐絮；但当镉浓度达到 10 mg/kg、铅和锌的浓度达到 800 mg/kg 及以上时，棉花无法结出棉铃。这表明在重金属复合污染条件下，棉花生殖过程明显受到抑制。

含重金属污泥农用对棉花生长具有促进作用。林春野等（1994）研究显示，在田间施用 15 t/hm^2 的含有 0.62 mg/kg 镉、1.2 mg/kg 汞和氮、磷、钾分别为 5.7%、1.7%、1.6%的石化活性污泥后，水稻、小麦、玉米和棉花的产量都有不同程度的提高，其中棉花比对照增产 73.8%，棉籽蛋白质含量提高 13.4%。这表明低剂量的汞和镉对棉花生产不足以造成影响。谭启玲（2004）研究也表明，施用含有重金属铅（820 mg/kg）、镉（4.78 mg/kg）、锌（1001 mg/kg）、铜（1499 mg/kg）、铬（16.7 mg/kg）、镍（14.0 mg/kg）、铁（27.9 mg/kg）、锰（256 mg/kg）的工业污泥，有促进棉花生物量增加的趋势，对棉花经济产量几乎没有影响，对棉花植株中重金属含量也没有影响，还能促进棉花植株重金属的累积量。

不同棉花品种对重金属的耐性存在差异。相同处理条件下，转 Bt 基因棉花抗铅、镉污染能力较非转基因棉花强（秦普丰等，2000）。但也有研究表明，外来 Bt 基因未影响棉花对土壤镉的耐性，但降低了棉花对铜的耐性（刘文科，2010）。李玲等（2011）研究认为，种仁的镉含量和耐镉能力为转基因抗虫棉品种 sGK3>转基因抗草甘膦棉花种质系 ZD-90≥陆地棉标准系 TM-1。

抗氧化系统在棉花重金属耐性方面起着重要作用。当铅浓度在 200 mg/L 以下时，因棉花幼苗体内的 SOD、POD、CAT 对其有一定的保护作用，所以低浓度铅胁迫对于棉花幼苗生长影响不大；但随着铅浓度增加，植株体内细胞膜脂质过氧化反应加剧，SOD、POD、CAT 对棉花幼苗的保护作用逐渐降低，其根、叶生长受到抑制，长时间铅胁迫将导致棉花整个植株死亡（王霞等，2012）。郑世英等（2007a）研究也指出，棉花受铅离子、镉离子胁迫时，作为内源活性氧清除剂的 SOD、POD、CAT 能够在一定程度清除体内过剩的活性氧，维持活性氧代谢平衡，保护膜结构，使棉花具有一定忍耐或抵抗重金属的能力。但这种维持是有一定限度的，当铅离子、镉离子胁迫超过棉花的承受极限时，SOD、POD、CAT 活性下降或被破坏，膜脂质过氧化作用加剧，MDA 积累增加，细胞的正常代谢被破坏，生长受到抑制。另外，含巯基类物质如非蛋白巯基（NPT）、植物螯合肽（PC）、金属硫蛋白（MT）和谷胱甘肽（GSH）等，在缓解棉花镉胁迫过程中起着重要作用（欧阳燕莎等，2017）。

2. 棉花对重金属的吸收和富集特性

不少研究表明，棉花根、茎、叶的镉含量随着土壤中镉含量的增加而增加，叶片镉含量通常较高，而棉絮镉含量通常较低，但这种规律也会受到污染程度的影响。例如，当土壤镉含量为 30 mg/kg 时，棉花不同部位的镉含量为根 3.26 mg/kg、茎 2.21 mg/kg、叶 7.06 mg/kg、棉絮 0.31 mg/kg，叶片中的镉含量显著高出根、茎、棉絮的镉含量；当土壤镉浓度＜5 mg/kg 时，镉含量在棉花不同部位的分布规律为叶＞茎＞棉絮＞根；土壤镉浓度为 5～20 mg/kg 时，镉含量在棉花不同部位的分布规律为叶＞茎＞根＞棉絮；当土壤镉浓度大于 20 mg/kg 时，镉含量在棉花不同部位的分布规律为叶＞根＞茎＞棉絮；当土壤镉浓度低于 30 mg/kg 时，镉主要富集在棉花的叶片中（任秀娟等，2012）。李铃等（2011）盆栽试验的结果表明，棉花地上部吸收累积的镉含量远远高于根系。镉污染土壤田间试验结果表明，20 个参试棉花品种（系）棉株各部位镉含量均值排序为：叶（1.11 mg/kg）＞棉籽（0.79 mg/kg）＞茎（0.53 mg/kg）＞铃壳（0.52 mg/kg）＞根（0.49 mg/kg）＞棉纤维（0.19 mg/kg），其中主产品棉纤维中镉含量最低（郭利双等，2016）。

不同品种（系）棉花对重金属的富集能力存在较大差异。郭利双等（2015）水培试验结果显示，在 2 mg/L 镉培养液生长条件下，59 个棉花品种（系）苗期植株镉含量在 29.2～248.0 mg/kg，相差约 8.5 倍，均值为 82.2 mg/kg；有 10 个品种镉吸收值达到 100 mg/kg。

在单一与复合污染条件下，棉花各器官吸收重金属的能力也有所不同。任秀娟等（2013）试验结果表明，土壤镉、铅、锌单元素污染条件下，棉花根、茎、叶、棉絮对污染元素的吸收特点表现为：重金属低质量分数污染条件下茎叶富集大于根系，高质量分数条件下根系重金属含量较高，棉絮重金属含量最低。棉花田间长势观察结果表明，土壤镉、铅、锌单元素质量分数对棉花的田间长势影响不大，其棉桃数量随镉、铅、锌单元素污染质量分数的增加而减少，当土壤锌污染质量分数为 1600 mg/kg 时，棉花的生殖过程受到抑制。

种植密度对棉花产量和重金属去除有较大影响。例如，在棉花重金属污染替代种植的栽培体系探索过程中发现，在每亩 4000 株的密度下，籽棉产量为 245 kg，棉花群体镉积累量为 105.3 mg，明显高于密度为每亩 1500 株时的籽棉产量和群体镉积累量，说明提高棉花种植密度能有效提高棉花产量和土壤中镉的去除率（郭利双等，2016）。另外，对于镉含量（250 mg/kg）非常高的土壤，生物质炭和菌肥作为土壤重金属钝化剂能够通过影响 Cd 的形态分布，从而缓解 Cd 对土壤酶活性的影响，降低棉花对 Cd 的吸收（钟明涛等，2022）。

3. 棉花在重金属污染耕地修复中的应用前景

目前，关于利用棉花修复重金属污染耕地的成果案例还不多，多数处于试验示范阶段。据 2014 年长株潭地区棉花替代种植区 Cd 修复的评价结果显示：土壤中 Cd 含量比播种前平均下降 17.8%，2015 年土壤 Cd 含量比植棉前下降 30%（郭利双等，2016）。这表明棉花种植用于镉污染耕地生物修复，效果比较明显，具有土壤重金属修复种植的潜力和可行性。同时棉花的主要利用产品——棉纤维（不进入人类的食物链）的镉积累量最低。因此，棉花是目前较为理想的镉污染耕地的修复作物之一。目前对于镉重度污染稻田，已经集成了稻改棉替代种植相关技术，包括选择高产、优质、高富集镉品种，在播前旋耕起垄，采用机械直播，集中施肥，棉田安全除草、调控与化学封顶，病虫害专业化防治，棉秆集中移除等，为稻改棉替代种植标准化生产奠定了基础。

棉花作为重金属修复农作物可以兼顾生态效益和经济效益，是我国中南部地区重金属污染耕地替代种植和修复的重要作物之一。目前，虽然在已有的棉花栽培品种（系）中筛选到了一些镉耐受性和镉富集能力相对优异的棉花品系，但它们还不足以用于大面积镉污染耕地的修复替代种植。因此，需要进一步改良棉花对镉的抗性和富集能力，选育可以进行大规模推广的镉耐受性和镉富集能力优异的棉花品种。

同时要针对稻改棉栽培过程遇到的问题，完善棉花栽培技术。问题包括：第一，镉污染替代植棉区多为稻改棉田，土质黏重，透气性差，棉花出苗难，棉田出苗后僵苗不发；第二，棉花前中期杂草丛生且多为稗草，雨后即出且生长快，难以做到有效防除；第三，多年的水稻种植致使土壤养分与理化性质难以满足植棉需求。因此，在镉污染替代植棉区要以"生态修复、提质增效"为原则，重点针对出苗促早发、田间除草与平衡施肥开展研究（杨晓萍等，2018）。

另外，还要加强棉副产品的开发利用。棉籽的常规用途主要是生产棉籽油、反刍动物的粗饲料以及食用菌培养基等，但重金属镉污染耕地生产的棉花（包括棉籽在内），各个部位均有镉富集，因此，从安全角度考虑，不建议进行开发应用。同时，考虑到耕地的生态修复，棉花收获后，为避免富集的镉离子再次进入耕地，棉秆需要拔除另做处理。除棉籽外，棉秆的开发利用也有了发展，棉秆富含纤维素、木质素和戊聚糖，可以作为木材的替代品制作刨花板、纤维板、建筑材料、造纸原料等。植棉重金属棉秆的开发利用兼顾生态效益和经济效益，有助于实现重金属镉污染耕地植棉修复模式的推广，进一步增加植棉收益。

9.2.5　重金属重污染耕地的绿化苗木种植与利用江苏实践

木本植物生物量大，对重金属耐性大，管理简单，兼具土壤植被恢复功能，具有良好的经济价值，适宜于植物修复。近几年来，利用木本植物做修复污染土壤树种受到了广泛的关注，尤其是生长迅速、高生物量、可轮伐的树种，如杨树、柳树等。树木被认为是低费用、可持续、生态友好型的重金属污染土地修复植物，由于树木高的生物量和对重金属较强的耐性，树木植物修复有可能产生较高的萃取总量。自然界中有许多抗重金属污染力强和富集性强的植物，而其中有许多植物已经被栽培成为园林植物。白桦、苦楝、棕竹、铁海棠、长春花、刺槐、毛白杨、垂柳等对重金属均有较强的抗性或吸收能力。然而，目前大多数研究多关注于速生植物对重金属的提取，如柳树、杨树、构（树）等，而花卉苗木植物抗重金属污染的特性仍未引起充分的重视。自然界许多重金属抗性强和富集性强的花卉苗木也没有得到充分的开发。对常见绿化植物重金属富集/耐性统计分析，并将其配置组合应用于污染土壤的修复，这对植物修复技术的推广应用具有重要的意义。

1. 重金属修复绿化木本植物筛选

不同绿化木本植物对重金属的富集/耐性存在明显的差异，因此统计分析常见绿化木本植物对重金属吸收、富集、迁移特点，筛选具备植物修复能力的植物种类，为重金属污染土壤的安全利用提供重要依据。

在江苏省常熟市和镇江市等重金属 Cd 实际污染土壤中采集近 30 种常见绿化木本植物，分析植物各组织重金属的含量，及其富集和转移重金属的能力，评价其在重金属污染耕地中的应用。生物富集系数是衡量植物对重金属积累能力的重要指标，尤其是植物地上部生物富集系数越大，越利于植物提取修复。结果显示（表 9-1），绿化木本植物根、茎、叶的重金属 Cd 生物富集系数分别为 $0.15\sim2.94$、$0.12\sim3.09$、$0.15\sim4.69$。一般认为，生物富集系数小于 0.1 的绿化木本植物对重金属污染土壤的修复能力较低；生物富集系数在 $0.1\sim0.4$ 之间的木本植物为有一定的对重金属污染土壤修复的能力；生物富集系数大于 0.4，则可以认定为具有较强的对重金属污染土壤修复的能力。筛选的绿化木本植物重金属生物富集系数均大于 0.1，因此都具有一定修复重金属污染土壤的能力。其中，水杉、金丝垂柳、欧洲山杨、榉树、楝树、桂花、八角金盘、红花檵木、海桐、金边黄杨、红叶石楠、美洲黑杨、红叶杨、银杏等树种重金属 Cd 生物富集系数接近或大于 0.4，具有较强的修复能力。值得注意的是，金丝垂柳、欧洲山杨、海桐、红叶石楠和红叶杨生物富集系数接近或大于 1，且转运系数大于 1，这些树种属于速生树种，生长迅速，根系发达，生物量大，对污染物具有较强的耐性。因此这些绿化树种对重金属污染土壤的修复具有潜在利用价值。

另外，目前对于植物修复的研究与应用多关注于植物提取，植物固定等其他作用的研究较少。尽管采取了多种措施以提高植物对重金属的吸收，但植物提取的效率仍是限制植物修复应用的关键因素。利用具有景观和经济价值的绿化木本

表 9-1　绿化木本植物组织重金属 Cd 浓度及富集特性

编号	树种	根际土壤Cd 浓度/（mg/kg）	根 Cd 浓度/（mg/kg）	茎 Cd 浓度/（mg/kg）	叶 Cd 浓度/（mg/kg）	生物富集系数			转运系数	
						根	茎	叶	茎	叶
1	水杉	1.09	0.49	0.84	0.90	0.45	0.77	0.82	1.71	1.82
2	栾树	1.15	0.39	0.37	0.52	0.34	0.32	0.45	0.94	1.32
3	金丝垂柳	0.84	2.48	2.61	3.96	2.94	3.09	4.69	1.05	1.60
4	欧洲山杨	0.87	0.92	1.51	2.34	1.05	1.73	2.67	1.65	2.54
5	榉树	0.83	0.36	0.35	0.57	0.43	0.42	0.69	0.98	1.60
6	楝（树）	1.06	0.46	0.44	0.84	0.44	0.42	0.80	0.95	1.82
7	香樟	0.87	0.34	0.22	0.31	0.39	0.25	0.36	0.64	0.92
8	广玉兰	0.81	0.32	0.17	0.25	0.39	0.21	0.31	0.54	0.79
9	樱花	0.87	0.36	0.13	0.28	0.41	0.15	0.32	0.37	0.78
10	桂花	0.78	0.28	1.21	0.75	0.36	1.56	0.96	4.33	2.67
11	夹竹桃	0.91	0.25	0.24	0.47	0.28	0.27	0.52	0.96	1.86
12	八角金盘	0.84	0.39	0.50	0.66	0.46	0.59	0.79	1.28	1.72
13	红花檵木	0.94	2.02	0.51	0.51	2.16	0.54	0.54	0.25	0.25
14	海桐	1.06	0.37	2.20	2.34	0.35	2.08	2.22	5.94	6.34
15	金叶女贞	0.93	0.66	0.36	0.83	0.71	0.39	0.90	0.55	1.27
16	速生紫薇	0.91	0.45	0.35	0.55	0.50	0.39	0.60	0.78	1.20
17	金边黄杨	0.93	1.58	0.63	0.86	1.70	0.68	0.93	0.40	0.55
18	红叶石楠	0.87	0.84	1.90	1.61	0.97	2.19	1.86	2.26	1.92
19	小叶女贞	0.79	0.38	0.18	0.47	0.48	0.23	0.59	0.48	1.23
20	刺槐	3.42	0.51	0.41	0.51	0.15	0.12	0.15	0.80	0.11
21	美洲黑杨	2.25	3.53	1.33	3.53	1.57	0.59	1.57	0.38	1.57
22	枫杨	1.70	1.19	0.48	0.64	0.70	0.28	0.70	0.38	0.54
23	银杏	1.21	0.83	0.51	0.59	0.68	0.42	0.68	0.48	0.71
24	枫香树	1.44	0.53	0.49	0.21	0.37	0.34	0.37	0.15	0.40
25	构（树）	1.82	0.53	0.44	0.28	0.29	0.24	0.29	0.16	0.54
26	苦楝	1.82	0.74	0.67	0.25	0.41	0.37	0.41	0.14	0.33
27	桃（树）	1.85	0.87	0.41	0.25	0.47	0.22	0.47	0.14	0.29
28	红叶杨	0.83	0.83	0.91	1.82	0.99	1.09	2.18	1.10	2.20

植物，固定土壤的重金属以降低环境风险，是重度重金属污染土壤的安全利用的有效途径之一。金边黄杨、红花檵木等绿化苗木根部重金属生物富集系数大于 1，但转运系数小于 1，说明这两种树种可将重金属富集至根部，降低其迁移的风险。且作为常绿灌木，重金属不会随落叶再次进入环境形成二次污染，因此此类树种

可用于重金属污染土壤的植物固定修复。另外，栾树、桂花、水杉等树木对重金属具有很强的耐性，可用于重度重金属污染土壤的植物修复。此外，栾树和金边黄杨根际土壤有效态重金属含量低于非根际土壤，说明栾树和金边黄杨可在重金属污染的土壤中形成稳定的根系，钝化重金属，降低重金属的生物有效性，减少环境风险，进而实现重度重金属污染土壤的安全利用。

2. 绿化植物配置组合修复重金属污染土壤

在植物修复过程中，乔木植物单株占据较大空间，在乔木植物下层易形成生态滞空，生态系统处于一种低效的状态，总体生物量受到限制，修复效率不能达到最优。而灌木植物植株矮小，靠近地面枝条丛。在生态系统中乔木、灌木植物往往具有不同的生态位，木本植物具有较深的根系、高的生物量和良好的重金属耐性；灌木植物适应能力强，可有效保护地表土壤，减少水土流失。将这些乔木和灌木植物在受重金属污染的环境中进行合理有效的配置，可充分利用不同花卉苗木植物在生态系统中的生态位差异，避免二者间生态位的竞争和滞空，不仅能达到良好的绿化景观效果，也可有效提高污染土壤的重金属提取和修复效率，缩短修复周期，使植物修复效果达到最佳。同时，将乔木植物和灌木植物联合种植，形成物种多样、结构合理的植物修复体系，其生态功能更为齐全，对抵抗污染物和环境因素的胁迫能力也更强，同时兼具景观效益，适宜多种场地的植物修复。

在江苏省某重金属污染土壤中，将乔木和灌木绿化苗木进行有效的配置组合，分析不同植物组合下植物修复效果，以筛选出植物修复高的组合。例如，金丝垂柳和红叶石楠配置组合后，形成金丝垂柳和红叶石楠/海桐配置修复模式，该修复模式充分利用空间和土壤，不仅可以提高植物修复的效率，而且兼具生态效益和景观作用。重金属 Cd 年提取量相对单独金丝垂柳提高 23.6%，是单独红叶石楠的5.03 倍。金丝垂柳作为一种速生树种，生物量大，生长迅速，根系发达，易于繁殖，是一种常见的绿化树种，而且具有较强的重金属富集能力，尤其对镉，是植物修复的先锋物种。而作为速生树种且具备一定的重金属富集能力的红叶石楠，对重金属的积累量同样相当可观。另外，金丝垂柳和红叶石楠通过根系分泌物，如有机酸、螯合剂、铁载体等，增加了重金属的生物有效性，促进植物提取效率。在重金属污染的土壤中，种植柳树、杨树、海桐、红叶石楠幼苗，生长 2~3 年后，作为绿化苗木出售，如此重复，实现重度重金属污染土壤的修复。金丝垂柳干和枝条曲折盘旋，叶片、枝叶都为黄色，树形优美，春天不飞花絮，发芽较早，落叶相对较晚，是一种极具观赏性的树种。红叶石楠叶片红艳亮丽、择地不严，易于栽植管理，枝叶的萌生性强，耐修剪，可作为行道树或者绿篱。因此，可将修复后的植物连根拔起以苗木的形式出售。两种绿化植物极易成活，不必携带土球，不携带污染物到干净土壤，随着绿化植物的生长，植物体内重金属的含量将会降低，不构成新的环境风险。更重要的是，配置组合后，单位面积产生的生态和经济效益也显著提升，对重度重金属污染耕地的安全利用具有重要意义。

将具备重金属耐性和根部富集特性的乔木植物和灌木植物配置组合，形成物种多样、结构合理的植物固定修复模式，其生态功能更为齐全，抵抗污染物和环境因素的胁迫能力也更强。该修复模式增加了单位面积土壤中的生物量，进而增加固定至植物根际和植物体内的重金属的量。例如，栾树已应用于矿区废弃地的植被恢复；金边黄杨对重金属耐性强，且重金属富集在根部。将根系深的乔木植物栾树和根系发达灌木植物金边黄杨配置组合后，在污染土壤中形成复杂稳定根系，并通过根系及根系分泌物降低重金属的生物有效性，固定土壤中的重金属。同时，组合配置的钝化效率较单一植物明显提高，且组合后植物固定修复体系更加稳定，生态功能更加齐全，抵抗污染物和环境因素的胁迫能力也更强。更重要的是，选择的植物地上部重金属生物富集系数小于 1，且不进入食物链，而且还能有效降低重金属随地表径流向周围扩散的风险，显著降低了重度重金属污染的环境风险。

3. 绿化植物在重金属污染耕地修复中的应用前景

很多花卉苗木生物量大、重金属耐性强，兼备植被恢复的功能，在经济效益、生态效益、景观效益和环境效益等方面展现出了许多优势，在修复重金属污染土壤方面具有广阔的应用前景。然而，绿化苗木在植物修复的潜力仍未受到充分重视，许多重金属抗性强和富集性强的花卉苗木也没有得到充分的开发。因此，系统筛选具备植物修复能力（植物提取、植物固定、植物挥发等）的绿化苗木植物种类，对利用花卉苗木进行重度污染耕地的安全利用具有重要意义。此外，相对超积累植物，花卉苗木植物对重金属富集和抗性机理研究十分欠缺，因此从微观的生理、生化、细胞及分子水平上研究绿化苗木植物对重金属离子的修复、吸收、积累和忍耐机理是很有必要的。另外，基于不同植物在生态系统中的生态位差异，利用绿化植物组合修复重金属污染土壤，以期形成稳定生态植物群落，强化植物修复效率。然而，本研究仅提出了概念与示例，筛选不同苗木植物配置组合，形成合理的生态系统，并揭示联合修复植物的各自特点、交互作用及相互作用机理仍需进一步探究。

现阶段江苏省对重金属污染土壤植物修复的研究多集中于利用超积累植物或者速生木本植物（如杨树和柳树等）提取土壤的重金属。但是，如何提高植物的重金属积累能力和向地上部的转运能力，减少修复周期，以及确定修复效果的判断依据等方面还有待突破，限制了植物修复的应用。但与之相对的是，植物修复过程中其他作用被科研工作者忽视。近年来，研究者提出植物管理的理念，植物管理是通过构建土壤-植物系统，利用土壤植物之间的相互作用降低重金属的生物有效性，并控制重金属在环境中的迁移以减轻重金属产生的环境风险。它的核心是通过种植具有经济价值的植物减轻乃至消除重金属污染产生的环境风险的同时，恢复生态系统的功能与服务。在利用植物修复技术修复重金属污染土壤时，不仅仅要考虑植物修复效率，更重要的是要考虑修复过程的生态、社会、经济和环境效益。综上，花卉苗木植物对重度重金属污染土壤的安全利用具有重要修复潜力，但同时也需要广大环保工作者的努力，以研究和推进以绿化苗木植物为核心的植物管理技术。

参 考 文 献

曹德菊, 周世杯, 项剑. 2004. 苎麻对土壤中镉的耐受和积累效应研究[J]. 中国麻业,(6): 14-16.

曹雪莹, 谭长银, 蔡润众, 等. 2022. 植物轮作模式对镉污染农田的修复潜力[J]. 农业环境科学学报, 41(4): 765-773.

陈军, 莫良玉, 阮莉, 等. 2012. 不同黄、红麻对土壤重金属的积累和分布特性研究[J]. 广东农业科学, 39(10): 25-28.

陈良, 隆小华, 晋利, 等. 2011a. 外源水杨酸对镉胁迫下两种菊芋品系幼苗的缓解作用[J]. 生态学杂志, 30(10): 2155-2164.

陈良, 隆小华, 郑晓涛, 等. 2011b. 镉胁迫下两种菊芋幼苗的光合作用特征及镉吸收转运差异的研究[J]. 草业学报, 20(6): 60-67.

陈柳燕, 张黎明, 李福燕, 等. 2007. 剑麻对重金属铅的吸收特性与累积规律初探[J]. 农业环境科学学报, 26(5): 1879-1883.

陈展图, 杨庆媛. 2017. 中国耕地休耕制度基本框架构建[J]. 中国人口·资源与环境, 27(12): 126-136.

崔永行, 范仲学, 杜瑞雪, 等. 2008. 镉胁迫对甜高粱种子萌发的影响[J]. 华北农学报,(S1): 140-143.

代全林, 袁剑刚, 方炜, 等. 2005. 玉米各器官积累 Pb 能力的品种间差异[J]. 植物生态学报,(6): 126-133.

董衷媛, 孙竹, 杨洋, 等. 2017. 镉胁迫对黄麻光合作用及镉积累的影响[J]. 核农学报, 31(8): 1640-1646.

樊战辉, 曾丽娟, 戚明辉, 等. 2023. 矿堆区菊芋块茎乙醇转化性能及重金属归趋[J]. 太阳能学报, 44(4): 247-252.

龚紫薇, 陈永华, 陈基权, 等. 2018. 红麻与黄麻在改良铅锌矿渣下的筛选与评价[J]. 中南林业科技大学学报, 38(5): 121-128.

郭利双, 陈浩东, 贺云新, 等. 2015. 镉高积累棉花品种水培筛选结果初报[J]. 中国棉花, 42(10): 14-16.

郭利双, 何叔军, 李景龙. 2016. 镉污染区棉花替代种植技术研究[J]. 中国棉花, 43(11): 4-8.

郝冬梅, 邱财生, 龙松华, 等. 2019. 麻类作物在重金属污染耕地修复中的应用研究进展[J]. 中国麻业科学, 41(1): 36-41.

郝佳丽, 白文斌, 贾峥嵘, 等. 2021. As 对甜高粱种子萌发及幼苗生理的影响及评价[J]. 山西农业大学学报(自然科学版), 41(6): 99-107.

郝正刚, 赵会君, 魏玉清, 等. 2021. 甜高粱对镉胁迫的生理生化响应及镉富集研究[J]. 中国农业科技导报, 23(1): 30-42.

黄国勤, 赵其国. 2018. 中国典型地区轮作休耕模式与发展策略[J]. 土壤学报, 55(2): 283-292.

黄娟, 周瑜, 李泽碧, 等. 2021. 镉胁迫对甜高粱种子萌发及幼苗生长的影响[J]. 南方农业, 15(25): 27-30.

籍贵苏, 严永路, 吕芃, 等. 2014. 不同高粱种质对污染土壤中重金属吸收的研究[J]. 中国生态农业学报, 22(2): 185-192.

贾若凌. 2012a. 铜胁迫对菊芋幼叶生理生化指标的影响[J]. 河南农业科学, 41(8): 154-156.

贾若凌. 2012b. 重金属 Zn 对菊芋幼叶生理生化指标的影响[J]. 安徽农业科学, 40(12): 7354-7355, 7358.

李玲, 陈进红, 祝水金. 2011. 镉胁迫对转基因棉花 SGK3 和 ZD-90 种子品质性状的影响[J]. 作物学报, 37(5): 929-933.

李十中. 2014. 发展多功能农业 建设"绿色油田"和"粮仓"[J]. 中国农村科技, (4): 66-69.

李玉兰, 陈坤梅, 喻春明, 等. 2017. 镉胁迫下苎麻生理生化变化规律及品种间差异比较[J]. 中国麻业科学, 39(3): 105-110.

林春野, 董克虞, 李萍, 等. 1994. 污泥农用对土壤及作物的影响[J]. 农业环境保护, (1): 23-25.33.

林匡飞, 张大明, 李秋洪, 等. 1996. 苎麻吸镉特性及镉土的改良试验[J]. 农业环境保护, (1): 1-4, 8, 48.

林欣, 张兴, 朱守晶, 等. 2015. 苎麻对重金属 Cd 污染的耐受和富集能力研究[J]. 中国农学通报, 31(17): 145-150.

刘海涛, 陈一兵, 田静, 等. 2019. 成都平原不同种植模式下重金属镉污染风险和经济效益评价[J]. 农业资源与环境学报, 36(2): 184-191.

刘鹏, 李文文, 沈蔡慰, 等. 2020. 石灰和 NPK 肥对镉污染土壤及菊芋生理的影响[J]. 浙江师范大学学报(自然科学版), 43(3): 304-311.

刘文科. 2010. 镉铜污染土壤上转 Bt 基因棉与其亲本的耐受性比较[J]. 中国棉花, 37(7): 13-14.

龙育堂, 刘世凡, 熊建平, 等. 1994. 苎麻对稻田土壤汞净化效果研究[J]. 农业环境保护, (1): 30-33.

罗芬, 张玉盛, 周亮, 等. 2020. 种植制度对水稻籽粒铅、镉含量的影响[J]. 农业环境科学学报, 39(7): 1470-1478.

聂俊华, 刘秀梅, 王庆仁. 2004. Pb(铅)富集植物品种的筛选[J]. 农业工程学报, (4): 255-258.

欧阳燕莎, 刘爱玉, 李瑞莲, 等. 2017. 高低镉积累棉花品种生理生化特性研究[J]. 华北农学报, 32(6): 170-174.

潘如圭. 1991. 三种经济植物对重金属吸收积累的研究[J]. 环境科学学报, (2): 231-235.

祁剑英, 杜天庆, 郝建平, 等. 2017. 能源作物甜高粱和玉米对土壤重金属的富集比较[J]. 玉米科学, 25(6): 73-78.

秦普丰, 铁柏清, 周细红, 等. 2000. 铅与镉对棉花和水稻萌发及生长的影响[J]. 湖南农业大学学报,(3): 205-207.

任秀娟, 朱东海, 高杨帆, 等. 2012. 土壤镉处理对棉花镉吸收及分布规律的影响[J]. 资源开发与市场, 28(3): 206-207, 237.

任秀娟, 朱东海, 吴海卿, 等. 2013. 镉、铅、锌单一和复合污染对棉花中重金属富集的影响[J]. 河南农业大学学报, 47(1): 32-36.

苏德纯, 黄焕忠. 2002. 油菜作为超累积植物修复镉污染土壤的潜力[J]. 中国环境科学,(1): 49-52.

谭启玲. 2004. 土壤、作物及微生物对污泥施用及 Pb、Cd 污染的反应[D]. 武汉: 华中农业大学.

谭永忠, 练款, 俞振宁. 2018. 重金属污染耕地治理式休耕农户满意度及其影响因素研究[J]. 中国土地科学, 32(10): 43-50.

陶爱芬, 张晓琛, 祁建民. 2007. 红麻综合利用研究进展与产业化前景[J]. 中国麻业科学, 29(1): 1-5.

田茂苑, 何腾兵, 付天岭, 等. 2019. 重金属污染的菊芋茎秆沼气化性能及蓄积重金属的归趋[J]. 矿物岩石, 39(1): 115-120.

王激清, 张宝悦, 苏德纯. 2005. 修复镉污染土壤的油菜品种的筛选及吸收累积特征研究——高积累镉油菜品种的筛选(Ⅰ)[J]. 河北北方学院学报(自然科学版), (1): 58-61.

王霞, 吴霞, 马亮, 等. 2012. 棉花幼苗受铅、镉胁迫的抗氧化酶反应[J]. 江苏农业科学, 40(12): 105-107.

谢雪. 2018. 重金属污染地区耕地休耕的农户意愿与生态补偿研究——来自湖南和江西的调研分析[D]. 南昌: 江西财经大学.

寻舸, 宋彦科, 程星月. 2017. 轮作休耕对我国粮食安全的影响及对策[J]. 农业现代化研究, 38(4): 681-687.

杨涛, 吕贵芬, 陈院华, 等. 2019. 江西省镉污染土壤中超积累油菜品种筛选[J]. 湖北农业科学, 58(5): 36-38.

杨晓萍, 李玉军, 李飞. 2018. 关于湖南省镉污染耕地植棉修复的思考[J]. 湖南农业科学,(3): 95-97.

余海波, 宋静, 骆永明, 等. 2011. 典型重金属污染农田能源植物示范种植研究[J]. 环境监测管理与技术, 23(3): 71-76.

俞振宁, 谭永忠, 茅铭芝, 等. 2018. 重金属污染耕地治理式休耕补偿政策: 农户选择实验及影响因素分析[J]. 中国农村经济,(2): 109-125.

张前进, 陈永春, 安士凯. 2013. 淮南矿区土壤重金属污染的植物修复技术及植物优选[J]. 贵州农业科学, 41(4): 164-167.

张帅. 2013. 耐 Cd、As、Pb 重金属促生菌的筛选及 Cd 胁迫下植物促生菌对甜高粱生长的调控[D]. 南京: 南京农业大学.

张云, 王丹媚, 王孝源, 等. 2021. 外源茉莉酸对菊芋镉胁迫下光合特性及镉积累的影响[J]. 作物学报, 47(12): 2490-2500.

张子叶, 谢运河, 黄伯军, 等. 2017. 镉污染稻田水分调控与石灰耦合的季节性休耕修复效应[J]. 湖南农业科学,(12): 47-51.

郑世英, 张秀玲, 王丽燕, 等. 2007a. Pb^{2+}, Cd^{2+}胁迫对棉花保护酶及丙二醛含量的影响[J]. 河南农业科学, 36(8): 43-45, 63.

郑世英, 张秀玲, 王丽燕, 等. 2007b. 铅和镉胁迫对棉花种子萌发及有机渗透调节物质的影响[J]. 中国棉花, 34(5): 16-17.

钟明涛, 李维弟, 朱永琪, 等. 2022. 生物炭和菌肥对土壤镉形态和棉花镉吸收的影响[J]. 土壤通报, 53(5): 1172-1181.

周蜜, 吴玉环, 刘星星, 等. 2019. 镉胁迫对菊芋生理变化及镉富集的影响[J]. 水土保持学报, 33(2): 323-330.

栗原宏幸, 渡辺美生, 早川孝彦. 2005. カドミウム含有水田転換畑におけるケナフ(Hibiscz acasnnabinzas)を用いたファイトレメディエーションの試み[J]. 日本壌肥料学雑誌, 76(1): 27-24.

Angelova V R, Ivanova R V, Delibaltova V A, et al. 2011. Use of sorghum crops for *in situ* phytoremediation of polluted soils[J]. Journal of Agricultural Science and Technology,(5): 693-702.

Angelova V, Ivanova R, Delibaltova V, et al. 2004. Bio-accumulation and distribution of heavy metals in fibre crops (flax, cotton and hemp)[J]. Industrial Crops and Products, 19(3): 197-205.

Bachir D L. 2002. 不同镉水平下棉花生长和镉及养分吸收的品种间差异[D]. 杭州: 浙江大学.

Bada B, Raji K. 2010. Hytoremediation potential of kenaf (*Hibiscus cannabinus* L.) grown in different soil textures and cadmium concentrations[J]. African Journal of Environmental Science and Technology, 4: 250-255.

Bjelková M, Genčurová V, Griga M. 2011. Accumulation of cadmium by flax and linseed cultivars in field-simulated conditions: A potential for phytoremediation of Cd-contaminated soils[J]. Industrial Crops & Products, 33(3): 761-774.

Carlson K D, Cunningham R L, Garcia W J, et al. 1982. Performance and trace metal content of *Crambe* and kenaf grown on sewage sludge-treated stripmine land[J]. Environmental Pollution Series A, Ecological and Biological, 29(2): 145-161.

Christos S, Norbert C. 2013. Cadmium uptake kinetics and plants factors of shoot Cd concentration[J]. Plant Soil, 367: 591-603.

Citterio S, Santagostino A, Fumagalli P, et al. 2003. Heavy metal tolerance and accumulation of Cd, Cr and Ni by *Cannabis sativa* L.[J]. Plant and Soil, 256(2): 243-252.

Daud M K, Sun Y Q, Dawood M, et al. 2009. Cadmium-induced functional and ultrastructural alterations in roots of two transgenic cotton cultivars[J]. Journal of Hazardous Materials, 161(1): 463-473.

Douchiche O, Chaïbi W, Morvan C. 2012. Cadmium tolerance and accumulation characteristics of mature flax, cv. Hermes: Contribution of the basal stem compared to the root[J]. Journal of Hazardous Materials, 235/236: 101-107.

Douchiche O, Rihouey C, Schaumann A, et al. 2007. Cadmium-induced alterations of the structural features of pectins in flax hypocotyl[J]. Planta, 225(5): 1301-1312.

Ho W M, Ang L H, Lee D K. 2008. Assessment of Pb uptake, translocation and immobilization in kenaf (*Hibiscus cannabinus* L.) for phytoremediation of sand tailings[J]. Journal of Environmental Sciences(China), 20(11): 1341-1347.

Hradilová J, Rehulka P, Rehulková H, et al. 2010. Comparative analysis of proteomic changes in contrasting flax cultivars upon cadmium exposure[J]. Electrophoresis, 31(2): 421-431.

Jia W, Lv S, Feng J, et al. 2016. Morphophysiological characteristic analysis demonstrated the potential of sweet Sorghum (*Sorghum bicolor* (L.) Moench) in the phytoremediation of cadmium-contaminated soils [J]. Environmental Science and Pollution Research International, 23(18): 18823-18831.

Lawali D, Maman B. 2002. Cultivar differences in growth of cotton and their cadmium and nutrient uptake under various cadmium levels[D]. Hangzhou: Zhejiang University.

Li F T, Qi J M, Zhang G Y, et al. 2013. Effect of cadmium stress on the growth, antioxidative enzymes and lipid peroxidation in two kenaf (*Hibiscus cannabinus* L.) plant seedlings[J]. Journal of Integrative Agriculture, 12(4): 610-620.

Liu D L, Zhang S P, Chen Z, et al. 2010.Soil cadmium regulates antioxidases in *Sorghum*[J]. Agricultural Sciences in China, 9(10): 1475-1480.

Marie B, Václava G C, Miroslav G. 2011. Accumulation of cadmium by flax and linseed cultivars in field-simulated conditions:A potential for phytoremediation of Cd-contaminated soils[J]. Industrial Crops and Products, 33: 761-774.

Salim I A, Miller C J, Howard J L. 1996. Sorption isotherm-sequential extraction analysis of heavy metal retention in landfill liners[J]. Soil Science Society of America Journal, 60(1): 107-114.

Soudek P, Petrová Š, Vaňková R, et al. 2014. Accumulation of heavy metals using *Sorghum* sp.[J]. Chemosphere, 104: 15-24.

Stritsis C, Claassen N. 2013. Cadmium uptake kinetics and plants factors of shoot Cd concentration[J]. Plant and Soil, 367(1): 591-603.

第10章　重金属污染耕地修复效果评价技术

近年来，随着《土壤污染防治行动计划》的持续实施，各地针对重金属污染耕地开展了大规模的安全利用与治理修复工作，但重金属污染耕地经修复后的效果如何、是否达到预期的修复目标、土壤的生态功能是否达到最大限度的恢复、修复后的土地是否可以复垦进行作物种植、生产的农产品是否能够达到国家相应的食品安全标准等，这些问题都需要通过对修复技术的效果进行综合评价来给出明确的答案。本章重点概述国内外污染土壤修复效果评价研究进展，重点分析重金属污染耕地修复效果评价及指标体系，并介绍我国当前重金属污染耕地修复效果评价程序。

10.1　国内外污染土壤修复效果评价概况

10.1.1　污染土壤修复标准研究

国外一些发达国家污染土壤修复标准的制定及标准值的提出大多是基于多种可能暴露途径的健康风险评价或生态风险评价，且相关机构针对污染场地和污染土壤的不同利用功能及相应的保护目标，确定了土壤污染的修复目标，进而制定了一系列标准值。例如，美国国家环境保护局于 1996 年颁布了用于推导保护人体健康的土壤筛选值的土壤筛选导则（Soil Screening Guidance, SSG）（USEPA, 1996），导则包括一系列场地评估和污染修复的标准化指南；在 2003 年颁布了基于生态风险的土壤生态筛选导则（Ecological-Soil Screening Guidance, Eco-SSG），将土壤污染物浓度分为 3 个区间（USEPA, 2003）。美国一些州也根据自己州的特点制定了各自的污染土壤修复标准。例如，美国新泽西州 2004 年出台的基于风险的土壤修复标准（Soil Remediation Standard）中把土地资源修复标准分为 3 类，即居住区土地标准、非居住区用地标准和对地下水有潜在影响的修复标准，不同的土地利用类型均有相应针对的污染物类型、健康风险标准和修复标准（NJDEP, 2008）。纽约州发布的土壤清洁目标（Soil Cleanup Objective）综合考虑了 5 种土地利用，如非限制性用地、居住用地、受限制的居住用地、商业用地和工业用地下的人体健康、生态受体和地下水环境三个方面（NYSDEC, 2006）。加拿大环境部长委员会（The Canadian Council of Ministers of the Environment, CCME）针对不同土地利用方式，如农业用地、居住/公园用地、商业用地和工业用地，分别制定了基于保护生态物种安全和人体健康风险的土壤质量指导值，并以两者中的较小值作为综合性土壤质量指导值（CCME, 1996），用于在土壤修复中限制土壤中污染物的浓度。英国环境署（Environment Agency, EA）和环境、食品及农村事务部（Department of Environment, Food and Rural Affairs, DEFRA）于 2002 年颁布了基于不同土地利用方式下人体健康风险的土壤质量指导值（EA and EDFRA, 2002）。荷兰住房、空间规划和环境部（Ministry of Housing, Spatial Planning and Environment, VROM）采用土壤修复三类标准：目标值、筛选值和干预值，来表征土壤污染的程度以及据此需要采取的措施。目标值近乎背景值，是生态系统风险可忽略时的污染物浓度限值。筛选值用于筛选存在潜在风险的污染地块，即介于目标值与筛选值之间的污染水平可直接被视为是相对安全的，超过筛选值则应启动一系列风险调查评估以确认是否存在需要启动修复程序的风险。干预值基于对人体健康与生态系统的潜在风险而设定，污染水平超过干预值的限值则意味着土壤中存在对人体健康和生态系统不可接受的风险，应启动污染修复程序。此外，对部分生态毒性或标准方法尚未完全明确的污染物，荷兰制定了严重污染指示值，与干预值相比，该值具有较大的不确定性，土壤污染物监测含量超过指示值时，需综合考虑其他因素确定土壤是否受到严重污染（VROM, 2000）。澳大利亚国家环境保护委员会（National Environment Protection Council, NEPC）于 1999 年分别制定了基于人体健康的调研值（Health-Based Investigation Levels, HILs）和基于生态的调研值（Ecologically-Based Investigation Levels, EILs）。丹麦环境保护署（Danish Environmental Protection Agency）基于急性和慢性人体健康效应制定了 11 种毒性较大的污染物的消减标准作为土壤修复目标（DEPA, 2002）。日本于 2002 年颁布的《土壤污染对策法》（Soil Contamination Countermeasures Law）规定了一些工业污染场地和污染物及允许浓度值（JME, 2002）。

　　我国在污染土壤修复评价方面已出台了一些标准。在验收、评价流程方面，生态环境部 2014 年出台了《工业企业场地环境调查评估与修复工作指南(试行)》；上海市和北京市分别发布了《上海市污染场地修复工程验收技术规范（试行）》和《污染场地修复验收技术规范》（DB11/T 783—2011）；生态环境部 2018 年发布了《污染地块风险管控与土壤修复效果评估技术导则（试行）》（HJ 25.5—2018）。这4 个标准针对污染土壤清理后基坑的验收规定了工作程序、主要内容和关键方法。湖南省 2016 年发布了《重金属污染场地土壤修复标准》（DB43/T 1165—2016），明确了土壤修复工程效果评价、验收，且不限于工业场地。广州市 2017 年发布了《广州市工业企业场地环境调查、修复、效果评估文件技术要点》，针对污染场地环境修复项目效果评估进行了规范。此外，在《场地环境监测技术导则》（HJ 25.2—2014）中也曾对污染土壤修复效果进行了原则性的规定。而在验收、评价标准方面，国内现有标准为《土壤环境质量 农用地土壤污染风险管控标准（试行）》

（GB 15618—2018），该标准提出了农用地土壤污染风险筛选值和管制值，旨在更好地保护农用地土壤环境、管控农用地土壤污染风险和保障农产品质量安全。依据新标准（GB 15618—2018），当土壤中的目标污染物含量低于风险筛选值时，农用地土壤的目标污染物污染风险较低，一般情况下可以忽略；当土壤目标污染物含量高于风险筛选值，且低于或等于风险管制值时，可食用农产品可能存在不符合质量安全标准等风险，原则上应采取相应的农艺措施调控或替代种植等措施以保障土壤的安全利用。而当土壤目标污染物含量高于风险管制值时，土壤中的目标污染物污染风险高，且难以通过安全利用措施等手段降低，原则上应当退耕还林、禁止种植食用农产品或采用其他严格管控措施。此外，农业农村部在 2018年和 2019 年相继发布了《耕地污染治理效果评价准则》（NY/T 3343—2018）和《受污染耕地治理与修复导则》（NY/T 3499—2019），填补了我国耕地污染治理与修复实施规范和评价标准的空白，为受污染耕地治理修复工作提供了技术支撑。

总体来说，因治理目标、成本、周期等不同，耕地污染治理与工业污染场地土壤治理有着明显的不同，与国外农用地土壤污染治理思路也有很大差异，制定耕地污染治理与修复评价标准，应从保障农产品质量安全的基本底线着手，充分考虑我国国情及现阶段治理技术的可行性。

10.1.2　污染土壤修复效果评价指标体系研究

国内有学者提出污染土壤修复效果的评价可以从污染土壤修复后效观察及风险评价两方面开展。根据修复目标功能恢复指标，污染土壤修复后效观察可分为生化毒理观察和生态指示观察，生化毒理观察是依据土壤中残存的污染物对环境中的生物生理生化方面可能产生的危害，通过分子或细胞水平上的测定，判别风险的大小，进而进行修复效果的评测，该法具有测定灵敏度高、测定周期较短的优点；生态指示观察则是借助土壤污染诊断的方法，将一些敏感生物（植物、土壤动物、微生物）引入修复后的土壤，通过观察它们生理生态方面的变化来对土壤修复的效果进行评判。常用的污染土壤修复后效观察指标主要有植物吸收毒理指标、陆生无脊椎动物吸收毒理指标、土壤酶水平指标、土壤微生物指标等，然而，这些指标的分析测定方法尚未形成统一的标准和规范，加之我国地域广阔，土壤类型多样，在实际应用中受到很大限制。风险评价是预测环境中的污染物对整个生态系统或其部分形成不利生态效应的可能性的过程，而土壤生态风险评价则重点关注进入土壤中环境污染物可能造成的影响，包括至少两方面内容：即以人体健康为核心目标而进行的人类健康评价和针对土壤生态系统或其组分的稳定而进行的生态健康评价。目前，我国颁布实施的《建设用地土壤污染风险评估技术导则》（HJ 25.3—2019），适用于污染场地的人体健康风险评估，但不适用于农用地土壤污染的风险评估；而有关土壤生态系统的生态健康风险评价尚无相关标准和规范出台。综上分析可见，重金属污染农田土壤修复效果评价可遵循的标准和规范很少，这也给重金属污染农田土壤修复工作的开展带来了较大的困扰。国内有学者对农用地土壤重金属安全性评价指标体系进行了初步研究，结果表明：从农产品安全生产的角度，仅用现有的环境质量评价体系难以正确评价农用地土壤重金属污染特征和水平。因此，探索建立重金属污染农田土壤修复效果评价指标体系已迫在眉睫。

10.1.3　污染土壤修复效果评价方法

目前重金属污染土壤修复的效果主要从土壤中重金属污染物的总量及生物有效性两方面来表征。相应的评价方法可分为两类，即重金属残留总量评价和重金属生物有效性评价。

1. 重金属残留总量评价

重金属残留总量评价法是在实施修复措施后对修复区域的重金属污染物残留量进行监测，并将监测结果与修复目标值进行比较来评价修复的效果。该方法能够直观地反映污染土壤修复的效果，且简单、易于操作。我国现行的关于污染场地修复验收或污染场地修复效果评估的标准或规范大多采用这种方法。例如，北京市出台的《污染场地修复验收技术规范》（DB11/T 783—2011）、上海市出台的《上海市污染场地修复工程验收技术规范（试行）》以及生态环境部发布的《污染地块风险管控与土壤修复效果评估技术导则（试行）》（HJ 25.5—2018）中，均是通过逐个对比法或 t 检验法对比污染场地中污染物的检测值与修复目标值来判定是否达到验收标准。其中，逐个对比法适用于修复面积较小且采样数量有限的场地；而 t 检验法适用于修复面积大且采样数量较多的场地。但重金属污染耕地的治理目标、周期、成本等与污染场地不同，加上我国幅员辽阔，土壤种类众多，种植作物种类/品种差异很大，采用重金属残留总量评价法评价受污染耕地修复的效果有时可能存在较大的误差。

2. 重金属生物有效性评价

常用的重金属生物有效性评价法有重金属形态分析、植物毒性、陆生无脊椎动物毒性、土壤微生物毒性以及土壤酶水平评价法。

1）重金属形态分析评价

重金属形态是指重金属的价态、化合态、结合态和结构态四个方面，即某一重金属元素在环境中以某种离子或分子存在的实际形式。重金属进入土壤后，通过溶解、沉淀、凝聚、络合吸附等作用，形成不同的化学形态，并表现出不同的生物有效性及毒性。因此，采用重金属的形态而非总量来评价土壤受污染程度和环境风险会更加科学和严谨。重金属形态分析是指使用一系列选择性试剂，按照由弱到强的原则对土壤中重金属的各个形态进行连续提取，进而采用一定的方法测量其各形态含量。例如，Tessier 等（1979）用不同溶蚀能力的化学试剂，对海洋沉积物进行连续溶蚀和分离操作，将其分成 5 个地球化学相，即可交换态、碳酸盐结合态、铁锰氧化物结合态、有机结合态和残渣态。1993 年欧洲共同体标准物质局（European Community Bureau of Reference，BCR）在综合已有的沉积物重金属提取方法的基础上，提出了 BCR 三步提取法，将土壤重金属结合态划分为酸可交换态、可还原态和可氧化态（Quevauviller et al., 1993）。重金属形态分析评价把原来单一分析元素全量的评价变成分析元素各形态的评价，从而提高了评价质量。

2）植物毒性评价

植物毒性评价是通过考察土壤重金属污染物对植物生长性状的影响程度及在植物各器官的累积量来评价土壤修复效果的方法，在当前土壤修复效果评价中广泛应用。其中，植物生长性状的毒害状况通常是通过种子发芽率实验、植物根伸长实验及植物幼苗生长实验来评定。这类试验起初主要用于化学品的毒性检验，但随着土壤污染生态毒理学评价需求的日益增加，该方法的应用范围已扩展到土壤污染现场及土壤生物修复过程等多方面。在修复措施实施后的土壤中进行种子发芽率实验、植物根伸长实验和植物幼苗生长实验，同时在受污染区域附近的清洁土壤中同步进行对照实验。实验结束后，一方面，通过测定比较修复区域及附近对照区域种子的发芽率、根伸长长度及植物生物量，来评价土壤重金属对植物生长性状的影响。该方法简单、持续时间短，且对重金属污染物毒性敏感。另一方面，通过测定植物可食部分中重金属的累积量，通过比较我国《食品安全国家标准 食品中污染物限量》（GB 2762—2022）食品中污染物的限量值来评价土壤修复的效果。例如，Wang 等（2014）利用甘蓝型油菜和大白菜的根伸长实验对修复后的铬污染土壤进行毒性测试，从二者的生长状况及可食部分中铬的累积量来评估修复措施对污染土壤的修复效果。对于采用固化稳定化修复措施的重金属污染场地或耕地，土壤中重金属与修复剂形成稳定的结构，此时选择重金属高积累植物或对重金属毒性敏感的植物，能够准确地反映土壤中重金属生物有效性的变化情况。

3）陆生无脊椎动物毒性评价

重金属污染物对生物体造成的影响会通过生物体复杂的生理功能体系在不同水平上的变化表现出来，影响生物体的存活、生长和繁殖能力。正是因为生物体拥有的这些特性，赋予了它们指示外界污染的价值，从而被应用于污染物的生态毒理风险评价当中。陆生无脊椎动物毒性评价法是指将对土壤重金属污染物具有敏感性的无脊椎动物如蚯蚓、线虫、甲螨等，暴露于修复后的土壤中，通过适当的实验系统准确地记录这些陆生无脊椎动物的存活率和群落的生长、繁殖和组成等重要参数来评估修复后的土壤对栖息无脊椎动物的危害与风险，从而达到对土壤修复效果的指示作用。例如，刘馥雯等（2019）以赤子爱胜蚓为指示生物，将赤子爱胜蚓暴露于稳定化处理后的铬污染土壤中，通过研究赤子爱胜蚓的致死效应、回避率、皮肤损伤及铬富集情况等，来评估铬污染土壤经稳定化处理后的安全性。González 等（2013）利用蚯蚓评价有机堆肥修复重金属污染土壤的修复效果时发现，当有机堆肥添加量超过 25%时，改良土壤中重金属浓度和电导率显著上升，导致所有蚯蚓在未稀释的土壤中死亡，使其繁殖受到完全抑制。除蚯蚓外，其他陆生无脊椎动物种如蜱螨目、等足目、线虫动物门和原生动物也具有很好的土壤生态评估潜力（Haimi, 2000）。利用陆生无脊椎动物评价污染土壤修复的效果有着显著的优势，因为陆生无脊椎动物繁殖能力强，分布广，便于采集研究，将其暴露于土壤中，能与土壤进行最大面积的接触，其生命活动和代谢活动与土壤有着密切的联系，能最大限度地接触土壤中的重金属物质。

4）土壤微生物毒性评价

土壤微生物毒性是指土壤微生物暴露于不利因素后污染物对其生理过程和生态功能或特性产生不利的影响。一般来说，重金属污染土壤经修复后其毒性降低，对微生物的胁迫和影响也会减弱，故修复后的土壤中微生物的生物量、呼吸强度以及群落结构多样性会相应地增加。基于此，采用土壤微生物毒性评价修复效果时一般以微生物群落水平上的生物量、活性和多样性等为观测指标。Kaplan 等（2014）利用铁砂进行原位修复重金属污染的土壤后发现微生物多样性和呼吸活性显著增加。Sun 等（2013）利用天然海泡石对土壤中的镉进行稳定化处理，并对修复后土壤中的微生物群落进行了评估，结果表明修复措施实施后土壤微生物种群数量、生物多样性显著增加，说明土壤的功能有了一定的恢复。以上结果均表明监测土壤微生物生物量、群落及活性等指标可以作为污染土壤修复效果评价的工具。

5）土壤酶活性评价

土壤酶是存在于土壤中各酶类的总称，是土壤的组成成分之一。土壤酶活性包括已积累土壤中的酶活性，也包括正在增殖的微生物向土壤释放的酶活性。它主要来源于土壤中动物、植物根系和微生物的细胞分泌物以及残体的分解物。土壤酶活性的高低可反映土壤营养物质转化、能量代谢和污染物降解等过程能力的强弱。近年来，关于采用土壤酶作为判断污染物对生物潜在毒性及土壤功能的研究引起了国内外学者的关注。例如，采用与土壤微生物氧化能力相关的脱氢酶来指示土壤微生物的存活状况（van Coller-Myburgh et al., 2014）；与土壤微生物抗氧化能力相关的过氧化氢酶（Zhang et al., 2012）和与微生物硝化作用相关的脲酶（Klose and Tabatabai, 1999）来指示土壤微生物总量。李博文等（2006）曾开展以土壤酶活性评价镉、锌、铅复合污染的可行性研究，结果表明在镉、锌、铅复合污染土壤中，过氧化氢酶、脲酶活性与碱性磷酸酶活性可构成综合评价体系来反映污染土壤中镉、锌、铅的含量。

10.2　重金属污染耕地修复效果评价及指标体系

10.2.1　基本概念

1. 土壤质量

土壤质量是指土壤在生态系统的范围内，维持生物的生产力、保护环境质量以促进动植物和人类健康行为的能力，因此，土壤质量可定义为土壤提供植物养分和生产生物物质的土壤肥力质量，容纳、吸收、净化污染物的土壤环境质量，以及维护和保障人类和动植物健康的土壤健康质量的总和。

2. 土壤肥力质量

土壤肥力质量是指土壤确保食物、纤维和能源的优质生产、可持续提供植物养分以及抗侵蚀的能力。而用于评价耕地土壤污染修复的土壤肥力质量因子主要包括：重金属污染耕地修复治理前后土壤中土壤质地、土壤深度、坡度、排水情况、持水量、有机碳、阳离子交换量、全氮、全磷、全钾、碱解氮、速效钾、速效磷、有机质和 pH 等多项能够影响土壤生产力的土壤属性指标。

3. 土壤环境质量

土壤环境质量是指土壤尽可能少输出养分、温室气体和其他有机和无机污染物，维护地表和地下水及空气的洁净，调节水、气质量以适应生物生长和繁衍的能力。而用于评价耕地土壤污染修复的土壤环境质量因子主要包括：重金属污染耕地修复治理前后土壤中的重金属总量、有效态重金属含量以及重金属浸出毒素等。

4. 土壤健康质量

土壤健康质量是指土壤容纳、吸收、净化污染物质，生产无污染的安全食品和营养成分的健康食品，促进人畜和动植物健康，确保生态安全的能力。而用于评价耕地土壤污染修复的土壤健康质量因子主要包括：重金属污染耕地修复治理前后土壤种植的植物可食部分中重金属的含量、植物作为饲料部分中重金属的含量以及用于还田的其他植物组织中的重金属含量等。

10.2.2 指标选取原则

耕地土壤修复与一般工业污染场地土壤修复存在很大差异，前者重点关注的是经修复后的土壤是否可以实现复垦，生产出的农产品是否符合食品安全标准；而后者重点关注的是修复后的场地是否可以进一步地开发利用，通常是用作建设用地或工业用地。因此，在选取重金属污染耕地土壤修复效果评价指标时应紧紧围绕耕地土壤的生态功能，具体来讲，应遵循以下几点原则。

1. 全面性

耕地土壤最主要的功能是要有"保水、保肥、通气、透水"能力，从而促进农作物的生长。因此，单纯用重金属总量的降低，或是有效态含量的降低并不能全面反映耕地土壤的主要生态功能，需要从土壤的环境质量、肥力质量、健康质量三方面综合考虑，设置修复效果评价指标。

2. 客观性

用于重金属污染耕地土壤修复效果评价的指标应是客观的，才可最大限度地反映修复的效果，在指标选取上应以定量指标为主，必要时可选取定性指标，作为辅助性评价指标。

3. 易测性

重金属污染耕地土壤修复效果评价选取的指标可用现行的标准方法进行测定，或是可用国内外公认的测定方法进行分析测定。在分析周期上，应满足具体的修复项目的实施进度及验收要求，不能待修复工程竣工数年之后才采样分析以致影响项目的验收及土地的复垦。

4. 可评性

重金属污染耕地土壤修复效果评价指标经测定后，要有相应的标准值或参考值作为评价的依据，从而据此判定是否达到了预期的修复目标。

10.2.3 评价指标体系构建

一般认为，土壤质量评价就是综合不同的土壤功能，包括保持生产力、维持环境质量和保证动植物健康的属性，对这些属性进行时间尺度或空间尺度上的衡量，通过选取一系列的指标，采用相关的评价方法，对土壤质量进行定性和定量的评价。而污染耕地土壤修复效果评价是选取修复前后土壤质量变化较大的指标，参照一定的标准值或参考值，定性或定量地评价修复后土壤质量的改善程度，重点关注的是修复后土壤中目标污染物环境风险的降低程度、耕地土壤生态功能的恢复程度、生产农产品的安全性等，是一种不完全意义上的土壤质量评价。

1. 农产品卫生质量

从土壤的用途来说，耕地的用途是生产农产品，尤其是食用农产品。无论采取哪些措施对受污染耕地进行治理修复，最终都要保障耕地上生产出安全的农产品。因此耕地污染治理的基本目标，应是充分保障农产品达标（安全）生产。经过治理修复，不管土壤中污染物总量削减了多少，也不管其有效态含量削减了多少，只要没有实现种植的食用农产品达标生产，这块耕地就不能实现"农民放心种、企业放心收、群众放心吃"，那么受污染耕地治理修复就没有达到目的。因此，构建重金属污染耕地修复效果评价时将农产品可食部分、农作物饲料部分重金属总量设置为约束性评价指标。

2. 土壤重金属总量和生物有效态含量

土壤中重金属总量和有效态含量是评价治理修复措施效果的最直观的指标。借助统计学的方法，判定修复后土壤中重金属总量和有效态含量是否显著性降低，是否低于我国《土壤环境质量　农用地土壤污染风险管控标准（试行）》（GB 15618—2018）规定的风险筛选值。但需要说明的是，土壤风险筛选值是从生态环境效应体系中综合考虑取保守值而制订的。即使将土壤污染物总量或有效态含量削减至风险筛选值以下，生产的农产品仍可能超标。因此，该指标需结合农产品卫生质量指标进行综合评价。

3. 投入品重金属含量

根据《受污染耕地治理与修复导则》（NY/T 3499—2019）的技术要求，耕地污染治理与修复措施不能对土壤、地下水、大气及种植作物等周边环境造成二次污染。治理与修复过程中产生的废水、废气和固体废物，应当按照国家有关规定进行处理或者处置，并达到国家或地方规定的环境保护标准和要求。治理与修复所使用的有机肥、土壤调理剂等投入品中镉、汞、铅、铬、锌、镍、铜、砷 8 种重金属含量，不能超过《土壤环境质量　农用地土壤污染风险管控标准（试行）》（GB 15618—2018）规定的风险筛选值，或者治理与修复区域耕地土壤中对应元素的含量。因此，构建重金属污染耕地修复效果评价时将投入品重金属含量设置为约束性评价指标。

4. 农作物产量

耕地污染治理与修复措施不能对治理区域主栽农产品产量产生严重的负面影响。农产品种类或品种未发生改变的，治理与修复区域农产品单位产量（折算后）与治理和修复前同等条件对照相比减产幅度应≤10%。因此，构建重金属污染耕地修复效果评价时将作物产量设置为约束性评价指标。

5. 微生物效应和水环境效应

我国《土壤环境质量　农用地土壤污染风险管控标准（试行）》（GB 15618—2018）中土壤重金属风险筛选值的确定，是分别考虑重金属对作物生长、农产品卫生质量、微生物效应的影响和对水环境效应的影响（表 10-1），获得土壤重金属的临界含量值，最后取最小值作为确定风险筛选值的依据。其中：

（1）对作物生长的影响。

土壤中重金属对作物产量降低所起的作用，以作物减产 10%作为临界含量值。

（2）对农产品卫生质量的影响。

作物可食部分如稻米、蔬菜、水果中重金属的累积量，主要通过生物富集系数（BCF）模型或建立土壤污染物浓度和作物可食部位浓度之间的回归模型，并依据《食品安全国家标准　食品中污染物限量》（GB 2762—2022）反推得到土壤重金属临界含量值。

（3）对微生物效应的影响。

土壤中重金属在低浓度时对微生物有刺激作用，在较高浓度时则表现抑制作用，以土壤微生物计数指标的变化≥50%或土壤中脲酶、碱性磷酸酶、蛋白酶等任一生化指标的变化≥25%作为临界含量值。

表 10-1　《土地环境质量 农用地土壤污染风险管控标准（试行）》（GB 15618—2018）中土壤重金属风险筛选值的确定依据

体系	土壤-植物		土壤-微生物		土壤-水体	
内容	农产品卫生质量	作物生长	微生物效应		水环境效应	
			生化指标	微生物计数	地下水	地表水
目的	防止污染食物链，保证人体健康	保持良好的生产力和经济效益	保持土壤生态处于良性循环		不引起次生的水环境污染	
标准	食品卫生标准、饲料卫生标准或茶叶卫生标准	按减产 10%为临界值	凡一种以上的生化指标的变化≥25%	微生物计数指标的变化≥50%	《生活饮用水卫生标准》	《地面水环境质量标准》

（4）对水环境效应的影响。

重金属在土壤中迁移进入地下水和地表水，但由于土壤对重金属具有较强吸附固定能力，通常情况下，重金属在土壤中移动性差，除地质因素或特殊情景下发生的重度污染情况外，土壤中重金属难以进入地下水和地表水。因此，在农用地土壤标准中主要以生物效应为限制因子。因此，根据我国《土地环境质量　农用地土壤污染风险管控标准（试行）》（GB 15618—2018）中土壤重金属风险筛选值的制定方法，构建重金属污染耕地修复效果评价时应当将对微生物效应和水环境效应的影响作为约束性评价指标。

6. 土壤自然属性和肥力属性

当前我国重金属污染土壤的修复工程中，多是注重于土壤中重金属总量或生物有效性的降低，少有考虑土壤本身的自然属性和肥力属性。土地自然属性是指土地本身固有的内在属性，是由构成土地的诸要素如母质、地形、土壤质地、有效土层厚度、盐渍化程度、水文状况和植被等长期相互作用、相互制约而赋予土地的特性。这种特性直接影响了土地的适宜性和限制性，是衡量土地质量等级的重要依据。土壤肥力属性是土壤确保食物、纤维和能源的优质生产、可持续提供植物养分以及抗侵蚀的能力。土壤修复是为了重建土壤的生产力，而重建土壤生产力的过程中要注重提高作物产量和品质。因此，在恢复土壤基本功能时要关注土壤理化性质与生物学性质、肥力等。构建重金属污染耕地修复效果评价时应将土壤质地、速效氮、速效钾、速效磷、有机质和 pH 等多项能够影响土壤生产力的土壤属性指标纳入参考性评价指标。

综上所述，根据评价指标选取原则，结合我国现行的标准体系及规范，重金属污染耕地土壤修复效果评价指标体系如表 10-2 所示。该指标体系围绕耕地土壤的生态功能，基于土壤环境质量、肥力质量、健康质量三方面提出，并以其他指标作为补充。从土壤重金属去除、有效性降低、土壤物理化学生物学性质指标、肥力指标、农产品产量和卫生质量、环境效应等角度综合评估修复效果。但重金属污染耕地土壤修复效果的评价是一项非常复杂的工作，评价指标体系不能一概而论，在评价具体工程项目的修复效果时，应结合项目的预期目标、项目特点、利益相关方要求等具体分析，适当增减确定适合该项目的指标体系。选取时应注意以下几点：一是应结合具体的修复项目而确定指标体系，尽可能地反映修复后土地的使用功能，同时应避免修复过程可能造成的二次污染。二是本书提出的评价指标体系包括约束性评价指标和参考性评价指标，其中约束性评价指标在进行修复效果评价时具有否定性作用，任一指标在修复过程中没有符合评价标准则整体修复效果将判定不达标。例如，污染土壤经过修复后，虽然土壤环境质量达到了修复目标，但农产品不能达标生产或农产品产量受到严重的负面影响等，则修复效果评价时将判定为不达标。参考性评价指标可作为污染耕地修复效果评价的辅助目标。三是制定的土壤修复效果评价指标体系是有评价标准的，应该根据标准进行评价，若没有标准可循，可考虑从两个角度进行评价：其一是参考文献中的数据或经验数据，如有效磷指标，鲁如坤（1998）综合各研究者的结果，提出了土壤中有效磷的分级参考值，污染土壤经修复后，其中有效磷的含量可借助该参考值进行评价；其二是借助统计学的方法，如重金属生物有效性指标，修复目标可设置为污染土壤经修复后，土壤中有效态重金属的含量显著降低了，具体评价方法可参考北京市地方标准《污染场地修复验收技术规范》（DB11/T 783—2011）。此外，亦可设置相对量指标，如经修复后，土壤中有效态重金属含量降低50%以上。

表 10-2　重金属污染耕地土壤修复效果评价指标体系

指标类型	指标名称	指标意义	评价标准	指标性质
土壤环境质量	土壤重金属总量	评价污染土壤修复后重金属总量是否明显削减	GB 15618—2018	约束性
	重金属生物有效性	评价污染土壤修复后重金属生物有效性是否明显降低	—	参考性
土壤健康质量	农产品卫生质量	评价污染土壤修复后农产品是否达标生产	GB 2762—2022	约束性
	作物饲料卫生质量		GB 13078—2017	约束性
	作物生长性状	评价污染土壤修复后对作物生长性状是否有严重的影响	—	约束性
	土壤微生物效应	评价污染土壤修复后对微生物活性是否有显著的影响	—	约束性
土壤肥力质量	土壤质地	评价污染土壤修复后是否会对土壤自然属性和肥力属性造成严重的负面影响		参考性
	速效氮			
	速效钾			
	速效磷			
	微量元素			
	…			
其他指标	作物产量	评价污染土壤修复后复垦的效果	—	约束性
	投入品重金属含量	评价污染土壤修复后是否会对周边地表水和地下水产生二次污染	GB 15618—2018	约束性

10.2.4　评价标准

根据农业农村部 2018 年发布的《耕地污染治理效果评价准则》（NY/T 3343—2018），耕地污染治理效果评价标准为：

（1）治理区域内实现农产品达标生产。农产品达标生产需要从两方面去衡量。一方面，治理修复后，农产品抽样样本中目标污染物的平均含量应符合国家食品卫生标准；另一方面，农产品抽样样本达标率不低于 90%。即农产品污染物含量均值与达标率"双指标"均须达标，这是耕地污染治理的基本目标。

（2）治理区域内耕地土壤重金属总量或有效态含量低于我国《土壤环境质量农用地土壤污染风险管控标准（试行）》（GB 15618—2018）中规定的污染风险筛选值。

（3）耕地污染治理措施不能对耕地或地下水环境造成二次污染。治理所使用的有机肥、土壤调理剂等耕地投入品中镉、汞、铅、铬、锌、镍、铜、砷 8 种重金属含量，不能超过 GB 15618—2018 规定的风险筛选值，或者治理区域耕地土壤中对应元素的含量。

（4）耕地污染治理措施不能对治理区域主栽农产品产量产生严重的负面影响。种植结构未发生改变的，治理区域农产品单位产量（折算后）与治理前同等条件对照相比减产幅度应≤10%。

（5）耕地污染治理措施不能对治理区域土壤中微生物产生严重的负面影响。治理措施对土壤微生物抑制率不能≥50%或土壤中脲酶、碱性磷酸酶、蛋白酶等任一生化指标抑制率不能≥25%。

（6）治理效果分为两个等级，即达标和不达标。达标表示治理效果已经达到了目标，即能够同时满足农产品达标生产、耕地投入品重金属含量达标、作物产量达标和微生物效应指标达标 4 个评价标准；不达标表示耕地污染治理未达到目标，即不能同时满足这 4 个评价标准。

（7）在治理后（对于长期治理的，在治理周期后）2 年内的每季农作物收获时，开展耕地污染治理效果评价；根据治理区域连续 2 年的治理效果等级，综合评价耕地污染治理整体效果。

10.3　重金属污染耕地修复效果评价程序

10.3.1　评价流程

农业农村部 2018 年发布的《耕地污染治理效果评价准则》（NY/T 3343—2018）中，将重金属污染耕地修复效果评价流程分为三个阶段，如图 10-1 所示，包括评价方案制定、样品采样与实验室检测分析和治理效果评价。

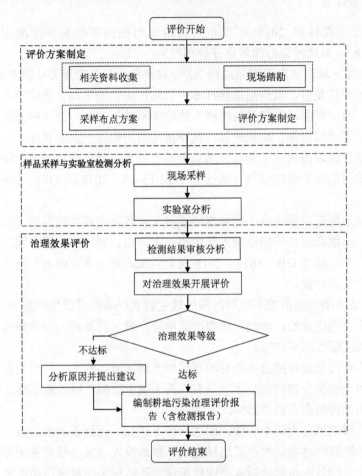

图 10-1 污染耕地治理总体评价流程图

10.3.2 评价方案的制定

评价单位在审阅分析耕地污染治理相关资料的基础上，结合现场踏勘结果，明确采样布点方案，确定耕地污染治理效果评价内容，制定评价方案。

1. 相关资料收集

在重金属污染耕地修复或治理效果评价工作开展之前，评价单位应当收集与重金属污染耕地治理相关的资料，包括但不限于以下内容：

(1) 区域自然环境特征：包括区域内的气候类型与特征、地质特征、地形地貌、水文特征、土壤特征、植被、自然灾害等。

（2）农业生产土地利用状况：主要包括区域内种植的农作物种类，各类作物的种植布局、面积、产量、农作物长势以及耕作制度等。

（3）土壤环境状况：主要包括区域内各重金属元素的背景值、污染土壤中污染物的种类及分布、污染物的来源、各类污染物的排放途径和年排放量、农业灌溉用水水污染状况和水质状况、污染土壤所在区域内的大气污染状况、农业废弃物的投入情况、农业化学物质的投入情况、自然污染源情况等。

（4）农作物污染监测资料：包括污染区域内农作物污染元素历年值、农作物污染现状等。

（5）耕地污染治理资料：耕地污染风险评估及治理方案相关文件、治理实施过程的记录文件及台账记录、治理中所使用的耕地投入品情况、二次污染监测记录、治理项目完成报告等。

（6）其他相关资料和图件：土地利用总体规划、行政区划图、农作物种植分布图、土壤类型图、高程数据、耕地地理位置示意图、治理范围图、治理措施流程图、治理过程图片和影像记录等。

需要注意的是，收集资料时应尽可能包括空间信息，即点位数据应包括地理空间坐标，面域数据应有符合国家坐标系的地理信息系统矢量或栅格数据。

2. 现场踏勘

评价单位在进行现场踏勘前，应根据受污染耕地的具体情况掌握相应的安全卫生防护知识，并装备必要的防护用品。现场踏勘的范围以修复区域为主，并应包括修复区域周围的区域，周围区域的范围由现场调查人员根据污染可能迁移的距离及途径来判断。现场踏勘的主要内容包括：修复区域的现状与历史情况，相邻区域的现状与历史情况，周围区域的现状与历史情况，区域的地质、水文地质和地形的描述等。

3. 采样布点方案

治理效果评价点位的布设应以耕地污染治理区域作为监测单元，按照《农、畜、水产品污染监测技术规范》（NY/T 398—2000）的规定在治理区域或附近布设治理效果评价点位。当农作物效果评价与耕地土壤治理效果评价同时进行时，农作物样品的采集应与耕地土壤样品同步，农作物采样点就是农田土壤采样点。

（1）监测单元的划分：农作物监测单元应以治理区域农作物受污染的途径划分为基本单元，结合参考土壤污染类型、农作物种类、商品粮生产基地、保护区类别、行政区划等要素，由当地农业环境监测部门根据实际情况进行划定。同一监测单元的差别应尽可能缩小。

（2）治理效果评价点位布设方法：治理效果评价点位应包含区域农作物类背

景点（对照点）。区域农作物类背景点布点是指在调查区域内或附近、相对未受污染，且耕作制度、农作历史与调查区域相似的地块上所采集的农作物样点。其中代表性强、分布面积大的几种主要农作物污染类型分别布设同类农作物背景点，可采用随机布点法，每种农作物污染类型不得低于 3 个背景点。

（3）治理效果评价点位布设密度：我国针对农田土壤或耕地的标准及土壤污染调查监测工作中污染监测点位的布设做了相关规定，如表 10-3 所示。根据工作目标，目前我国耕地污染调查监测类布设点位密度为 15~75000 亩/点。布点密度无疑是越高越准确，但耕地污染治理量大面广，从成本和可行性的角度来说，无法像场地污染调查监测那样高密度布点，综合考虑可行性、工作量、科学性和可重现性等多种因素，可将耕地污染治理效果评价点位的布点密度规定为治理面积在 150 亩（含）以上时，布点密度设置为 15 亩/点；治理面积在 15~150 亩之间时，总共布设 10 个点；治理面积≤15 亩，总共布设 5 个点。

表 10-3 我国相关标准中污染监测点位布设数量表

污染监测点位布设密度	事项	标准或项目
150 亩/点	重点污染地区点位布设	全国农产品产地土壤重金属污染普查
土壤：重度超标点位超标区 500 m×500 m 网格（375 亩/点）；中度和轻度点位超标区 1000 m×1000 m 网格（1500 亩/点）； 农产品：1000 m×1000 m 网格（1500 亩/点）	在已发现土壤污染物超标区域布点	全国土壤污染状况详查
50~150 亩/点	在已发现农产品超标区域布点	湖南重金属污染耕地修复及农作物种植结构调整试点
15~750 亩/点	污染事故调查	《农田土壤环境质量监测技术规范》（NY/T 395—2012）
150~1500 亩/点	禁产区划定	
污染区：75~1500 亩/点； 一般农区：2250~12000 亩/点	农产品产地安全质量划分	
3000~15000 亩/点	农田土壤背景值调查	
污染区：150~4500 亩/点； 一般农区：3000~15000 亩/点	农产品产地污染普查	
2000 hm² 以内：3~5 个点； 2000 hm² 及以上：每增加 1000 hm²，增加 1 个点	大田种植区土壤样点布设	《绿色食品 产地环境调查、监测与评价规范》（NY/T 1054—2021）
200 hm² 以内：3~5 个点； 200 hm² 及以上：每增加 100 hm²，增加 1 个点	蔬菜露天种植区土壤样点布设	

续表

污染监测点位布设密度	事项	标准或项目
100 hm² 以内：3 个点； 100～300 hm²：5 个点； 300 hm² 及以上：每增加 100 hm²，增加 1 个点	设施种植区土壤样点布设	《绿色食品　产地环境调查、监测与评价规范》（NY/T 1054—2021）
2000 hm² 以内：3 个点； 2000～5000 hm²：5 个点； 5000～10000 hm²：7 个点； 10000 hm² 及以上：每增加 5000 hm²，增加 1 个点	野生产品生产区土壤样品布设	
300 hm² 以内：3～5 个点；300 hm² 及以上：每增加 300 hm²，增加 1～2 个点	蔬菜栽培区布点数量	《无公害农产品　产地环境评价准则》（NY/T 5295—2015）
1000 hm² 以内：3～4 个点；1000 hm² 及以上：每增加 500 hm²，增加 1～2 个点	大田作物、林果类产品等产地布点数量	
1000 亩/点	大田采样点数量	《耕地地力调查与质量评价技术规程》（NY/T 1634—2008）
500～1000 亩/点	蔬菜地采样点数量	
公式 1：$N = t^2 \cdot s^2/D^2$	由均方差和绝对偏差计算样品数	《土壤环境监测技术规范》（HJ/T 166—2004）
公式 2：$N = t^2 \cdot C_v^2/m^2$	由变异系数和相对偏差计算样品数	

注：N 为样品数；t 为选定置信水平，s^2 为均方差，D 为可接受的绝对偏差（%），C_v 为变异系数（%）。

4. 评价方案制定

评价单位在熟悉治理区域内自然特征、土地利用状况、土壤环境状况和农业生产状况的前提下，审阅分析耕地污染治理相关资料（包括但不限于相关标准、法律法规、治理目标等），并结合现场踏勘结果，明确采样布点方案，确定耕地污染治理效果评价内容，制定评价方案。

10.3.3　样品采集与实验室检测分析

治理或一个治理周期结束后，在治理效果评价点位采集农产品和土壤样品，采样方法按照《农、畜、水产品污染监测技术规范》（NY/T 398—2000）的规定执行，农产品可食部位中重金属含量的检测方法按照《食品安全国家标准　食品中污染物限量》（GB 2762—2022）的规定执行，土壤样品中重金属含量的检测方法按照《土壤环境质量　农用地土壤污染风险管控标准（试行）》（GB 15618—2018）的规定执行。治理所使用的耕地投入品如有机肥、化肥和土壤调理剂等依据随机抽样原则进行采集，检测镉、汞、铅、铬、锌、镍、铜、砷 8 种重金属，检测方法按照相关标准的规定执行，如无标准则参照《有机无机复混肥料》（GB/T 18877—2020）的规定执行。

1. 现场采样

1）采样准备

评价单位采样前应做好采样物资准备，如不锈剪刀、不锈钢切刀、镰刀、铁锹、竹竿、卷尺、标尺、样品袋、样品标签、记录表格、文具夹、铅笔、工作服及其他特殊仪器和化学试剂等。然后组织具有一定野外调查经验、熟悉农作物采样技术规程、工作负责的专业人员组成采样组。

2）采样方法

农作物类样品应采集混合样品，除了特殊研究项目之外，不能以单株作为监测样品。农作物混合样品是指在已定采样点地块内根据不同情况按对角线法、梅花点法、棋盘式法、蛇形法等进行多点取样，然后等量混匀组成一个混合样品。每一个大型果实类混合样品由 5～10 个以上的植株组成（即分点样）；小型果实类混合样品由 10～20 个以上的植株组成。

粮食作物样品以 0.1～0.2 hm² 为采样单元，在采样单元选取 5～20 个植株，采样时应避开病虫害和其他特殊的植株。水稻、小麦采取稻穗、麦穗；玉米采取第一穗，即离地表近的一穗，混合成样。

蔬菜样品以 0.1～0.3 hm² 为采样单元，在采样单元选取 5～20 个植株。小型植株的叶菜类（白菜、韭菜等）去根整株采集；大型植株的叶菜类可用辐射型切割法采样，即将每株的表层叶至心叶切成八小瓣，随机取两瓣为该植株分样；根茎类采集根部和茎部，大型根茎可用辐射型切割法采样；果实类在植株上、中、下侧均匀采摘，混合成样。

果树类样品以 0.1～0.2 hm² 为采样单元，在采样单元内选取 5～10 株果树，每株果树纵向四分，从其中一份的上、下、中、内、外侧均匀采摘，混合成样。

烟草、茶叶类样品以 0.1～0.2 hm² 为采样单元，在采样单元内随机选取 15～20 个植株，每株采集上、中、下多个部位的叶片混合成样，不可单取老叶或新叶作代表样。

2. 实验室分析

样品的检测项目为我国《食品安全国家标准 食品中污染物限量》（GB 2762—2022）规定的重金属污染物。分析方法优先选取标准方法，即《食品安全国家标准 食品中污染物限量》（GB 2762—2022）和《土壤环境质量 农用地土壤污染风险管控标准（试行）》（GB 15618—2018）选配的分析方法。若没有标准方法可循，可选取由权威部门规定或推荐的方法。农产品可食部分中重金属检测方法如表 10-4 所示，土壤重金属检测方法如表 10-5 所示。

表 10-4　农产品可食部分中重金属检测项目及分析方法

序号	检测项目	分析方法	标准编号
1	镉	《食品安全国家标准　食品中镉的测定》	GB 5009.15—2023
2	汞	《食品安全国家标准　食品中总汞及有机汞的测定》	GB 5009.17—2021
3	砷	《食品安全国家标准　食品中总砷及无机砷的测定》	GB 5009.11—2024
4	铅	《食品安全国家标准　食品中铅的测定》	GB 5009.12—2023
5	铬	《食品安全国家标准　食品中铬的测定》	GB 5009.123—2023
6	锡	《食品安全国家标准　食品中锡的测定》	GB 5009.16—2023
7	镍	《食品安全国家标准　食品中镍的测定》	GB 5009.138—2024

表 10-5　土壤重金属检测项目及分析方法

序号	检测项目	分析方法	标准编号
1	镉	《土壤质量　铅、镉的测定　石墨炉原子吸收分光光度法》	GB/T 17141—1997
2	汞	《土壤和沉积物　汞、砷、硒、铋、锑的测定　微波消解/原子荧光法》	HJ 680—2013
		《土壤质量　总汞、总砷、总铅的测定　原子荧光法　第 1 部分：土壤中总汞的测定》	GB/T 22105.1—2008
		《土壤质量　总汞的测定　冷原子吸收分光光度法》	GB/T 17136—1997
		《土壤和沉积物　总汞的测定　催化热解-冷原子吸收分光光度法》	HJ 923—2017
3	砷	《土壤和沉积物　12 种金属元素的测定　王水提取-电感耦合等离子体质谱法》	HJ 803—2016
		《土壤和沉积物　汞、砷、硒、铋、锑的测定　微波消解/原子荧光法》	HJ 680—2013
		《土壤质量　总汞、总砷、总铅的测定　原子荧光法　第 2 部分：土壤中总砷的测定》	GB/T 22105.2—2008
4	铅	《土壤质量　铅、镉的测定　石墨炉原子吸收分光光度法》	GB/T 17141—1997
		《土壤和沉积物　无机元素的测定　波长色散 X 射线荧光光谱法》	HJ 780—2015
5	铬	《土壤和沉积物　铜、锌、铅、镍、铬的测定　火焰原子吸收分光光度法》	HJ 491—2019
		《土壤和沉积物　无机元素的测定　波长色散 X 射线荧光光谱法》	HJ 780—2015
6	铜	《土壤质量　铜、锌的测定　火焰原子吸收分光光度法》	GB/T 17138—1997
		《土壤和沉积物无机元素的测定　波长色散 X 射线荧光光谱法》	HJ 780—2015
7	镍	《土壤质量　镍的测定　火焰原子吸收分光光度法》	GB/T 17139—1997
		《土壤和沉积物无机元素的测定　波长色散 X 射线荧光光谱法》	HJ 780—2015
8	锌	《土壤质量　铜、锌的测定　火焰原子吸收分光光度法》	GB/T 17138—1997
		《土壤和沉积物无机元素的测定　波长色散 X 射线荧光光谱法》	HJ 780—2015

对每批样品每个检测项目分析时均需加入 10%～15% 的平行样品，若样品少于 5 个，应增加到 50% 以上。平行样品测定结果的误差在允许误差范围之内者为合格，允许误差范围见表 10-6。平行样品测定全部不合格者，重新进行平行样品的测定；当平行样品测定合格率小于 95% 时，除对不合格者重新测定外，再增加 10%～20% 的测定率，如此累进，直至总合格率为 95%。

表 10-6　农产品和土壤样品平行样品测定值的精密度和准确度允许误差

检测项目	样品含量范围 /（mg/kg）	精密度		准确度			适用的分析方法
		室内相对标准偏差/%	室间相对标准偏差/%	加标回收率/%	室内相对误差/%	室间相对误差/%	
镉	< 0.1	35	40	75～110	35	40	原子吸收光谱法
	0.1～0.2	30	35	85～110	30	35	
	> 0.2	25	30	90～105	25	30	
汞	< 0.1	35	40	75～110	35	40	冷原子吸收法 原子荧光光谱法
	0.1～0.2	30	35	85～110	30	35	
	> 0.2	25	30	90～105	25	30	
砷	< 0.1	35	40	90～105	35	40	原子荧光光谱法 分光光度法
	0.1～1.0	30	35	90～105	30	35	
	> 1.0	25	30	90～105	25	30	
铅	< 0.1	35	40	85～110	35	40	原子吸收光谱法
	0.1～1.0	30	35	85～110	30	35	
	> 1.0	25	30	90～105	25	30	
铬	< 0.1	35	40	85～110	35	40	原子吸收光谱法 分光光度法
	0.1～1.0	30	35	85～110	30	35	
	> 1.0	25	30	90～105	25	30	

在对每批样品每个检测项目分析时同样需要加入质控平行双样，在测定的精密度合格的前提下，质控平行样品的测定值必须在保证值（在 95% 的置信水平）范围之内，否则本批次分析结果无效，需重新进行分析测定。当选测的项目无标准物质或质控样品时，可用加标回收来测定准确度。在一批试样中，随机抽取 10%～20% 试样进行加标回收测定。当样品数量少于 10 个时，适当增加加标比率。每批同类型试样中，加标试样不应小于 1 个。加标量视被测组分含量而定，含量高的加入被测组分含量的 0.5～1.0 倍，含量低的加 2～3 倍，但加标后被测组分的总量不得超出方法的测定上限。加标回收率允许范围见表 10-6。当加标回收率小于 70% 时，对不合格者重新进行加标回收率的测定，并另增加 10%～20% 的试样作加标回收率测定，直至总合格率≥60%。

10.3.4　治理效果评价

评价单位在对样品的实验室检测结果进行审核与分析的基础上，根据评价标准，综合评价受污染耕地的治理效果，并做出评价结论。

1. 各指标评价方法

1）农产品卫生质量

农产品卫生质量可通过农产品可食用部分中目标污染物的单因子污染指数平均值和农产品样本超标率来判定是否达标。

a. 农产品中目标污染物单因子污染指数平均值计算公式如下：

$$E_{平均} = \frac{\sum\limits_{i}^{n} \dfrac{A_i}{S}}{n} \tag{10-1}$$

式中，$E_{平均}$ 为治理效果评价点位所采集的农产品中目标污染物单因子污染指数平均值；n 为治理效果评价点位数量；A_i 为第 i 个产品样本中目标污染物的实测值；S 为农产品中目标污染物的限量标准值。

b. 农产品样本超标率按式（10-2）计算，即

$$样本超标率 = \frac{农产品超标样本总数}{监测样本总数} \times 100\% \tag{10-2}$$

若耕地治理措施实施后，当季农产品中目标污染物单因子污染指数平均值显著大于 1（单尾 t 检验，显著性水平 $P < 0.05$），或农产品样本超标率大于 10%，则判定当季农产品卫生质量不达标；若当季农产品中目标污染物单因子污染指数平均值小于 1 或与 1 无显著差异，且农产品样本超标率小于 10%，则判定当季农产品卫生质量达标。连续 2 年内每季的农产品卫生质量均达标，则整体农产品卫生质量判定为达标。2 年中任一季农产品卫生质量不达标，则整体不达标。需要强调的是，若农产品卫生质量不达标，则受污染耕地治理效果评价等级也为不达标。

2）土壤重金属总量

土壤重金属总量可采用逐一对比法和统计分析的方法进行土壤修复效果评估。当样品数量少于 8 个时，应将样品重金属总量的检测值与《土壤环境质量 农用地土壤污染风险管控标准（试行）》（GB 15618—2018）规定的风险筛选值逐个对比。若样品检测值小于或等于风险筛选值，则认为治理措施对土壤重金属的削减具有显著的作用；若样品检测值高于风险筛选值，且与修复前的检测值无显著差异时，则认为治理措施对土壤重金属总量的削减无显著效果。当样品数量高于 8 个时，可采用统计分析方法进行修复效果评估。一般采用样品均值的 95% 置信

上限与风险筛选值进行比较。当样品均值的95%置信上限小于或等于风险筛选值，且样品浓度最大值不超过风险筛选值的2倍时，则判定治理措施对土壤重金属总量的削减具有显著效果。

3）投入品重金属含量

投入品重金属含量可采用逐一对比法判定是否达标。将样品中各重金属的检测值与《土壤环境质量 农用地土壤污染风险管控标准（试行）》（GB 15618—2018）规定的风险筛选值逐个对比。若样品各重金属的检测值全部低于相应的风险筛选值，则判定投入品重金属含量达标。若样品任一重金属检测值高于风险筛选值，则判定耕地投入品重金属含量不达标。需要强调的是，若投入品重金属含量不达标，则认为可能对周边环境造成二次污染，治理效果评价等级为不达标。

4）农作物产量

农作物产量可通过比较治理区域农产品单位产量与治理前同等条件下对照区域的产量进行判定。产量变化幅度计算公式如下：

$$产量变化幅度 = \frac{治理后农产品产量 - 治理前同等条件产量}{治理前同等条件产量} \times 100\%$$

(10-3)

若治理区域农产品产量变化幅度低于10%，则认为治理措施对治理区域农产品产量产生的影响较小，则农作物产量判定为达标。若产量减产幅度高于10%，则认为治理措施对治理区域农产品产量产生了严重的负面影响，农作物产量判定为不达标。需要强调的是，若农作物产量不达标，则治理效果评价等级也为不达标。

5）土壤微生物效应

土壤微生物效应可通过比较治理区域土壤中微生物计数或土壤中脲酶、碱性磷酸酶、蛋白酶等生化指标与治理前对照区域的指标进行判定。指标抑制率计算公式为

$$指标抑制率 = \frac{治理后指标 - 治理前指标}{治理前指标} \times 100\% \qquad (10-4)$$

若治理区域土壤中微生物计数的指标抑制率≥50%或土壤中脲酶、碱性磷酸酶、蛋白酶等任一生化指标抑制率≥25%，则判定治理措施对土壤中微生物产生严重的负面影响，则微生物效应指标判定为不达标。若治理区域土壤中微生物计数的指标抑制率<50%且土壤中脲酶、碱性磷酸酶、蛋白酶等任一生化指标抑制率<25%，则认为治理措施对土壤中微生物造成的影响较小，微生物效应指标判定为达标。

6）土壤自然属性和肥力属性

土壤自然属性和肥力属性为参考性指标，可作为污染耕地修复效果评价的辅

助目标。在农作物产量达标的基础上，土壤自然属性和肥力属性不作为否定性指标，即不因土壤自然属性和肥力属性指标判定治理效果评价等级为不达标。

2. 评价结论

根据耕地污染治理效果评价标准，需要同时满足农产品卫生质量、耕地投入品重金属含量、农作物产量和微生物效应 4 个指标同时达标，方能判定耕地污染治理效果评价等级为达标。以上 4 个指标中任一指标在修复过程中没有符合评价标准，则耕地污染治理效果等级将判定为不达标。

若耕地污染治理效果评价点位目标污染物不止一项时，需要逐一进行评价列出。任何一种目标污染物的当季或整体治理效果不达标，则整体治理效果等级判定为不达标。

10.3.5 评价报告编制

耕地污染治理效果评价报告应详细、真实并全面地介绍耕地污染治理效果评价过程，并对治理效果进行科学评价，给出总体结论。

评价报告应包括：治理方案简介、治理实施情况、效果评价工作、评价结论和建议以及检测报告等。耕地污染治理效果评价报告编写提纲如下：

1 耕地污染治理背景

2 耕地污染治理依据

3 耕地污染风险评估情况

4 耕地污染治理方案

　　相关审核审批文件清单，文件作为附件

5 耕地污染治理开展情况

　　5.1 治理措施实施情况

　　　　治理台账和过程记录文件清单，典型文件作为附件

　　5.2 二次污染控制情况

　　　　耕地投入品污染物含量情况

6 耕地污染治理效果评价

　　6.1 评价内容与方法

　　　　6.1.1 评价内容和范围

　　　　6.1.2 评价程序与方法

　　6.2 采样布点方案

　　　　6.2.1 布点原则

　　　　6.2.2 布点方案

　　　　6.2.3 监测因子

参 考 文 献

李博文, 杨志新, 谢建治, 等. 2006. 土壤酶活性评价镉锌铅复合污染的可行性研究[J]. 中国生态农业学报,(3): 132-134.

刘馥雯, 罗启仕, 王漫莉, 等. 2019. 铬污染土壤稳定化处理对蚯蚓的毒性效应[J]. 环境科学学报, 39(3): 952-957.

鲁如坤. 1998. 土壤—植物营养学原理和施肥[M]. 北京: 化学工业出版社.

CCME (Canadian Council of Ministers of the Environment). 1996. A Protocol for the Derivation of Environmental and Human Health Soil Quality Guidelines[R]. Winnipeg: Canadian Council of Ministers of the Environment.

DEPA(Danish Environmental Protection Agency). 2002. Guidelines on Remediation of Contaminated Sites[R]. København: the Danish Ministry of Environment.

EA (The Environment Agency), DEFRA (Department of Environment, Food and Rural Affairs). 2002. The Contaminated Land Exposure Assessment (CLEA) Model: Technical Basis and Algorithms[R]. London: The Environment Agency, DEFRA.

González V, Díez-Ortiz M, Simón M, et al. 2013. Assessing the impact of organic and inorganic amendments on the toxicity and bioavailability of a metal-contaminated soil to the earthworm *Eisenia andrei*[J]. Environmental Science and Pollution Research, 20(11): 8162-8171.

Haimi J. 2000. Decomposer animals and bioremediation of soils[J]. Environmental Pollution, 107(2): 233-238.

JME (Japanese Ministry of the Environment). 2002. Soil Contamination Countermeasures Law[R]. Tokyo: Japanese Ministry of the Environment.

Kaplan H, Ratering S, Hanauer T, et al. 2014. Impact of trace metal contamination and *in situ* remediation on microbial diversity and respiratory activity of heavily polluted Kastanozems[J]. Biology and Fertility of Soils, 50(5): 735-744.

Klose S, Tabatabai M A. 1999. Urease activity of microbial biomass in soils[J]. Soil Biology and Biochemistry, 31(2): 205-211.

NJDEP. 2008. Guidance on the Human Health Based and Ecologically Based Soil Remediation Criteria for Number 2 Fuel Oil and Diesel Fuel Oil[R]. Trenton: New Jersey Department of

Environmental Protection.

NYSDEC (New York State Department of Environmental Conservation). 2006. New York State Brownfield Cleanup Objectives: Technical Support Document[R]. Albany: New York State Department of Environmental Conservation.

Quevauviller P, Rauret G, Griepink B. 1993. Single and sequential extraction in sediments and soils[J]. International Journal of Environmental Analytical Chemistry, 51(1/2/3/4): 231-235.

Sun Y B, Sun G H, Xu Y M, et al. 2013. Assessment of natural sepiolite on cadmium stabilization, microbial communities, and enzyme activities in acidic soil[J]. Environmental Science and Pollution Research, 20(5): 3290-3299.

Tessier A, Campbell P G C, Bisson M. 1979. Sequential extraction procedure for the speciation of particulate trace metals[J]. Analytical Chemistry, 51(7): 844-851.

USEPA (United States Environmental Protection Agency). 1996. Soil Screening Guidance: User's Guide. Office of Solid Waste and Emergency Response[R]. Washington D.C.: Office of Solid Waste and Emergency Response.

USEPA (United States Environmental Protection Agency). 2003. Executive summary. Guidance for Developing Ecological Soil Screening Levels (Eco-SSLs)[R]. Washington D.C.: Office of Solid Waste and Emergency Response.

van Coller-Myburgh C, van Rensburg L, Maboeta M. 2014. Utilizing earthworm and microbial assays to assess the ecotoxicity of chromium mine wastes[J]. Applied Soil Ecology, 83: 258-265.

VROM (Ministry of Housing, Spatial Planning and Environment). 2000. ANNEXES Circular on Target Values and Intervention Values for Soil Remediation[R]. Hague: Ministry of Housing, Spatial Planning and Environment.

Wang Y, Fang Z Q, Kang Y, et al. 2014. Immobilization and phytotoxicity of chromium in contaminated soil remediated by CMC-stabilized nZVI[J]. Journal of Hazardous Materials, 275: 230-237.

Zhang W, Zhang M, An S, et al. 2012. The combined effect of decabromodiphenyl ether (BDE-209) and copper (Cu) on soil enzyme activities and microbial community structure[J]. Environmental Toxicology and Pharmacology, 34(2): 358-369.

第11章 耕地土壤重金属污染快速检测设备和修复剂施用设备

重金属污染耕地安全利用和治理修复工作的全面开展，对重金属污染快速检测和修复剂施用技术与设备提出了新的要求。本章概述土壤与农产品中重金属含量常用检测方法与设备，重点介绍便携式高精度 XRF 重金属快速检测技术和溶出伏安法重金属快速检测技术；在分析国内外土壤修复剂施用技术与设备发展现状的基础上，重点介绍土壤调理剂施用机、叶面喷施植保无人机、叶面喷施高地隙植保机等代表性的新型修复剂施用设备。

11.1 土壤与农产品中重金属快速检测设备

11.1.1 土壤与农产品中重金属含量检测方法概述

目前土壤和农产品中重金属的检测方法主要分为两大类，即国标确证检测方法和快速检测方法。国标确证检测方法主要基于理化仪器设备，如电感耦合等离子体质谱（ICP-MS）法、原子吸收光谱（AAS）法等；快速检测方法主要有 X 射线荧光光谱（XRF）法、溶出伏安法等（表 11-1）。

表 11-1 常用重金属检测方法比较

重金属检测方法	国标确证检测方法			常用快速检测方法		电化学快速检测方法	
	原子荧光光谱（AFS）法	原子吸收光谱（AAS）法	电感耦合等离子体质谱（ICP-MS）法	X射线荧光光谱（XRF）法	胶体金免疫层析（GICA）法	传统溶出伏安法	现代溶出伏安法
检测限/（mg/kg）	0.01	0.1	0.0001	50.0	10.0	0.01	0.01
线性范围	窄	窄	宽	窄	窄	宽	宽
前处理	复杂	复杂	复杂	无须	简单	复杂	简单
多重金属同时检测	是	否	是	否	否	是	是
检测时间	几小时	几小时	几小时	10 min	15 min	60 min	13 min
仪器价格/元	几十万	几十万	几百万	几十万	几万	十几万	几万
准确度	高	高	高	低浓度较差	较高	高	高

电感耦合等离子体质谱法是当前土壤和农产品中重金属检测中最为常见的一种检测方式，其有着较高的灵敏度以及精确度，能够在一次检测过程中对被检测物体中的多种重金属进行检测。但由于电感耦合等离子体质谱法在检测过程中，会出现很多游离的离子对检测结果进行干扰，所以需要对样品先进行微波消解，检测时间长。

原子吸收光谱法相较于其他的检测方法，有着灵敏度较高和检测限低的特点。在检测的过程中，被检测物体往往需要经过雾化操作，使原子能够发射光谱形成离子，并通过对原子的识别，识别出需要检测的重金属。该方法通过对光谱强度的分析，可以直接检测出重金属的含量高低。火焰原子吸收光谱法主要是在特定的光照频率下，通过激发被检测元素的能量，实现对重金属的检测，这种检测方式的检测灵敏度相对较高。原子吸收光谱法是测量含量较低的元素的主要方式，有着检测效果明显以及适用范围较广的优点，但往往会受到外界的影响。原子荧光分光光度法是通过外部的辐射强度来激发被检测元素的原子蒸气荧光强度，从而分析该元素的特定含量。这种检测方法的检测灵敏度低于原子吸收光谱法，但有着最终形成的谱线结构简单的优点，不容易受到外界的影响。

X 射线荧光光谱法是一种常用的重金属定量快速检测技术，它是根据待测样品对 X 射线的吸收与样品中重金属含量之间存在一定的线性关系，来定量待测样品中重金属含量的方法。XRF 法的典型特点是样本前处理简单，只需经过"打粉"等物理方法处理后就可直接检测。该技术最初主要用于检测矿物、土壤中重金属的含量，近年来随着单色激发的新型 XRF 检测技术的发展，其检出限的降低和检测灵敏度的提高，使其逐步应用于稻米、小麦等农产品中铅和镉的检测。

电化学测量重金属一般使用脉冲伏安法，这一类方法根据使用的电极的不同，分为极谱法和伏安法。极谱法因适用范围广、可测定组分含量的范围宽、准确度高、重现性好等特点，得到广泛应用。但极谱法一般使用滴汞电极，不易处理，逐渐被其他方法替代。溶出伏安法又名阳极溶出伏安法，因其操作简单、响应时间短、灵敏度高、仪器易微型化等特点，已成为重金属快速检测常见方法之一，有的甚至已发展为标准的检测方法。

总体而言，重金属的国标确证检测方法包括原子吸收光谱法和电感耦合等离子体质谱等，结果准确、法定认可是其最大的优点，但这些方法依赖价格昂贵的大型仪器，且前处理过程复杂，对操作人员的技术要求高(伍春祥和崔凌峰,2020)。传统的粮食样品前处理方法有湿法消解、干法灰化和微波消解法等，步骤烦琐，前处理操作过程通常在 2～4 h 或以上，费时费力；处理过程需要消耗过多的强腐蚀性酸试剂，且需要高温高压条件，不仅增加了待测样品被污染的风险，也增加了操作人员的安全隐患，无法满足粮食短时间内大批量快速筛查的需求。

11.1.2　便携式高精度 XRF 重金属快速检测

1. 技术原理

高精度 X 射线荧光（HDXRF）仪作为 XRF 技术原理的一个分支，通过采用多个单色光激发样品提高信噪比来实现元素检测性能的有效提升，是一种用于现场测定土壤和粮食中低含量重金属的快速分析方法。HDXRF 仪与便携式 X 射线荧光（PXRF）仪都具有便携、操作简单、样品制备简单、检测速度快、费用低、无二次污染和同时测定多种元素等优点。相比于 PXRF 仪，HDXRF 仪的检测范围更宽、准确度和精度更高、检测限更低，尤其是对 Cd 元素的检测限较低，满足《土壤环境质量 农用地土壤污染风险管控标准（试行）》（GB 15618—2018）中 Cd 元素，以及《食品安全国家标准 食品中污染物限量》（GB 2762—2022）中稻米和小麦 Cd 元素限值的测定要求，有着广泛的应用前景。

2. 技术应用

常规水稻、小麦等样品检测周期长、成本高，不能满足现场快速执法等的需求。采用便携式单色激发 X 射线荧光光谱仪，针对小麦镉检测问题，建立一套现场快速检测方法。

1）研究目的和方法

（1）测试项目。

验证便携式单色激发 X 射线荧光光谱仪对小麦中镉元素的检测性能，包括准确性、线性相关性。

（2）分析方法及主要仪器。

a. 设备：粮食重金属分析仪。

b. 制样设备：便携加热板、便携粉碎机、移动电源等。

c. 试验条件：小麦田边，环境温度 24℃，相对湿度 50%。

d. 工作条件：管压 50 kV，管流 0.8 mA，测量时间 600 s。

（3）测试原理。

单色激发 X 射线荧光光谱法，采用晶体衍射 X 射线入射光，把入射 X 射线转变为单色光用于样品激发，把样品中元素的内层电子轰击成空穴，外层电子跃迁到内层时原子稳定，两层能量的差溢出原子外，就产生了 X 射线特征能量（即 X 射线荧光）。X 射线特征能量和原子的原子序数相关，因此可以通过不同的能量大小判定元素的种类，同一种类的能量强度大小就是样品中元素的含量多少。

（4）现场测试流程。

每个试验田取两个不同位置，每个位置取几穗小麦试样，用加热板 150℃加热

5 min 烘干小麦籽粒，再把籽粒手动粉碎成 60～80 目的粉末，然后将样品放入仪器进行测试（仪器通过移动电源供电工作）（图 11-1）。

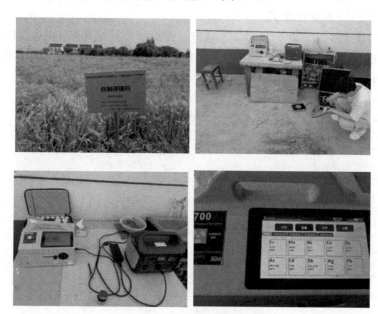

图 11-1　现场试验照片

2）测试结果

（1）准确度测试。

测试国家标准样品（大米、糙米、小麦类），Cd 测量值和 Cd 标准值对比数据（表 11-2）。

表 11-2　准确性数据对比　　　　　　（单位：mg/kg）

标准样品	Cd 标准值	Cd 测量值
GBW100348	0.24	0.247
GBW100351	0.42	0.415
GBW100352	0.87	0.866
GBW100360	0.22	0.213
GBW100361	0.11	0.107
GBW（E）080684a	0.482	0.474
GBW10046	0.018	0.000
GBW（E）100496	0.1	0.092
GBW08503c	0.211	0.214

（2）仪器校准曲线。

根据上述测定结果，绘制仪器校准曲线，R^2 达到 0.9993（图 11-2）。

（3）检出限重复性测试。

参考 HJ 168—2020 附录 A.1.1 规定，使用小麦标准样品 GBW（E）100496（Cd 标准值 0.10 mg/kg），测试 10 次稳定性，以 10 次测定结果的标准偏差的 2.821 倍作为分析检出限（MDL）（表 11-3）。

（4）小麦试样测试数据。

五个试验田试样数据，每个试验田两个样，测试数据见表 11-4。

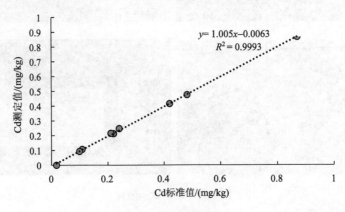

图 11-2　仪器校准曲线

表 11-3　检出限重复性数据

样品	Cd
GBW（E）100496-1/（mg/kg）	0.096
GBW（E）100496-2/（mg/kg）	0.101
GBW（E）100496-3/（mg/kg）	0.090
GBW（E）100496-4/（mg/kg）	0.108
GBW（E）100496-5/（mg/kg）	0.094
GBW（E）100496-6/（mg/kg）	0.107
GBW（E）100496-7/（mg/kg）	0.104
GBW（E）100496-8/（mg/kg）	0.113
GBW（E）100496-9/（mg/kg）	0.110
GBW（E）100496-10/（mg/kg）	0.106
平均值/（mg/kg）	0.103
标准偏差	0.0075
检出限	0.0211
相对标准偏差/%	7.3

表 11-4　小麦试样测试数据　　　　　　（单位：mg/kg）

样品编号	Cd 测定值	第三方检测结果
1#-1	0.07	0.11
1#-2	0.06	0.10
2#-1	0.06	0.06
2#-2	0.05	0.05
3#-1	0.08	0.07
3#-2	0.09	0.06
4#-1	0.06	0.08
4#-2	0.07	0.10
5#-1	0.08	0.10
5#-2	0.08	0.10

3）小结

便携式单色激发 X 射线荧光光谱仪在现场条件下，对小麦等样品 Cd 的检出限达到 0.0211 mg/kg，低于小麦 Cd 的限值 0.1 mg/kg，准确性高。现场操作简便，整个样品处理过程可以控制在 1 h 左右，可以用于疑似污染区域小麦或水稻品种的快速筛查。

11.1.3　溶出伏安法重金属快速检测

1. 技术简介

溶出伏安法因其操作简单、响应时间短、灵敏度高、仪器易微型化等特点，已成为粮食重金属快速检测的方法之一（伍春祥和崔凌峰，2020；许艳霞等，2019；骆谦等，2018；李暄等，2017）。2017 年起，该方法检测食品中重金属开始被食品监管单位广泛认可，在内蒙古、山西、辽宁、天津等地得到应用。

溶出伏安法是先将待测物质预电解富集在电极表面，然后施加反向电压使富集的物质重新溶出，根据溶出过程的伏安曲线进行分析的方法。该方法灵敏度高、选择性好、适用范围广、检测时间短，被广泛应用于环境和食品中的重金属检测。如《国境口岸饮用水中重金属（锌、镉、铅、铜、汞、砷）阳极溶出伏安检测方法》（SN/T 5104—2019）就使用了溶出伏安法来检测水中的多种重金属。2023 年我国发布的《便携式溶出伏安法重金属检测仪校准规范》（JJF 2037—2023），适用于实验室或现场测量镉、铅、铜元素的便携式溶出伏安法重金属检测仪的校准。

溶出伏安法检测重金属包含电解富集和电解溶出两个过程。电解富集是在选定的恒定电位下，对待测溶液进行电解，将溶液中的重金属离子富集到电极表面的过程。电解溶出过程是经过一定时间的富集后，再逐渐改变工作电极电位，电位变化的方向应使电极反应与上述富集过程电极反应相反，使富集金属重新以离子状态溶入溶液。整个过程如下所示：

$$M^{n+} + ne^- \underset{溶出}{\overset{富集}{\rightleftharpoons}} M$$

电解溶出过程释放出的电子形成电流。测量该电流并将其与对应电位作图，即为伏安曲线（图 11-3）。在测量条件一定时，由于峰电流与待测物浓度成正比，故可以进行定量分析。根据伏安曲线，即可分析检测的重金属含量。

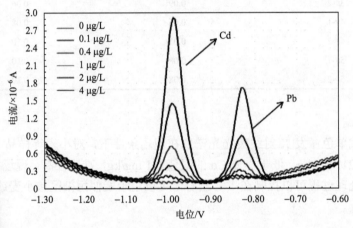

图 11-3　重金属镉、铅的伏安曲线

常规的电化学重金属快速检测设备均采用传统的三电极体系，包括独立的工作电极、对电极和参比电极，体积相对较庞大，操作与携带不方便。其中的工作电极通常为棒状的玻碳电极或金电极，不仅价格昂贵，而且每次使用前都需要进行严格的打磨处理，以保证电极的一致性和结果的准确性。这对基层检测人员而言，专业基础要求较高且操作非常不便利，大大限制了常规电化学分析在重金属快速检测领域中的应用。

随着有关技术的发展，用厚膜技术将导电活性物质印制在绝缘基体上所制得的丝网印刷电极是传统电极的替代品，可用于环境、临床或农业食品领域的电化学分析。丝网印刷电极一般包括印制电极的基片，基片上印有外部绝缘层和电极引线，同时基片上还印制有三个电极，分别为工作电极、参比电极以及辅助电极，各电极与对应的引线相连，以此组成经典的电化学三电极体系。与传统三电极体系相比，丝网印刷电极有成本低、无须维护、重复性好、体积小、性能强等特点（表 11-5）。

表 11-5　丝网印刷电极与传统电极（玻碳电极）对比

项目	丝网印刷电极	玻碳电极
日常维护	一次性使用，无须维护	定期打磨
选择性	好，不同电极匹配不同检测项目	差
成本	低	高
体积	小	大
操作性	简单，易学易用	需具有相关专业知识

2. 技术应用

基于溶出伏安法研发的电化学检测仪器，已应用到粮食中重金属快速检测。该系统将丝网印刷电极运用到重金属检测时，设计了适合丝网印刷电极的搅拌装置，以提高重金属的富集效果，达到提高方法灵敏度的目的，更适合基层检验检测及企业人员操作使用（图 11-4）。

图 11-4　某重金属电化学测定仪

装备特点：利用溶出伏安法高灵敏度的特点，开发出适用的粮食中铅、镉快速提取试剂盒，解决传统重金属检测前处理需要强酸等问题；用丝网印刷电极解决电极维护困难、操作难度较大的问题；设计独特的搅拌装置，在搅拌装置上巧妙地增加了一些定位结构，使丝网印刷电极安装使用时能保持状态一致，解决了人为操作对检测实验影响大的问题，使粮食中铅、镉整个检测时间缩短到 13 min，检出限可达 0.015 mg/kg，重复性 RSD≤8%。满足了基层检验机构和粮食企业急速增长的检测需求。检测仪器小巧，整机重量小于 3 kg，可外接电源，内置锂电池，无外接电源条件下独立工作时间不小于 4 h。为方便现场检测，快检箱中配置齐全样品前处理和检测所需设备与耗材。

11.2　修复剂施用设备

11.2.1　土壤调理剂施用机

1. 国内外发展现状

为降低土壤中重金属的生物有效性以确保农产品的质量安全，农户往往向土壤中撒施土壤重金属钝化剂或土壤调理剂。传统的撒施方式多采用手工撒施，这种方式的撒施存在着作业条件差、撒播不均匀、效率低、工作量大、易伤人的皮肤和眼睛等问题，且在撒施的过程中极易引起扬尘，对环境造成污染等。也有一些地方采用离心式撒肥机和其他气流喷射式撒肥机来撒施土壤调理剂，虽然作业效率大幅度提高，但却造成非常严重的粉尘污染问题，并且这些设备均非土壤调理剂施用的专用设备。

国外很早就开始了对施肥机械的研究，1830 年美国公布了一个撒施石灰机的专利。到 20 世纪 30 年代，施肥机械初具规模，70 年代实现了施肥的全面机械化。国外的撒肥机械主要有以下几种：①离心式撒肥机，由动力输出轴带动旋转的排肥盘将肥料撒出，具有结构简单、重量小、撒肥宽幅大、效率高等特点，是欧美等国家普遍使用的一种撒肥机。例如，一些公司生产的离心式撒肥机，能够实现无级调速，肥量自动调节，且调节精度高，通过安装电子计量器，驾驶员可通过图像显示屏设定各项参数，轻松控制施肥机（图 11-5）。②桨叶式撒施机，体积比较庞大，装肥量多，需要庞大的牵引力，适合大面积撒施作业，肥料通过输送机输送到撒施部位，经桨叶的高速旋转撞击抛撒于田间。其抛撒桨叶与旋转轴有一定的倾角，使得抛撒的肥料有较大的幅宽，但抛撒的肥料横向与纵向分布是不均匀的。③气力式宽幅撒肥机，这是集自动化和电子化于一体的撒肥机，目前在国外应用最广。

图 11-5　某离心式撒肥机

近年来，精准变量施肥技术及配套机械的研制正朝着大型化、信息化、自动化及智能化方向发展，已成为国际农业生产领域重点研究内容，并且集成多项技术所开发的成熟机械已在世界范围内广泛应用。例如，变量施肥播种机、气力式种肥车、悬挂式变量撒肥机、自走式水田变量喷药施肥机等。

国内多个单位近年也研制了多种精准变量施肥机械，部分得到示范应用推广。相对而言，我国该领域整体发展水平相对落后，多数地区仍采用传统撒施及条施方式进行基肥、种肥及追肥施用作业，仅部分地区实现精准施肥，且机械化程度较低（韩英等，2019；齐兴源等，2018）。需要指出的是上述机械对撒施土壤调理剂均不甚理想。

为提高剑麻园施用石灰以改良土壤的效率，研究人员研制了撒石灰机，先后在多家农场推广应用（黄标等，2015）。随着 2014 年我国在湖南长株潭地区启动重金属污染耕地修复综合治理试点,利用生石灰粉来中和土壤酸性并纯化重金属，国内多家单位共同开发了两款石灰撒施机，并进行了田间作业试验。两款试验样机一台配套轮式拖拉机、一台配套履带式旋耕机。试验表明，两款石灰撒施机撒施均匀，作业质量与作业效率高，配套轮式拖拉机一天可以作业 14 hm^2；配套履带式旋耕机石灰播撒与旋耕联合作业一天可达 3.4 hm^2（高自成等，2015；高自成等，2016）。此外，国内还研发了一种加装在旋耕机上的摆管式石灰撒施机，采用螺旋控制撒施量，与整地作业的旋耕机联合作业。该机械在进行石灰撒施的同时能够完成旋耕作业，将石灰与土壤混合在一起，提高了石灰撒施的效率，减轻了劳动的强度，避免了扬尘污染（曹林等，2016）。

实践表明，生石灰粉等土壤调理剂撒施的效果要比撒施+旋耕差，而通过翻施土壤调理剂处理后，能使作物根系着生的整个土壤剖面重金属生物有效性快速降低，有利于作物根系的生长发育和提高钝化重金属的效果。但目前能够用于土壤调理剂撒施的施肥机械很少。

2. 代表性装备的技术原理与特点

土壤调理剂施用机是一款利用旋耕拌和技术将土壤调理剂与土壤均匀混合的专用土壤修复工程装备，土壤调理剂排出料斗后在封闭空间里洒落，不易产生扬尘（图 11-6）。

土壤调理剂施用机原理和使用说明：①装调理剂的调理剂箱。②拨指工作时不断旋转，避免土壤调理剂在箱体中堵塞。③下料轴为通长轴，其上设置延轴向的长条凹槽，在旋转的过程中，土壤调理剂不断下落到落料器中。④落料器为倾斜的与下料轴等长的滑道，能够使土壤调理剂均匀顺利地滑向地面。⑤旋耕刀轴在旋转的作用下将地表的土壤调理剂与地表 20 cm 以内的土壤旋切混合，从而达到土壤调理剂高效施入土壤的作用。设备由拖拉机牵引，土壤调理剂施撒后直接

图 11-6　某土壤调理剂施用机外形

进行混合处理，无扬尘，避免环境污染，单机每小时作业 7～18 亩，适配拖拉机功率范围 45～110 kW。

11.2.2　叶面喷施植保无人机

1. 国内外发展现状

为保证农产品的质量安全，在污染农田安全利用技术措施中，往往会加上叶面阻控剂的施用，采用植保无人机是高效施用叶面阻控剂的重要手段。

从世界范围来看，农业航空较发达的国家主要有美国、俄罗斯、澳大利亚、加拿大、巴西、日本、韩国等。根据农田飞行作业环境的适宜程度，国外农业航空大致分为有人驾驶和无人驾驶 2 种作业形式。在美国、俄罗斯、澳大利亚、加拿大、巴西等户均耕地面积较大的国家，普遍采用有人驾驶固定翼飞机作业，而在日本、韩国等户均耕地面积较小的国家，微小型农用无人机用于航空植保作业的形式正越来越被广大农户采纳。

日本是最早将微小型农用无人机用于农业生产的国家之一。1987 年日本雅马哈公司生产出世界上第一台农用植保无人机（R-50）（宋修鹏等，2019）。日本目前用于农林业方面的无人直升机以雅马哈 RMAX 系列为主，该机被誉为"空中机器人"，植保作业效率为 7～10 hm²/h，主要用于播种、耕作、施肥、喷洒农药、病虫害防治等作业。日本雅马哈植保无人机 RMAX 有约 30 年的技术积累和持续改进，使得该产品成为全球行业的标杆。目前，采用微小型农用无人机进行农业生产已成为日本农业发展的重要趋势之一。

我国一直都很关注日本植保无人机的发展，农业农村部全国农业技术推广服务中心组织技术代表团对日本现代植保机械及雅马哈无人直升机喷洒农药技术进行了专门调研。2006 年南京农业机械化研究所开始尝试植保无人机研究，2010年研制出植保油动无人机，同期中国农业大学研制出第一台电动多旋翼植保无人机。2010 年汉和航空制造出第一架植保无人机交付市场，正式揭开了中国植保无人机产业化的序幕（宋修鹏等，2019）。随后以大疆、极飞为代表的无人机企业陆续介入，带来了产品性能、性价比的快速提升（尤其是大疆植保无人机 MG-1 的推出）。2016 年大疆又进一步推出其第二代产品 MG-1S，植保无人机由此进入快速发展阶段（张俊等，2020）。

在国家政策扶持方面，2015 年农业农村部安排在湖南与河南两省首次试点农机补贴资金补贴植保无人机，这标志着植保无人机这一兼具农业机械功能与无人驾驶航空器特征的农业生产应用领域的新型产品，开始纳入农业机械产品系列的植保机械应用管理；2021 年 4 月，农业农村部办公厅、财政部办公厅发布《2021—2023 年农机购置补贴实施指导意见》，正式将植保无人机纳入补贴制度，自此植保无人机在全国作为农机补贴产品或农机新产品，步入了推广销售与作业应用快速发展的轨道。据统计，截至 2021 年底，我国植保无人机保有量已超过 16 万架，累计作业面积超过 9300 万 hm^2（陈盛德等，2023）。

相比有人驾驶农用飞机，植保无人机类型较多，包括油动单旋翼、油动多旋翼、电动单旋翼、电动多旋翼等。国内用于植保作业的农用无人机产品型号及品牌众多：按升力部件类型来分，主要有单旋翼无人机和多旋翼无人机等类型；按动力部件类型来分，主要有电动农用无人机和油动农用无人机等类型。但由于单旋翼无人机结构较为复杂，价格较高，难以维护，且其操控难度较多旋翼无人机机大，对用户的操作水平要求较高，因此，目前市场上常见的植保无人机应用机型主要是多旋翼电动无人机。

当前，多旋翼植保无人机药箱载荷量多为 20 L，部分机型载荷量可达 30 L；且多旋翼植保无人机主要以电池为动力，较油动无人机载荷小，但其智能化程度高；目前，各主流企业已实现和集成了无人机航线自动规划、一键起飞、全自主飞行、RTK 实时差分定位、断点续喷、仿地飞行、自主避障和夜间飞行等多种自主作业功能，为植保无人机的应用提供了广阔的施展空间。

2. 代表性装备的技术原理与特点

现以某型号植保无人机为例（图 11-7），介绍其技术原理与特点（蔡东明等，2020）。该植保无人机配置全向避障雷达，其采用点云成像，除了能 360°感知农田障碍物并自动绕障外，还可实现定高作业，且运作不受环境光线及尘土影响，可为全天候作业提供技术保障。此外，该型号植保无人机对喷洒模块也进行了相应的优化，使得喷洒流量、有效喷幅和喷洒雾滴的均匀度均有提升，保证了药液喷洒毫秒级启停。与前期产品的喷洒效果对比发现，该型号植保无人机喷洒效果良好并有大幅提升。由于该型号植保无人机配备了先进的全向数字雷达，不仅可以胜任小麦的"一喷三防"工作，还能为稻田、菜园、果园、梯田等多种作物在复杂地形实现全自动作业。

图 11-7　某植保无人机

11.2.3　叶面喷施高地隙植保机

1. 国内外发展现状

为高效喷施叶面阻控剂，除植保无人机外，高地隙植保机的使用也是另一个选择。

高地隙植保机，如高地隙自走式喷杆喷雾机，是大型农业装备之一，适用于水田、旱田作物和菜地的除草、杀虫、灭菌等的喷洒作业，也可用于叶面阻控剂的喷洒作业，具有机械化和自动化程度高、通过性好、施药精准高效等优点，但也存在一次性投入成本高、坡地易倾覆、作物碾压损伤相对较大等问题（宋修鹏等，2019）。

欧美等发达国家对高地隙喷杆喷雾机研究起步较早，技术较为成熟，机型多以大中型自走式、牵引式和悬挂式高地隙喷杆喷雾机为主（林立恒等，2017）。在强大的经济实力和科学技术支撑下，大型高地隙自走式喷杆喷雾机在国外发展迅速，具有动作灵活、方便、可靠、作业效率高以及智能化程度高等一系列优点。典型的机具如世界上最大的农机制造商约翰迪尔公司生产的 4000 型系列大型高地隙自走式喷杆喷雾机，在行走、转向、制动、喷杆升降和折叠、整机地隙的升降等方面，实现了全液压控制。行走系统主要由液压马达来驱动，使整机结构简化，底盘升高，更适合于中后期作物喷药，且增加了传动系统的可靠性。机具采用了液压减震悬浮系统，可以依据地势的变化和机器负载进行调整，从而保证速度变化和喷杆升高时系统都能维持稳定。此外，该喷雾机采用智能化精准农业管理系统，将全球定位系统（GPS）导航、产量图、变量施用和喷杆控制完整组合，喷雾机底盘离地间隙 400～2500 mm，适于高秆作物的大面积、高效率和精准植保作业。但该类喷雾机售价昂贵，目前国内只有少数大型垦区引进。

以欧美发达国家为例，目前国外的高地隙自走式喷杆喷雾机的发展趋势主要表现在以下几方面：①机、电、液一体化。机具的行走、转向、制动、喷杆升降和折叠、整机地隙的升降等方面，已实现了全液压控制；对于作业速度与面积、喷雾压力和喷雾量的监测和调整，则采用计算机和电子控制。机械、电子和液压技术的结合，使得作业效率和作业精准性显著提高。②注重环境保护。在大、中型喷雾机上装有过滤系统和防滴阀等，并大力研究防飘喷头、风幕技术、静电喷雾技术及雾滴回收技术，以此减少飘移污染。③智能化。无线电技术、激光、机器视觉、GPS 等正被研究用于大型高地隙自走式喷杆喷雾机领域。

我国对植保机的研究和使用起步较晚，国内一批单位结合我国实际，逐步开始对高地隙自走式喷杆喷雾机进行探索研发，从模仿到自主研发适合中国的机型，推动了我国植保机械化水平的发展。但与国外先进的高地隙自走式喷杆喷雾机相比，还有一定的差距，存在作业机型小、类型单一、工作效率低、施药均匀性差、药液利用率低、环境污染严重和自动化程度低等缺陷（林立恒等，2017）。

目前国内的高地隙自走式喷杆喷雾机发展趋势主要表现在以下几方面：①所使用的泵、喷头和控制阀等基础工作部件质量与性能在一定程度上与国外相比有较大的差距，要加强喷头、液泵等基础工作部件的研制与开发，并加快喷杆喷雾机及其部件的系列化。②应实现机械、液压和电气技术一体化。③通过控制器实时监测田间小区域的病虫草害发生情况，依据其差异性进行变量施药，达到按需精准施药水平。④基于卫星导航、机器视觉与图像处理技术设计出能够自动驾驶、智能避障和精准喷雾的自走式喷雾机。⑤在保证施药人员安全性的基础上，为施药人员提供更加健康舒适的工作环境。

2. 代表性装备的技术原理与特点

现以某型号水田高地隙植保机为例介绍其技术原理与特点（图 11-8）。

图 11-8　某高地隙植保机

这是一款面向水田的植保机，可以实现高效的"植保"与"撒肥"作业，可谓"一机两用"。该款机器能够适用凹凸不平的田块和旱地作业。该植保机搭载功率 13.9 kW（18.9 hp①）、排气量 1.123 L、立式水冷、4 冲程 3 缸柴油高性能发动机。

主要具有以下特点：①一机两用。只要更换机体后部的作业装置，就能用一台机器实现"植保作业"与"撒肥作业"两种作业。撒肥机可实现最大散布幅度为 12 m 的撒肥作业，搭载大容量 350 L 肥料筒，可实现高效率的撒肥作业。②搭载高性能发动机，大马力发动机、强劲、省油、低噪。即使是湿田作业，也强劲有力。③大容量燃料箱：采用 21 L 大容量燃油箱，可长时间连续作业，并附带油表，一目了然。④离地间隙设计：设计的离地高度最低 850 mm，不用担心机体下半部分与农作物有接触。⑤四轮转向：采用四轮转向，前轮与后轮行走的轨迹相同，对农作物的踩踏少。配备标准分禾秆，即使在农作物长高时作业，也不必担心踩踏农作物，坐在操作席就可以确认前轮的轨迹。⑥顶端喷头装置：喷杆顶端安装了喷头，实现最大喷幅 11.5 m，最大作业效率 30～50 亩/h，可高效进行植保作业。⑦大容量药箱：采用大容量 500 L 药箱，可进行高效连续植保作业。⑧吸水泵：采用可高速供水的吸水泵，500 L 的药箱约 5 min 即可注满，作业期间可快速供水，进行高效连续作业。⑨HST 液压无级变速，驾驶操作便捷，田间作业超低速装置，可提高湿烂田通过性，作业更加安全。⑩装配操作员防护罩，即使在作物生长后期的植保作业，也能大幅降低操作员被农药喷洒到的危险。

参 考 文 献

蔡东明, 杜颖军, 薛永增, 等. 2020. 我国农业植保无人机的发展近况[J]. 耕作与栽培, 40(3): 55-57.

曹林, 孙松林, 肖名涛, 等. 2016. 摆管式石灰撒施机构的设计与试验 [J]. 湖南农业大学学报 (自然科学版), 42(2): 217-221.

陈盛德, 廖玲君, 徐小杰, 等. 2023. 中国植保无人机及其施药关键技术的研究现状与趋势[J]. 沈阳农业大学学报, 54(4): 502-512.

高自成, 李立君, 阳涵疆, 等. 2015. 正反螺旋式土壤改良石灰播撒机设计与试验[J]. 农业工程学报, 31(10): 43-50.

高自成, 李翔宇, 李立君, 等. 2016. 螺旋式石灰播撒机的设计与试验[J]. 时代农机, 43(10): 20-22, 30.

郭博, 贺敬良, 王德成, 等. 2018. 秸秆打捆机研究现状及发展趋势[J]. 农机化研究, 40(1): 264-268.

韩英, 贾如, 唐汉. 2019. 精准变量施肥机械研究现状与发展建议[J]. 农业工程, 9(5): 1-6.

---

① 1 hp=745.700 W

黄标, 肖桂泉, 梁明等. 2015. 2H-1.8T 型石灰撒灰机研制与应用推广[J]. 安徽农业科学, 43(35): 361-363.

兰玉彬, 陈盛德, 邓继忠, 等. 2019. 中国植保无人机发展形势及问题分析[J]. 华南农业大学学报, 40(5): 217-225.

李暄, 段玉林, 温韬, 等. 2017. 阳极溶出伏安法快速测定谷物中的镉含量[J]. 农业工程, 7(4): 87-88, 91.

林立恒, 侯加林, 吴彦强, 等. 2017. 高地隙喷杆喷雾机研究和发展趋势[J]. 中国农机化学报, 38(2): 38-42.

骆谦, 李发启, 彭灿, 等. 2018. 稻谷镉含量的两种快检方法与国家标准方法比较研究[J]. 粮食科技与经济, 43(8): 74-76, 86.

齐兴源, 周志艳, 李官平, 等. 2018. 大田作物变量施肥技术国内外研究现状[J]. 贵州农机化, (2): 8-13.

宋修鹏, 宋奇琦, 张小秋, 等. 2019. 植保无人机的发展历程及应用现状[J]. 广西糖业, (3): 48-52.

伍春祥, 崔凌峰. 2020. 浅析现代重金属检测技术[J]. 现代农村科技, (4): 109-110.

相姝楠. 2018. 秸秆打捆机生产现状分析[J]. 中国奶牛, (10): 48-50.

许艳霞, 王达能, 倪小英, 等. 2019. 基于酸浸提-阳极溶出伏安法测定稻米中镉含量[J]. 粮食科技与经济, 44(8): 65-67.

于兴瑞, 耿端阳, 王传申, 等. 2020. 国内外秸秆打捆机发展现状与趋势分析[J]. 农机使用与维修, (6): 1-5.

张俊, 廉勇, 杨志刚, 等. 2020. 植保无人机发展历程、优缺点分析及应用前景[J]. 现代农业, (4): 4-7.

张钟毓. 2017. 徐州地区推广使用高地隙自走式喷杆喷雾机的研究[J]. 农业开发与装备, (7): 35, 55.